Tietjen/Decker

FMEA-Praxis

Thorsten Tietjen
André Decker

FMEA-Praxis

Einstieg in die Risikoabschätzung von Produkten, Prozessen und Systemen

4., überarbeitete Auflage

Die Autoren:
Dipl.-Ing. Thorsten Tietjen, Institut für integrierte Produktentwicklung (BIK) der Universität Bremen
Dr.-Ing. André Decker, Bremer Institut für Produktion und Logistik (BIBA)

Bibliografische Information der Deutschen Nationalbibliothek:
Die Deutsche Nationalbibliothek verzeichnet diese Publikation in der Deutschen Nationalbibliografie; detaillierte bibliografische Daten sind im Internet über http://dnb.d-nb.de abrufbar.

Lektorat: Julia Stepp
Herstellung: Björn Gallinge
Coverkonzept: Marc Müller-Bremer, www.rebranding.de, München
Titelmotiv: © Frank Wohlgemuth, Lilienthal/Hamburg
Coverrealisation: Max Kostopoulos
Satz: Kösel Media GmbH, Krugzell
Druck und Bindung: UAB BALTO print, Vilnius (Litauen)
Printed in Lithuania

Print-ISBN: 978-3-446-46211-3
E-Book-ISBN: 978-3-446-46564-0

Inhalt

Vorwort IX

1 Qualitätsmethoden und Qualifizierungskonzepte 1

1.1 Einführung in die Thematik 5

1.2 Geschichtliche Herkunft der FMEA 9

1.3 Der Begriff „Qualität“ im betrieblichen Umfeld 10

1.4 Positionierung der FMEA-Methode zu anderen Qualitätsmethoden 15

2 Grundlagen der FMEA 19

2.1 Zweck und Einsatz der FMEA 19

2.2 Voraussetzungen zur FMEA-Durchführung 25

2.3 Aufbau der FMEA 29

2.4 Klassischer dreigeteilter Ansatz (VDA ‘86) 31

2.5 Unterscheidung zwischen Produkt und Prozess (VDA ‘96, VDA 2006) 35

2.6 Die fünf Arbeitsschritte der FMEA nach VDA 41

2.7 FMEA/FMECA nach DIN EN 60812:2015-08 50

2.8 DFMEA und PFMEA nach VDA und AIAG 55

2.9 Die sieben Arbeitsschritte der FMEA nach der Harmonisierung 57

2.10 Ergebnisdokumentation im FMEA-Formblatt 70

2.11 Wirksamkeit und Schwachstellen der FMEA 78

2.12 Integration von FMEA und QFD bei der Produktentwicklung ... 82

3 Kompetenzintegration durch Teamarbeit 91

3.1 Interdisziplinäre Teambildung 91

3.2 Teambildung bei der FMEA 93

4 Durchführung der FMEA 99

4.1 Werkzeuge zur Problemanalyse 101
4.1.1 Ursache-Wirkungs-Diagramm 102
4.1.2 Strukturbaum-Analyseverfahren 105
4.1.3 Matrix-Diagramme (Ordnungsschemata) 108
4.1.4 Strukturierter Fragenkatalog 111
4.1.5 Pareto-Analyse 116
4.1.6 Problemanalyse nach Kepner-Tregoe 119
4.1.7 Blockdiagramme 120

4.2 Szenario einer Methodendurchführung (Prozess-FMEA) 123
4.2.1 Prozessanalyse 124
4.2.2 Risikoeinschätzung mithilfe der RPZ sowie der Einzelbewertungen 128
4.2.3 Abgeleitete Handlungsempfehlungen nach der neuen Bewertung (VDA/AIAG) 136
4.2.4 Schlussfolgerung/Maßnahmenplan 140

4.3 Szenario einer Methodendurchführung (System-FMEA Produkt) 142
4.3.1 Strukturanalyse 147
4.3.2 Funktions-/Fehleranalyse 148
4.3.3 Risikobewertung 150
4.3.4 Maßnahmen optimieren 153

5 Beispiele als Leitfaden einer FMEA-Anwendung 155

5.1 Beispiele einer System-FMEA Produkt 155
5.1.1 FMEA für einen Autositz 155
5.1.2 Vorrichtungsbau für die Betonsteinherstellung 169
5.1.3 Überprüfung eines Design-Entwurfs für ein Trekkingrad 177

5.2 Beispiele einer System-FMEA Prozess 184
5.2.1 Spritzgießen von Isoliermaterial 184
5.2.2 Fertigen von Vliesstoffen auf Kalanderanlagen 192

6 Risiko- und Gefahrenanalyse im Rahmen der CE-Kennzeichnung 199

6.1 Risikobeurteilung nach DIN EN ISO 12100 210

6.2 Beispielhafte Vorbereitung einer Risikobeurteilung 211

6.3 Risikoeinschätzung und -beurteilung 218

6.4 Risikobewertung in Anlehnung an die RPZ 222

7 FMEA in Verbindung mit Design of Experiments (DoE) 231

7.1 Mittelwertvergleich 234

7.2 Vollfaktorielle Versuchspläne 235

7.3 Teilfaktorielle Versuchspläne 236

7.4 Modellbildung 237

7.5 Robustheit der Prozesse/Optimierungsverfahren 238

7.6 Beispiel einer Versuchsdurchführung mit DoE 240

8 Rechnergestützte Hilfsmittel 247

8.1 Ausgewählte FMEA-Programme 250

8.2 APIS IQ-RM® 251

8.3 PLATO e1ns 266

9 Zusammenfassung 289

Anhang A: Abkürzungsverzeichnis 293

Anhang B: Normen und Regelwerke 295

Anhang C: Gesetze, Verordnungen und EU-Richtlinien 299

Anhang D: Literaturverzeichnis 303

Index 305

Vorwort

Vor bereits 20 Jahren erschien die erste Auflage dieses Buches. Qualitätsmethoden mit computerunterstützten multimedialen Lernprogrammen (Computer Based Training, CBT) zu vermitteln, war damals noch nicht so verbreitet und Zielsetzung eines Forschungsverbundvorhabens. Entstanden sind hieraus verschiedene Softwareprogramme sowie dieses Buch.

Die Fehler-Möglichkeits- und Einfluss-Analyse (FMEA) hatte zum damaligen Zeitpunkt noch nicht die Bedeutung, die sie heute hat. Das wesentliche Ziel der ersten Auflage war es deshalb, einen praxisorientierten Einstieg in das Umfeld der FMEA zu bieten und eine Übersicht der Bereiche Methodik, Organisation und Anwendung zu liefern. Mithilfe verschiedener Beispiele sollte es jedem interessierten Leser möglich sein, einen persönlichen Arbeitsstil zu entwickeln oder diesen zu verbessern.

In weiteren Auflagen wurden rechnergestützte Hilfsmittel, der Bereich CE-Kennzeichnung und Methoden wie Design of Experience (DoE) ergänzt. Wie wir seit der ersten Auflage sehr gut beobachten konnten, sind viele sicherheitsrechtliche Fragestellungen einem stetigen zeitlichen Wandel unterlegen und müssen an die aktuellen Gegebenheiten angepasst werden. Entsprechend haben wir von Auflage zu Auflage die Änderungen bei der FMEA-Durchführung zum Anlass genommen, eine Überarbeitung in Angriff zu nehmen und das Buch zusätzlich um für uns wichtige Punkte zu ergänzen.

Durch die breite Aufstellung wollen wir ein grundsätzliches Verständnis beim Leser fördern, damit sich dieser weitere Bereiche selbstständig erschließen kann. Deshalb erhebt dieses Buch auch nicht den Anspruch auf Vollständigkeit. Die Beispiele dienen der Anregung und können nicht für jeden Anwendungsfall ungeprüft übernommen werden. Bis heute zeigt sich aber, dass gerade über Beispiele ein größeres Verständnis erzeugt werden kann. In Lehrveranstaltungen, Seminaren etc. lässt sich das theoretische Methodenwissen gut vermitteln. Häufig wird dabei in kleinen Beispielen ansatzweise verdeutlicht, wie eine FMEA-Anwendung aussehen könnte. Dem Zeitdruck und dem Wissensstand in Bezug auf ein untersuchtes Produkt geschuldet, sind diese Betrachtungsgegenstände meist sehr übersichtlich. Unserer Erfahrung nach geht damit aber ein wichtiger Aspekt verloren. Durch die geringe Komplexität lassen sich verschiedene Betrachtungsebenen nicht oder nur sehr schwer modellieren. Dies ist jedoch Voraussetzung, um die Zusammenhänge zwischen Fehlern, Fehlerursachen und Fehlerfolgen zu verdeutlichen.

Über den Nutzen von Methoden bei der Entwicklung und Gestaltung von Produkten und Prozessen, zu denen auch die Fehler-Möglichkeits- und Einfluss-Analyse (FMEA) gehört, gibt es mittlerweile keine Diskussion mehr. Die FMEA ist eine der am meisten eingesetzten Standardmethoden des präventiven Qualitätsmanagements und unverzichtbarer Bestandteil bei der Risikoabschätzung von Produkten, Prozessen oder Systemen. Einzig der Einstieg und der Arbeitsaufwand bei der Durchführung der Methode wird oftmals infrage gestellt bzw. als zu überhöht angesehen.

Die Akzeptanz einer jeden Methodenanwendung steigt erst mit der Häufigkeit ihres betrieblichen Einsatzes, und entsprechend muss die Bandbreite des Einsatzes für die Anwender erkennbar sein. Der Umfang der Akzeptanz lässt sich darüber hinaus mit dem Beherrschen einer Methode ausbauen.

Bei kleinen und mittleren Unternehmen ist es oft schwierig, Methoden, die auf Teamzusammensetzungen basieren, einzusetzen. Häufig sind nur wenige Fachkräfte in den einzelnen Bereichen/Abteilungen beschäftigt. Hier wird sich der Einsatz von Methoden, die vorwiegend ihre Anstöße und Innovationen durch den Gruppenprozess erhalten, schwer etablieren lassen, insbesondere wenn die Erwartungshaltung relativ hoch angesetzt und der Methodeneinsatz als zusätzliche Belastung gesehen wird.

Das Jahr 2019 brachte für die FMEA, die in Deutschland stark durch die Automobilbranche geprägt wurde, Veränderungen durch die Zusammenarbeit der Verbände VDA (Verband der Automobilindustrie) und AIAG (Automotive Industry Action Group) mit sich. In den Grundzügen hat dies nichts an der FMEA-Methode geändert. Sie wurde jedoch im Detail weiterentwickelt und die bisherige Schwachstelle hinsichtlich des zahlenmäßig ausgedrückten Risikos über die Risikoprioritätszahl wurde durch eine Priorisierung einzuleitender Maßnahmen, kurz Aufgabenpriorität (AP), ersetzt. Dies war auch Anlass für die Überarbeitung dieses Buches und wir hoffen, dass es sowohl für Entwickler und Ingenieure in der Wirtschaft als auch für Studierende in der Ingenieurausbildung sinnvoll nutzbar ist.

Bremen, im Juni 2020

Thorsten Tietjen

André Decker

1 Qualitätsmethoden und Qualifizierungskonzepte

Die Entwicklung von Produkten und Prozessen hat in den letzten Jahren eine merkliche Dynamik erfahren. Insbesondere für die Anwender (Kunden) steht eine immer größere Produkt- und Variantenvielfalt zur Auswahl. Für die Hersteller hat dies u. a. zur Folge, dass die Entwicklung bis zur Marktreife in immer kürzeren Zeiträumen zu erfolgen hat. Hinzu kommt eine frühzeitigere Produktablösung, was letztendlich dazu führt, dass die Zeitspanne, in der mit Produkten Gewinne erzielt werden können, immer kleiner wird (Bild 1.1). Aus Herstellersicht können deshalb Fehlentwicklungen große Auswirkungen auf erhoffte Betriebsergebnisse haben. Mithilfe geeigneter Qualitätsmethoden, wie beispielsweise der Fehler-Möglichkeits- und Einfluss-Analyse (FMEA), versucht man, diese Risiken in einer überschaubaren Größenordnung zu belassen. Risiken können niemals völlig ausgeschlossen werden, es müssen aber immer Maßnahmen zur Verminderung der Eintrittswahrscheinlichkeit und Tragweite von Risiken getroffen werden.

Einher geht ein Methodeneinsatz zumeist mit entsprechenden Qualifizierungskonzepten. Ein Qualifizierungskonzept legt fest, welche Qualifizierungsmaßnahmen im Zusammenhang mit einem Projekt oder auch einer Methodeneinführung durchgeführt werden sollen. Es ist davon auszugehen, dass nicht alle Beteiligten über das notwendige Wissen verfügen, sich dieses also erst noch aneignen müssen. Die Wissensvermittlung ist ein erster Schritt zum Verständnis des theoretischen Hintergrunds. Hierbei sollte aber nicht unberücksichtigt bleiben, dass ein einmal vermitteltes Wissen im Anschluss erfolgreich in die Praxis umgesetzt werden sollte. Erst wenn dieses Ziel erreicht wurde, kann von einem erfolgreichen Ansatz ausgegangen werden.

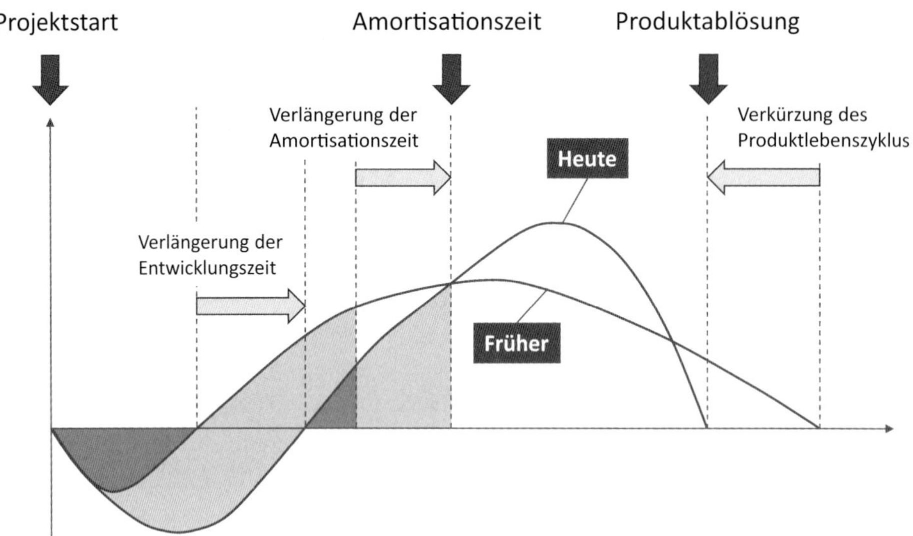

Bild 1.1 Zeitliche Verschiebungen im Produktlebenszyklus

Auch ist ein kritischeres Kundenverhalten festzustellen sowie gesteigerte Kundenansprüche auf der einen und zunehmende Komplexität der Produkte und Prozesse auf der anderen Seite. Waren Produkte früher viel einfacher bestimmten Gruppen zuzuordnen und damit auch deren Verhalten vorhersehbar bzw. bekannt, hat sich dies heutzutage verändert. Produkte, die heute unter dem Stichwort „mechatronische Systeme“ zusammengefasst werden können und die auf dem Zusammenwirken von Mechanik, Elektronik und Informatik basieren, sind hinsichtlich der Risiken viel schwieriger abzuschätzen. Die gegenseitige Beeinflussung spielt im Hinblick auf fehlerfreie bzw. qualitativ hochwertige Produkte eine wesentliche Rolle, wodurch auch die Anforderungen an Qualitätsmethoden, wie der Fehler-Möglichkeits- und Einfluss-Analyse, steigen (Bild 1.2).

Ähnliches gilt für das Projekt „Industrie 4.0“, das die intelligente und dauerhafte Verknüpfung und Vernetzung von Maschinen und maschinell betriebenen Abläufen in der Industrie umfasst. Unter Verwendung von Kommunikations- und Informationstechnologien werden Menschen, Maschinen und die daraus entstehenden Produkte miteinander vernetzt. Ziel hierbei ist es, eine deutlich höhere und effektivere Produktivität zu generieren. Was in der Vergangenheit strikt getrennt wurde, um mögliche Risiken für Anwender und Bediener zu minimieren (gekapselte Maschinen und Bereiche, Fertigungszellen mit Robotern etc.), wird heute als Gesamteinheit betrachtet. Die Systemgrenzen haben sich verschoben und Mensch-Maschine-Interaktionen nehmen in erheblichem Maße zu. Das hat zwangsläufig auch eine große Bedeutung im Hinblick auf Gefahrenanalysen und damit auch auf die FMEA.

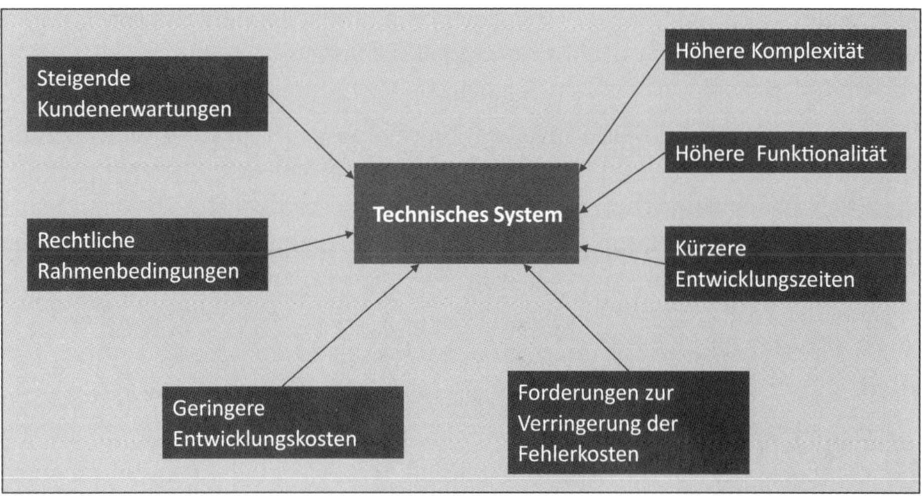

Bild 1.2 Anforderungen an ein technisches System

Entsprechend stehen in der Entwicklung, neben den zu entwerfenden Produkten, auch die begleitenden Prozesse, Methoden und Werkzeuge immer mehr im Fokus. Wechselseitige Abhängigkeiten erhöhen dabei den Komplexitätsgrad. Das gilt auch für das immer wieder auftretende Spannungsfeld zwischen Qualität, Kosten und Zeit. Qualitätsanforderungen und Qualifizierung haben dabei mehr an Bedeutung gewonnen. Produkte und Dienstleistungen, die von den Kunden heute und zukünftig gefordert werden, müssen höchsten Qualitätsansprüchen entsprechen. Das gilt vor allem mit Blick auf das generell wachsende Qualitätsbewusstsein.

Die Qualität wird wesentlich bestimmt durch die Qualifikation der Mitarbeiterinnen und Mitarbeiter. Immer höhere Qualitätsansprüche an Produkte und Dienstleistungen führen u. a. aber dazu, dass das fachliche Wissen der Mitarbeiter schneller den gestiegenen und geänderten Anforderungen angepasst werden muss und daher verstärkte Anstrengungen bei der Weiterqualifizierung ergriffen werden müssen. Mitarbeiterinnen und Mitarbeiter von Klein- und Mittelbetrieben müssen heute jederzeit in der Lage sein, neue Entwicklungen aufzugreifen. Dabei spielen sogenannte Schlüsselqualifikationen wie selbstständiges Denken, Kreativität, Kommunikations- und Kooperationsfähigkeit eine wichtige Rolle. Qualitätsmethoden, wie z. B. die Fehler-Möglichkeits- und Einfluss-Analyse, die nicht punktuell, sondern begleitend zu Prozessen bei der Betrachtung von Funktionen und Abläufen eingesetzt werden, verlangen von den Anwendern nicht nur Methodenwissen, sondern genau diese Qualifikationen. Aufgrund der wichtiger gewordenen Kundenorientierung ist die Einbindung der FMEA in die Unternehmensprozesse eine notwendige Voraussetzung und somit ein Bestandteil der Kommunikation im Managementprozess. Entscheidende Faktoren für die Nachhaltigkeit von Arbeitserfolg und Unternehmensleistung sind dabei das Wissen und die Fähigkeiten der

Mitarbeiter. Diese ständig und zielgenau an die Bedürfnisse dynamischer Marktentwicklungen anzupassen und sie ebenso effektiv wie wirtschaftlich weiterzuentwickeln, ist Ziel von Qualifizierungen bzw. Qualifizierungskonzepten.

Kennzeichnend für die FMEA ist die stark formalisierte Arbeitsweise. Es wird versucht, ein System oder einen Prozess zu beschreiben, um ein umfassendes Wissen über den Betrachtungsgegenstand zu erhalten. In Verbindung mit dem Teamarbeitsgedanken führt das in Verbindung mit der Erstellung einer FMEA zu einem hohen Personalaufwand, was wiederum in vielen Fällen zu einer geringen Akzeptanz der FMEA führt und infolgedessen zu einem verminderten Einsatz der Methode.

Der Ausgangspunkt einer FMEA ist die Beschreibung des Betrachtungsgegenstands in der Systemanalyse. Das entspricht erst einmal einer Dokumentation von Entwicklungsdaten, und nach einer Verknüpfung von Fehlfunktionen auf den Ebenen „Fehler", „Fehlerfolgen" und „Fehlerursachen" zu Fehlernetzen findet ein Wissensgewinn statt. Fehler und Fehlermöglichkeiten werden so Bestandteil des Wissens über Produkte und Prozesse. Mit den Methoden und Strategien des Wissensmanagements können darauf basierend Auswirkungen und Maßnahmen über das implizite und explizite Wissen bereitgestellt werden. Damit ist eine Qualitätsverbesserung mit dem Einsatz von Qualitätsmethoden möglich.

Mit der Anwendung der Informationstechnik ist eine zunehmende Explosion von Datenmengen entstanden, was wiederum neue Ansätze zur Wissensakquisition und -verarbeitung verlangt. Die Informationstechnik eröffnet aber gleichzeitig auch neue Möglichkeiten des Lernens. Aufgrund der zeitlichen Engpässe sowie der anfallenden Kosten für Qualifizierungen wurde deshalb in den letzten Jahren zunehmend auch die Informationstechnologie zur Wissensvermittlung herangezogen. E-Learning, das in die Arbeit integrierbare elektronische – netz- oder computergestützte – Lernen mithilfe von Computer Based Training (CBT), ist dabei insbesondere für kleine und mittlere Unternehmen eine Möglichkeit der Wissensvermittlung. Der große Nachteil der CBT-Programme war das isolierte Lernen des Einzelnen. Entsprechend findet man heute vorrangig webbasiertes Lernen (engl. Web Based Learning) oder auch Web Based Training (WBT) vor. WBT stellt eine spezielle Form des E-Learnings dar und wird durch die Verwendung von netzbasierten Diensten als Weiterentwicklung des CBT verstanden. WBT ermöglicht dem Lernenden eine räumliche, zeitliche und inhaltliche Flexibilisierung seines Lernprozesses. Durch die digitale Aufbereitung der Lehrinhalte kann der Lernende die Inhalte an beliebigen Orten und Zeiten unabhängig vom Lehrenden und mit individuellem Lerntempo verarbeiten.

Heute werden fast alle durchgeführten FMEA durch entsprechende Programme unterstützt, um eine möglichst wirtschaftliche Durchführung zu ermöglichen. Die Weiterentwicklung von FMEA-Software lässt sich dabei wie folgt klassifizieren:

- formularbasiert
- datenbankorientiert
- wissensbasiert

Die herkömmliche FMEA-Software der 1990er-Jahre unterstützte den Benutzer zumeist beim Ausfüllen des FMEA-Formblatts und ist inzwischen kaum mehr im Einsatz. Stattdessen wird hauptsächlich datenbankbasierte Software verwendet. Darüber hinaus weisen viele Softwareprodukte Wissensmanagementelemente auf. Datenbanksysteme haben den Vorteil, dass sie eine Vielzahl an Daten strukturiert abspeichern und bei Bedarf zur Verfügung stellen können. Im Kontext der FMEA-Methode bedeutet das, dass beispielsweise Risikoeinschätzungen, das Einleiten von Maßnahmen etc. in Bezug auf bereits abgespeicherte Untersuchungen schnell zur Verfügung gestellt und hinsichtlich einer Übertragbarkeit untersucht werden können. Auch lässt sich hiermit gezielt auf Fehler- und Maßnahmenkataloge zugreifen.

Wenn eine FMEA aufgrund von Problemen bei der Herstellung des Produkts oder aufgrund von Kundenreklamationen angepasst werden muss, wäre eine Funktion wünschenswert, die bei der Aktualisierung der FMEA auf mögliche Wiederholungsfehler oder ähnliche Probleme aus anderen FMEA aktiv hinweist. Hier sprechen die Anbieter dann von der sogenannten Wissensbasis. Mit wissensbasierten Systemen lassen sich auch semantisch ähnliche Strukturen auffinden und auf ihre Verwendung überprüfen. Der Anwender lernt dadurch nicht nur Zusammenhänge besser zu verstehen, sondern gleichzeitig werden ihm die verschiedenen Sichten auf Fehler, Fehlerursachen und Maßnahmen verdeutlicht. Insbesondere die Einbindung webbasierter Trainingsmodule eröffnet dabei die Perspektive für eine Mitarbeiterqualifizierung, die multimediale und interaktive Möglichkeiten in die Lernmodule einbeziehen und ein Lernen unabhängig von Zeit und Standort erlauben. Auf diese Weise wird die Effektivität und Flexibilität einer Qualifizierung im Netz mit den sozialen Aspekten, die ein gemeinsames Lernen im Rahmen von Schulungen ermöglichen, gebündelt.

1.1 Einführung in die Thematik

Produktfehler, Betriebsfehler, unvorhergesehene Ereignisse usw. verursachen oftmals schwerwiegende Probleme, die nur unter größten Anstrengungen behoben werden können (Bild 1.3). Rückrufaktionen von Automobilunternehmen, Konkursverfahren von Unternehmen, die aufgrund von Produkthaftungsfolgen ihre Liquidität verloren haben, sowie Stilllegungen von Maschinenanlagen sind hierbei sicherlich Extremfälle, die zum Teil durch die Medien einer breiten Öffentlichkeit bekannt gemacht wurden. Doch auch kleinere Mängel können bereits kostenintensive Abstellmaßnahmen notwendig machen, wobei aber alle gemeinsam haben, dass sie durch einen erheblich geringeren Aufwand behoben werden könnten, wenn sie von vornherein bekannt gewesen wären.

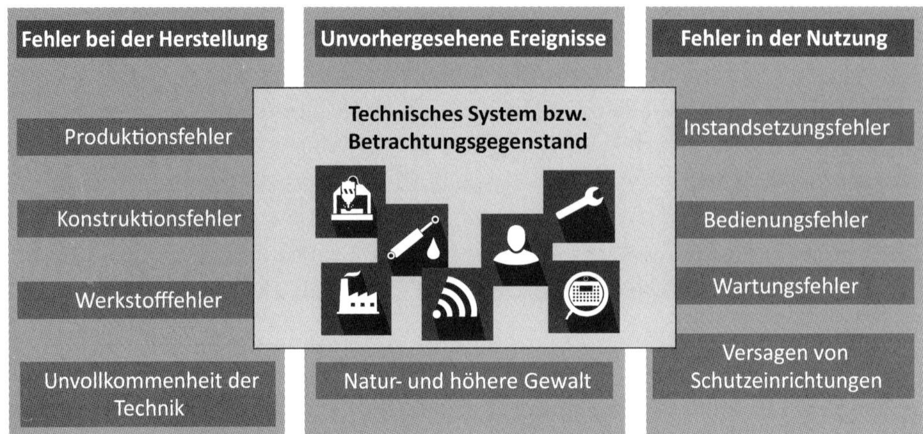

Bild 1.3 Schadensursachen und die möglichen Fehlerquellen

Ein Reihe von Fehlerquellen können für auftretende Schadensfälle verantwortlich sein, und jede dieser Fehlerursachen kann einen Schaden hervorrufen, der materieller Art sein kann, aber auch den Ablauf einer Betriebsfunktion stört und nicht zuletzt im Umgang mit dem Produkt die Sicherheit am Arbeitsplatz und die Umwelt gefährden kann.

Eine besondere Bedeutung besitzt die Anwendung von präventiven Qualitätsmethoden am Anfang des Produktlebens, also in den planerischen Phasen, da hier die Produkteigenschaften auf die Kundenwünsche und auf den Markt abgestimmt werden können. Außerdem entsteht ein Großteil von Fehlern in den Planungsphasen. Diese Planungsfehler werden häufig erst sehr spät, oftmals erst nach der Fertigung entdeckt und behoben (Bild 1.4).

Die Behebung dieser Schadensfälle zieht im Allgemeinen Kosten nach sich. Die dafür benötigten finanziellen und personellen Ressourcen können damit nicht mehr für eine sinnvollere wirtschaftliche Verwendung nutzbar gemacht werden. In einem immer stärkeren Maße resultiert hieraus die Aufgabe des Ingenieurs, bei der Planung und Entwicklung, d. h. also in den frühen Phasen der Produktentstehung, nach Möglichkeiten zu suchen, Fehler jeglicher Art zu erkennen, zu analysieren und Maßnahmen zu ergreifen, um diese Fehler zu vermeiden.

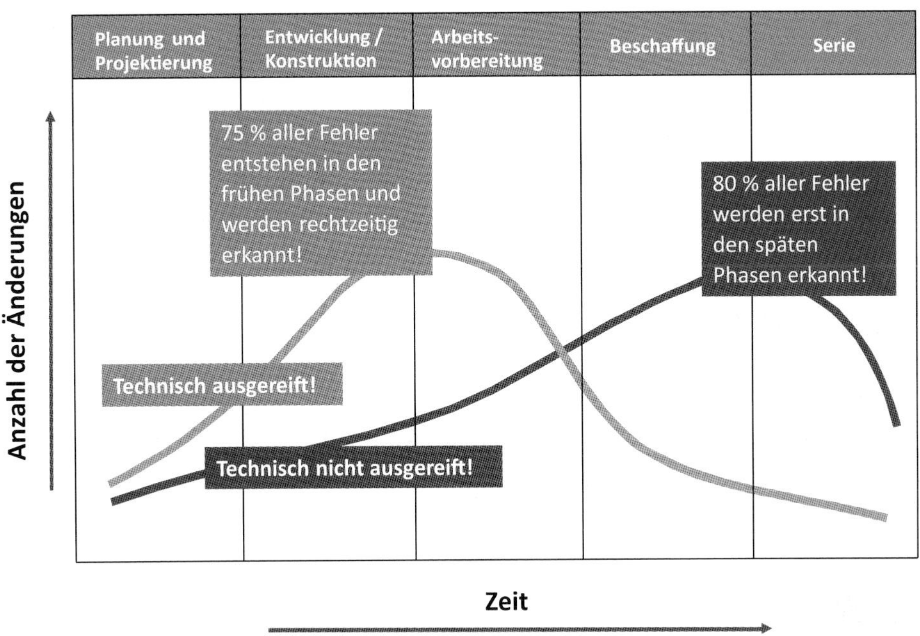

Bild 1.4 Fehlerentstehung und -behebung nach (Linß 2018)

Hierzu wurden in der Vergangenheit eine Reihe von Verfahren und Methoden entwickelt, die ein systematisches Aufzeigen potenzieller Fehler und deren Ursachen ermöglichen. Zumeist ist die Vorgehensweise formalisiert und kann dadurch nach außen transparent dokumentiert werden. Der Nachweis ist dann ein Mittel zur Kontrolle, ob alle signifikanten Fehler/Gefährdungen identifiziert und durch angemessene Maßnahmen abgestellt bzw. minimiert wurden. Zu diesen Risiko- bzw. Gefahrenanalysen gehören beispielsweise die Fehlerbaumanalyse, die FMEA, Poka Yoke (Null-Fehler-Produktion) sowie verschiedene Zuverlässigkeitstechniken.

Die Abkürzung FMEA steht für „Fehler-Möglichkeits- und Einfluss-Analyse“ und ist gleichlautend mit dem englischen Ausdruck „Failure Mode and Effects Analysis“. Beide Bezeichnungen geben die Zielrichtung der Methode wieder. Es geht vorrangig um das Aufdecken möglicher Fehlerquellen sowie die daraus resultierenden Folgen für ein Produkt, ein System oder einen Prozess.

Die FMEA ist eine Methode der vorbeugenden Qualitätssicherung, d.h. mit dem Einsatz dieser Methode wird der Schwerpunkt der Arbeiten nicht mehr auf die Fehlerbeseitigung, sondern auf die Fehlerprävention gelegt. Mithilfe der FMEA können mögliche Fehler und deren Konsequenzen bereits in einem frühen Stadium des Entwicklungs- und Fertigungsprozesses erkannt werden. Die Aussage „Fehlervermeidung ist besser als Fehlerbeseitigung“ steht also im Vordergrund und deckt sich mit der Intention von Qualitätsmanagementsystemen. Verantwortlichkeiten, Abläufe, Richtlinien und Anweisungen sind hier festgeschrieben und bilden im Unternehmen die Grundlage für das Erreichen der selbst festgelegten Qualitätsziele.

Die Einführung der DIN EN ISO 9000 ff. hat den deutschen Unternehmen deutlich gemacht, dass bei der Produktion weitaus mehr als bisher auf die Sicherung von Qualität zu achten ist. Dies ist insofern von Bedeutung, als dass sich diese Normenreihe nicht auf die Anwendung von Qualitätsmethoden selbst bezieht. Vielmehr soll sie dazu dienen, Modelle zur Darlegung der qualitätssichernden Maßnahmen im Außenverhältnis vorzustellen. Praktisch kann eine Darlegung nach DIN EN ISO 9000 ff. zum Beispiel Bestandteil eines Vertrags zwischen Kunde und Lieferant sein.

Daneben existieren eine Reihe von Vorschriften und Gesetzen, wie die EG-Maschinenrichtlinie sowie das Produkthaftungs- und Gerätesicherheitsgesetz, mit dem Ziel der europaweiten Harmonisierung sicherheitstechnischer Vorschriften. Sie reglementieren die Verkehrsfähigkeit bestimmter Produktgruppen und machen diese von einer Konformitätserklärung (CE-Kennzeichnung) abhängig. Die mittlerweile abgelöste EG-Maschinenrichtlinie 98/37/EG besagte bereits, dass die Erfüllung der grundlegenden Sicherheits- und Gesundheitsanforderungen bei einem sicheren Betrieb von Maschinen zwingend notwendig sei. Diese Anforderungen müssen verantwortungsbewusst angewandt werden, um den Stand der Technik bei der Herstellung sowie technische und wirtschaftliche Erfordernisse zu berücksichtigen.

Die Hersteller von Maschinen, die unter die EG-Maschinenrichtlinie fallen, sind verpflichtet, eine Analyse vorzunehmen, um alle mit den Maschinen verbundenen Gefahren zu ermitteln. Sie sind dann gehalten, die Maschinen unter Berücksichtigung der Analyseergebnisse zu entwerfen und zu bauen. Mittlerweile ist die Maschinenrichtlinie 2006/42/EG in Kraft. Hierin wird nun konkret vorgeschrieben, dass der Hersteller von Maschinen und Maschinenanlagen u. a. eine Risikobeurteilung (Gefahrenanalyse) durchzuführen hat. Die Gefahrenanalyse ist somit eine gesetzliche Anforderung, die im Anhang der Maschinenrichtlinie festgeschrieben ist. Entgegen der üblichen Praxis, ist sie jedoch vor Beginn der eigentlichen Konstruktion durchzuführen. Zu den Gefahrenanalysen gehört u. a. die FMEA, deren Einsatz es ermöglicht, frühzeitig in Erfahrung zu bringen, welche Risiken beispielsweise bei einer Produktentwicklung oder Prozessgestaltung eingegangen werden bzw. wie diese Risiken im Unternehmen zu behandeln sind und wie sie minimiert werden können.

Der Anwendungsbereich ist äußerst breit gestreut, er reicht von der ersten Phase der Produktentwicklung bis hin zur Serienproduktion. Nach ihrem Einsatz in der Luft- und Raumfahrttechnik sowie der Kerntechnik dient die FMEA heute in weiten Bereichen der Industrie zur präventiven Qualitätssicherung. Mit dieser Methode werden mögliche Fehler eines Systems, eines Produkts oder eines Prozesses bereits während der Entwicklungsphase analysiert. Anschließend kann dann das Risiko und eine sogenannte „Schwere der Auswirkung" bei Eintreten dieses Risikos abgeschätzt und Abstellmaßnahmen können eingeplant werden.

1.2 Geschichtliche Herkunft der FMEA

Die FMEA wurde im Raumfahrtprogramm der amerikanischen Weltraumorganisation NASA in den Jahren um 1959/1960 entwickelt. Gerade die Raumfahrttechnik ist ein Bereich, in dem der Begriff „Qualität" stark mit dem Begriff „Sicherheit" verbunden ist. Der Grund dafür liegt auf der Hand. Bei Vorhaben, die bis an die Grenze des technisch Machbaren gehen, bleibt nun einmal kein Raum für Fehler, sie müssen bereits vor ihren möglichen Auswirkungen erkannt und beseitigt werden. Auch sind die Möglichkeiten einer Fehlerbehebung stark eingeschränkt. Beispielsweise gilt zumeist für Produkte aus dem Raumfahrtsektor, wie Trägerraketen und Satelliten, die nicht korrekt funktionieren, dass diese unwiderruflich verloren sind. Es kann somit ein erheblicher wirtschaftlicher Schaden entstehen, dessen Ursache mitunter nur ein fehlerhaftes Bauteil mit einem äußerst geringen Wert ist oder auch ein fehlerhafter Programmiercode sein kann. Nachrichten dieser Art kann man immer wieder der Presse entnehmen.

In Deutschland fand die FMEA ihre erste Anwendung im Jahr 1980 unter der Bezeichnung „Ausfalleffektanalyse" nach DIN 25448 (diese wurde 2006 ersetzt durch die DIN EN 60812). Einsatzgebiete waren hier ebenfalls sicherheitskritische Bereiche wie die Kerntechnik und die Luft- und Raumfahrtindustrie.

Die Basis für die heutigen vielfältigen Anwendungsmöglichkeiten in nahezu allen Bereichen der Industrie wurde durch die Erweiterung der FMEA für den Einsatz in der Automobilindustrie Mitte der 1980er-Jahre geschaffen. Geschehen ist dies durch die Firma Ford und eine Arbeitsgruppe des VDA (Verband der Automobilindustrie e. V.) und der DGQ (Deutsche Gesellschaft für Qualität e. V.). Kernpunkte dieser Erweiterung waren zum einen die Unterteilung der FMEA in eine System-, Konstruktions- und Prozess-FMEA, um die FMEA den einzelnen Phasen des Produktlebenslaufs zuordnen zu können. Zum anderen die Einführung der Risikoprioritätszahl (RPZ), um eine Aussage darüber machen zu können, wie stark sich ein möglicher Fehler auswirkt. Dadurch konnte besser festgestellt werden, welche Verbesserungsmaßnahmen besonders dringend durchgeführt werden müssen. Die Risikoprioritätszahl wird hierbei aus der Wahrscheinlichkeit des Auftretens, der Bedeutung der Fehlerfolgen sowie der Entdeckungswahrscheinlichkeit errechnet. Die RPZ wird durch die Bewertung der Fehlerfolgen aus Sicht der Kunden ermittelt, sodass sich dadurch die starke Kundenorientierung heutiger Qualitätsmanagementsysteme dokumentiert. Hieraus entstanden ist dann das „FMEA-Formblatt 1986“.

Seit circa 1996 erfolgt die formelle Unterscheidung zwischen „System-FMEA Produkt“ und „System-FMEA Prozess“ mit einer Neuanordnung der Spalten im „FMEA-Formblatt 1996“.

Neben der eigentlichen FMEA existieren eine Reihe von Varianten, wie z. B. die FMECA (Failure Mode Effects and Critical Analysis) in der Luft- und Raumfahrtindustrie. Die Vorgehensweise wird dabei in eigenen Verfahrensvorschriften wie der European Cooperation for Space Standardization (ESA-ECSS) und dem Standard des US-amerikanischen Verteidigungsministeriums für Produktspezifikationen (MIL) festgelegt. Die Methodik unterscheidet sich gegenüber der FMEA durch die Bestimmung von absoluten Ausfallraten bzw. der Berechnung einer Kennzahl für die Bedenklichkeit eines Fehlerzustands. Eine weitere Besonderheit ist der starke Systembezug bei der Anwendung.

Das Ziel der FMEA und aller seiner Varianten besteht aber immer darin, potenzielle Fehler bei der Entwicklung eines Produkts bzw. bei der Prozessplanung bereits während der Produktplanung frühzeitig aufzudecken und durch geeignete Abstellmaßnahmen zu vermeiden. Gefahren bzw. Gefahrenquellen sollen damit rechtzeitig erkannt werden.

1.3 Der Begriff „Qualität“ im betrieblichen Umfeld

Die Fähigkeit, alle Kundenwünsche und -anforderungen eines Produkts über den gesamten Produktlebenszyklus erfüllen zu können, tritt als Wettbewerbsfaktor immer stärker in den Vordergrund. Hierbei ist festzustellen, dass das produktionswirtschaftliche Zielsystem eine stärkere Außenorientierung erfährt. Nicht mehr nur die Kosten stellen die dominierende Zielgröße dar, sondern Zielgrößen, die die Kundenwünsche umschreiben, wie Flexibilität, Lieferschnelligkeit, -fähigkeit und -treue sowie insbesondere Qualität bilden heute die Basis für den Unternehmenserfolg (Bild 1.5).

Qualität als Unternehmensziel lässt sich aber wirtschaftlich nur erreichen, wenn die Erzeugung von Qualität schon in der Planungs- und Entwicklungsphase eines Produkts einsetzt. Voraussetzung ist dabei die Definition von Qualitätszielen. Es müssen alle kunden- und produktspezifischen Erfordernisse unter Berücksichtigung der technischen, organisatorischen und gesellschaftlichen Randbedingungen erfasst werden, damit die an ein Produkt gestellten Anforderungen erfüllt werden können. Qualitätsrelevante Informationen, aus denen sich Produktanforderungen ableiten lassen, sind oftmals in vielfältiger Form vorhanden. Die Schwierigkeit besteht darin, situationsgerecht die jeweils geeigneten Informationen und Einflussfaktoren zu ermitteln, zu beurteilen und hieraus wirkungsvolle Maßnahmen abzuleiten.

Wie bereits in Abschnitt 1.1 erwähnt, ist die FMEA eine Methode, die zu Verbesserungen bei der Produkt- oder Prozessqualität führt und deren Positionierung im Unternehmen in den verschiedenen Phasen des Produktlebenslaufs liegen kann.

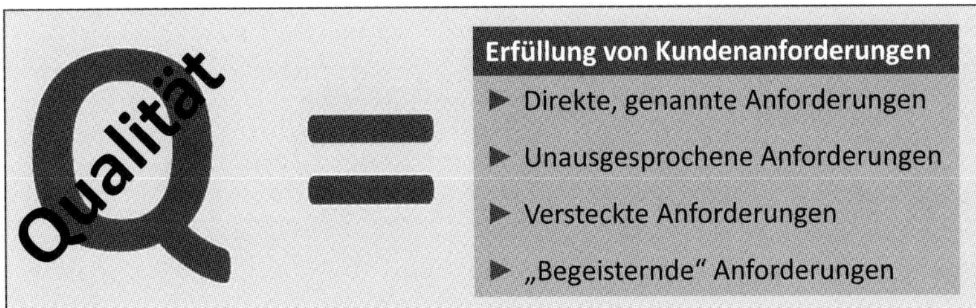

Bild 1.5 Erklärungsmodell der Kundenzufriedenheit

Die Begriffe Qualität, Qualitätssicherung oder auch Qualitätsmanagement haben eine vielfältige Bedeutung bzw. Interpretation erfahren. Sie beziehen sich u. a. auf:

- Organisation und Mitarbeiter
- Qualitätspolitik/Qualitätsziele
- Lieferantenorientierung
- Qualitätsmanagementwerkzeuge und -methoden
- Prozessqualität
- Produktqualität

Die Verwendung des im deutschen Sprachgebrauch seit Jahrzehnten eingeführten Begriffs „Qualitätssicherung“ stand als Synonym für alle Qualitätsaktivitäten in weiten Kreisen der Öffentlichkeit. Mittlerweile hat sich aufgrund der internationalen Normungsaktivitäten in diesem Bereich der Oberbegriff „Qualitätsmanagement“ durchgesetzt. In der Fachöffentlichkeit wird Qualitätssicherung jetzt dem angloamerikanischen Begriff „Quality Assurance“ mit untergeordneter Bedeutung zugeordnet.

Die Begrifflichkeiten sind mittlerweile in der DIN EN ISO 9000 (vormals DIN EN ISO 8402) verbindlich geregelt und als Begriffsnorm inhaltsgleich für die Bundesrepublik übernommen worden. Das Qualitätsmanagement als Oberbegriff umfasst unter anderem die Bereiche Qualitätsplanung, Qualitätslenkung und Qualitätsprüfung und stellt die Gesamtheit der qualitätsbezogenen Tätigkeiten und

Zielsetzungen in einem Unternehmen dar. Die zur Verwirklichung des Qualitätsmanagements erforderliche Organisationsstruktur, Verfahren, Prozesse und Mittel werden entsprechend der Normung in einem Qualitätsmanagementsystem, kurz: QM-System, dargelegt. Die Ablauforganisation in einem modernen Qualitätsmanagementsystem muss dabei die Qualitätssicherungselemente nach DIN EN ISO 9004 bzw. die Elemente des Qualitätskreises nach DIN 55350 (Bild 1.6) als qualitätswirksame Maßnahmen und Ergebnisse in den Phasen der Entstehung und Anwendung eines Produkts oder einer Tätigkeit beinhalten (Hinsch 2019).

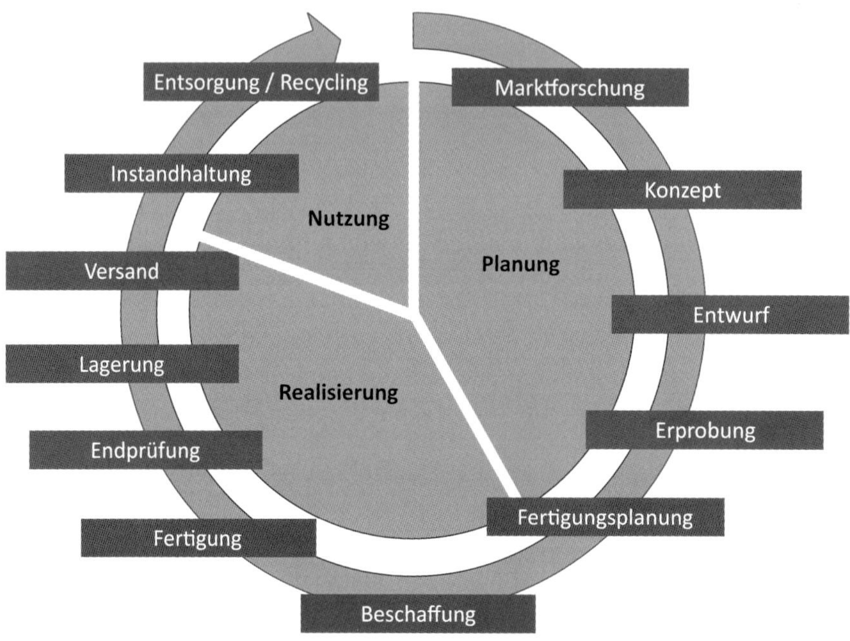

Bild 1.6 Qualitätskreis nach DIN 55350

Nach heutigem Verständnis ist das zentrale Thema im Qualitätsmanagement die zielorientierte Ausrichtung der Prozesse auf Produkt- und Dienstleistungsqualität unter Berücksichtigung der Unternehmensressourcen. Der Produktentwicklungsprozess reicht dabei von der Idee bzw. Marktanalyse über die Entwicklung bis hin zur Nutzung durch den Kunden, und es muss zusätzlich berücksichtigt werden, dass die Anforderungen ständig steigen. Auch wird vor dem Hintergrund der immer knapper werdenden Ressourcen sowie der zunehmenden Verpflichtung der Unternehmen hinsichtlich der Rücknahme ihrer ausgedienten Produkte der Fokus auf eine bessere Wiederverwertbarkeit bzw. effektiveres stoffliches Recycling gelegt. Fehlentscheidungen bzw. -entwicklungen bei einer Produkt- bzw. Prozessentwicklung sind damit nicht mehr durchgängig bis hin zur Phase der Entsorgung abzuschätzen. Nachhaltigkeit und Ressourceneffizienz sind in einer Produktplanung ebenfalls zu betrachten und damit natürlich auch Bestandteil von Qualitätssicherungsmaßnahmen.

In kleinen und mittleren Unternehmen steht zumeist das Produkt im Mittelpunkt der Betrachtung, bei Großunternehmen eher der Prozess, der Ablauf oder das einzelne Bauteil, das kontrolliert werden muss, ohne dass bekannt ist, wo es später eingesetzt wird.

Der technologische Wandel verstärkt sich zunehmend, die Komplexität einzelner Erzeugnisse verändert sich und auch das Eingehen auf die Bedürfnisse der Kunden unter Berücksichtigung der Wirtschaftlichkeit hat zunehmend an Bedeutung gewonnen. Vor diesem Hintergrund muss zukünftig die Entwicklungszeit verkürzt, die Planungssicherheit erhöht und gleichzeitig die Qualität der Produkte deutlich verbessert werden.

Im Maschinenbau und auch in anderen Industriezweigen werden zunehmend vom Auftraggeber Forderungen an die zu entwickelnden Produkte gestellt, die nicht nur das Produkt selbst, sondern auch den Entstehungsprozess und dessen Kontrolle betreffen. Der Einsatz von adäquaten, zielorientierten und unternehmensspezifischen Methoden, Konzepten und Werkzeugen zur Erfassung, Verarbeitung und Bereitstellung von Wissen versetzt Unternehmen dadurch bei der Produktentwicklung in die Lage, innovative und qualitativ hochwertige Produkte und Prozesse zu generieren, zu gestalten und umzusetzen. Der gesamte Produktplanungsprozess und damit auch die Planung von qualitätssichernden Maßnahmen ist im Hinblick auf die Kundenorientierung und die Wettbewerbsfähigkeit bei einer Produktentwicklung ein entscheidender Faktor geworden. Der Einsatz der FMEA unterstützt diesen Prozess, da in der FMEA-Dokumentation das für das Unternehmen wichtige Know-how über fehlerrelevante Zusammenhänge dokumentiert wird. Dieses wichtige, zumeist nur Experten bzw. Ingenieuren mit langjähriger Erfahrungspraxis bekannte Fachwissen, bildet die Grundlage für ein schnelles Reagieren auf die Marktbedürfnisse.

Der Lebenszyklus eines Produkts lässt sich vereinfacht in die drei Bereiche Planung, Realisierung und Nutzung unterteilen (Bild 1.6). Entgegen der Erkenntnis, dass ein fehlerfreies Produkt nur durch gezielte Fehlervermeidung in der Planung sicherzustellen ist, liegt der Schwerpunkt der Qualitätssicherungsaktivitäten gerade bei klein- und mittelständischen Unternehmen aus dem produzierenden Gewerbe zumeist noch in der Realisierungs- und Nutzungsphase. Dies ist bedingt durch die zumeist unvollständigen Informationen in den frühen Phasen der Produktentstehung. Die Konkretisierung der Anforderungen an ein Produkt und an eine Produktqualität nimmt im Verlauf einer Auftragsbearbeitung zu (Bild 1.7). Ein Forderungskatalog ist bei Auftragserteilung zumeist nicht vollständig und viele Details oder auch Problemstellen werden erst während der Bearbeitung erkannt bzw. geklärt. Dies darf jedoch nicht dazu führen, dass im zeitlichen Ablauf der Bearbeitung eine Verzögerung eintritt, da feststehende Verträge Abnahmen und Liefertermine regeln. Darüber hinaus unterstützen die organisatorischen Strukturen in kleinen (mittleren) Unternehmen eher den Bereich der Selbst- oder Gruppenkontrolle, da über den direkten Kontakt zum Kunden, der recht kurzfristig und außerdem unmittelbar zustande kommt, die eigentlich gewollte Kontrolle gegeben ist, nämlich die vom Markt bzw. die vom Kunden. Diese Kontrollfunktion ist in der Praxis sicher wirkungsvoller als eine formalisierte Kontrolle, die in einem Qualitätsmanagementhandbuch festgeschrieben ist.

Zusammengefasst kann gesagt werden, je vollständiger der Kunde die Anforderungen spezifiziert, desto eher ist ein kleines und mittleres Unternehmen (KMU) in der Lage, die geforderte Produktqualität zu liefern. Auch KMU müssen in der Lage sein, den Prozess der Informationsbereitstellung so zu gestalten, dass ein reibungsloser Ablauf im Unternehmen über alle Teilprozesse der Produktentstehung möglich ist, d. h., es muss erreicht werden, dass unausgesprochene bzw. versteckte Forderungen zu klar definierten Anforderungen überführt werden, damit ein möglichst großer Freiraum für die Gestaltung der nachfolgenden Teilprozesse entsteht. Qualitätsmanagement/-sicherung in der Produktion bzw. Herstellung bedeutet, dass nicht nur die Qualität einzelner Werkstücke innerhalb einer vorgegebenen Toleranz zu halten ist, sondern auch, dass der gesamte Produktionsprozess so gesteuert wird, dass das Produkt den festgeschriebenen Merkmalen entspricht. Dies ist eine Abkehr von der reinen Qualitätskontrolle, die zumeist nur begleitend oder nachbereitend wirksam sein kann, hin zu einer präventiven Qualitätssicherung.

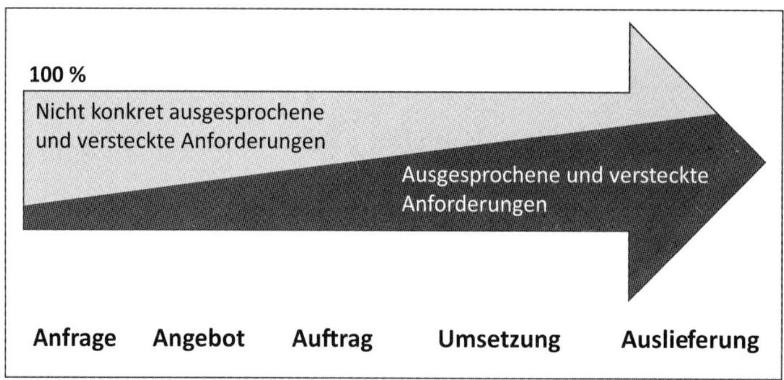

Bild 1.7 Vollständigkeit von Anforderungen

Insbesondere die Automobilindustrie hat in der Vergangenheit gezeigt, dass durch den Einsatz der FMEA eine Abkehr von der nachbereitenden Qualitätskontrolle hin zur präventiven Qualitätssicherung erreicht werden kann. Über Zulieferbetriebe wurde dann die Methode auch verstärkt in kleinen und mittleren Unternehmen eingesetzt, wo sie mittlerweile auch zum Standard gehört.

Auf ein qualifiziertes Methodengerüst, zu dem aufgrund ihres großen Einsatzbereichs die FMEA gehört, kann heute nicht verzichtet werden. Mit der FMEA wird während der Entwicklungs- und Planungsphase die Entwicklungs- und Planungsgüte und damit auch die Prozess- bzw. Produktqualität hinterfragt und bewertet.

1.4 Positionierung der FMEA-Methode zu anderen Qualitätsmethoden

Der Produktentwicklungs- und Produktionsprozess sind nicht nur vom Produkt abhängig, sondern auch von den entwickelnden und produzierenden Unternehmen, deren Organisationsstruktur, dem Fertigertyp und dem Vorhandensein und der Anwendung von Qualitätselementen und damit auch von Qualitätsmethoden. Der Zwang, effiziente Entwicklungsabläufe zu planen und zu realisieren, bedingt dabei eine gezielte Planung des Ressourceneinsatzes, um alle kritischen Schwachstellen im Design der Produkte bereits im Vorfeld der Fertigung zu beseitigen.

Während jeder Phase des Produktlebenslaufs müssen Maßnahmen ergriffen werden, um die Qualität des Endprodukts zu sichern. Hierzu existiert eine Reihe von Vorgehensweisen, die als *Methoden des Quality Engineering* oder auch als *Qualitätsmethoden* bezeichnet werden. Einige der bekanntesten sind z. B. die Planungssystematik Quality Function Deployment (QFD), die Fehler-Möglichkeits- und Einfluss-Analyse (FMEA), die Versuchsplanung (Design of Experiments, DoE), die Statistische Prozess-Kontrolle (SPC) und die Qualitätszirkelarbeit (Brüggemann und Bremer 2020). Doch nicht nur die in der Literatur beschriebenen Vorgehensweisen sind als Qualitätsmethoden zu betrachten, sondern auch „einfache qualitätssichernde Maßnahmen, wie z. B. das Arbeiten mit Checklisten oder die Überprüfung anhand eines Soll-Ist-Vergleichs.

Die Vielzahl der Qualitätsmethoden ist unterteilbar in drei Gruppen:

- Methoden, deren Einsatz nur in bestimmten Produktlebensphasen sinnvoll ist (z. B. Benchmarking, Konstruktions-FMEA, Prozess-FMEA etc.)
- Methoden, die eine Produktqualität über mehrere Produktlebensphasen beeinflussen (z. B. QFD, SPC etc.)
- Methoden, die unabhängig von der Produktlebensphase eingesetzt werden können (z. B. Checklisten, Soll-Ist-Vergleich etc.)

Die in Bild 1.8 aufgelisteten Methoden erheben keinen Anspruch auf Vollständigkeit, sollen aber aufzeigen, welche Vielzahl an Qualitätsmethoden in den einzelnen Produktlebensphasen ihre Anwendung finden. Diese Qualitätsmethoden werden auch als Werkzeuge bezeichnet, und sie wurden insbesondere in den letzten

Jahren entwickelt, um die Aufgaben der Qualitätssicherung zu erfüllen. Diese Aufgaben bestehen im Wesentlichen aus den Grundfunktionen: Qualitätsplanung, -lenkung, -prüfung und -förderung und müssen an jeder Stelle im Unternehmen erfüllt werden (Hering et al. 2003).

Marktforschung / Entwurf	Konzept / Erprobung	Fertigungsplanung	Beschaffung	Fertigung / Endprüfung	Lagerung / Versand	Instandhaltung
Produktplanung und Produktkonzept	Entwicklung und Konstruktion	Prozessplanung		Fertigung		Produkteinsatz
Methoden, deren Einsatz nur in bestimmten Phasen sinnvoll ist						
• Managementwerkzeuge • Benchmarking • Design forManufacturing • MakeorBuy	• Design Review • Qualitätsbewertung • Konstruktions-FMEA • FTA • Statistische Tolerierung • Statistische Versuchsmethodik • Design forAssembly • Wertanalyse • PokaYoke • DoE • Zuverlässigkeitssichernde Techniken	• Prozess-FMEA • Statistische Versuchsplanung • Total Productive Maintenance • Prozessaudit • Prüfpläne und Prüfverfahren	• Lieferantenbewertung • Lieferantenaudit	• „Klassische" Qualitätsprüfung • Prüfmittelüberwachung • Betriebspunktoptimierungsmethoden • NOAC • PokaYoke (Prozess) • Qualitätszirkel • PreControl • Systemaudit • Grundwerkzeuge		• Marktforschungsmethoden • Serienerprobung • Weibull-Analyse • Feldanalysen • Technisches Feedback • Kundenbefragung • Servicenetz • Händleraudit
Methoden, die die Produktivität über mehrere Phasen beeinflussen						
• QFD – Quality Function Deployment				• SPC – Statistical Process Control		
Methoden, die unabhängig von der Produktphase eingesetzt werden können						
• Soll-Ist-Vergleich; Checklisten; elementare Werkzeuge / Systemtechnik						

Bild 1.8 Qualitätsmethoden in den einzelnen Teilprozessen der Produktentstehung

Unter *Qualitätsplanung* ist das Auswählen, Klassifizieren und Gewichten der Qualitätsmerkmale zu verstehen. Hierzu können Qualitätsmethoden wie QFD, FMEA oder die statistische Versuchsplanung (DoE) eingesetzt werden. Mit Design of Experiments (DoE) werden detailliert beschriebene Versuchspläne bezeichnet, deren Aufgabe es ist, Qualitätsmerkmale gleich bei der Entwicklung neuer Dienstleistungen oder Produkte durch gezielte Einflussfaktoren zu beschreiben.

Bei der *Qualitätslenkung* wird die Realisierung des Produkts überwacht und korrigiert, und auch hier kommen Methoden wie die FMEA oder QFD zum Einsatz (Schmitt und Pfeifer 2015).

In der *Qualitätsprüfung* wird festgestellt, inwieweit die Qualitätsforderungen erfüllt werden (Hering et al. 2003). Sie gliedert sich in die Schwerpunkte: Prüfplanung, -ausführung und Prüfdatenerfassung. Dabei wird in der Prüfplanung festgelegt, was wann wie und womit geprüft wird (Schmitt und Pfeifer 2015). In der Prüfausführung wird dies durchgeführt und in der anschließenden Prüfdatenerfassung ausgewertet. Hierbei finden vor allem die klassischen Prüfmethoden ihren Einsatz.

Die *Qualitätsförderung* hat zum Ziel, die Mitarbeiter eines Unternehmens zu einem qualitätsorientierten Denken und Handeln zu motivieren. Das beinhaltet zum Beispiel die Einführung des betrieblichen Vorschlagswesens oder das Arbeiten in Qualitätszirkeln (Hering et al. 2003).

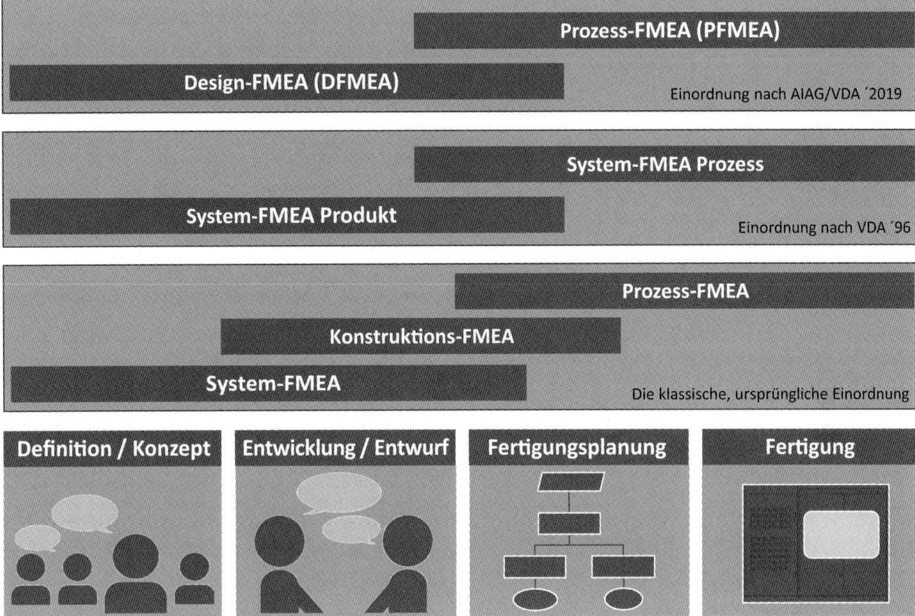

Bild 1.9 Einordnung der FMEA-Methode in den Produktlebenslauf

Neben den neueren Methoden des Qualitätsmanagements, wie QFD, DoE und FMEA existieren rechnergestützte Hilfsmittel, die den Informationsfluss und -austausch im Produktentstehungsprozess unterstützen. Simulationen von Bewegungsvorgängen und Festigkeitsberechnungen mit der Finite-Elemente-Methode (FEM) sind beispielsweise integrale Bestandteile von modernen CAD-Systemen, deren Anwendung bereits im Vorfeld einer Produktentstehung Aussagen über Produkteigenschaften liefern. Ähnliches gilt für die Fertigung. Auch hier existieren verschiedene Programme, die den gesamten Bearbeitungsvorgang unter Vorgabe von Werkzeugen und Bearbeitungsstrategien am Computer simulieren. Somit zählen diese Systeme und Hilfsmittel zu den präventiven Maßnahmen, die verstärkt im Vorfeld der Produktentstehung eingesetzt werden.

Die betriebliche Praxis zeigt jedoch, dass gerade beim klein- und mittelständischen Unternehmen eine große Lücke zwischen dem Angebot und der tatsächlichen Anwendung der vorhandenen Ansätze, Hilfsmittel (Werkzeuge) und Methoden vorhanden ist. Die Ursachen hierfür sind äußerst vielschichtig. Zum einen ist im Vergleich zu Großunternehmen neben den finanziellen Aufwendungen für moderne

Fertigungseinrichtungen und Computersystemen die personelle Situation zu berücksichtigen. Viele Hilfsmittel und Werkzeuge zur präventiven Qualitätssicherung sind gerade bei kleinen Unternehmen nur mit größter Anstrengung zu implementieren, da oft die Voraussetzungen nicht gegeben sind bzw. Personalengpässe existieren. Hier bestimmt zumeist das Tagesgeschäft das Geschehen. Auch ist eine Angemessenheit der eingesetzten Werkzeuge und Hilfsmittel zu bedenken. Qualität um jeden Preis kann nicht die Devise von Unternehmen sein, sondern die Anforderungen, die an ein Produkt gestellt werden, sind möglichst mit den vorhandenen Ressourcen zu erfüllen. Rechnerunterstützte Hilfsmittel dürfen dabei nicht zum reinen Selbstzweck werden.

Eine weitere Hauptursache für die geringe Akzeptanz bzw. Anwendung von qualitätssichernden Maßnahmen innerhalb der Planungsphase liegt in der betrieblichen Organisation und der fehlenden Abstimmung der an einer Entwicklung beteiligten Stellen, denn der Einsatz von präventiven Methoden des Qualitätsmanagements setzt einen geordneten Produktentstehungsprozess voraus und darf nicht, verursacht durch Zeitdruck, unabgestimmt ablaufen. Dieser durchgängige und geordnete Informationsfluss wirkt sich dabei direkt auf die Änderungshäufigkeit aus, denn zwei Drittel aller technischen Änderungen können durch eine bessere Kommunikation und Disziplin im Projektablauf vermieden werden (Clark und Fujimoto 1992). Hier ist sicherlich auch der größte Handlungsbedarf für kleinere und mittlere Unternehmen zu sehen. Vorhandene Ressourcen müssen effizient eingesetzt werden. Deshalb sind die in diesen Unternehmen oftmals vorhandenen flachen Organisationsstrukturen als Basis für eine effektivere Produktplanung und damit auch für die Qualitätsplanung zu nutzen.

Die Ressourcen der Mitarbeiter eines Unternehmens setzen sich aus drei Hauptkomponenten zusammen. Die erste Komponente stellt die Arbeitszeit der Mitarbeiter dar, die zweite wird vom Wissen der Mitarbeiter geprägt und die dritte durch den Grad ihrer Motivation. Erst das abgestimmte Zusammenspiel aller drei Komponenten führt zu einer Effizienz bei der Durchführung von Aufträgen bzw. Projekten und zu einer optimalen Nutzung der vorhandenen Ressourcen.

2 Grundlagen der FMEA

2.1 Zweck und Einsatz der FMEA

Mithilfe der Fehler-Möglichkeits- und Einfluss-Analyse sollen für einen beliebigen Betrachtungsgegenstand alle potenziellen Ausfallarten und deren Ursachen und Auswirkungen identifiziert und analysiert werden. Die Gründe für die Durchführungen einer FMEA sind nach DIN EN 60812:2015-08 – Entwurf folgende:

- kosteneffizientes Verbessern des Designs einer Einheit oder eines Prozesses durch Beeinflussung zu einem frühen Zeitpunkt in der Entwicklung
- Identifizieren von Risiken in Bezug auf das Nichterfüllen von definierten Anforderungen für ein Design oder einen Prozess (Sicherheitstechnik, Leistungsfähigkeit etc.)
- Verringerung von Betriebskosten für Betrachtungsgegenstände durch die Sensibilisierung von Mitarbeitern hinsichtlich Ausfallarten, deren Auftrittsrate und den Auswirkungen: Instandhaltung, Hilfestellungen und andere Handlungen können dann besser geplant werden.
- Bereitstellung eines Kernprozesses, der einen nachweisbaren Zusammenhang zwischen Funktion, Einheits- oder Prozessverhalten und einem entwickelten Wert (System, Bauteil, Prozessschritt etc.) aufweist
- Erfüllung von gesetzlichen und unternehmerischen Verpflichtungen durch den Aufbau von Rückverfolgbarkeit und Nachweis, dass Risiken beherrscht und akzeptiert wurden

Die Risikobeurteilung in Bezug auf Produkte und Prozesse ist wesentlicher Bestandteil einer Entwicklungsaufgabe und neben einer oftmals unternehmensintern vorgeschriebenen Anwendung auch wesentlicher Bestandteil für das Inverkehrbringen und die Inbetriebnahme von Maschinen im Europäischen Wirtschaftsraum. Entsprechende Normen regeln das Vorgehen bzw. geben Leitsätze hierfür vor. In der DIN EN ISO 12100 wird die grundsätzliche Terminologie und Methodologie beschrieben, und es werden allgemeine Leitsätze zur Risikobeurteilung und -minderung aufgeführt. Diese Norm fasst die bisherigen Normen DIN EN ISO 12100-1, die mittlerweile zurückgezogen wurde, und die DIN EN ISO 12100-2 (ebenfalls zurückgezogen) sowie die Norm DIN EN ISO 14121-1 inhaltlich zusammen.

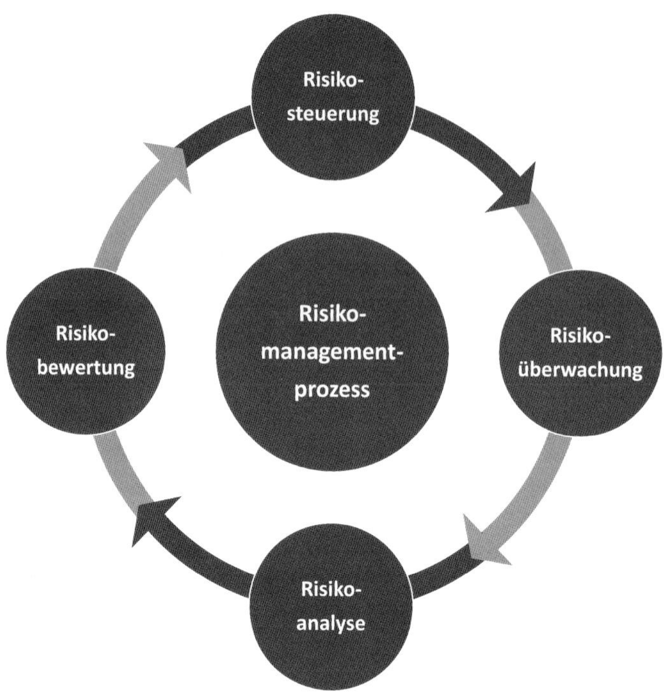

Bild 2.1 Prozesskreislauf beim Risikomanagement

Das Ziel der FMEA ist die Vermeidung von Fehlern im frühestmöglichen Stadium einer Produkt- bzw. Prozessentwicklung (Brüggemann und Bremer 2020). Risiken in Bezug auf die Herstellung und die Anwendung sollen damit auf ein Mindestmaß reduziert werden. Ein Risiko wird als Kombination der Wahrscheinlichkeit des Eintritts eines Schadens und seines Schadenausmaßes definiert. Für diese Faktoren existieren eine Reihe von Verfahren und Methoden, wobei zwei Grundtypen der Risikoanalyse unterschieden werden. Zum einen werden sie als deduktive Verfahren und zum anderen als induktive Verfahren, zu denen auch die FMEA zählt, bezeichnet. Beim deduktiven Verfahren wird von einem Ereignis, z. B. der Ausfall einer Maschine, ausgegangen und analysiert, was die Ursache hierfür sein könnte. Beim induktiven Verfahren werden mögliche Abweichungen an einzelnen Elementen eines Produkts oder Prozesses angenommen und die Auswirkung auf das Produkt oder Prozess analysiert.

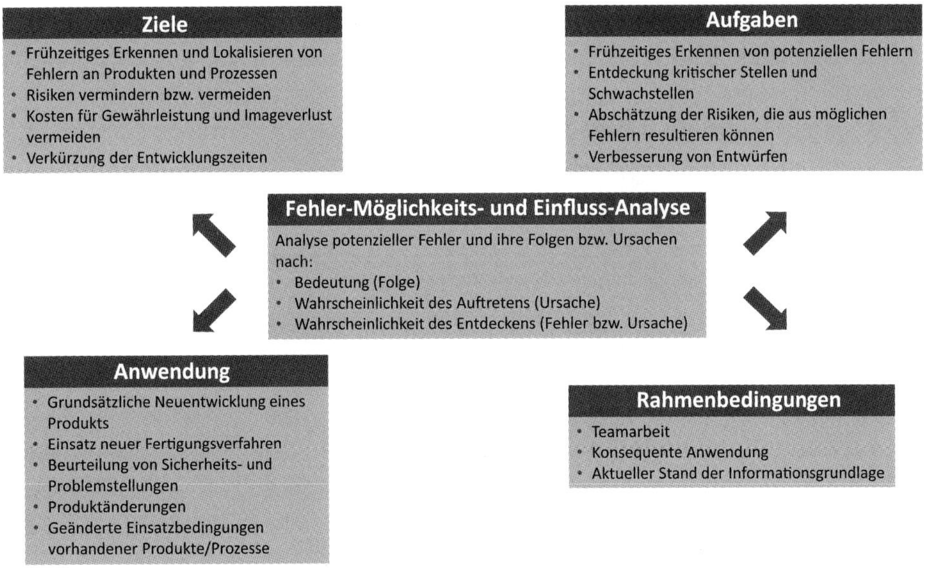

Ziele

- Frühzeitiges Erkennen und Lokalisieren von Fehlern an Produkten und Prozessen
- Risiken vermindern bzw. vermeiden
- Kosten für Gewährleistung und Imageverlust vermeiden
- Verkürzung der Entwicklungszeiten

Aufgaben

- Frühzeitiges Erkennen von potenziellen Fehlern
- Entdeckung kritischer Stellen und Schwachstellen
- Abschätzung der Risiken, die aus möglichen Fehlern resultieren können
- Verbesserung von Entwürfen

Fehler-Möglichkeits- und Einfluss-Analyse

Analyse potenzieller Fehler und ihre Folgen bzw. Ursachen nach:

- Bedeutung (Folge)
- Wahrscheinlichkeit des Auftretens (Ursache)
- Wahrscheinlichkeit des Entdeckens (Fehler bzw. Ursache)

Anwendung

- Grundsätzliche Neuentwicklung eines Produkts
- Einsatz neuer Fertigungsverfahren
- Beurteilung von Sicherheits- und Problemstellungen
- Produktänderungen
- Geänderte Einsatzbedingungen vorhandener Produkte/Prozesse

Rahmenbedingungen

- Teamarbeit
- Konsequente Anwendung
- Aktueller Stand der Informationsgrundlage

Bild 2.2 Ziele, Anwendungsmöglichkeiten und Randbedingungen für den Einsatz der FMEA

Bei der FMEA-Methode handelt es sich um ein formalisiertes Verfahren, mit dem Fehler in Systemen, Konstruktionen und Prozessen vorausschauend und zielgerichtet ermittelt werden, um so einer vorbeugenden Qualitätssicherung gerecht zu werden. Ausgehend vom Betrachtungsgegenstand werden hier alle erdenklichen Fehler und deren Ursache sowie deren Auswirkung ermittelt. Anschließend findet eine Bewertung statt, und es werden entsprechende Maßnahmen eingeleitet, die eine Abhilfe schaffen können. Darüber hinaus kann die FMEA jedoch auch als Problemlöser eingesetzt werden. Hier geht es gegenüber dem erstgenannten Einsatzgebiet darum, bereits aufgetretene Fehlerquellen zu analysieren und Abstellmaßnahmen einzuleiten. Betrachtet man die Branchen, in denen die Methode heute eingesetzt wird, so sind fast alle fertigungstechnischen Bereiche vertreten.

Ein wesentliches Merkmal der Methode ist die Bestimmung von *Risikoprioritätszahlen* (*RPZ*), oder, nach dem neuen Standard in der Automobilindustrie, die Festlegung der *Aufgabenpriorität* (*AP*). Ziel hierbei ist es, eine Aussage bzw. Hinweise über die Dringlichkeit der verschiedenen, analysierten Fehlermöglichkeiten zu erhalten. Die RPZ ergibt sich dabei aus dem Produkt dreier Zahlenwerte, die im Einzelnen Einschätzungen über die *Entdeckungswahrscheinlichkeit E* des Fehlers oder seiner Ursache, die *Auftretenswahrscheinlichkeit A* der Fehlerursache sowie über die *Bedeutung des Fehlers B* darstellen. Die FMEA liefert dabei eine vorwiegend *qualitative Bewertung*. Hohe RPZ-Werte alleine geben keinen Hinweis auf die Dringlichkeit, sich mit den dokumentierten Fehlern näher zu befassen. Erst in Kombination mit beispielsweise sehr hohen Einzelbewertungen sind sie ein Indikator dafür, dass Verbesserungsmaßnahmen für den Betrachtungsgegenstand erforderlich sind, um spezifizierte Risiken zu minimieren.

Diese Schlussfolgerungen wurden mit der Einführung der Aufgabenpriorität weiterentwickelt. Dezidiert werden nach dem neuen Bewertungsschema von VDA und AIAG die möglichen Einzelbewertungen der drei Bewertungsgrößen kombiniert und insgesamt drei Gruppen (hoch, mittel, niedrig) zugeordnet. Führend ist dabei jeweils die *Bedeutung B* mit der Bewertung der Fehlerfolge.

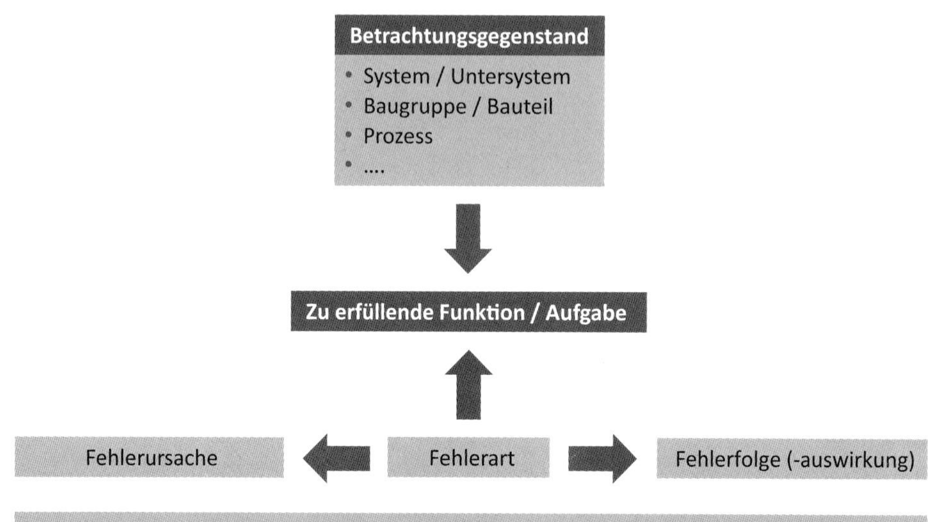

Bild 2.3 FMEA-Methodik

Das systematische Untersuchen eines technischen Systems im Hinblick auf potenzielle Fehler setzt eine gründliche und umfassende Betrachtung hinsichtlich der Zusammenhänge einzelner umgesetzter Funktionen voraus. Das stellt neben der Bewertung der einzelnen Risiken die größte Herausforderung bei der Methodenanwendung dar. Bewertungen sind zumeist subjektiv und unterliegen einer großen Unsicherheit. Es werden für die Einzelbewertungen jeweils Werte zwischen „1" und „10" vergeben, sodass die hieraus zu berechnende RPZ im Bereich von „1" bis „1000" liegen kann. Vorteil dieses Bewertungssystems war, dass hiermit Auswertungen und das Ableiten von Handlungsempfehlungen über geeignete Software durchgeführt werden konnten. Mithilfe festgelegter Schwellenwerte konnten vorgegebene Maßnahmen zur Risikominimierung initiiert werden. Dies war gleichzeitig aber auch ein großer Schwachpunkt dieses Ansatzes. Wie bereits erwähnt, darf nicht nur die absolute Größe der Risikoprioritätszahl betrachtet werden, sondern es sind immer auch die Einzelbewertungen von Relevanz. Die RPZ ist nur bedingt für quantitative Einschätzungen verwendbar. Aus diesem Grunde sollte die RPZ auch nicht im Sinne einer festen Schranke, z.B. RPZ > 125, zur Selektion von zu behebenden Fehlern liegen, sondern nur zur Erstellung einer Prioritätenliste verwendet werden (Schmitt und Pfeifer 2015). Durch eine subjektive Einschätzung einzelner FMEA können die Bewertungsmaßstäbe erheblich voneinander abweichen und sind dadurch nicht mehr vergleichbar.

Um die Eingabe falscher, meist zu niedriger Bewertungen zu verhindern, müssen Regeln eingehalten werden, die einerseits eine kritische Bewertung des Untersuchungsgegenstands sicherstellen, andererseits muss aber auch verhindert werden, dass nur Werte im oberen Skalenbereich Anwendung finden. Daher sollte die Bewertung nach den Risikobewertungstabellen erfolgen, die neben den Zahlenwerten noch differenzierte Erklärungen bzw. Begründungen für die zu vergebende Punktzahl enthalten (siehe auch Abschnitt 2.5).

Dieses Bewertungssystem wurde mit der Harmonisierung der bisherigen Standards nach VDA und AIAG abgelöst. Die Aufgabenpriorität (AP) ersetzt nun die Risikoprioritätszahl (RPZ), und es fand eine Clusterung in drei Gruppen statt. An den Einzelbewertungen hat sich aber nichts geändert. Hier gelten weiterhin Bewertungen zwischen 1 und 10. Die Aufgabenpriorität dient dabei aber nicht der Priorisierung von hohen, mittleren und niedrigen Risiken, sondern der Priorisierung der Maßnahmen zur Risikoreduzierung (siehe auch Abschnitt 2.8).

Ein entscheidender Vorteil der FMEA gegenüber anderen Methoden ist das systematische Sammeln von Erfahrungswissen über Fehlerzusammenhänge und deren Einfluss auf die Qualität der Produkte und Prozesse. Durch die Dokumentation von Unternehmens-Know-how steht dieses Wissen auch langfristig den Mitarbeitern im Unternehmen zur Verfügung. Die FMEA und andere verwandte Methoden stellen ein wesentliches Hilfsmittel zur Schaffung von geschlossenen Qualitätsregelkreisen dar. Sie liefert zum einen im planerischen Bereich eine Wissensbasis an Erfahrungen aus vorangegangenen Lösungen sowie gezielte Handlungsanstöße zur Verbesserung der Planungsprozesse. Doch auch in den nachfolgenden Teilprozessen der Produktentwicklung kann der Einsatz der FMEA durch das Bereitstellen von Erfahrungswissen über die Rückkopplung von Abstellmaßnahmen aus vorangegangenen FMEA zu aktuellen Ursachen in Bezug auf Qualitätsmängel eine Basis für zukünftige Entwicklungen darstellen.

Tabelle 2.1 Methodischer Zusammenhang bei einer FMEA

Betrachtungsebene	Betrachtungsgegenstand	Eingangsgrößen/Voraussetzungen	Durchführende Organisationen
System (Gesamt)	Übergeordnetes Produkt/technische System	Produktkonzept	Entwicklung/Planung
Konzept/Entwurf	Bauteil	Konstruktionsunterlagen	Konstruktion/Entwicklung
Prozess (Umsetzung/Ausführung)	Fertigungs-, Montageprozess etc.	Fertigungs- und Montagepläne etc.	Allgemeine Planungsbereiche

In der Literatur werden verschiedene Arten der FMEA angegeben. Die ursprüngliche klassische Unterteilung ging von einer Dreiteilung aus. Es gab eine *System-FMEA*, eine *Konstruktions-FMEA* und eine *Prozess-FMEA*. Während das methodische Vorgehen bei der Anwendung der FMEA gleich bleibt, sind lediglich die betrachteten Objekte bzw. die Analysentiefe unterschiedlich (für Näheres hierzu siehe Abschnitt 2.4). Die Ergebnisse der System-FMEA sind eine geeignete Basis für die Konstruktions-FMEA und deren Ergebnisse können wiederum bei der Prozess-FMEA verwendet werden. Vorteil dieser Unterteilung war, dass in der Ursache-Wirkungs-Kette in Bezug auf die unterschiedlichen FMEA-Arten eine hierarchische Verschiebung erkennbar wird. Die Fehlerursache wird jeweils zur Fehlerart und die Fehlerart zur Fehlerauswirkung in der nachfolgenden FMEA.

Bei der Anwendung der FMEA traten jedoch verschiedene Nachteile auf und insbesondere aus den Erfahrungen der Anwendung in der Automobilindustrie wurde eine Weiterentwicklung der FMEA-Methode durchgeführt (Verband der Automobilindustrie e. V. 2006). Die Konstruktions-FMEA wurde in Richtung System-FMEA Produkt erweitert, damit über die Fehlerbetrachtung auf Bauteilebene hinaus der funktionale Zusammenhang sämtlicher Bauteile eines Produkts betrachtet werden kann. Ähnliches gilt für die Prozess-FMEA. Hier werden mögliche Fehler in den einzelnen Teilprozessschritten lokalisiert, und der gesamte Herstellungsprozess bleibt dabei unberücksichtigt. Eine systematische Analyse des gesamten Prozesses wird nicht durchgeführt und machte die Weiterentwicklung in Richtung System-FMEA Prozess erforderlich. Als oberste Einteilung gibt es nur noch zwei unterschiedliche Sichten. Zum einen werden Funktionen und zum anderen Abläufe betrachtet (für Näheres hierzu siehe Abschnitt 2.5).

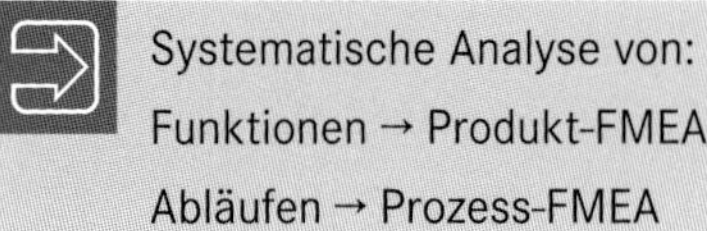

Systematische Analyse von:

Funktionen → Produkt-FMEA

Abläufen → Prozess-FMEA

Der Verband der Automobilindustrie (VDA) schuf daraufhin zusammen mit der amerikanischen Automotive Industry Action Group (AIAG) einen gemeinsamen internationalen Standard (Automotive Industry Action Group 2019). Die mit den jeweiligen Standards der beiden Dachverbände erstellten FMEA unterschieden sich nämlich in verschiedenen Punkten, beispielsweise bei der Risikobewertung, den Bewertungstabellen oder der Abgrenzung. Das hatte häufig zu langfristigen Diskussionen geführt und einen beträchtlichen Mehraufwand nach sich gezogen.

Bezeichnet werden die Methoden nun als *DFMEA* (*Design FMEA*) bzw. *PFMEA* (*Prozess FMEA*). Unterteilt wird das methodische Vorgehen nicht mehr in fünf Aufgabenbereiche (Schritte), sondern es sind hieraus nun sieben Elemente entstanden.

Auf Normungsebene wurde im Jahr 2015 ein Entwurf der Fehlzustandsart- und -auswirkungsanalyse (FMEA) veröffentlicht (DIN EN 60812:2015-08 - Entwurf). Diese europäische Norm beschreibt ebenfalls die Vorgehensweise der Methode, wobei hier nicht zwischen unterschiedlichen FMEA-Arten unterschieden wird. Die Norm gibt an, dass eine FMEA darauf abzielt, zu bestimmen, wie Einheiten oder Prozesse ausfallen könnten, um geeignete Handlungen zu finden, die mögliche Ausfälle verhindern können. Um eine Priorisierung von Ausfallarten zu unterstützen, wird entsprechend dieser Norm zusätzlich eine Kritikalitätsanalyse durchgeführt. Die FMEA wird damit dann zur FMECA - der sogenannten Ausfalleffekt- und Kritikalitäts-Analyse (für Näheres dazu siehe Abschnitt 2.7).

2.2 Voraussetzungen zur FMEA-Durchführung

Die Vermeidung von Fehlern ist das Hauptziel einer FMEA-Anwendung. Ein Zusatzeffekt entsteht durch die Dokumentation der Ergebnisse. Das unternehmenswichtige Expertenwissen wird strukturiert und nachvollziehbar schriftlich festgehalten und somit für spätere bzw. nachgeschaltete Entwicklungen (Produkte, Prozesse etc.) zugänglich gemacht. Darüber hinaus hängt die Wirksamkeit dieser Methode entscheidend von den richtigen Einsatzbedingungen und vom Wissensstand der Anwender ab.

Diese Forderungen erzeugen gerade bei kleinen und mittleren Unternehmen Probleme, die eine sehr flache Organisationsstruktur besitzen und ihre Prioritäten auf das Tagesgeschäft legen. Zu den Herausforderungen zählt neben der Zeitnot und der Terminsituation oft die fehlende Unterstützung durch die Unternehmensleitung. Kam früher noch das fehlende Fachwissen über die Methode sowie nicht vorhandene Schulungsmöglichkeiten hinzu. Dies hat sich aufgrund der großen Verbreitung und Akzeptanz dieser Methode heutzutage gewandelt. Literatur gibt es in vielfältiger Art und auch die Anbieter von entsprechenden Schulungsmaßnahmen haben stark zugenommen. Demgegenüber hat sich die Situation bezüglich zeitlicher Vorgaben noch verschärft. Entwicklungsaufgaben sind in immer kürzeren Zyklen umzusetzen. Auch stehen viele Unternehmen Neuerungen kritisch gegenüber, deren Vorteile nicht sofort erkennbar sind und keinen unmittelbaren wirtschaftlichen Erfolg versprechen.

Schätzungen gehen von einem nicht unerheblichen Zeitbedarf für die Produkt- bzw. Prozessplanung aus. Dem wurde auch mit der Harmonisierung Rechnung getragen. Durch die Einführung von entsprechenden Vorlagen mit für ein Unternehmen wichtigen inhaltlichen Merkmalen hinsichtlich ähnlicher Produkte bzw. Prozesse werden die Aufwendungen stark reduziert. Damit sinken letztendlich auch die zusätzlichen Zeitaufwendungen beträchtlich.

Auch besteht häufig die Schwierigkeit bei der Durchführung einer FMEA darin, die geeigneten Teammitglieder, die nicht zwangsläufig zum Unternehmen gehören müssen, in einer Gruppe zusammenzustellen bzw. in die Untersuchungen mit einzubeziehen. So kann beispielsweise bei einer Prozess-FMEA, bei der die Betreiber von Produktionsanlagen, die oft von vielen verschiedenen Anbietern stammen, nicht das gleiche Wissen wie bei den Herstellern vorhanden sein. Bei der Produkt-FMEA kann beim genannten Beispiel daraus die Forderung abgeleitet werden, auch die Lieferanten der Zukaufteile in die FMEA-Projekte zu integrieren. In Zeiten der Vernetzung und den verbesserten Möglichkeiten zur Kommunikation (Videokonferenzen, Skype etc.) lassen sich diese Hürden heutzutage jedoch meistern. Videokonferenzlösungen erlauben es, flexibel und bequem zusammenzuarbeiten. Videokonferenzen können kurzfristig angesetzt werden, und die zeitliche Flexibilität wird durch die räumliche Flexibilität ergänzt. Voraussetzung ist lediglich ein internetfähiger Rechner. Bestehen bleiben nur die organisatorischen Herausforderungen wie z. B. Terminabsprachen.

Dieses Szenario hat sicherlich weitreichende Konsequenzen für einen erfolgreichen Einsatz der Methode und trifft nur für ein eingeschränktes Produktspektrum zu. Wichtig ist deshalb, dass vor Einführung der Methode zuerst die innerbetrieblichen Rahmenbedingungen geklärt werden müssen.

Insgesamt lassen sich für den Einsatz der FMEA einige Forderungen und Bedingungen ableiten, die es zu erfüllen gilt, damit sich die erhofften Auswirkungen auf die Produkt- und Prozessqualität einstellen:

- Die Unternehmensleitung muss gegenüber den Mitarbeitern ihren Willen und ihr Interesse an der Einführung der Methode deutlich machen, u. a. muss auch deutlich gemacht werden, welche Ziele verfolgt werden und welche Konsequenzen sich für das Unternehmen/die Mitarbeiter ergeben.
- Es muss für alle betroffenen Mitarbeiter die Strategie bezüglich des Methodeneinsatzes erkennbar sein.

- Alle beteiligten Mitarbeiter müssen die Gelegenheit bekommen, sich inhaltlich ausreichend mit der Methode auseinanderzusetzen, d. h., es müssen ausreichende Schulungsmöglichkeiten vorgesehen werden.
- Die Vorgehensweise bei der Methodendurchführung muss im Vorfeld geklärt und für alle Anwender verbindlich festgeschrieben werden.
- Die Koordination der Methodendurchführung ist zu klären. Für die Methodendurchführung ist ein Moderator erforderlich, und die erarbeiteten Ergebnisse müssen dokumentiert und aufbereitet werden, damit sie eine größtmögliche Verstetigung erfahren.

Die FMEA ist eine teamorientierte Methode, die vielfältige Nutzenpotenziale zur Optimierung der betrieblichen Leistungserbringung bietet. Sie bedarf aber, wie bereits erwähnt, der organisatorischen Einbettung in die Geschäftsprozesse und der Anerkennung und Unterstützung durch die Unternehmensleitung, um die Potenziale im drängenden Alltagsgeschäft entfalten zu können. Die gründliche Durchführung einer FMEA ist zeitintensiv und bindet wichtige Entscheidungsträger in einem Unternehmen. Durch eine weitgehende Aufgabenteilung ist das Wissen über das jeweilige Produkt im Allgemeinen auf mehrere Personen verteilt, was wiederum die Schlussfolgerung zulässt, dass alle am Produktentwicklungsprozess beteiligten Personen bei der Erstellung einer FMEA zusammenarbeiten müssen (Bild 2.4 und Bild 2.5).

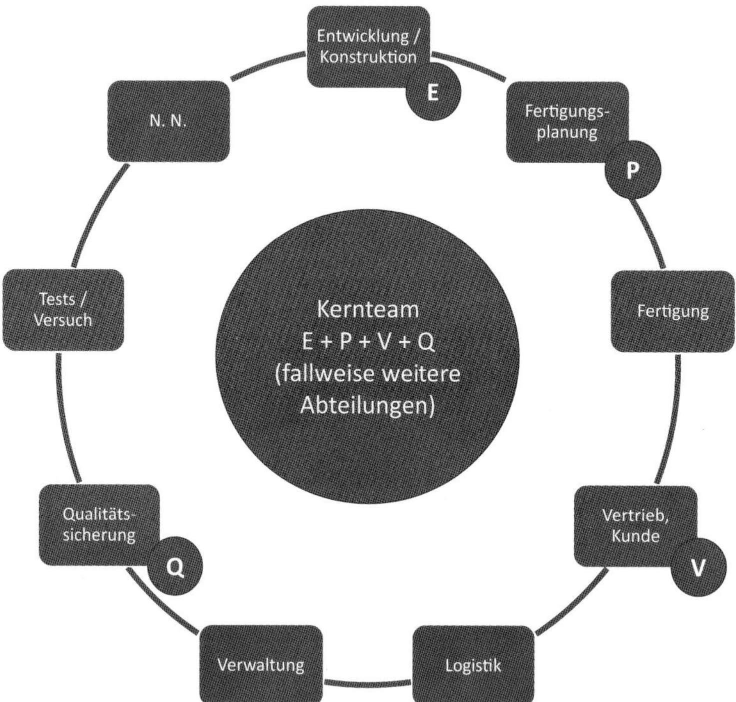

Bild 2.4 Teamzusammensetzung bei der FMEA

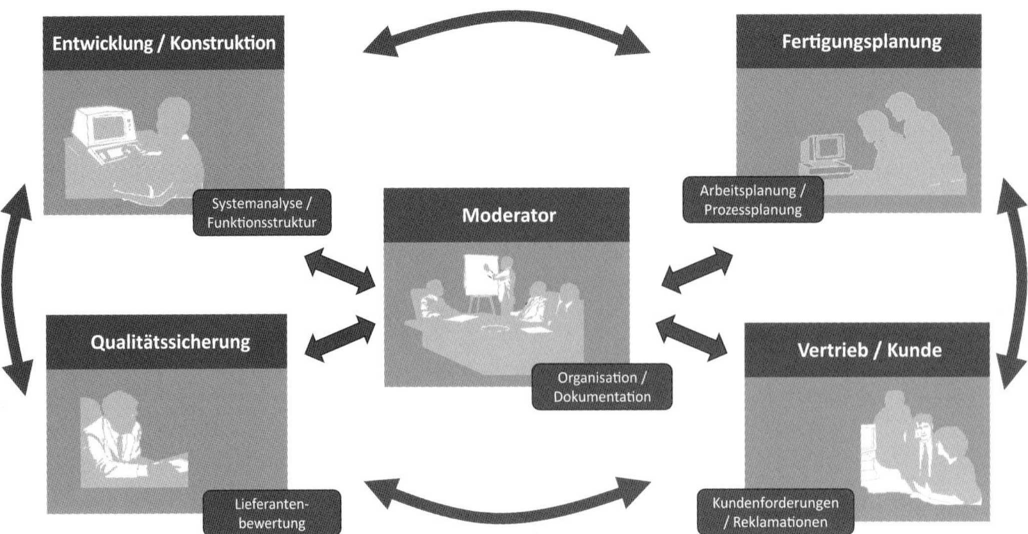

Bild 2.5 Beispiel einer Aufgabenverteilung innerhalb eines FMEA-Teams

Der Aufwand für die Erstellung einer FMEA ist in der Einführungsphase deutlich höher als der Nutzen und wird u.a. durch die Komplexität des Untersuchungsobjekts, die Gründlichkeit der Untersuchung und die Qualität der Vorbereitung für die Analyse beeinflusst.

Die Wirkung einer durchgeführten FMEA stellt sich erst mittel- bzw. langfristig ein, und die dadurch erreichbaren Unternehmensziele können sehr vielschichtig sein:

- Funktionssicherheit und Zuverlässigkeit der Produkte
- Reduzierung von Gewährleistungskosten
- Verkürzung der Entwicklungsprozesse
- weniger störungsanfällige Serienläufe
- wirtschaftlichere Fertigung
- bessere Serviceleistungen
- bessere innerbetriebliche Kommunikation

Die Forderung nach Teamarbeit bedeutet aber nicht zwangsläufig, dass die gesamte Bearbeitung gemeinsam durch die Gruppe in Teamsitzungen durchgeführt werden muss. Sinnvollerweise lassen sich einzelne Arbeitspakete definieren, die dann in separaten Kleingruppen (zuständige Fachabteilungen) bearbeitet werden. Hierdurch kann die Anzahl der notwendigen Sitzungen für das gesamte Team erheblich reduziert werden.

Dem Moderator bzw. Teamleiter kommt bei dieser Vorgehensweise eine wichtige Rolle zu. Er muss die Ergebnisse zusammenführen sowie dokumentieren und die Gruppe lenken. Oftmals bestehen Kommunikationsschwierigkeiten zwischen

Fachabteilungen bzw. einzelnen Personen, die es zu überbrücken gilt, damit die Vorteile der Teamarbeit, wie z.B. eine gemeinsame Betrachtung eines Problems aus unterschiedlichen Blickwinkeln, das Entstehen von Diskussionen sowie der Austausch von Wissen, zum Tragen kommen.

Diese Zielsetzungen werden weiterhin maßgeblich durch die unternehmensspezifische Organisationsform beeinflusst, insbesondere wenn eine flache Organisationsstruktur mit nur wenigen Entscheidungsträgern vorhanden ist. Der Führungsstil in derartigen Unternehmen wird häufig von oben bestimmt, wobei der Begriff „oben“ nicht unbedingt die Hierarchie meint, sondern durchaus die Schnittstelle zum Kunden beschreibt. Da aber in dieser Schnittstelle zu den Kunden sehr intensiv neue Ideen umgesetzt, neue Produkte definiert und auch Verbesserungen abgestimmt werden, kann dies aufgrund der Entscheidungsbefugnis auch nur innerhalb der Organisation eines Unternehmens von oben durch die Vertriebs- oder Geschäftsleitung geschehen. Diese Vorgehensweise orientiert sich sehr stark an den Bedürfnissen der Kunden, und es existieren in kleinen und mittleren Unternehmen im Allgemeinen wenige schriftliche Vorschriften, gerade für die frühen Phasen der Produktentstehung. Es zahlt sich einfach nicht aus, bestimmte Abläufe schriftlich zu fixieren, da diese, je nach Kunde und Auftragsanfrage, kurz nach einer Festlegung wieder ungültig werden. Auch ist diese Vorgehensweise aufgrund der zumeist flexiblen Gestaltung von Kundengesprächen nicht anzuwenden.

2.3 Aufbau der FMEA

Bei der FMEA handelt es sich um eine Methode mit einer feststehenden Struktur, die mithilfe von Formblättern bearbeitet werden kann. Durch die Verwendung von Formblättern wird die interne und externe Kommunikation formalisiert und gleichzeitig transparent dokumentiert. Den schematischen Aufbau zeigt Bild 2.6.

Der Formblattaufbau kann den unternehmensspezifischen Gegebenheiten angepasst werden. Zumeist basieren sie aber auf Formblättern, wie sie vom Verband der Automobilindustrie angeboten werden, bzw. haben das Formblatt für die Ausfalleffektanalyse nach DIN EN 60812 zugrunde gelegt.

Das Formblatt beinhaltet die Kopfdaten zur Identifizierung, d.h., es werden hier Daten, wie Name des Unternehmens, die zuständige Abteilung sowie die zuständigen Sachbearbeiter eingetragen. Des Weiteren wird die Zielrichtung der FMEA festgeschrieben. Auch die der FMEA zugrundeliegenden Dokumente, wie beispielsweise Stücklisten- oder Zeichnungsnummer, werden hier dokumentiert. Ziel dieser einzutragenden Daten ist es, den Betrachtungsgegenstand (Produkt, Bauteil oder Prozess) sowie das zuständige FMEA-Team eindeutig zu identifizieren.

Die Struktur des FMEA-Formblatts folgt einem festgelegten Muster (Bild 2.6). Die ersten Spalten sind der Beschreibung des Untersuchungsgegenstands (Systemkomponente, Bauteil oder Prozessschritt) sowie der Fehlerbeschreibung vorbehalten. Getrennt nach Fehlerart, Fehlerfolge und Fehlerursache sind im FMEA-Team dabei die folgenden Fragen zu beantworten:

- **Wo** könnte ein Fehler auftreten?
- **Wie** würde sich der Fehler äußern bzw. wie tritt der Fehler auf?
- **Was** für eine Fehlerfolge könnte sich einstellen?
- **Warum** kann der Fehler/die Fehlerfolge auftreten?

Zeilenweise sind die Fehler und die möglichen Fehlerursachen in die entsprechenden Spalten einzutragen. Weiterhin ist festzuhalten, wie sich die Auswirkungen für den Endverbraucher bemerkbar machen und welche Auswirkungen diese Fehler auf das Gesamtsystem haben.

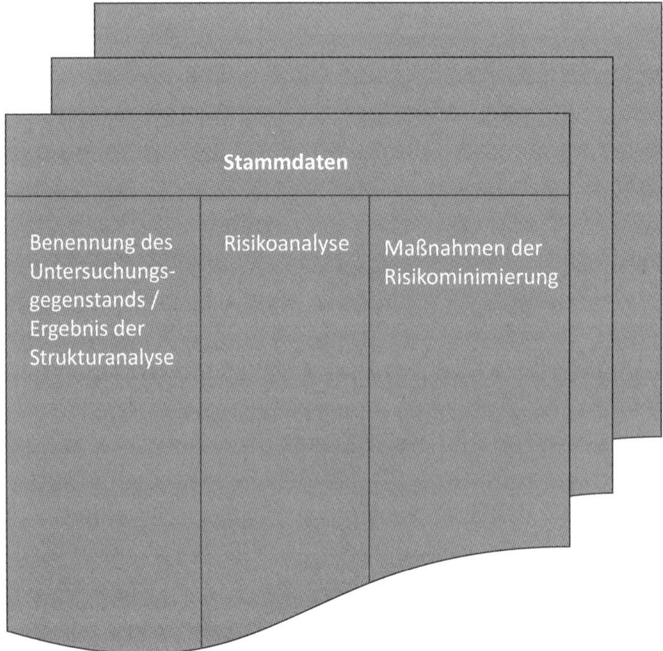

Bild 2.6 Schematischer Aufbau des FMEA-Formblatts

Anschließend erfolgt die Risikoanalyse für die jeweils ermittelten Fehlermöglichkeiten, wobei der zum Zeitpunkt der FMEA-Erstellung vorhandene Kenntnisstand maßgeblich ist. Die Risikoanalyse schließt dann ab mit der Ermittlung der Risikoprioritätszahl bzw. der Aufstellung von Review- und Maßnahmenprioritäten. Nun gilt es für die beschriebenen Risiken Empfehlungen für Verbesserungen abzuleiten, um diese anschließend erneut zu bewerten. Dabei findet ein Vergleich zwischen dem ursprünglichen Zustand und dem nach der Durchführung der Abstellmaßnahmen hoffentlich verbessertem Zustand statt, und es wird im FMEA-Team ein Konsens darüber erzielt, ob die gewünschten Verbesserungen ausreichend sind und auch in einem vertretbaren Rahmen umgesetzt werden können bzw. konnten.

2.4 Klassischer dreigeteilter Ansatz (VDA '86)

Die Fehler-Möglichkeits- und Einfluss-Analyse ist eine geeignete Methode des Risikoabbaus bei

- Neuentwicklungen,
- neuen Werkstoffen,
- neuen Verfahren,
- Sicherheitsteilen,
- Problemteilen und -prozessen,
- Produktänderungen,
- Verfahrensänderungen,
- Einsatz- und Umgebungsänderungen.

Die Ziele der FMEA bestehen darin, technisches System hinsichtlich der qualitativen Bewertung des Ausfallverhaltens von Baugruppen und Bauteilen unter Einfluss einer quantitativen Bewertung von Fehlermöglichkeiten zu untersuchen und Verbesserungen von Entwürfen, Prozessen und Systemen zu erreichen. Zu Beginn gab es eine klassische dreigeteilte Sichtweise auf den zu untersuchenden Betrachtungsgegenstand. Die FMEA wurde unterteilt in die *System-FMEA*, die *Konstruktions-FMEA* sowie die *Prozess-FMEA* (Bild 2.7). Die zu untersuchenden Systeme waren oft so komplex, dass alle Komponenten und deren einzelne mögliche Ausfallarten nicht mehr nacheinander analysiert werden konnten (z. B. Bottom-up-Analyse). Deshalb gibt es oft die Notwendigkeit, den Anwendungsbereich auf bestimmte Sichtweisen (Bauteile/Baugruppe → Konstruktions-FMEA; Montage/Fertigung → Prozess-FMEA) zu fokussieren.

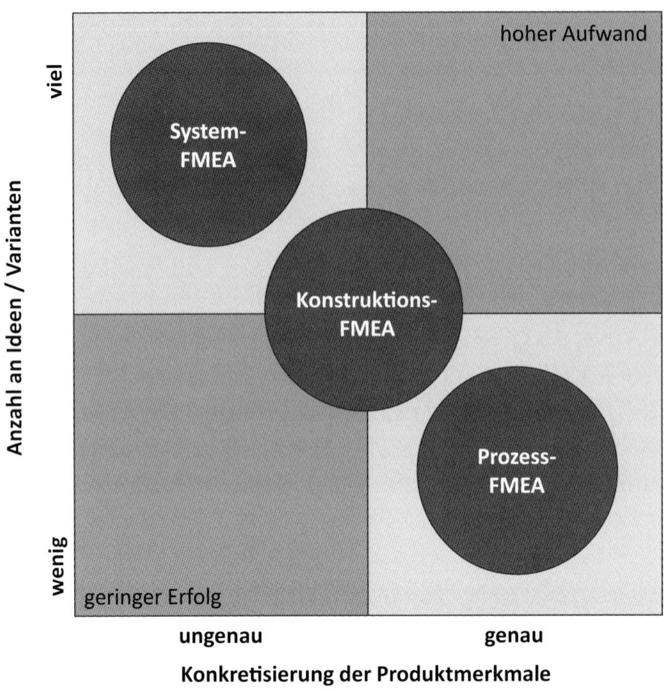

Bild 2.7 Portfolio-Darstellung der FMEA-Arten (Hering et al. 2003)

Die System-FMEA wird in den frühen Phasen der Produktentwicklung angewendet. Sie dient dem Zweck, innerhalb einer Produktkonzeption auf der Grundlage des Systempflichtenhefts mögliche funktionale Fehler oder Schwachstellen zu identifizieren und das Zusammenwirken der Systemkomponenten zu gewährleisten. Die möglichen Fehler werden auf der Ebene des Systems bzw. Produkts betrachtet und ihre möglichen Auswirkungen auf den Kunden bewertet.

In den ersten Phasen einer Entwicklung muss aus einer Vielzahl an Ideen und Varianten das richtige Konzept zur Umsetzung gewählt werden, wobei die Produktmerkmale noch relativ ungenau festgelegt sind. Entsprechend beginnt die Anwendung bereits frühzeitig auf der Basis von Funktionsdiagrammen und kann in weiteren Schritten beispielsweise mit der Analyse von Schaltplänen und Konzeptentwürfen konkretisiert werden. Das Ziel der System-FMEA ist es, das Verhalten eines Systems aufgrund möglicher Fehlfunktionen einzelner Systemkomponenten zu ermitteln. Insbesondere sollen die Systemsicherheit und Zuverlässigkeit sowie die Einhaltung von gesetzlichen Vorschriften überprüft werden.

Die System-FMEA hat gegenüber der Konstruktions-FMEA folgende Vorteile:

- Ein deutlicher Zusammenhang zwischen möglichen Fehlern und Fehlfunktionen des untersuchten Systems/Produkts wird erkennbar.

- Es ist eine eindeutige Darstellung der Ursache-Wirkungs-Beziehungen in Bezug auf Kundenanforderungen möglich.
- Das Auffinden wichtiger (schwerwiegender) Fehler wird erleichtert.
- Die Ergebnisse sind übersichtlich und kompakt darzustellen.

Die Konstruktions-FMEA schließt sich an die Fertigstellung eines Entwurfs an und untersucht die pflichtenheftgerechte Gestaltung und Auslegung der Erzeugnisse und deren Komponenten zur Vermeidung von Entwicklungsfehlern bzw. konstruktiv beeinflussbaren Prozessfehlern anhand der vorliegenden Stücklisten und Zeichnungen. Letztendlich wird versucht, auf Planungsebene die Absicherung eines Produkts auf Schwachstellen zu untersuchen. Das Ziel ist, einen aus konstruktiver Sicht einwandfreien Entwurf zu erhalten, in dem möglichst alle denkbaren Fehler und Unwägbarkeiten erkannt wurden und ein Eintreten dieser Ereignisse durch geeignete Abstellmaßnahmen verhindert werden. Das Produkt wird vorwiegend auf Bauteilebene untersucht, und die Konstruktions-FMEA hat somit das „fehlerfreie Produkt" zum Ziel.

Die Prozess-FMEA dient vorwiegend dem Ziel, prozessbedingte Fehler zu eliminieren und baut auf den Ergebnissen der Konstruktions-FMEA auf. Bei der Prozess-FMEA steht oftmals ein Fertigungsprozess im Mittelpunkt. Dieser Prozess wird dann auf eine sachgerechte Herstellung, also ob „entsprechend der konstruktiven Spezifikation" produziert werden kann, geprüft. Potenzielle Schwachstellen des Produkts werden dabei nicht geprüft, da das Aufgabe der System- bzw. Konstruktions-FMEA ist. Es wird von einem fehlerfreien Entwurf des Produkts ausgegangen.

Mögliche Untersuchungsgegenstände können sämtliche Produktionsprozesse und innerbetriebliche Abläufe sein. Wie bereits angeführt, wird die Prozess-FMEA vorwiegend auf den Fertigungsprozess bezogen, es können aber auch andere Prozesse, wie beispielsweise Montage, Lagerhaltung oder Versand untersucht werden. In erster Linie gilt es auch hier zu untersuchen, ob die Qualität des Endprodukts den Erwartungen des Kunden entspricht.

Tabelle 2.2 zeigt die Unterscheidungsmerkmale bzw. den Zusammenhang der FMEA-Arten am Beispiel eines Anlassers für ein Kraftfahrzeug. Anlasser, heute werden sie auch Starter genannt, sind Elektromotoren mit einer Feldwicklung bzw. mit Dauermagneten, die durch einen Magnetschalter kurzzeitig über einen Zahnradtrieb mit dem Verbrennungsmotor verbunden werden. Hierdurch wird der Verbrennungsmotor auf eine Startdrehzahl gebracht. Sobald der Motor angesprungen ist, wird der Starter mechanisch vom Motor wieder abgekoppelt.

Tabelle 2.2 Zusammenhang von FMEA-Arten am Beispiel eines Anlassers

	Fehlerfolge	Fehlerart	Fehlerursache
System-FMEA	Motor startet nicht	Anlasser defekt	Ankerwelle gebrochen
Konstruktions-FMEA	Anlasser defekt	Ankerwelle gebrochen	Zu hohe Pressung/ Einschnürung der Welle
Prozess-FMEA	Ankerwelle gebrochen	Zu hohe Pressung/ Einschnürung der Welle	Fertigungstoleranzen, Fügeart etc.

Aufgrund dieser Zusammenhänge lassen sich für dieses Beispiel unterschiedliche FMEA-Arten durchführen und verknüpfen. Die Ursachen-Wirkungs-Beziehungen verdeutlichen, dass die Fehlerursache „Ankerwelle gebrochen" bei der System-FMEA zur Fehlerfolge bei der Prozess-FMEA wird. Die gemeinsame Schnittstelle ist die potenzielle Fehlerursache, die in den unterschiedlichen Ebenen entsprechend des FMEA-Formblatts systematisch untersucht wird. Die Konstruktions-FMEA ist wiederum zwischen diesen FMEA-Arten angeordnet. Hier handelt es sich bei dem Merkmal „Ankerwelle gebrochen" um einen potenziellen Fehler.

Mit fortschreitender Produktentwicklung geht also die System-FMEA in die Konstruktions-FMEA und schließlich in die Prozess-FMEA über (Bild 2.8).

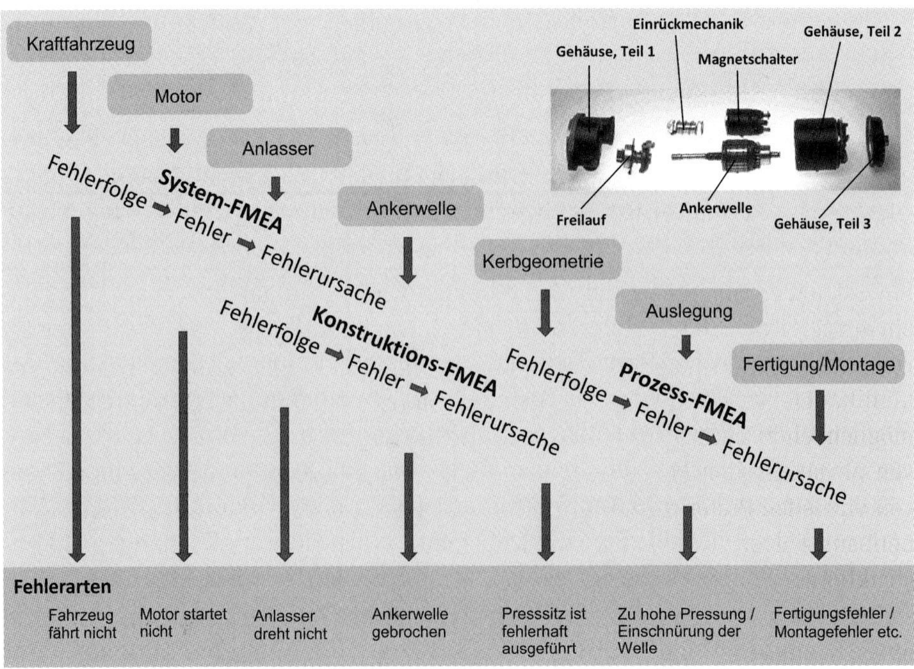

Bild 2.8 Mögliche Fehlerarten am Beispiel „Anlasser"

2.5 Unterscheidung zwischen Produkt und Prozess (VDA '96, VDA 2006)

Mit Fortschritt der konsequenten Anwendung der FMEA entsprechend der Einteilung nach Abschnitt 2.4 wurde deutlich, dass in der Praxis eine klare Trennung in die drei Bereiche (System, Konstruktion, Prozess) nicht durchführbar bzw. nicht sinnvoll war. Das liegt im Wesentlichen darin begründet, dass ein einmalig unterlaufener Fehler Auswirkungen sowohl auf die System-, die Konstruktions- als auch die Prozess-FMEA haben kann. Die wichtigsten Nachteile sind dabei:

- Nichterfassung der funktionalen Zusammenhänge
- unzureichende Dokumentation in dem reinen Formblatt-FMEA
- geringere Untersuchungstiefe

Viele Produkte und Prozesse sind heute so komplex, dass eine Fehlerbeseitigung in einem Bereich zur Folge hat, dass neue Fehler im gleichen oder in anderen Bereichen auftreten können. Die in Tabelle 2.2 dargestellten Zusammenhänge bergen die Gefahr in sich, dass potenzielle Fehlerquellen während des Konstruktionsprozesses übersehen werden können. Da außerdem methodenkonform eine System-FMEA vor der Konstruktions-FMEA durchgeführt wird, kann dieser neue Einfluss auf das untersuchte System und seine Auswirkungen nicht mehr in die Fehlerbetrachtung einfließen. Erst eine spätere Prozess-FMEA würde die eigentliche Fehlerquelle aufdecken.

Das hat dazu geführt, dass eine Weiterentwicklung der Methode durch den Verband der Automobilindustrie e. V. erfolgte. Es wurde eine Einteilung nach *System-FMEA Produkt* und *System-FMEA Prozess* geschaffen, die jeweils einen ganzheitlichen Ansatz verfolgen, d. h., es wird ein „System" betrachtet, das entweder ein Produkt oder ein Prozess sein kann.

Ein effizientes Hilfsmittel, das die Produktentwicklung unterstützt und somit hilft, ein ausgereiftes Produkt zu entwickeln und damit den Zeitpunkt der Markteinführung zu verkürzen, ist der Einsatz von Modellen (Bild 2.9). Sie helfen bei der Kommunikation zwischen Auftraggebern und Auftragnehmern und begrenzen Fehlermöglichkeiten bereits in den frühen Entwicklungsphasen. Neben der Erstellung von physikalischen Modellen ist die rechnerische Simulation bzw. die Erstellung von virtuellen Prototypen (Digital Mock-Up, DMU) in vielen Bereichen des Maschinenbaus längst zu einem festen Bestandteil der Produktentwicklung und Konstruktion geworden. Sie bewährt sich etwa beim Entwickeln von gewichts- und steifigkeitsoptimierten Maschinengehäusen, beim Berechnen der Verformungen eines Bauteils bei bestimmten Lastzuständen oder der Temperaturverteilung in einem Spritzgussteil.

Mit Modellen werden Methoden und Funktionen bereitgestellt, um eine vollständige repräsentative Produktbeschreibung handhaben, darstellen und analysieren zu können. Die Daten stehen bereits in einem sehr frühzeitigen Stadium des Entwicklungsprozesses zur Verfügung, sodass Fehlerquellen und darauf basierende Kosten rechtzeitig erkannt und damit eliminiert werden können.

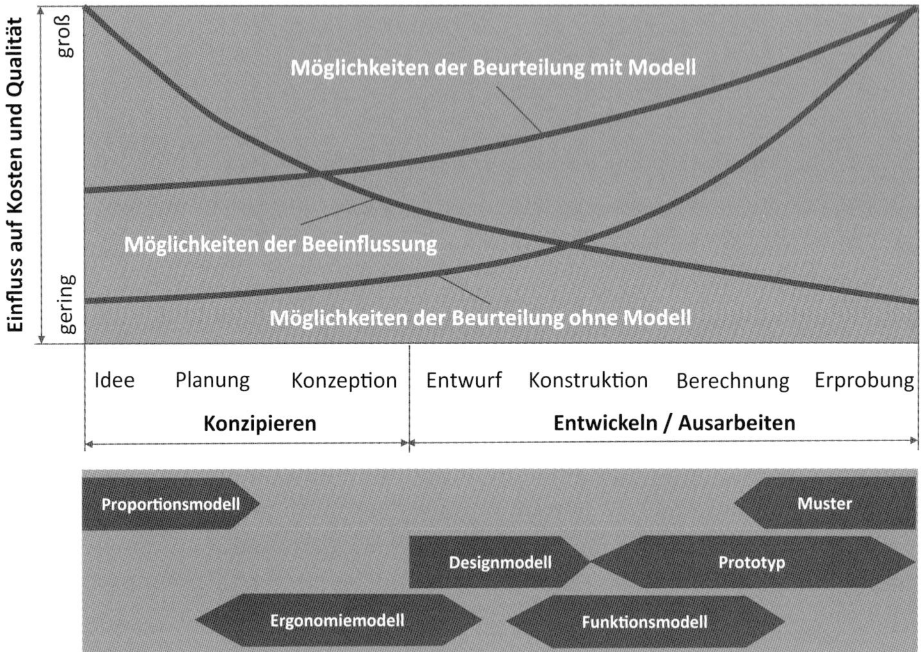

Bild 2.9 Modelle in der Produktentwicklung

Bild 2.10 zeigt das Ergebnis einer Entwicklung für ein mobiles Klimagerät auf Basis eines Funktionsmodells. Spezifikationen bzw. Anforderungen sind für das Produkt bzw. System entsprechend dokumentiert. Aufgabe der Entwickler ist es, den Erkenntnisgewinn in Bezug auf Anforderungen, Funktionen, Nutzung etc. möglichst früh in Erfahrung zu bringen. Aufgrund der Ausgangslage, dass es sich hierbei um ein neuartiges Konzept handelt und keine Erfahrungen aus Vorgängerprodukten oder auch aus vergleichbaren Produkten anderer Hersteller bekannt sind, ist es naheliegend, mithilfe der System-FMEA Produkt maßgebliche Forderungen bereits am Funktionsmodell abzusichern und potenzielle Fehler bei der Nutzung aufzudecken. Dabei werden die möglichen Abweichungen in Bezug auf die Vorgaben betrachtet und Maßnahmen zur Sicherstellung der Anforderungen beschrieben.

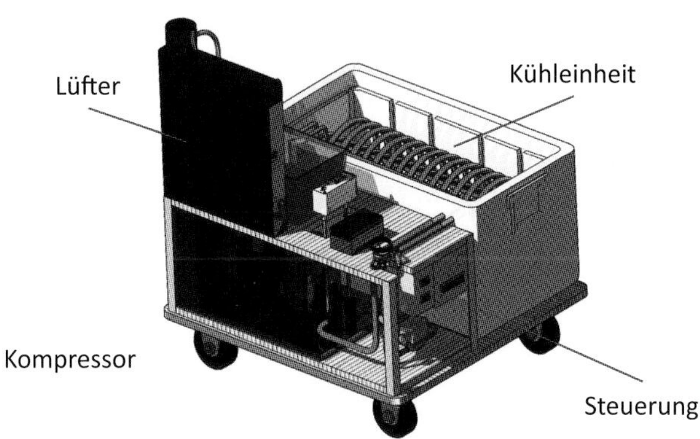

Bild 2.10 Funktionsmodell eines mobilen Klimageräts

Modelle ermöglichen dabei unterschiedliche Sichtweisen auf das Produkt. Es gilt aus der Vielzahl an Forderungen in einem Lastenheft, von denen in Tabelle 2.3 einige verkürzt aufgeführt sind, auszuwählen. In der Regel sollten diese quantifiziert sein, um überprüfbare Zielgrößen zu haben.

Die Produkt-FMEA betrachtet die geforderten Funktionen von Produkten und Systemen bis auf die Ebene der Auslegung der Eigenschaften und Merkmale. Typischerweise sind diese in Anforderungslisten und Spezifikationen dokumentiert, und es gilt zu überprüfen, ob die Vorgaben erfüllt werden oder ob ein mögliches Fehlverhalten oder das Nichterfüllen in den Funktionen des untersuchten Produkts bzw. Systems erkennbar ist.

Physikalische Prototypen sind zumeist die ersten Ausführungen eines Produkts, die anhand von Entwürfen erstellt werden. Im Allgemeinen werden sie zum Zweck der Erprobung und der Weiterentwicklung angefertigt. Das technische Funktionsmodell ist ein Modell, das komplett oder nur zum Teil die technische Funktion zeigt, ohne Rücksicht auf die äußere Form. Demgegenüber ist ein Prototyp ein nach Fertigungszeichnungen erstelltes Modell, das dem späteren Serienmuster in Material und Maßen entspricht.

Mögliche Fehlerarten lassen sich in Bezug auf sehr vielen Anforderungen durch die Nichterfüllung beschreiben. Fehlerarten werden von Funktionen abgeleitet und müssen in technischen Begriffen beschrieben werden. Eine Ausführung als Symptom, das beispielsweise durch Kunden/Anwender bemerkt werden kann, ist nicht zielführend.

Tabelle 2.3 Anforderungen und mögliche Fehlerarten am Beispiel „mobiles Klimagerät“

Anforderungen	Fehlerart
Größe (Abmessungen B × H × T)	Zielgröße wird überschritten
Gewicht (maximal ... kg)	Zielgewicht wird überschritten
Mobiler Korpus	Korpus ist nicht mobil
Autarkes System (kein Wanddurchbruch, Abluftschlauch etc.)	Autarkes System nicht gegeben
Erreichen einer Temperaturabsenkung um ...°C eines ... m^2 großen Raums	Geforderte Temperaturabsenkung wird nicht erreicht
Für die Energiespeicherung ist kein Druckbehälter vorzusehen.	Energiespeicherung nicht gelöst
Sichere und intuitive Bedienung	Sichere und/oder intuitive Bedienung ist nicht gegeben
Herstellkosten/angestrebter Marktpreis ... €	Vorgegebene Herstellkosten sind überschritten
...	...

Viele Anforderungen, die nicht erfüllt werden, sind offensichtlich, weshalb es hierfür prinzipiell keiner FMEA-Methode zur Überprüfung bedarf. Eine einfache Checkliste würde hier ausreichen. Anhand eines Funktionsmodells lassen sich mit der Produkt-FMEA bei diesem Beispiel Anforderungen nach der Temperaturabsenkung und teilweise auch bei der Absicherung der Bedienbarkeit sehr gut überprüfen. Ein Fehlverhalten oder auch das Nichterreichen von gesetzten Zielen ist somit frühzeitig erkennbar. Eine FMEA, die ein Produkt umfassend betrachtet, ermöglicht das umfassendere Erkennen potenzieller Fehler, da das gesamte Produkt, seine Bauteile und auch die Funktionsweise einbezogen werden.

Mithilfe der Produkt-FMEA werden also mögliche Fehler bzw. Fehlerquellen und deren Ursachen und Auswirkungen von Produkten und Systemen ermittelt. Die Fehleranalysen gehen dabei stufenweise bis hin zu den möglichen Versagensarten einzelner Bauteilen, wenn es sich als notwendig erweisen sollte.

Die System-FMEA Prozess betrachtet den Prozess anhand der Einflussgrößen Mensch, Maschine, Methode, Material und Mitwelt (siehe auch Abschnitt 4.1.1). Demgegenüber wurden mit der bisherigen Prozess-FMEA die möglichen Fehler bei einzelnen Prozessschritten untersucht. Bei der umfassenderen Betrachtung mit der System-FMEA Prozess werden die Prozessschritte als Aufgaben bzw. Funktionen für die einzelnen Einflussgrößen verstanden. Die Funktions- und Fehlerbetrachtungen werden dann, sofern es sich als sinnvoll erweist, schrittweise bis hin zu den Auslegungsdaten von Fertigungseinrichtungen durchgeführt (Verband der Automobilindustrie e. V. 2006).

Für die Durchführung der System-FMEA Produkt bzw. Prozess schlägt der VDA eine Vorgehensweise in fünf Schritten vor, die aber vom Grundsatz der prinzipiellen Arbeitsschritte, wie sie in Abschnitt 2.6 beschrieben werden, nicht abweichen.

Im ersten Schritt der Strukturanalyse wird das gesamte System in die einzelnen Teilsysteme bis hin zu den einzelnen Systemelementen der Teilsysteme unterteilt. Ähnlich einer Bauteilstrukturliste entsteht dadurch ein System- bzw. Strukturbaum in der Top-down-Analyse. Diese Struktur bildet anschließend die Grundlage für die weitere Vorgehensweise, da anschließend jedes Systemelement hinsichtlich seiner Funktionen und Fehlfunktionen betrachtet werden kann. Bei einer Analyse von Prozessen (System-FMEA Prozess) wird der Gesamt- bzw. Herstellungsprozess in Teilprozesse unterteilt, und auf der untersten Ebene erfolgt eine Analyse mit dem Ursache-Wirkungs-Diagramm „5M's" (siehe auch Abschnitt 4.1.1).

Verdeutlicht werden soll das an einem Beispiel. Textilien sind von ihrer Ausprägung her biegeschlaff und formlabil, was ihre Handhabung erschwert. Als zusätzliche Randbedingung ist die sehr empfindliche Struktur sowohl auf mechanische als auch auf geometrische Schädigung des Textils zu nennen. Der Gesamtprozess ist entsprechend als stark risikobehaftet einzuordnen. Der in Bild 2.11 dargestellte Prozess beschreibt vereinfacht eine Handhabungstechnik, die in der Lage ist, eine großflächige textile Bauteilstruktur aufzubauen. Ausgehend von den Möglichkeiten eines zugrunde gelegten Portalrobotersystems waren neue flexible Aufnahme- und Fixiereinrichtungen zur Erfassung und Positionierung von Gelegen und konfektionierten Strukturelementen, sogenannte Preforms, zu entwickeln.

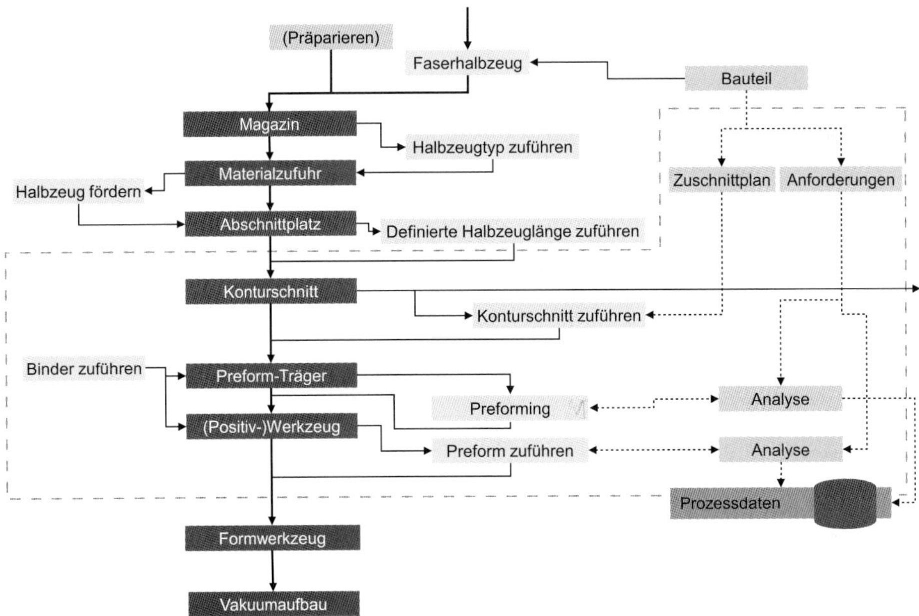

Bild 2.11 Beispielhafte Prozessbeschreibung für das automatische Herstellen von Bauteilen aus Textilien auf CFK-/GFK-Basis

In einer sich anschließenden Funktionsanalyse (Schritt 2) wird dann jedem Teilsystem und Systemelement mindestens eine Funktion zugeordnet. Die Funktionen werden in einem Funktionsbaum nach den einzelnen Teilfunktionen der Systemelemente verknüpft. Es entsteht ein Funktionsnetz mit logischen Ursache-Wirkungs-Beziehungen.

Hierauf aufbauend folgt nun die Fehleranalyse (Schritt 3), in der den einzelnen Funktionen Fehlfunktionen zugeordnet werden. Mögliche Fehler sind hierbei nicht erfüllte Funktionen oder auch nur teilweise erfüllte Funktionen. Ursachen für einen Fehler im betrachteten Systemelement können jetzt die denkbaren Fehlfunktionen der untergeordneten Systemelemente sein. Die möglichen Fehlerfolgen sind dann die sich ergebenden Fehlfunktionen der übergeordneten Elemente. Durch die Verknüpfung der Fehlfunktionen zum Fehlernetz entsteht die Grundlage für die Übertragung in das FMEA-Formblatt. Es schließt die Risikobewertung sowie die Maßnahmenoptimierung an (Schritt 4 und 5), die sich von der Vorgehensweise nach VDA '86 nicht unterscheiden und ausführlich in den folgenden Kapiteln beschrieben werden.

Bild 2.12 zeigt noch einmal zusammenhängend die wesentlichen Schritte der FMEA. Ausgehend von der Strukturanalyse gilt es immer wieder, einen Betrachtungsgegenstand soweit zu analysieren, dass ein mögliches Fehlverhalten sichtbar wird, das dann zu beurteilen ist und daraus Maßnahmen abzuleiten, die verhindern sollen, dass das mögliche Fehlverhalten eintritt.

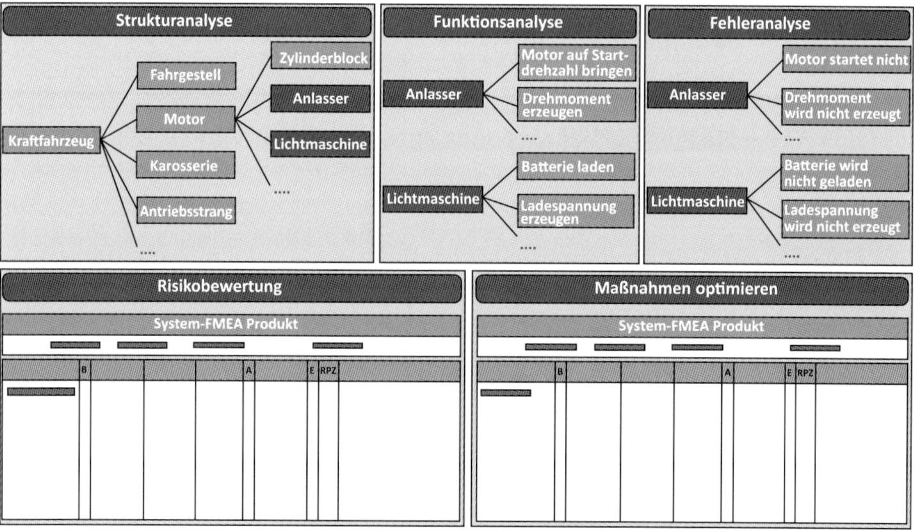

Bild 2.12 Die fünf Schritte der System-FMEA nach (Verband der Automobilindustrie e. V. 2006)

Die Flexibilität der System-FMEA Produkt bzw. Prozess macht die Methode für nahezu alle Produktbereiche und Prozessabläufe anwendbar. Vorwiegend wird sie jedoch in Bereichen mit sicherheitskritischen Anwendungen wie z. B. in der Automobilindustrie, der Luft- und Raumfahrt und der Medizintechnik eingesetzt.

2.6 Die fünf Arbeitsschritte der FMEA nach VDA

Ein Vergleich der in Abschnitt 2.4 und Abschnitt 2.5 beschriebenen methodischen Ansätze einer FMEA zeigt auf, dass die Unterschiede vorrangig in der Betrachtungsweise des Produkts oder Prozesses zu sehen sind. Die prinzipiellen Arbeitsschritte unterscheiden sich dabei kaum. Der logische Ablauf ist durch das Vorgehen entsprechend des verwendeten FMEA-Formblatts vorgegeben, wobei eine Phase der Vorbereitung und Planung voranzustellen ist. Bevor die eigentliche Methode durchgeführt wird bzw. Anwendung findet und das Formblatt zum Einsatz kommt, muss der betrachtete Gegenstand definiert und das Team, das die FMEA durchführen soll, bestimmt werden.

Die prinzipiellen Arbeitsschritte der Fehler-Möglichkeits- und Einfluss-Analyse lassen sich dabei wie folgt grob definieren:

- organisatorische Vorbereitung
- inhaltliche Vorbereitung
- Fehleranalyse/Fehlerbewertung
- Risikobeurteilung/Abstellmaßnahmen festlegen
- Terminverfolgung und Erfolgskontrolle

Diese Arbeitsschritte lassen sich wiederum in verschiedene Teilschritte untergliedern und ergeben in Verbindung mit der Struktur des jeweiligen FMEA-Formblatts einen detaillierten Arbeitsplan für die Methodendurchführung.

Für einen effizienten Ablauf der FMEA ist eine gründliche Auseinandersetzung mit dem Betrachtungsgegenstand unumgänglich, da das erheblich zur Reduzierung des Aufwands beiträgt. Das Beschaffen von Zeichnungen, Versuchsberichten, Lastenheften, Fehlerlisten, Gesetzestexten, Montage- und Prüfplänen usw. gehört dabei neben der Planung der Teamzusammensetzung und -leitung zu den wichtigen Vorarbeiten. Bereits während der Definitionsphase in der Produktentwicklung werden Unterlagen wie Anforderungsliste, Gewährleistungsdaten, Pflichtenheft, Skizzen etc. erstellt und laufend fortgeschrieben. Diese Unterlagen sind dem FMEA-Team zur Verfügung zu stellen.

Des Weiteren sind alle organisatorischen Fragen, wie z.B. die zur Verfügung stehende Gesamtzeit für die Methodendurchführung, der Zyklus der Sitzungen sowie die geplante Anzahl an Sitzungen, zu klären. Anhand dieses Rasters können dann alle weiteren Planungen, wie die Präsenzpflicht einzelner Teammitglieder in einzelnen Sitzungen, ein Meilensteinplan, die Zielsetzungen und die Tagesordnung für die einzelnen Sitzungen, arrangiert werden.

Es ist ein abteilungsübergreifendes Projektteam zu bilden, das sich, je nach Aufgabenstellung, aus den folgenden Fachabteilungen zusammensetzt:

- Forschung und Entwicklung
- Konstruktion
- Fertigung
- Fertigungsplanung
- Qualitätssicherung

Gegebenenfalls können auch Vertreter des Lieferanten bzw. Kunden oder auch Mitarbeiter aus dem Vertrieb hinzugezogen werden. Denn es hat sich herausgestellt, dass im Allgemeinen in nahezu allen Unternehmensbereichen Details über das notwendige qualitätsrelevante Wissen über ein Produkt oder einen Prozess vorhanden sind.

Nach Klärung der organisatorischen Rahmenbedingungen ist der Untersuchungsgegenstand im nächsten Arbeitsschritt zu strukturieren. Die inhaltliche Vorbereitung der Methodendurchführung beginnt mit der Systemanalyse, wobei der Analysegegenstand in sinnvolle Betrachtungseinheiten aufzuteilen ist. Für diese Strukturierung ist im Allgemeinen keine Systematik vorgegeben, wobei aber Hilfsmittel wie Checklisten, Blockschaltbilder sowie eine grafische Darstellung in Form einer Baum- oder Funktionsstruktur sinnvolle Ergänzungen sind. Beispielsweise wird das betrachtete Objekt in einzelne Komponenten zerlegt. Die einzelnen Funktionen werden dann unter Beachtung des Gesamtsystems auf mögliche Fehlfunktionen untersucht (Bild 2.13).

FMEA-Kriterien wie Fragen nach Neuentwicklungen, Verwendung neuer Werkstoffe und neuer Verfahren etc. versuchen, den Untersuchungsgegenstand einzugrenzen. Mit einer Klassifizierung (0 = trifft nicht zu, 1 = trifft zu, 2 = trifft sehr stark zu) kann nun eine Gewichtung vorgenommen werden. Die Bewertung erfolgt dabei für alle ermittelten Komponenten. Die sich aus dieser Vorgehensweise abzeichnende Rangfolge ergibt dann die Schwerpunktsetzung für eine anschließende Risikoabschätzung.

Weiterhin lassen sich diese Kriterien auch mittels Gewichtungsfaktor in eine Nutzwertanalyse überführen. Hierdurch wird eine Wertigkeit für die einzelnen Kriterien untereinander berücksichtigt.

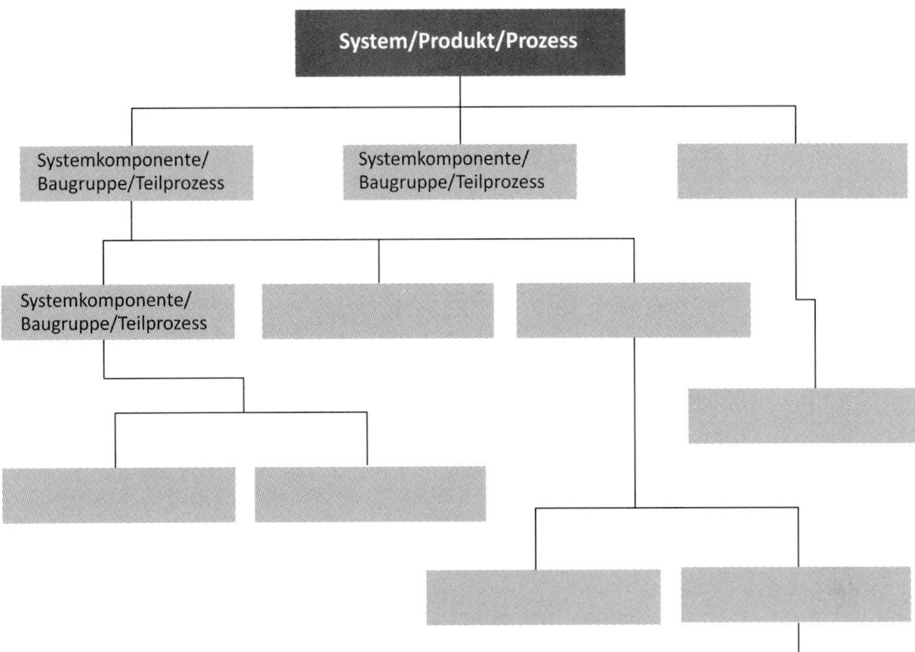

Bild 2.13 Strukturbaum

Nachfolgend werden nun die internen Funktionen der zu untersuchenden Komponenten beschrieben. Jedes Systemelement hat dabei innerhalb des gesamten Systems unabhängig von seiner Anordnung in der Gesamtstruktur unterschiedliche Aufgaben bzw. Funktionen, die es erfüllen muss. Diese Aufgaben bzw. Funktionen können jedoch fehlerbehaftet sein, und nur durch das Nichterfüllen werden sie in der System-FMEA zum Betrachtungsgegenstand und in das FMEA-Formblatt übertragen. Beispielsweise hat das Systemelement „Hammerstiel“ u.a. die Funktionen „Kraft/Moment aufnehmen und „Kraft leiten“, und beim Hammerstiel können sie den möglichen Fehler „Stiel bricht ab“ hervorrufen (Bild 2.14). Letztendlich entspricht dann die Summe aller im Team zusammengetragener Funktionen und Aufgaben auch den Kundenforderungen, die es bei einer Produktentwicklung zu erfüllen gilt.

Für jedes betrachtete System bzw. Subsystem ist anschließend eine Risikoanalyse durchzuführen. Dabei ergeben die möglichen Fehlerursachen die denkbaren Fehlfunktionen, die in der Systembetrachtung durch das FMEA-Team erkannt wurden.

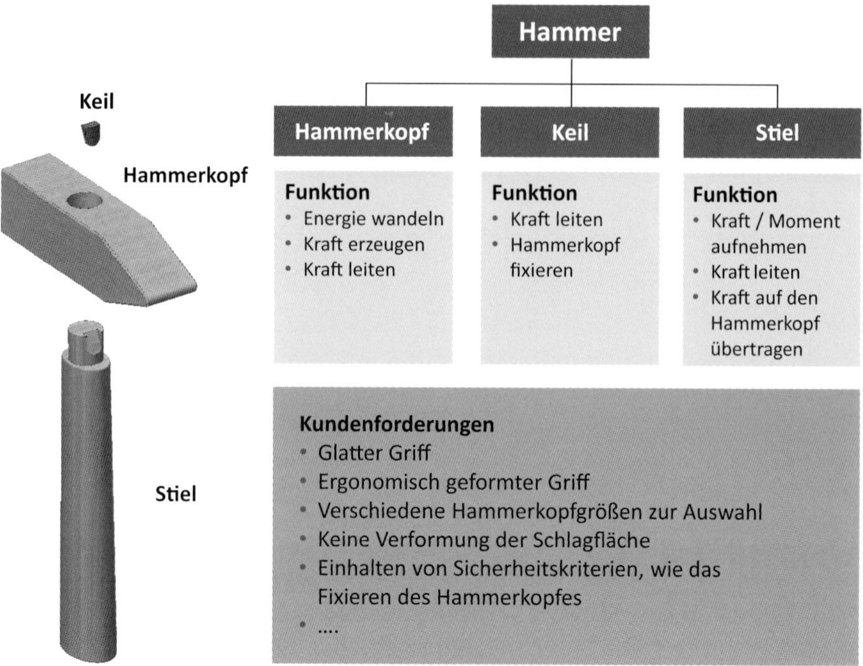

Bild 2.14 Beispielhafte Systemstruktur für das System „Hammer"

Zur effizienten Durchführung der Systemanalyse ist es empfehlenswert, dass sich alle Teammitglieder mit dem zu betrachtenden Untersuchungsgegenstand auseinandergesetzt haben, bevor die eigentliche Fehleranalyse im Team durchgeführt wird. Des Weiteren bietet sich eine Untergliederung nach der Top-down-Vorgehensweise bis hin zu den kleinsten Arbeitsschritten an. Über die Erfassung der Fehlerart sowie aus der Erfassung und Bewertung der Fehlerfolgen, der potenziellen Fehlerursachen und der vorgesehenen Prüfmaßnahmen wird die Risikoprioritätszahl ermittelt und in das Formblatt eingetragen. Allgemein wird diese Fehleranalyse dabei in Form eines Brainstormings organisiert. Diese Kreativitätstechnik ist eine Methode zur Problemlösung und Ideenfindung durch gegenseitige Anregung des intuitiven, kreativen Denkens im Rahmen einer Gruppensitzung (Ehrlenspiel und Meerkamm 2017; Feldhusen und Grote 2013). Brainstorming eignet sich vor allem für klar definierte und weniger komplexe Problemstellungen und ist daher für die Zusammenstellung potenzieller Fehlerquellen eine geeignete Methode. Neben der Top-down-Vorgehensweise, ausgehend von der Erfassung der Fehlerart, haben sich in der Praxis auch andere Vorgehensweisen bewährt, wobei diese sich nur durch den unterschiedlichen Einstieg beim Ausfüllen des gewählten FMEA-Formblatts unterscheiden.

Bleiben wir bei unserem Beispiel „Stiel bricht ab“, das in einer Konstruktions-FMEA eine Fehlerfolge darstellt und in die entsprechende Spalte eingetragen wird. Ausgehend von der Fehlerfolge werden dann die zur Fehlerfolge führenden potenziellen Fehler ermittelt sowie die jeweilige Fehlerursache festgehalten. Es ist aber nicht zwangsläufig so, dass jede Ursache verschiedene Fehlermöglichkeiten beinhaltet. Einfacher wird es jedoch, wenn die Konzentration auf einen Fehler gelegt werden kann. Der Vorteil dieser Vorgehensweise liegt in der schnellen Bearbeitung, wobei aber bei ungenügender Strukturierung des Betrachtungsgegenstands die Gefahr besteht, dass nicht alle funktionalen und damit potenziellen Fehlermöglichkeiten erfasst werden.

Eine weitere Variante besteht darin, mit der Ermittlung der Fehlerursache zu beginnen. Die potenziellen Fehler und die daraus resultierenden Fehlerfolgen werden dann als Wirkungen der Fehlerursachen betrachtet. Dieser Ansatz führt zu einer sehr detaillierten Analyse, ist jedoch nur mit einem erheblichen Zeitaufwand durchzuführen.

Abschließend ist zur Fehleranalyse anzumerken, dass bei der Angabe der potenziellen Fehler auf Vollständigkeit geachtet werden muss und dass alle im FMEA-Team geäußerten Fehlermöglichkeiten zu betrachten bzw. zu diskutieren sind. Sollten bei einem potenziellen Fehler gesetzliche Vorschriften berührt werden, so ist das ebenfalls im Formblatt zu dokumentieren (Spalte „D“ Dokumentationspflicht, Formblatt VDA ’86). Ähnliches gilt für die „K-Spalte“ im Formblatt nach VDA 2006. Hier werden besondere Merkmale gekennzeichnet. Das sind Produktmerkmale oder Produktionsprozessparameter, die Auswirkungen auf die Sicherheit oder Einhaltung behördlicher Vorschriften, die Passform, die Funktion, die Leistung oder die weitere Verarbeitung des Produkts haben können (Verband der Automobilindustrie e. V. 2017).

Nach dieser Fehleranalyse wird in der nächsten Phase die Risikobewertung vorgenommen. Für die Risikobewertung werden die Bewertungszahlen A, B und E nach Tabelle 2.4 bis Tabelle 2.7 ermittelt. Das Produkt dieser drei Einzelwerte ergibt dann die Risikoprioritätszahl. Für jedes Kriterium steht eine Bewertungsskala mit max. 10 Punkten zur Verfügung, wobei 10 ein hohes Risiko und 1 ein geringes Risiko darstellt (Bild 2.15). Es ergibt sich somit für die RPZ ein Wertebereich zwischen 1 und 1000. Überschreitet die Risikoprioritätszahl einen vorgegebenen Wert (z. B. RPZ > 125), so sind Verbesserungsmaßnahmen zu generieren, die es dem Team ermöglichen, bei einer anschließenden zweiten Risikoabschätzung zu veränderten, kleineren Bewertungen zu gelangen. Dank der Abschätzung der einzelnen Bewertungszahlen anhand von Orientierungsskalen und die konsenserzeugende Diskussion im Team kann die RPZ als präzise und objektive Bewertung angesehen werden, obwohl sie als subjektive Bewertung abhängig vom Fachwissen und den Erfahrungswerten der Teammitglieder ist.

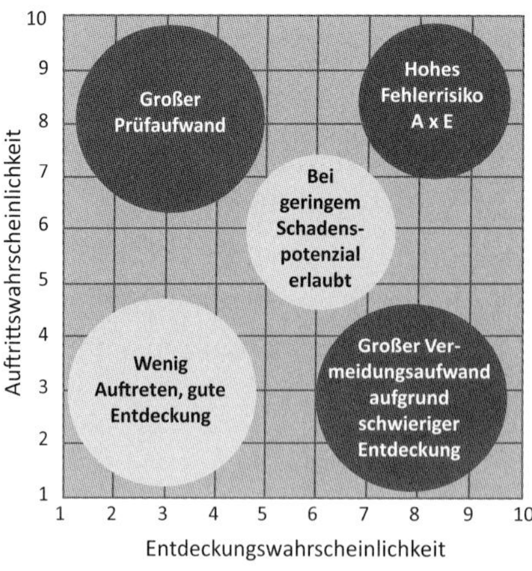

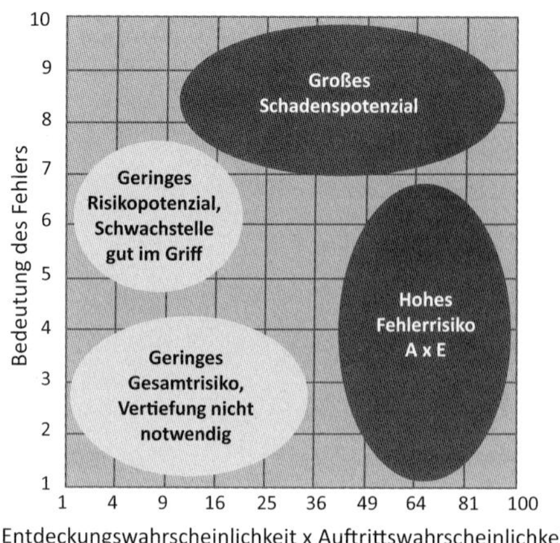

Bild 2.15 Portfolioanalyse für die Abschätzung des Risikos (RPZ) (Eberhardt 2003)

Mit der Risikoprioritätszahl wird ein Maß für ein Risiko festgelegt, wobei die Einzelbewertungen für die Berechnung der RPZ auf rein subjektiven Entscheidungen basieren. Es ist daher sinnvoll, alle Fehlerursachen mit einer hohen RPZ zu betrachten und entsprechend der Rangfolge Optimierungsansätze im Team zu erarbeiten bzw. so weit festzulegen, dass diese in den Fachabteilungen weiter untersucht werden können. Neben einem festzulegenden Grenzwert für die RPZ kann aber auch eine hohe Einzelbewertung auf Schwachstellen beim Untersuchungsgegenstand hinweisen und als Kriterium für das Einleiten von Abstellmaßnahmen sein.

Eine allgemeine Festlegung, ab welcher Höhe Abstellmaßnahmen ergriffen werden müssen, ist schwierig festzulegen, da verschiedene FMEA bezüglich der Risikoeinschätzung nicht miteinander vergleichbar sind. Weiterhin ist die Bewertung stark teamabhängig und setzt sich aus drei Einzelbewertungen zusammen, die gleichgewichtet in die Berechnung eingehen. Dies trifft in der Praxis zumeist nicht zu, und es ist deshalb von Fall zu Fall zu unterscheiden, welche Höchstwerte für die RPZ sowie für die Einzelbewertungen im Verlauf der FMEA weitere Maßnahmen folgen lassen.

Tabelle 2.4 Bewertungsschema für die Auftrittswahrscheinlichkeit (System-/Konstruktions-FMEA) (Verband der Automobilindustrie e. V. 2006)

Allgemeine Bewertungskriterien	Häufigkeit	Bewertungspunkte
Hoch	1/2	10
Es ist nahezu sicher, dass Fehler in größerem Umfang auftreten werden.	1/10	9
Mäßig	1/20	8
Die Konstruktion entspricht generell Entwürfen, die in der Vergangenheit immer wieder Schwierigkeiten verursachten.	1/100	7

Allgemeine Bewertungskriterien	Häufigkeit	Bewertungspunkte
Gering	1/100	6
Die Konstruktion entspricht generell früheren Entwürfen, bei denen gelegentlich Fehler auftraten.	1/1000 1/2000	5 4
Sehr gering	1/5000	3
Die Konstruktion entspricht generell früheren Entwürfen, für die verhältnismäßig geringe Fehlerraten gemeldet wurden.	1/10 000	2
Unwahrscheinlich	0	1
Es ist unwahrscheinlich, dass ein Fehler auftritt.		

Einige einfache Regeln für die Einschätzung der RPZ, wie sie in der Literatur angegeben oder in der Automobilindustrie üblich sind, werden nachstehend aufgeführt (Eberhardt 2003):

- Bei B ≥ 9 ist immer eine Dokumentationsmaßnahme (Zeichnungseintrag „kritisches Merkmal") durchzuführen.
- Eine Vermeidungsmaßnahme muss immer durchgeführt werden, wenn A–E ≥ 4 ist. Dann liegt der Fall vor, dass ein Fehler zwar mit einiger Wahrscheinlichkeit auftritt, jedoch gerade noch entdeckt wird.

Das Abschätzen der Wahrscheinlichkeit, mit der die zu bewertende Fehlerursache auftreten wird, erfolgt über einen definierten Zeitraum, z. B. die zu erwartende Lebensdauer. Die konkrete Ausgestaltung der Bewertungszahlenvergabe kann dabei unternehmensindividuell erfolgen. Auch ist es möglich, dass diese Angaben aus (Zuverlässigkeits-)Berechnungen bzw. Erfahrungswerten abgeleitet werden. Falls für eine Fehlerursache zunächst keine Aussage über die Auftrittswahrscheinlichkeit gemacht werden kann, sollte dieser auf sein Maximum von 10 gesetzt werden, um sicher zu einer Verbesserungsmaßnahme geführt zu werden. Eine hohe Auftrittswahrscheinlichkeit für einen potenziellen Fehler kann große Sicherheitsrisiken beinhalten und ist ein Zeichen für ein noch nicht ausgewogenes Produkt bzw. einen instabilen Prozess. Diese Fehler müssen vorrangig abgestellt werden, da sie zu weitreichenden Folgen führen können.

Die Bedeutung eines Fehlers spricht sehr stark den Kunden an und ist ein Maß für die Schadensschwere eines Ereignisses. Sie kann zu einer großen Verärgerung und damit auch zu einer langfristigen Unzufriedenheit beim Kunden führen. Das Abwandern der Kunden zu anderen Lieferanten kann die Folge sein und zu betriebswirtschaftlichen Einbußen führen. Hieraus kann beispielsweise bei einer Konstruktions-FMEA eine weitere notwendige konzeptionelle Untersuchung des Produkts resultieren. Es muss sichergestellt sein, dass im untersuchten Produktentwurf die Kundenforderungen in dem Maße berücksichtigt wurden, wie es für eine erfolgreiche Produkteinführung notwendig ist.

Tabelle 2.5 Bewertungsschema für die Auftrittswahrscheinlichkeit (Prozess-FMEA) (Verband der Automobilindustrie e. V. 2006)

Allgemeine Bewertungskriterien	Häufigkeit	Bewertungspunkte
Hoch Es ist nahezu sicher, dass Fehler in größerem Umfang auftreten werden. Der Fehleranteil liegt bei 1/10 bis 1/20.	1/10 1/20	10 9
Mäßig Mit früherem Fertigungsverfahren vergleichbar, das oft zu Fehlern führte. Der Prozess wird beherrscht und der Fehleranteil liegt bei 1/50 bis 1/100.	1/50 1/100	8 7
Gering Mit früherem Fertigungsverfahren vergleichbar, das gelegentlich, jedoch nicht in einem wesentlichen Umfang Fehler aufweist. Der Prozess wird beherrscht und der Fehleranteil liegt bei 1/200 bis 1/1000.	1/200 1/500 1/1000	6 5 4
Sehr gering Der Prozess wird statistisch beherrscht. Der Fehleranteil liegt bei 1/2000 bis 1/20 000.	1/2000 1/20 000	3 2
Unwahrscheinlich Die Prozessfähigkeit ist sichergestellt. Der Fehleranteil liegt bei 1/1000 000.	0	1

Generell gilt bei der Festlegung der Entdeckungswahrscheinlichkeit, je höher die Wahrscheinlichkeit, einen Fehler durch Prüfungen oder Sortierung zu entdecken, desto niedrigere Bewertungspunkte können vergeben werden. Je geringer die Wahrscheinlichkeit des Entdeckens ist, desto höher ist der Wert. Eine geringe Entdeckungswahrscheinlichkeit für einen möglichen Fehler oder seiner Ursache (hohe Bewertung) kann auf konzeptionelle Schwachstellen hinweisen. Im Unterschied zum Kriterium „Bedeutung eines Fehlers“ kann hier davon ausgegangen werden, dass noch Verbesserungspotenziale abgerufen werden können, um eine Erhöhung der Entdeckungswahrscheinlichkeit zu erreichen und um damit den Untersuchungsgegenstand in seiner Gesamtheit sicherer zu gestalten.

Eine Risikoabschätzung beruht auf abwägenden Entscheidungen, die sich auf qualitative Verfahren stützen müssen und soweit wie möglich von quantitativen Verfahren vervollständigt werden. Für die letztgenannten Verfahren existieren neben Tabelle 2.4 und Tabelle 2.5 eine Reihe von unternehmensspezifischen Quellen, wie beispielsweise die statistische Prozesskontrolle (SPC), die Aussagen über das Auftreten von Fehlern in Teilprozessen der Fertigung liefert oder auch Informationen aus einer Betriebsdatenerfassung mit vergleichbaren Untersuchungsgegenständen zur Verfügung stellt.

Tabelle 2.6 Bewertungsschema für die Bedeutung des Fehlers (Verband der Automobilindustrie e. V. 2006)

Allgemeine Bewertungskriterien	Bewertungspunkte
Es tritt ein **äußerst schwerwiegender Fehler** auf, der darüber hinaus die Sicherheit und/oder die Einhaltung gesetzlicher Vorschriften beeinträchtigt.	10 9
Es tritt ein **schwerer Fehler** auf, der eine Verärgerung beim Kunden auslöst (z. B. nicht fahrbereites Auto, Fehlfunktionen). Sicherheitsaspekte oder das Nichteinhalten gesetzlicher Vorschriften werden hierdurch nicht berührt bzw. treffen nicht zu.	8 7
Es tritt ein **mittelschwerer Fehler** auf, der beim Kunden Unzufriedenheit auslöst. Der Kunde fühlt sich durch den Fehler belästigt oder ist verärgert. Mittelschwere Fehler sind z. B. „Lautsprecher brummt", „zu hohe Pedalkräfte", u. Ä. Der Kunde wird diese Beeinträchtigungen wahrnehmen bzw. bemerken.	6 5 4
Der Fehler ist unbedeutend und der Kunde wird nur **geringfügig** belästigt. Der Kunde wird wahrscheinlich nur geringe Beeinträchtigungen am Untersuchungsgegenstand bemerken.	3 2
Es ist **unwahrscheinlich**, dass der Fehler irgendwie wahrnehmbare Auswirkungen auf das Verhalten des Untersuchungsgegenstands haben könnte. Der Kunde wird den Fehler wahrscheinlich nicht bemerken.	1

Tabelle 2.7 Bewertungsschema für die Entdeckungswahrscheinlichkeit (Verband der Automobilindustrie e. V. 2006)

Allgemeine Bewertungskriterien	Häufigkeit	Bewertungspunkte
Unwahrscheinlich Das Merkmal wird nicht geprüft bzw. kann nicht geprüft werden. Es handelt sich um einen verdeckten Fehler, der in der Fertigung oder Montage nicht entdeckt wird.	< 90 %	10
Sehr gering Nicht leicht zu erkennendes Fehlermerkmal; Erkennung durch visuelle oder manuelle 100-%-Prüfung möglich	> 90 %	9
Gering Leicht zu erkennendes, messbares Fehlermerkmal; Erkennung durch eine 100-%-Prüfung (automatisch) möglich	> 98 %	6 - 8
Mäßig Es handelt sich um ein augenscheinliches Fehlermerkmal. Eine Erkennung durch eine 100-%-Prüfung (automatisch) ist möglich.	> 99,7 %	2 - 5
Hoch Funktioneller Fehler, der bei den nachfolgenden Arbeitsschritten bemerkt wird	> 99,99 %	1

Unter Zuhilfenahme von Kreativitätstechniken, wie z. B. Brainstorming oder Brainwriting, werden im Team die notwendigen Verbesserungsmaßnahmen diskutiert und aus der Vielzahl der erarbeiteten Möglichkeiten die dem Team am geeignetsten erscheinenden Lösungen ausgewählt und zur weiteren Umsetzung festgelegt. Wichtig ist hierbei, dass der für die Erledigung Verantwortliche sowie der Termin angegeben wird. Für die Dokumentation ist hierfür nach (Verband der Automobilindustrie e. V. 2006) ein eigenes Formblatt vorgesehen.

Mit den verbesserten Maßnahmen erfolgt im Team eine erneute Risikoabschätzung, wobei zu berücksichtigen ist, dass möglicherweise durch die veränderte Situation Nebeneffekte, d. h. neue oder veränderte potenzielle Fehler auftreten können. Werden jedoch die Erwartungen, die an die Verbesserungsmaßnahmen gestellt wurden, erfüllt und drückt sich dies gegenüber der ersten Risikobewertung durch eine erheblich gesenkte Risikoprioritätszahl aus, so können diese Maßnahmen zur endgültigen Umsetzung weitergeleitet werden.

Der Verantwortliche im FMEA-Team hat nun die Aufgabe sicherzustellen, dass die aus dem Team kommenden Lösungsvorschläge auch innerhalb der Terminvorgaben umgesetzt werden. Gegebenenfalls muss er die Ergebnisse anmahnen.

Eine abschließende Beurteilung findet nach der Umsetzung sowie Überprüfung ihrer Wirksamkeit statt und wird dann durch die neu festzulegende RPZ im FMEA-Formblatt dokumentiert.

2.7 FMEA/FMECA nach DIN EN 60812:2015-08

Die bisher beschriebenen Ansätze sind sehr stark geprägt durch die Automobilbranche. Mit der Norm DIN EN 60812 wurde der Entwurf eines allgemeingültigen Ansatzes unter der Bezeichnung Fehlzustandsart- und -auswirkungsanalyse (FMEA) beschrieben. Bereits am Titel wird deutlich, dass in der Norm unterschiedliche Begrifflichkeiten gegenüber den VDA-Ansätzen verwendet werden.

Diese europäische Norm beschreibt die systematische Vorgehensweise zur Identifizierung und Beurteilung von Ausfallmöglichkeiten in Bezug auf eine *Betrachtungseinheit* oder einen Prozess. Der Begriff *Betrachtungseinheit* wurde hierbei für den zu analysierenden Anwendungsbereich gewählt. Beschrieben wird hier die FMEA als eine Methode, die individuell anpassbar ist, um den Anforderungen einer Industrie oder Organisation zu genügen.

Die Norm geht ebenfalls darauf ein, dass eine FMEA auf verschiedenen Ebenen einer Betrachtungseinheit oder eines Prozesses angewendet werden kann. Höchste

Hierarchieebene bis hin zu Ebenen mit Einzelfunktionen oder auch Bauteile, spezifische Prozeduren, Prozesse etc. können als Betrachtungseinheit herangezogen und analysiert werden. Eine FMEA kann dabei die Auswirkungen einer Ausfallart auf lokaler Ebene oder auf höheren Hierarchieebenen einer Betrachtungseinheit oder eines Prozesses berücksichtigen.

Bild 2.17 zeigt den Ablauf einer FMEA mit den allgemeinen Aktivitäten nach dieser Norm. Grob aufgeteilt ist dieser Ansatz in die drei Phasen *Planung der FMEA*, *Durchführung der Analyse* und *Dokumentation der Analyse*. Die einzelnen Aktivitäten sind nicht zwingend streng sequenziell zu bearbeiten. In vielen Fällen werden diese auch iterativ durchgeführt.

Die Grundlage der FMEA wird durch die Definition von den Bereichen und den Zielen gelegt und bestimmt damit auch den Umfang der Analyse. Zwei Ansätze oder auch Techniken werden für die FMEA angewendet. Die Top-down-Analyse findet bei der FMEA genauso Anwendung wie die Bottom-up-Vorgehensweise. Sie beschreiben letztendlich nur die Wirkrichtungen. Das klassische Wasserfallmodell ist ein typischer Vertreter der Top-down-Analyse und in Bezug auf die Betrachtungseinheit lässt sich eine Analyse so weit vertiefen, bis die Funktionen sich abbilden lassen. Analog gilt das für die Analyse von Prozessen. Der Bottom-up-Ansatz wird häufig bei Systembetrachtungen durchgeführt. Die Ebene des kleinsten individuellen Bauteils steht im Mittelpunkt der Betrachtung, und es gilt zu ermitteln, welche Auswirkungen der Ausfall dieses Bauteils auf die spezifischen höheren Ebenen haben kann. Im Prinzip ist das also der gleiche Ansatz wie bei der VDA-Vorgehensweise. Im Mittelpunkt einer Betrachtung steht ein *möglicher Fehler*. Mit der Top-down-Analyse wird auf *mögliche Fehlerursachen* und mit der Bottom-up-Analyse auf *mögliche Fehlerauswirkungen* geschlossen.

Die vorab festgelegte Definition von Entscheidungskriterien für Ausfallarten (Fehlzustandsarten bzw. Fehler) erleichtert die anschließende Analyse und richtet den Fokus gleichzeitig auf die Schwere einer Ausfallauswirkung. Nach DIN EN 60812 ist eine Ausfallart die Art und Weise, wie sich ein Ausfall ereignet.

Eine für diese Festlegung beschriebene Vorgehensweise ist die Kritikalitätsanalyse. Eine Kritikalitätsanalyse ist eine Methode, mit deren Hilfe, basierend auf mehreren Kriterien, jeder Ausfallart der Grad der Wichtigkeit zugeordnet wird (DIN EN 60812:2015-08 - Entwurf). Dies ist gleichzusetzen mit der *Bedeutung des Fehlers* nach dem VDA-Ansatz. Die Kritikalitätsmatrix gibt damit eine Übersicht über kritische Einordnungen bei bestimmten Kombinationen. Im Beispiel in Bild 2.16 befinden sich oben links die Kombinationen für das höchste Risiko in Bezug auf die Bedeutung bzw. Auswirkung. Unten rechts befinden sich die Kriterien mit dem geringsten Risiko.

Wahrscheinlichkeit \ Auswirkung		Katastrophal 1	Schwerwiegend 2	Marginal 3	Unbedeutend 4
Häufig	A				
Wahrscheinlich	B				
Gelegentlich	C				
Unwahrscheinlich	D				
Unbedeutend	E				

Bild 2.16 Exemplarische Kritikalitätsmatrix in Anlehnung an DIN EN 60812 – Entwurf

Angemerkt wird in der DIN EN 60812 noch, dass die Struktur für eine Matrix immer von Zweck und Kontext der Anwendung abhängt. Die tatsächliche Form ist also vom FMEA-Team zu diskutieren und festzulegen. Es sollte jeweils exakt festgelegt werden, welche Maßnahmen initiiert werden sollen für jeden festgelegten Wert oder jede Einstufung. Zu bestimmten Ausfallarten und Prioritäten können dann durchdachte Entscheidungen getroffen werden. Messskalen für die Kritikalitätsanalyse sollten so festgelegt werden, dass sie aussagekräftig in Bezug auf die zu untersuchenden Funktionen sind.

Die *Zerlegung der Einheit oder des Prozesses in geeignete Elemente* entspricht exakt einer Strukturanalyse. Die Betrachtungseinheit wird systematisch heruntergebrochen, und die Beziehungen der einzelnen Elemente untereinander werden damit deutlich:

- System-Einheiten können in weniger komplexe Module, Baugruppen, Bauteile etc. zerlegt werden.
- Prozesse lassen sich in Teilprozesse, Tätigkeiten etc. unterteilen.
- Software kann in Prozeduren, Module etc. zerlegt werden.
- Schnittstellen zu benachbarten Systemen können bestimmt werden.

Für jede Funktion eines Elements, einer Einheit oder eines Teilprozesses sollten die Ausfallarten, in denen diese versagen könnten, und die Leistungsmerkmale (Spezifikationen) festgehalten werden. Die einfachste Form der Beschreibung einer Ausfallart ist das Verneinen der zusetzenden Funktion. Jede Funktion muss dabei aber nicht zwingend nur eine Ausfallart haben.

Mögliche Ausfallursachen werden anschließend bestimmt, um Entscheidungen darüber treffen zu können (Maßnahmen), wie die zugeordnete Ausfallauswirkung gemildert oder verhindert werden kann.

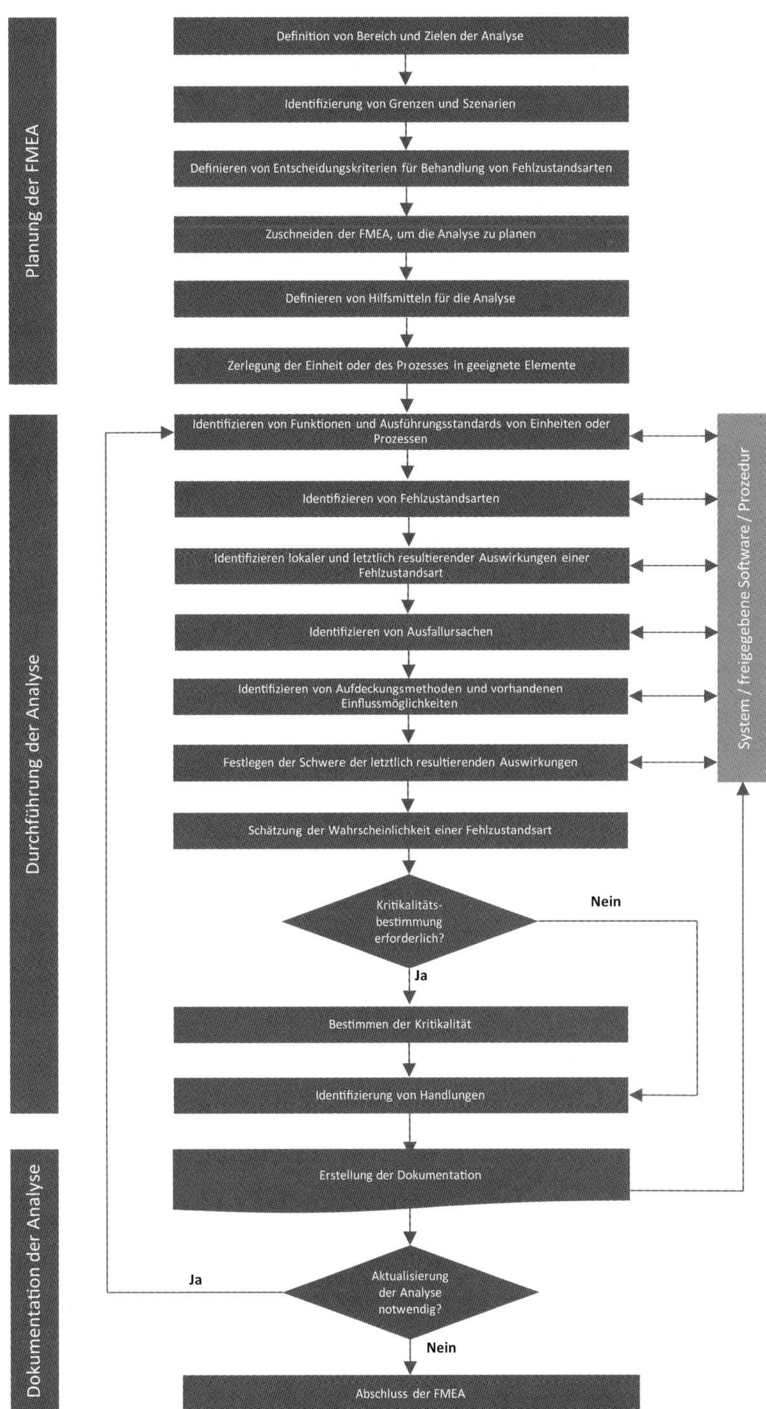

Bild 2.17 Flussdiagramm der FMEA nach DIN EN 60812 – Entwurf

Nach der Norm erfolgt das Abschätzen der Wahrscheinlichkeit einer Ausfallart. Diese kann beispielsweise anhand folgender Kriterien abgeschätzt werden:

- Daten aus Lebensdauertests an einem Bauteil
- Daten aus Laborversuchen
- Datenbanksystemen mit Ausfallraten, Ausfallwahrscheinlichkeiten oder Nichtverfügbarkeit
- Daten aus Feldversuchen in Bezug auf Ausfälle
- Beobachtung menschlicher Leistungsfähigkeit
- Ausfalldaten vergleichbarer Einheiten mit vergleichbarer Nutzung

Mit der Abschätzung der Wahrscheinlichkeit eines Auftretens einer Ausfallart soll nach DIN EN 60812 auch auf den Zeitraum, für den die Abschätzung gilt, eingegangen werden. Beispiele von Zeitspannen sind hierbei

- Garantiezeitraum,
- angenommene/ausgelegte Lebensdauer einer Einheit,
- spezifische Nutzungsdauer einer Einheit,
- Dauer einer Nutzungsphase.

Für jede Ausfallart sollten geeignete Aufdeckungsmethoden benannt werden, die verhindern, dass die zugeordnete Ausfallwirkung auftritt. Alternativ sind auch Aufdeckungsmethoden relevant, die die Auswirkung des Auftretens einer Ausfallart vermindern.

Als Teil der FMEA ist es wichtig, mögliche Fehler oder Ausfallereignisse hinsichtlich der Aufdeckungsmöglichkeiten zu betrachten. Das Aufdecken von potenziellen Ausfällen erlaubt es dem Bedienpersonal oder den Nutzern, rechtzeitig Maßnahmen zu ergreifen, die das Eintreten der analysierten und zugeordneten Auswirkungen verhindern. Das Aufdecken bzw. die Entdeckungswahrscheinlichkeit nach VDA hat also nach DIN EN 60812 einen breiteren Fokus. Sie beziehen sich hier direkt auch auf die Ausfallarten (Fehler) und nicht nur auf Fehlerursachen.

Steuerungsmöglichkeiten für Bedienpersonal oder Nutzer können folgende sein (DIN EN 60812:2015-08 – Entwurf):

- redundante Einheiten, die bei einer oder mehreren Störungen (Ausfallarten) weiter einen kontinuierlichen Betrieb zulassen
- alternative Betriebsmöglichkeiten
- Überwachungs- und Alarmeinrichtungen (Monitoring-Systeme)

Der Punkt *Dokumentation der FMEA* beschreibt in der Norm den Mindestumfang, zu dem die Beschreibung der Betrachtungseinheit (Untersuchungsgegenstand), des Anwendungsbereichs und die Grenzen gehören. Darüber hinaus sind hier die Kriterien der nicht zu akzeptierenden Auswirkungen oder Risiken festzuhalten.

Eine Liste von Datenquellen, die für die Analyse verwendet wurden, gehört ebenfalls zum Mindestumfang. Insgesamt zeigt diese Aufstellung eine große Nähe zur Dokumentation im Rahmen der Absicherung eines Systems mit dem Ziel der CE-Kennzeichnung (siehe auch Kapitel 6).

Abschließend ist noch anzumerken, dass die Norm auf die im Allgemeinen mit einer FMEA verknüpfte Risikoprioritätszahl nicht näher eingeht. Es wird darauf hingewiesen, dass RPZ-Bewertungen subjektiv sind und deren Anwendung als Vergleich zweier Bewertungen (Erstbewertung eines Fehlers vor einer eingeleiteten Maßnahme/nach der Umsetzung der Maßnahme) herangezogen werden können. Hiermit wird dann eine qualitative Indikation der erreichten Verbesserung aufgezeigt.

Die Norm enthält auch keine verallgemeinerten Skalen und Einordnungen der einzelnen Bemessungsgrößen und verweist jeweils auf das Durchführen eigener Kritikalitätsanalysen.

2.8 DFMEA und PFMEA nach VDA und AIAG

Im Jahr 2015 wurde von der AIAG und dem VDA eine Arbeitsgruppe, bestehend aus verschiedenen Akteuren der spezifischen Lieferkette im Automobilbau, zusammengestellt, die ein Konzept für eine gemeinsame FMEA entwickeln sollte. Widersprüche und Redundanzen sollten mit dieser Harmonisierung beseitigt werden. Die FMEA-Methode konzentriert sich dabei auf technische Aspekte der Risikominimierung. Finanzielle, zeitliche und strategische Risiken stehen nicht im Mittelpunkt der Betrachtung (Automotive Industry Action Group 2019).

Insgesamt ist der neue FMEA-Prozess so entwickelt worden, dass Teams weiterhin mit Formularen arbeiten können. Das neue Formular enthält nun aber deutlich mehr Spalten (siehe Bild 2.24). Für die Struktur-, Funktions- und Fehleranalyse sind nun jeweils drei Spalten zugeordnet.

Es existieren zwei (drei) Ansätze: die *Design-FMEA* (*DFMEA*) mit der Analyse von Produktfunktionen und die *Prozess-FMEA* (*PFMEA*), die die Prozessschritte analysiert. Darüber hinaus wird eine FMEA-Ergänzung für Monitoring und Systemreaktion (*FMEA-MSR*) beschrieben. Letztere soll potenzielle Fehlerursachen aufzeigen, die im Kundenbetrieb auftreten können. Kundenbetrieb bedeutet in diesem Zusammenhang, dass Fehlermöglichkeiten analysiert werden, die beim Einsatz bzw. der Anwendung oder auch bei der Durchführung von Wartungsarbeiten auftreten können.

Mit der Harmonisierung der FMEA ist es gelungen, die Inhalte und Vorgehensweise zwischen der amerikanischen AIAG-Methode und der deutschen Vorgehensweise nach VDA zusammenzuführen.

Beschrieben werden für die Anwendung der Methode nun sieben Schritte statt wie bisher fünf Schritte, wobei der siebte Schritt die Dokumentation der Ergebnisse betrifft. Dies wurde bei der bisherigen Vorgehensweise nicht explizit angegeben, aber natürlich immer durchgeführt. Ähnliches trifft für *Schritt 1, Planung und Vorbereitung*, zu. Auch dieser wurde bisher nicht extra aufgeführt, inhaltlich aber immer bearbeitet, da ohne diese Voraussetzungen keine sinnvolle Anwendung möglich ist. Wesentliche Änderungen sind in *Schritt 5, Risikoanalyse* (vormals Risikobewertung), erfolgt. Es wurden harmonisierte Bewertungskataloge für die DFMEA und PFMEA erarbeitet (siehe Abschnitt 2.9) und das Risiko wird nun als Aufgabenpriorität (Hoch – Mittel – Niedrig) dargestellt. Die bisherige Risikoprioritätszahl ist entfallen.

Eingeführt wurden *Basis*- und *Familien-FMEA*. Aus der Softwareentwicklung sind sogenannte Templates bekannt. Das sind Vorlagen, die ein Grundgerüst bereitstellen und für weitere Arbeiten angepasst werden können. Struktur und grundsätzliche, allgemeingültige Inhalte sind hier bereits enthalten. Übertragen auf die FMEA nach VDA und AIAG 2019 enthält eine Basis-FMEA alle Erkenntnisse eines Unternehmens aus vorherigen Entwicklungen. Die Basis-FMEA ist nicht anwendungsspezifisch und erlaubt die Verallgemeinerung von Anforderungen, Funktionen und Maßnahmen. Sie stellt damit ein Abbild dar, wie in einem Unternehmen grundsätzlich ein Produkt entwickelt wird. Ein Produktprogramm stellt die oberste hierarchische Ebene dar und bezeichnet die Gesamtheit aller Erzeugnisse und Leistungen eines Unternehmens. Produktprogramme werden meist noch in verschiedene Hierarchiestufen gegliedert. Eine Produktfamilie bezeichnet wiederum eine Menge von Produktvarianten, die ähnliche Funktionsprinzipien, Technologien sowie gleiche Anwendungsbereiche oder Produktionsverfahren haben (Krause und Gebhardt 2018). Entsprechend stellen Familien-FMEA spezielle Basis-FMEA dar, die die Gemeinsamkeiten einer Produktfamilie abdecken. Die Vorlage kann damit als Grundlage für neue FMEA-Projekte verwendet werden, die der gleichen Produktfamilie zuzuordnen ist.

Weiterhin gibt es die zwei grundsätzlichen FMEA-Arten. Die Design-FMEA (DFMEA), die auch als Produkt-FMEA bezeichnet wird und vorrangig von den in einem Unternehmen für die Entwicklung und Konstruktion verantwortlichen Mitarbeitern angewendet wird. Ziel ist es, dass vor der Freigabe für die Herstellung mögliche Fehlerarten an Bauteilen oder Baugruppen erkannt und beseitigt wurden. Die Prozess-FMEA (PFMEA) wiederum analysiert den Herstellungsprozess, wie z.B. die Fertigung und Montage eines betrachteten Untersuchungsgegenstands.

Nach (Kymal und Gruska 2018) reagiert die gemeinsam von VDA und AIAG entwickelte FMEA-Methode auf die Globalisierung. Neue Methoden und Verknüpfungen zwischen den dokumentierten Informationen geben die aktuellen Beziehungen zwischen Kunden, Lieferanten und Sublieferanten wieder.

2.9 Die sieben Arbeitsschritte der FMEA nach der Harmonisierung

Die einzelnen Arbeitsschritte der FMEA sind im Folgenden aufgeführt. Vor den fünf Schritten nach VDA 2006 gibt es nun einen Definitions- und Vorbereitungsschritt und zum Schluss noch einen Schritt für die Ergebnisdokumentation.

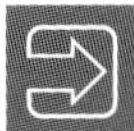

Die sieben Arbeitsschritte:

1. Schritt: Planung und Vorbereitung
2. Schritt: Strukturanalyse
3. Schritt: Funktionsanalyse
4. Schritt: Fehleranalyse
5. Schritt: Risikoanalyse (Maßnahmenanalyse)
6. Schritt: Optimierung
7. Schritt: Ergebnisdokumentation

Die Hauptziele der Planung und Vorbereitung liegen unter anderem in der Festlegung des Analyseumfangs sowie der Grenzen der Analyse. In diesem Zusammenhang wird oft auch der Begriff *Scoping* verwendet. Des Weiteren gilt es, die Teamzusammensetzung und Terminplanung zu organisieren sowie die zu verwendenden Werkzeuge zu benennen.

Struktur-, Funktions- und Fehleranalyse unterscheiden sich nicht von der Zielsetzung gegenüber den bisherigen Arbeitsschritten. Sie werden nur sehr viel detaillierter hinsichtlich der Umsetzung bzw. Anwendung beschrieben. So wird in Bezug auf die Design-FMEA (DFMEA) explizit die Verwendung von Blockdiagrammen angesprochen, um die Umfänge sowie die Betrachtungstiefe und den Fokus grafisch darstellen zu können. Für eine DFMEA gilt es zu beschreiben, **wie** und **womit** einzelne Punkte aus einem Pflichtenheft realisiert werden sollen. Ein Pflichtenheft basiert auf einem Lastenheft und beschreibt in konkreter Form, wie ein Entwicklungsauftrag umgesetzt werden soll. Analog hierzu wird ein Prozessablaufdiagramm für die Darstellung bei einer Prozess-FMEA (PFMEA) empfohlen.

Übertragen auf die Funktionsanalyse wird hier auf die Punkte des Lastenhefts (**was** wird gefordert?) eingegangen. In Bezug auf die einzelnen Systemelemente sind die Funktionen, Eigenschaften und Merkmale zu ermitteln. Empfohlen wird die Anwendung des Parameterdiagramms (siehe Abschnitt 4.1.7).

Nach dem systematischen Ableiten der Funktionen auf allen Ebenen folgt die Fehleranalyse mit der Benennung einer möglichen *Fehlerart* und der bekannten Zuordnung von *Fehlerfolgen* und *Fehlerursachen*. Die Fehlerart (vormals nur einfach

Fehler) wird von der Funktion abgeleitet, wobei es hier verschiedene Ausprägungen gibt. Hierzu gehören Funktionsverlust, Funktionseinschränkungen und unbeabsichtigte Funktion.

Eine Fehlerart sollte dabei so eindeutig und zutreffend wie möglich beschrieben werden. Es empfiehlt sich die Verknüpfung aus *Substantiv* und *Verb*, wie z. B. „Dichtung verdreht". Das Verneinen einer Funktion ist sicherlich die einfachste Form einer Fehlerbeschreibung (Fehlfunktion). Nun wird in (Automotive Industry Action Group 2019) aber darauf hingewiesen, dass Aussagen wie „nicht erfüllt", „nicht OK" „fehlerhaft", „gebrochen" usw. nicht als ausreichend angesehen werden.

Die Verknüpfung von Fehlerart, -folge und -ursache erfolgt über ein Fehlernetz (Bild 2.18). Eingeführt wurde hierbei der Begriff *Fokuselement*, der auch in dem neu entwickelten Formblatt (siehe Bild 2.24) aufgeführt wird. Dieser Begriff wird als Synonym für die aktuell betrachtete Analyseebene verwendet.

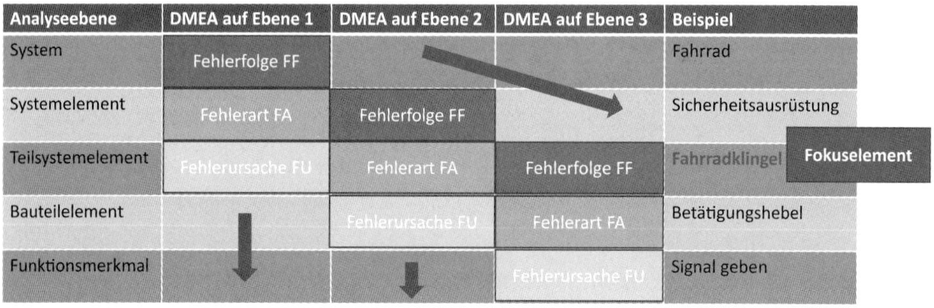

Analyseebene	DMEA auf Ebene 1	DMEA auf Ebene 2	DMEA auf Ebene 3	Beispiel
System	Fehlerfolge FF			Fahrrad
Systemelement	Fehlerart FA	Fehlerfolge FF		Sicherheitsausrüstung
Teilsystemelement	Fehlerursache FU	Fehlerart FA	Fehlerfolge FF	Fahrradklingel Fokuselement
Bauteilelement		Fehlerursache FU	Fehlerart FA	Betätigungshebel
Funktionsmerkmal			Fehlerursache FU	Signal geben

Bild 2.18 Beispielhafte Verknüpfung in einem Fehlernetz

Die Fehlerfolge ist in Bezug auf gesetzliche und behördliche Vorgaben oder Auswirkungen für den Endnutzer zu beschreiben. Bei betrachteten untergeordneten Systemelementen sind die Folgen für die Integration in der nächsthöheren Ebene maßgeblich. Gegenstand der Fehleranalyse ist auch die Bewertung der Fehlerfolge (*Bedeutung B*). Tabelle 2.8 enthält Kriterien, die auf die Automobilbranche zugeschnitten sind. Für eine andere Anwendung ist eine Verallgemeinerung notwendig, oder es ist entsprechend DIN EN 60812:2015-08 – Entwurf eine Kritikalitätsanalyse durchzuführen, um eigene Bewertungsskalen zu erstellen.

Tabelle 2.8 Bewertung der Bedeutung B – Design-FMEA; in Anlehnung an (Automotive Industry Action Group 2019)

B	Auswirkung	Kriterien der Bedeutung B
10	Sehr hoch	Auswirkung auf den sicheren Betrieb des Betrachtungsgegenstands, die Gesundheit des Bedieners oder Nutzers sowie anderer Personen
9		Nichteinhaltung von gesetzlichen oder behördlichen Vorgaben

B	Auswirkung	Kriterien der Bedeutung B
8	Hoch	**Verlust** einer für den normalen Betrieb über die vorgesehene Lebensdauer notwendigen Hauptfunktion
7		**Einschränkung** einer für den normalen Betrieb über die vorgesehene Lebensdauer notwendigen Hauptfunktion
6	Mittel	**Verlust** einer Komfortfunktion
5		**Einschränkung** einer Komfortfunktion
4		Deutlich wahrnehmbare Qualitätsbeeinträchtigung von Erscheinungsbild, Klang, Vibrationen, Rauheit oder Haptik
3	Niedrig	Mäßig wahrnehmbare Qualitätsbeeinträchtigung von Erscheinungsbild, Klang, Vibrationen, Rauheit oder Haptik
2		Geringfügig wahrnehmbare Qualitätsbeeinträchtigung von Erscheinungsbild, Klang, Vibrationen, Rauheit oder Haptik
1	Sehr niedrig	Keine wahrnehmbare Auswirkung

Tabelle 2.9 Bewertung der Bedeutung B – Prozess-FMEA, Auszug; in Anlehnung an (Automotive Industry Action Group 2019)

B	Auswirkung	Auswirkung, eigene Unternehmen	Auswirkung auf beliefertes Unternehmen	Auswirkung auf Endnutzer
10	Hoch	Fehlerart kann akute Gesundheits- und/oder Sicherheitsrisiken für Mitarbeiter haben	Fehlerart kann akute Gesundheits- und/oder Sicherheitsrisiken für Mitarbeiter haben	Auswirkungen auf den sicheren Betrieb sind die Folge und Risiken für die Gesundheit sind vorhanden.
...		...	...	...
3	Niedrig	Ein Teil des Produktionslaufs könnte möglicherweise vor der Weiterverarbeitung an den Stationen nachbearbeitet werden.	Fehlerhaftes Produkt löst untergeordneten Reaktionsplan aus; weitere fehlerhafte Produkte sind aber unwahrscheinlich	Mäßig wahrnehmbare Qualitätsbeeinträchtigung
2		Geringe Schwierigkeiten für den Prozess, den Betrieb oder den Bediener	Fehlerhaftes Produkt löst keinen Reaktionsplan aus; weitere fehlerhafte Produkte sind aber unwahrscheinlich; Rückmeldung an den Lieferanten erforderlich	Geringfügig wahrnehmbare Qualitätsbeeinträchtigung
1	Sehr niedrig	Keine wahrnehmbare Auswirkung	Keine wahrnehmbare oder keine Auswirkung	Keine wahrnehmbare Auswirkung

Mit der Risiko- bzw. Maßnahmenanalyse wird der Ist-Zustand eines betrachteten Systems oder Prozesses hinsichtlich Vermeidungs- und Entdeckungsmaßnahmen durchleuchtet. Die Bewertung der Entdeckung (Fehlerursache und/oder Fehlerart) sowie das Auftreten der Fehlerursache steht im Mittelpunkt der Betrachtung. Die Entdeckungsmaßnahmen sind bei einer DFMEA hinsichtlich ihrer Effektivität einzuschätzen, um die zuverlässige Entdeckung von Fehlerursache bzw. -art vor einer Freigabe (beispielsweise für die Realisierung) zu beurteilen. Im Kontext der Bewertung von Vermeidungsmaßnahmen stehen das Auftreten und die Wirksamkeit dieser Maßnahmen. Gegenüber den früheren Bewertungstabellen wurde auf die Spalten „zugeordneter Fehleranteil" und „Sicherheit der Nachweis- bzw. Prüfverfahren" verzichtet. Die Beschreibung der Kriterien ist sehr viel detaillierter als bisher erfolgt und in Auszügen in Tabelle 2.10 und Tabelle 2.11 aufgeführt. Die Bewertungen sind bei der DFMEA auch nicht mehr gruppiert, sodass sich jetzt jeder Wert über die beschriebenen Kriterien einfacher zuordnen lässt. Im Gegensatz dazu gibt es bei der Bewertung des Auftretens im Rahmen einer Prozess-FMEA immer noch die Gruppierung von Bemessungsgrößen, was einen größeren Ermessensspielraum für die Bewertung zulässt.

Alternativ gibt es in (Automotive Industry Action Group 2019) für das *Auftreten A* aber auch noch Tabellen mit einer zeitlichen Prognose sowie mit der Zuordnung von Vorkommnissen (pro 1.000 Fälle) für die Design FMEA (Tabelle 2.10). Die Einordnung der Bewertung erfolgt aber nach den gleichen Kriterien. Einzig die Spalte „Erwartetes Auftreten" wurde ersetzt (zeitliche Prognose: **Immer** → A = 10; …; **Mehr als einmal pro Tag** → A = 7; …; **Nie** → A = 1).

Tabelle 2.10 Bewertung des Auftretens A –Design-FMEA; in Anlehnung an (Automotive Industry Action Group 2019)

A	Erwartetes Auftreten	Kriterium für das Auftreten A
10	Extrem hoch	Es handelt sich um eine **erstmalige** Anwendung einer Technologie ohne vorherige Einsatzerfahrung. Normen liegen nicht vor und bewährte Verfahren sind noch nicht festgelegt.
9	Sehr hoch	Es handelt sich um eine **erstmalige** Anwendung einer Konstruktion mit technischen Neuerungen oder von Materialien im Unternehmen. Es liegen keine Erfahrungen für eine Produktverifizierung und/oder -validierung vor.
8		Es handelt sich um eine **erstmalige** Anwendung einer Konstruktion mit technischen Neuerungen oder von Materialien in einer neuen Anwendung. Einige Normen und bewährte Verfahren liegen vor, die aber nicht direkt für die Konstruktion gelten.

A	Erwartetes Auftreten	Kriterium für das Auftreten A
7	Hoch	Es handelt sich um eine **neue** Konstruktion, basierend auf ähnlicher Technologie und ähnlichen Materialien. Normen, bewährte Verfahren und Konstruktionsregeln gelten für die zugrundeliegende Konstruktion (aber nicht für die Neuerungen).
6		Es handelt sich um eine **ähnliche** Konstruktion, basierend auf vorhandenen Technologien und Materialien. Normen und Konstruktionsregeln liegen vor, sind jedoch unzureichend für eine Vermeidung der Fehlerursache.
5	Mittel	Es erfolgten **geringfügige** Änderungen an vorherigen Konstruktionen unter Verwendung bewährter Technologien und Materialien. Die Konstruktion berücksichtigt Erfahrungen aus vorherigen Konstruktionen.
4		Es handelt sich um eine **fast identische** Konstruktion mit kurzer Einsatzerfahrung. Ähnliche Anwendungen sind vorhanden. Es liegt eine Vorgängerkonstruktion mit Anpassungen an bewährte Verfahren, Normen und Vorgaben vor.
3	Niedrig	Es erfolgten **geringfügige** Änderungen an einer bekannten Konstruktion. Die Konstruktion entspricht Normen und bewährten Verfahren unter Berücksichtigung der Erfahrungen aus vorherigen Konstruktionen.
2	Sehr niedrig	Es liegt eine **fast identische** und damit ausgereifte Konstruktion vor (gegenüber Vorgängerkonstruktion).
1	Extrem niedrig	Ein Fehler wird durch die Vermeidungsmaßnahme eliminiert und die Fehlerursache ist durch die Konstruktion ausgeschlossen.

Die Bewertung des Auftretens einer Fehlerursache bzw. eines Fehlers kann durch Fragefilter oder auch Checklisten unterstützt werden (siehe Abschnitt 4.1.4). Fragen lassen sich hierbei aus den in den Bewertungstabellen angegebenen Kriterien ableiten oder auch unternehmensspezifisch zusammenstellen. Daneben stellen Handbücher und auch verschiedene Datenbankanwendungen bzw. Informationssammlungen (Reklamationsmanagement, statistische Prozesskontrolle, Gewährleistungsansprüche etc.) eine brauchbare Quelle für die Analyse der Bewertung des *Auftretens A* von Fehlerursachen bzw. Fehler dar.

Tabelle 2.11 Bewertung des Auftretens A – Prozess-FMEA; in Anlehnung an (Automotive Industry Action Group 2019)

A	Prognose des Auftretens	Art der Vermeidung	Vermeidungsmaßnahmen
10	Extrem hoch	Keine	Bisher wurde keine Vermeidungsmaßnahme vorgesehen.
9	Sehr hoch	Verhalten	Vermeidungsmaßnahmen haben eine geringe Wirkung in Bezug auf die Fehlerursache.
8			
7	Hoch	Verhalten oder technisch	Vermeidungsmaßnahmen haben eine mäßige Wirkung in Bezug auf die Fehlerursache.
6			
5	Mittel		Vermeidungsmaßnahmen sind wirksam in Bezug auf die Fehlerursache.
4			
3	Niedrig	Bewährte Verfahren: Verhalten oder technisch	Vermeidungsmaßnahmen sind hocheffektiv in Bezug auf die Fehlerursache.
2	Sehr niedrig		
1	Extrem niedrig	Technisch	Vermeidungsmaßnahmen sind extrem effektiv in Bezug auf die Fehlerursache.

Mit der *Entdeckung E* wird die Effektivität der Entdeckungsmaßnahme bewertet (Tabelle 2.12). Nach (Automotive Industry Action Group 2019) werden die Bewertungskriterien nun an den Reifegrad der Entdeckungsmethode gekoppelt. Reifegradmodelle stellen im Allgemeinen ein methodisches Instrument dar, das zur Beurteilung und Entwicklung der Güte beziehungsweise Leistungsfähigkeit eines bestimmten Betrachtungsgegenstands, zum Beispiel Produkte, Prozesse, Personen oder eine Mischung aus diesen, herangezogen wird (Ahlemann et al. 2005). Um diese Güte bewerten zu können, definiert ein Reifegradmodell verschiedene Reifegrade, die die für unterschiedliche Entwicklungsstufen des betrachteten Objekts allgemeingültigen Eigenschaften aufzeigen. Heute werden Reifegradmodelle von Unternehmen vor allem dazu genutzt, um ihre derzeitige Position beziehungsweise Reife in Bezug auf ein bestimmtes Betrachtungsfeld zu bestimmen. Neben dieser Positionsbestimmung zeigen die Reifegradmodelle aber auch Wege für die Weiterentwicklung des betrachteten Unternehmensfelds auf sowie potenzielle Problemfelder, die dabei auftreten können.

Die Angabe der Entdeckungsmöglichkeit bezieht sich nun auf konkrete Prüfmethoden, die eindeutige Ergebnisse liefern, und damit eine direkte Zuordnung zu den Bewertungen erlauben.

Tabelle 2.12 Bewertung der Entdeckung E – Design-FMEA; in Anlehnung an (Automotive Industry Action Group 2019)

E	Entdeckungs-fähigkeit	Reifegrad der Entdeckungs-methode	Entdeckungsmöglichkeit
10	Sehr niedrig	Das Prüfverfahren (-methode) ist noch nicht entwickelt worden.	Keine Prüfmethode definiert
9	Sehr niedrig	Das Prüfverfahren/die Prüfmethode ist nicht speziell für die Entdeckung der Fehlerart/-ursache entwickelt worden.	OK/NOK-Test; Test-to-Fail; Degradationstest
8	Niedrig	Das Prüfverfahren (-methode) ist neu, hat sich aber noch nicht bewährt.	OK/NOK-Test; Test-to-Fail; Degradationstest
7			OK/NOK-Test
6	Mittel	Es gibt bewährte Prüfverfahren für die Verifizierung der Funktionalität oder Validierung. Ein geplanter Einsatz im Produktionsprozess ist vorgesehen und negative Tests können zu Produktionsverzögerungen führen.	Test-to-Fail
5			Degradationstest
4	Hoch	Es gibt bewährte Prüfverfahren für die Verifizierung der Funktionalität oder Validierung. Ein geplanter Einsatz ist ausreichend für die Anpassung der Produktionswerkzeuge für eine Freigabe der Produktion.	OK/NOK-Test
3			Test-to-Fail
2			Degradationstest
1	Sehr hoch	Vorherigen Prüfungen bestätigen, dass die Fehlerart/-ursache nicht auftreten kann oder dass die Entdeckungsmethoden nachweislich erfolgreich sind.	

Tabelle 2.13 Bewertung der Entdeckung E – Prozess-FMEA; in Anlehnung an (Automotive Industry Action Group 2019)

E	Entdeckungs-fähigkeit	Reifegrad der Entdeckungs-methode	Entdeckungsmöglichkeit
10	Sehr niedrig	Es ist noch **keine** Prüfmethode vorhanden oder bekannt.	Die Fehlerart wird nicht entdeckt.
9		Es ist **unwahrscheinlich**, dass die Fehlerart mit der Prüfmethode erkannt wird.	Gelegentliche oder zufällige Prüfungen entdecken die Fehlerart nicht.
8	Niedrig	Wirksamkeit und Verlässlichkeit der Prüfmethode **wurde noch nicht nachgewiesen**	Manuelle Prüfungen (visuell, haptisch, akustisch) sollten zur Entdeckung der Fehlerart/-ursache führen.

Tabelle 2.13 Bewertung der Entdeckung E – Prozess-FMEA; in Anlehnung an (Automotive Industry Action Group 2019) *(Fortsetzung)*

E	Entdeckungsfähigkeit	Reifegrad der Entdeckungsmethode	Entdeckungsmöglichkeit
7			Durch technische Verfahren bzw. durch den Einsatz von Prüfmitteln sollte die Fehlerart/-ursache erkannt werden.
6	Mittel	Wirksamkeit und Verlässlichkeit der Prüfmethode **wurde nachgewiesen**.	Manuelle Prüfungen (visuell, haptisch, akustisch) führen zur Entdeckung der Fehlerart/-ursache (einschließlich Produktstichproben).
5			Durch technische Verfahren bzw. durch den Einsatz von Prüfmitteln wird die Fehlerart/-ursache erkannt.
4	Hoch	Wirksamkeit und Verlässlichkeit des Systems **wurde nachgewiesen.**	Durch technische Verfahren bzw. durch den Einsatz von Prüfmitteln wird die Fehlerart/-ursache **in einer nachfolgenden Arbeitsstation** erkannt.
3			Durch technische Verfahren bzw. durch den Einsatz von Prüfmitteln wird die Fehlerart/-ursache **an der Arbeitsstation** erkannt.
2		Wirksamkeit und Verlässlichkeit der Entdeckungsmethode **wurde nachgewiesen**.	Durch technische Verfahren bzw. durch den Einsatz von Prüfmitteln wird die Fehlerursache entdeckt und die Entstehung der Fehlerart verhindert.
1	Sehr hoch	Die Fehlerart kann durch die Konstruktion oder den Prozess physisch nicht verursacht werden. Fehlerart/-ursache werden nachweislich immer durch die eingeleiteten Maßnahmen entdeckt.	

Die Risikoanalyse schließt mit der Zusammenfassung der Einzelbewertungen ab, und hier findet sich auch die größte Änderung gegenüber der bisher üblichen Vorgehensweise wieder. Statt der *Risikoprioritätszahl* (*RPZ*) wird nun die *Aufgabenpriorität* (*AP*) abgeleitet. Die Aufgabenpriorität stellt dabei die Bewertung für die *Bedeutung eines Fehlers B* in den Mittelpunkt und ordnet die Bewertungen für das Auftreten und Entdecken unter.

Die RPZ ist das Produkt dreier Einzelbewertungen und hat nur eine geringe Aussagekraft bezüglich der Qualität von Produkten und Prozessen (Werdich 2012).

Unterschiedliche Risiken können hierüber nicht sicher aufgezeigt werden. Ausschließlich auf Basis eines Fehlers bzw. einer Fehlerart mit der Verkettung der Fehlerursache und -auswirkung konnte die RPZ in Bezug auf die Wirksamkeit eingeleiteter Maßnahmen herangezogen werden. Belastbare Erkenntnisse ergaben sich nur aus dem Vergleich dieser beiden Werte.

Es gibt nun drei unterschiedliche Aufgabenprioritäten für einzuleitende Maßnahmen (siehe Tabelle 2.14): *Hoch (H)*, *Mittel (M)* und *Niedrig (N)*. Es wird empfohlen, dass mindestens bei Bewertungen 9 bzw. 10 bei der Bedeutung der Fehlerfolge eine Überprüfung einschließlich getroffener Maßnahmen durch das Management erfolgt. Damit wird auch die Entscheidungsebene in einem Unternehmen in den Prozess direkt einbezogen. Die Aufgabenprioritäten dienen also nicht zur Priorisierung eines hohen, mittleren oder niedrigen Risikos, sondern zur Priorisierung der Notwendigkeit von Maßnahmen, um ein Risiko zu reduzieren.

Tabelle 2.14 Aufgabenpriorität (AP) nach (Automotive Industry Action Group 2019)

Aufgabenpriorität (AP)	Anmerkung
Hoch (H)	**Hohe Review- und Maßnahmenpriorität** Das Team muss entweder angemessene Maßnahmen festlegen, um das Auftreten zu verringern und/oder die Entdeckung zu verbessern. Es ist zu begründen und zu dokumentieren, warum die getroffenen Maßnahmen als ausreichend angesehen werden.
Mittel (M)	**Mittlere Maßnahmenpriorität** Das Team sollte angemessene Maßnahmen identifizieren, um das Auftreten zu verringern und/oder die Entdeckung zu verbessern. Es ist nach Ermessen des Unternehmens zu begründen und zu dokumentieren, warum die getroffenen Maßnahmen als ausreichend angesehen werden.
Niedrig (N)	**Niedrige Maßnahmenpriorität** Das Team kann Maßnahmen identifizieren, um das Auftreten zu verringern und/oder die Entdeckung zu verbessern.

Die Aufgabenpriorität basiert weiterhin auf der Kombination der Bedeutung, des Auftretens und der Entdeckungsfähigkeit. In Tabelle 2.15 bis Tabelle 2.19 sind die unterschiedlichen Kombinationen der Einzelbewertungen zusammengestellt und in die drei Aufgabenprioritäten überführt worden. Zwischen der Design-FMEA und der Prozess-FMEA gibt es hierbei keinen Unterschied.

Tabelle 2.15 Aufgabenpriorität (AP) bei einer **sehr großen Auswirkung** auf ein Produkt oder Werk (Automotive Industry Action Group 2019)

B	Prognose des Auftretens der Fehlerursache	A	Entdeckungsfähigkeit	E	Aufgabenpriorität (AP)	Anmerkungen
9 - 10	Sehr hoch	8 - 10	Niedrig - sehr niedrig	7 - 10	H	
			Mittel	5 - 6	H	
			Hoch	2 - 4	H	
			Sehr hoch	1	H	
	Hoch	6 - 7	Niedrig - sehr niedrig	7 - 10	H	
			Mittel	5 - 6	H	
			Hoch	2 - 4	H	
			Sehr hoch	1	H	
	Mittel	4 - 5	Niedrig-sehr niedrig	7 - 10	H	
			Mittel	5 - 6	H	
			Hoch	2 - 4	H	
			Sehr hoch	1	M	
	Niedrig	2 - 3	Niedrig-sehr niedrig	7 - 10	H	
			Mittel	5 - 6	M	
			Hoch	2 - 4	N	
			Sehr hoch	1	N	
	Sehr niedrig	1	Sehr hoch-sehr niedrig	1 - 10	N	

Tabelle 2.16 Aufgabenpriorität (AP) bei einer **großen Auswirkung** auf ein Produkt oder Werk (Automotive Industry Action Group 2019)

B	Prognose des Auftretens der Fehlerursache	A	Entdeckungs-fähigkeit	E	Aufgaben-priorität (AP)	Anmer-kungen
7–8	Sehr hoch	8 – 10	Niedrig–sehr niedrig	7 – 10	H	
			Mittel	5 – 6	H	
			Hoch	2 – 4	H	
			Sehr hoch	1	H	
	Hoch	6 – 7	Niedrig–sehr niedrig	7 – 10	H	
			Mittel	5 – 6	H	
			Hoch	2 – 4	H	
			Sehr hoch	1	M	
	Mittel	4 – 5	Niedrig–sehr niedrig	7 – 10	H	
			Mittel	5 – 6	M	
			Hoch	2 – 4	M	
			Sehr hoch	1	M	
	Niedrig	2 – 3	Niedrig–sehr niedrig	7 – 10	M	
			Mittel	5 – 6	M	
			Hoch	2 – 4	N	
			Sehr hoch	1	N	
	Sehr niedrig	1	Sehr hoch–sehr niedrig	1 – 10	N	

Tabelle 2.17 Aufgabenpriorität (AP) bei einer **mittleren Auswirkung** auf ein Produkt oder Werk (Automotive Industry Action Group 2019)

B	Prognose des Auftretens der Fehlerursache	A	Entdeckungsfähigkeit	E	Aufgabenpriorität (AP)	Anmerkungen
4 - 6	Sehr hoch	8 - 10	Niedrig-sehr niedrig	7 - 10	H	
			Mittel	5 - 6	H	
			Hoch	2 - 4	M	
			Sehr hoch	1	M	
	Hoch	6 - 7	Niedrig-sehr niedrig	7 - 10	M	
			Mittel	5 - 6	M	
			Hoch	2 - 4	M	
			Sehr hoch	1	N	
	Mittel	4 - 5	Niedrig-sehr niedrig	7 - 10	M	
			Mittel	5 - 6	N	
			Hoch	2 - 4	N	
			Sehr hoch	1	N	
	Niedrig	2 - 3	Niedrig-sehr niedrig	7 - 10	N	
			Mittel	5 - 6	N	
			Hoch	2 - 4	N	
			Sehr hoch	1	N	
	Sehr niedrig	1	Sehr hoch-sehr niedrig	1 - 10	N	

Tabelle 2.18 Aufgabenpriorität (AP) bei einer **geringen Auswirkung** auf ein Produkt oder Werk (Automotive Industry Action Group 2019)

B	Prognose des Auftretens der Fehlerursache	A	Entdeckungsfähigkeit	E	Aufgabenpriorität (AP)	Anmerkungen
2 - 3	Sehr hoch	8 - 10	Niedrig-sehr niedrig	7 - 10	M	
			Mittel	5 - 6	M	
			Hoch	2 - 4	N	
			Sehr hoch	1	N	
	Hoch	6 - 7	Niedrig-sehr niedrig	7 - 10	N	
			Mittel	5 - 6	N	
			Hoch	2 - 4	N	
			Sehr hoch	1	N	
	Mittel	4 - 5	Niedrig-sehr niedrig	7 - 10	N	
			Mittel	5 - 6	N	
			Hoch	2 - 4	N	
			Sehr hoch	1	N	
	Niedrig	2 - 3	Niedrig-sehr niedrig	7 - 10	N	
			Mittel	5 - 6	N	
			Hoch	2 - 4	N	
			Sehr hoch	1	N	
	Sehr niedrig	1	Sehr hoch-sehr niedrig	1 - 10	N	

Tabelle 2.19 Aufgabenpriorität (AP) bei **keiner wahrnehmbaren Auswirkung** auf ein Produkt oder Werk (Automotive Industry Action Group 2019)

B	Prognose des Auftretens der Fehlerursache	A	Entdeckungsfähigkeit	E	Aufgabenpriorität (AP)	Anmerkungen
1	Sehr niedrig - sehr hoch	1 - 10	Sehr hoch-sehr niedrig	1 - 10	N	

In *Schritt 6, Optimierung*, gilt es geeignete Maßnahmen zur Reduzierung eines bewerteten Risikos zu identifizieren, zu dokumentieren und umzusetzen. Des Weiteren ist die Wirksamkeit durch eine Bewertung zu belegen, denn wenn das Ergebnis weiterhin als nicht zufriedenstellend eingestuft wird, hat dies zur Folge, dass neue Maßnahmen vorzuschlagen sind. Diese werden wieder mit Zuständigkeiten und Terminen versehen und zur Entscheidung gebracht. Dieser Optimierungsprozess wird so lange aufrechterhalten, bis akzeptable Ergebnisse erreicht sind. Dieser komplette Prozess ist dabei in seinen Einzelheiten festzuhalten. Damit soll verhindert werden, dass umgesetzte Maßnahmen, die keine Verbesserungen nach sich gezogen haben, noch einmal in dem Kontext einer Risikominimierung für eine bestimmte Fehlerart und deren -ursache Anwendung findet.

2.10 Ergebnisdokumentation im FMEA-Formblatt

Zentrales Dokument einer FMEA ist das zugehörige Formblatt, wobei aber auch die Inhalte, die nicht im Formblatt aufgeführt werden, zur Gesamtdokumentation gehören. Das sind u. a. die Dokumente der Systemanalyse, wie Strukturbäume und Funktionslisten. Ebenfalls zählen die verwendeten Bewertungskataloge für die Einschätzung der Risiken dazu. Die Festlegung für ein bestimmtes Formblatt spielt bei der FMEA-Anwendung nur eine untergeordnete Rolle. Die Zielsetzung der FMEA verändert sich nicht durch die Verwendung eines bestimmten Formblatts, sofern in diesem Formblatt alle wesentlichen Inhalte berücksichtigt werden.

In den letzten Jahren wurden verschiedene FMEA-Formblätter von Verbänden, Unternehmen etc. entwickelt bzw. aufgrund der immer größeren Verbreitung der Methode weiterentwickelt. Die FMEA wird zumeist nicht ausschließlich unternehmensintern durchgeführt. Oft ist es so, dass ein Auftraggeber dies vorschreibt und auch unterschiedliche Konstellationen in der Zusammensetzung der FMEA-Teams sind die Regel. Firmenspezifische Formblätter haben dabei den Nachteil, dass sich die Kunden erst in die verschiedenen Darstellungen einarbeiten müssen, und auch ein Lieferant muss unter Umständen für verschiedene Kunden verschiedene Formblätter bedienen können. Insgesamt bedeutet das für alle Partner einen erheblichen Mehraufwand. Deshalb sollte man auf eine abgestimmte Darstellung zurückgreifen.

Die Automobilindustrie mit den Verbänden VDA bzw. AIAG waren in der Vergangenheit immer wieder federführend daran beteiligt, die FMEA-Formblätter zu verfeinern und zu verbessern. Vorschriften in der automobilen Lieferkette setzen die Durchführung von technischen Risikoanalysen, wie die FMEA, voraus, und zumeist wird das auch vertraglich gefordert. Naheliegend war es dann auch, aufgrund der weltweiten Verflechtung, dass hier gemeinsame Anstrengungen hinsichtlich der Dokumentation unternommen wurden. Das Ergebnis ist in (Automotive Industry Action Group 2019) dokumentiert. Ebenfalls ist hieraus ein weiteres Formblatt entstanden.

Nachfolgend sind einige unterschiedliche Formblätter, die in den letzten Jahren entwickeln wurden, aufgeführt (Bild 2.19 bis Bild 2.24). Im Formblatt VDA '86 steht die Beschreibung eines potenziellen Fehlers sowie die zugehörige Fehlerfolge und -ursache im Mittelpunkt. Es folgt die Spalte „D" zur Kennzeichnung weiterer Dokumentationsunterlagen. Anschließend erfolgen die zusammenhängende Bewertung des Risikos sowie die Beurteilung des Zustands. Vermeidungs- und Prüfmaßnahmen werden im Feld „aktuelle Maßnahme" verankert. Hierbei wird durch das Voranstellen des Anfangsbuchstabens kenntlich gemacht, um welche Art von Maßnahme es sich handelt.

Demgegenüber hat sich das Formblatt VDA '96 insofern geändert, dass hier eine direkte Zuordnung der Bewertungsspalten („B", „E" und „A") zu den Analysespalten („potenzieller Fehler", „potenzielle Folge" und „Ursache") erfolgte. Weiterhin hat sich die Reihenfolge derart verschoben, dass eine mögliche Fehlerfolge jetzt vor einem möglichen Fehler und der möglichen Fehlerursache eingetragen wird. Des Weiteren erfolgt in dieser Formblattversion eine getrennte Darstellung der Vermeidungs- und Prüfmaßnahmen.

Das VDA-Formblatt 2006 zur Produkt- und Prozess-FMEA wurde wiederum ergänzt durch die Spalte „K", die rechts oder links von der Spalte „B" Bedeutung angeordnet werden kann. Wie bereits erwähnt, wird hier auf besondere Merkmale entsprechend der DIN EN ISO 9001 (vormals QS 9000), „Qualitätsmanagementsystem für die Automobilindustrie", hingewiesen. Darüber hinaus wurde in der Entwicklung dieses Formblatts bei den beschreibenden Kopfdaten weiter differenziert.

Auch das Formblatt nach DIN EN ISO 9001 differenziert bei den Kopfdaten. Weiterhin wird hier aber noch der verbesserte Zustand in Bezug auf realisierte Maßnahmen bewertet und dokumentiert.

Das AIAG-Formblatt enthält Kopfdaten zur Identifizierung und weitere relevante Informationen, wie Kunde und Teamzusammensetzung. Inhaltlich ergänzt wurde das Formular durch die Spalte „Anforderung". Die untersuchte Funktion wird hier hinsichtlich detaillierter Anforderungen untersucht und dokumentiert. Ansonsten ist festzuhalten, dass die einzelnen Spalten ähnlich zusammengestellt wurden, wie das bereits im Formblatt nach VDA '96 erfolgt ist. Hinzu kommt dann noch die Bewertung des „verbesserten Zustands" nach realisierten Maßnahmen.

Name der FMEA			
Gegenstand der FMEA	Datum der letzten Änderung	FMEA-Typ	FMEA-Status
Verantwortlicher Bereich	Bearbeiter/Bearbeiterin	Betroffene Bereiche	Attribute
FMEA-Team			

Funktion	pot. Fehler	pot. Folge	D	Ursache	aktuelle Maßnahme	A	B	E	RPZ	empf. Maßnahme	Zu erledigen durch

Bild 2.19 Formblatt nach VDA '86

Fehler-Möglichkeits- und Einfluss-Analyse			Datum
System-FMEA Produkt / System-FMEA Prozess			
Typ/Modell/Fertigung	Sach-Nummer	Bearbeiter	Verantwortl. Bereich
FMEA-Team		Betroffene Bereiche	
System-Nr./Systemelement	Funktion/Aufgabe	Status	Attribute

potenzielle Fehlerfolgen	B	potenzielle Fehler	potenzielle Fehlerursachen	Vermeidungs-maßnahmen	A	Entdeckungs-maßnahmen	E	RPZ	V/T

Bild 2.20 Formblatt nach VDA '96

VDA 2006	Fehler-Möglichkeits- und Einfluss-Analyse									FMEA-Nr.:
	Produkt-FMEA			Prozess-FMEA				Seite:		
Typ/Modell/Fertigung/Charge:								Sachnummer:	Verantwortlich:	Erstellt:
								Maßnahmezustand:	Firma:	
FMEA/Systemelement:								Sachnummer:	Verantwortlich:	Erstellt:
								Maßnahmezustand:	Firma:	Verändert:
Fehlerfolge	B	K	Fehlerart	Fehlerursache	Vermeidungs-maßnahme	A	Entdeckungs-maßnahme	E	RPZ	V/T
Systemelement:										
Funktion:										

Bild 2.21 Formblatt nach VDA 2006

Logo	Fehler-Möglichkeits- und Einfluss-Analyse				Letztes Speicherdatum:
Kunde:		Techn. Änd.-Stand:		FMEA angelegt am:	
Teilename:		Fertigungsbereich/ -schritt:		Verantwortlich für FMEA:	
Kunden Teil-Nr.:		Teile-Nr.:		Moderator:	
Zng.-Nr.:		Art der FMEA:		Team:	
D-Teil:		Status der FMEA:		Änd. Stände der FMEA:	
		Dateiablage:			

Ist-Zustand											Verbesserter Zustand				
Prozessschritt	Potentieller Fehler	Folgen des Fehlers	B	Ursachen des Fehlers	A	Entdeckung/ (Vermeidung)	E	RPZ	Vorgeschl. Maßnahme(n)	Verantwortlich/ Termin	Realisierte Maßnahme(n)	B	A	E	RPZ

Bild 2.22 Formblatt nach QS 9000

Logo	Fehler-Möglichkeits- und Einfluss-Analyse					
System:	FMEA-Typ:	Kunde:	Teilenummer:	Team:	FMEA-Nr. / Blatt-Nr.:	Datum:

Funktion	Anforderung	Möglicher Fehler	Fehlerfolgen	B	Fehlerursachen	Vermeidungsmaßnahmen	A	Entdeckungsmaßnahmen	E	RPZ	Geplante Maßnahmen Vermeidung Entdeckung	Neue Bewertung			
												B	A	E	RPZ

Bild 2.23 Formblatt in Anlehnung an AIAG

Fehler-Möglichkeits- und Einfluss-Analyse ☐DFMEA / ☐PFMEA	Planung und Vorbereitung (Schritt 1)		
	Unternehmen:	Thema:	Seite: von:
	Entwicklungsstandort:	Startdatum:	FMEA-ID:
	Kunde:	Revisionsdatum:	Verantwortung:
	Modell / Jahr / Programm:	Team:	Vertraulichkeitsstufe:

Strukturanalyse (Schritt 2)		
Nächsthöhere Ebene	Fokuselement	Nächstniedrigere Ebene

Funktionsanalyse (Schritt 3)		
Funktion der höheren Ebene	Funktion Fokus	Funktion niedr. Ebene

Fehleranalyse (Schritt 4)			
Fehlerfolgen (FF) nächsthöhere Ebene	B	Fehlerart (FA) des Fokuselements	Fehlerursache (FU) nächstniedrigere Ebene

Risikoanalyse (Schritt 5) und Optimierung (Schritt 6)										
Vermeidungsmaßnahmen	A	Entdeckungsmaßnahmen	E	Aufgabenpriorität (AP)	Verantwortlich	Geplante Fertigstellung Datum	Status	Ergriffene Maßnahme	Fertigstellung	Bemerkung
Vorhandene Maßnahme										
Optimierung										

Bild 2.24 Formblatt VDA/AIAG 2019

In dem von den beiden Verbänden VDA und AIAG gemeinsam entwickelten Standard aus dem Jahr 2019 fällt auf, dass die Spalte für die Risikoprioritätszahl abgelöst wurde durch die Spalte „Aufgabenpriorität (AP)“. Außerdem ist es so, dass eine direkte Zuordnung zu den einzelnen Arbeitsschritten aufgenommen wurde. Zusätzlich nehmen hier die Kopfdaten durch die Integration des Managements einen breiteren Raum ein.

Alle Varianten an FMEA-Formblättern haben aber immer den Kerngedanken der Methode gemeinsam. Fehlerfolge, Fehler und Fehlerursachen werden zusammenhängend dargestellt, und durch das systematische und vollständige Ermitteln und Dokumentieren von möglichen Schwachstellen sollen Gefahren (technische Risiken) frühzeitig erkannt werden.

2.11 Wirksamkeit und Schwachstellen der FMEA

Die Grundlage für den Erfolg eines jeden Unternehmens besteht in der Entwicklung innovativer und wettbewerbsfähiger Produkte, die den Erwartungen der Kunden entsprechen. Der Einsatz präventiver Methoden in der Produktentwicklung ist zunächst einmal mit einem zusätzlichen Bedarf an Zeit und Kosten verbunden. Schnell wird dabei auf den Kosten-Nutzen-Vergleich fokussiert, und es stellt sich die Frage nach den Qualitätskosten. Unter Qualitätskosten werden dabei alle Kosten zur Erhaltung, Sicherung und Verbesserung des Qualitätsniveaus von Produkten und Dienstleistungen verstanden. Darunter fallen auch die Kosten für Maßnahmen, die ein Kunde erwartet oder die fest mit ihm vereinbart wurden. Zu ihnen zählen Prüfkosten, Fehlerverhütungskosten sowie interne und externe Fehlerkosten. Unbestritten ist dabei, dass insbesondere Maßnahmen, die darauf zielen, eine verbesserte Kundenzufriedenheit zu erreichen, letztendlich zu einem gewinnbringenden Nutzen führen. Mit der System-FMEA Produkt bzw. Prozess lassen sich alle denkbaren Anwendungen berücksichtigen, und entsprechend hat sich diese Methode einen großen Anwenderkreis erschlossen.

Mit präventiven Methoden werden folgende Ziele verfolgt:

- keine Fehler beim Kunden
- keine teure Bearbeitung von Reklamationen
- Imagegewinn
- Kostenoptimierung
- keine ungeplanten Kosten

Die Erfahrungen mit der FMEA zeigen, dass bereits in den frühen Phasen der Produktentwicklung die Reduzierung von Produkt-/Prozessfehlern erreicht werden kann. Bekanntermaßen gilt, dass die Kosten für die Beseitigung von Fehlern in den späten Phasen der Produktentwicklung um ein Vielfaches höher liegen als die Kosten für mögliche, bereits in der Planungsphase aufgezeigte Fehler. Diese Aussage wird auch durch die Zehnerregel der Fehlerkosten „The Rule of Ten“ (siehe Bild 2.25) beschrieben.

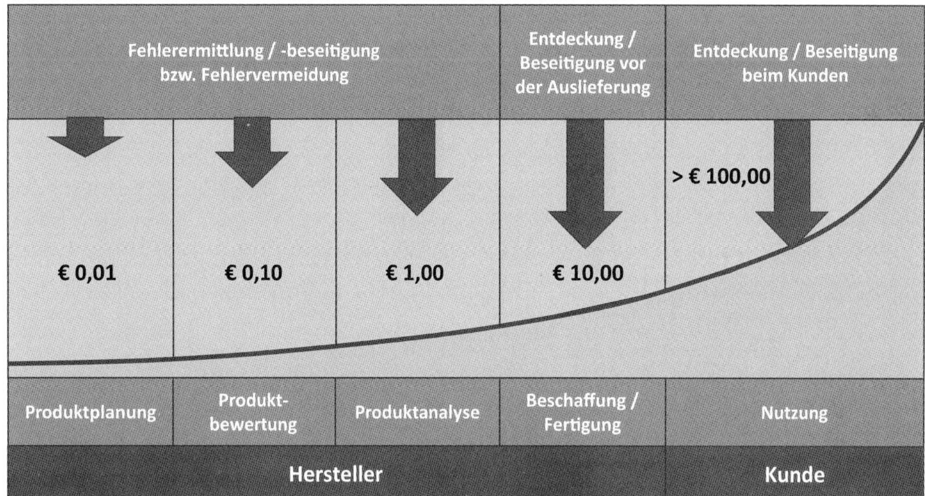

Bild 2.25 Zehnerregel der Fehlerkosten nach (Pfeifer und Schmitt 2014)

Nach (Pfeifer und Schmitt 2014) eröffnet die konsequente Nutzung der FMEA Perspektiven in den Bereichen der Vermeidung von Fehlentwicklungen, des Ausschaltens von Wiederholungsfehlern, der Reduzierung von Pannen und Produktivitätseinbußen sowie der Verringerung der Gefahr von Rückrufaktionen. Qualitätskosten werden umso geringer, je mehr man in die Prävention investiert. Hieraus entwickelt sich ein Kostenvorteil, der bei einer konsequenten Anwendung der Methode zum Tragen kommt. Die Nichterfüllung von Kundenforderungen erzeugt demgegenüber Reklamationen, Mehraufwendungen, Unzufriedenheit, Kundenabwanderungen sowie Produktivitätsverluste und führt damit zu Verlusten an Marktanteilen.

Ein weiterer positiver Aspekt ist die teamorientierte Durchführung. Es ist hierbei zu berücksichtigen, dass nicht zuletzt aus dem Diskussionsprozess innerhalb eines FMEA-Teams neue Erkenntnisse gewonnen werden. Im Team kommunizieren Fachleute aus den unterschiedlichen Bereichen miteinander, und ähnlich wie bei den Kreativitätstechniken, die bei einer Produktentwicklung eingesetzt werden, gilt es, vorurteilsfrei Schwachstellen am Untersuchungsgegenstand aufzudecken und nicht sofort jede Idee durch Kritik zu vernichten. Neue Lösungen, die im Team erarbeitet werden, stoßen jedoch häufig auf Ablehnung durch den verantwortlichen Konstrukteur oder Entwickler. Dies ist insbesondere dann der Fall, wenn weitere Mitarbeiter oder Mitarbeiter von Lieferanten hinzugezogen werden.

Die Wirksamkeit der FMEA betriebswirtschaftlich zu messen, ist äußerst schwierig, da der Methode im Wesentlichen positive Merkmale zugeordnet werden, die nicht direkt quantifizierbar sind. Die Erfassung von Fehlerkosten, bezogen auf fehlerhafte Produkte, ist demgegenüber klar umrissen. Nach Auffassung vieler Autoren führt das präventive Qualitätsmanagement tatsächlich zum Null-Fehler-Niveau. Bei präventiven Methoden, die eine vorausschauende Betrachtung erlauben und damit Produkte und Prozesse auf eventuell eintretende Ereignisse untersuchen, ist ein Erfolg jedoch erst mittelfristig erkennbar. Ein Einsparungspotenzial liegt beispielsweise bei möglichen Gewährleistungsansprüchen und Haftungsschäden, deren Kosten der Hersteller zu tragen hat (Bild 2.26). Wird darüber hinaus die FMEA nicht nur zur Bestätigung eines Produkts bzw. Prozesses angewendet, lassen sich aus den Ergebnissen Verbesserungspotenziale ableiten, die sich dann in der Produkt-/Prozessqualität widerspiegeln und letztendlich Kostenvorteile bedeuten. Auch die Berücksichtigung des Imageverlusts ist in vielen Branchen schwer zu messen bzw. zu beurteilen. Bei stark konkurrierenden Unternehmen bzw. Produkten werden sich aber Fehler sofort auf die Absatzzahlen niederschlagen. Qualitativ hochwerte Produkte mit einem geringen Fehlerrisiko sind Grundlage für eine gute Marktposition.

Bild 2.26 Folgen externer Fehler (Pfeifer und Schmitt 2014)

Der Vorteil der Fehlererkennung in den Planungsphasen ist unbestritten, und bei einer Wirtschaftlichkeitsbetrachtung ist abzuwägen, inwieweit die Mehrkosten, die ein Unternehmen für die Methodendurchführung kalkulieren muss und die in erster Linie auf dem Personaleinsatz basieren, durch Einsparungen z. B. bei der

Fehlerbeseitigung kompensiert werden. Wird die FMEA erstmalig angewendet, muss davon ausgegangen werden, dass für den Produktentwicklungsprozess ein Mehraufwand entsteht, der durch organisatorische Maßnahmen und durch die eigentliche Methodendurchführung begründet ist. Es müssen veränderte Verfahrensabläufe generiert und diese müssen im Unternehmen anerkannt und umgesetzt werden. Darüber hinaus sind Qualifizierungsmaßnahmen durchzuführen, damit den betroffenen Mitarbeitern das Grundverständnis für die Methode gelehrt wird. Auch die Motivation darf nicht vergessen werden, denn motivierte Mitarbeiter sind die Grundvoraussetzung einer erfolgreichen Methodeneinführung.

Bei konsequenter Durchführung der FMEA ist der Aufwand gerade bei KMU relativ hoch, da insbesondere die Entscheidungsträger in einem Unternehmen in den Prozess eingebunden sind. Das Tagesgeschäft und damit die Terminsituation stellen bisher schon sehr hohe Ansprüche an die Flexibilität der Mitarbeiter und die Einführung der FMEA bedeutet einen zeitlichen Mehraufwand. Häufige Absagen von Terminen sowie wechselnde Mitarbeiter bei den FMEA-Sitzungen haben jedoch zumeist negative Auswirkungen auf die Effizienz. Auch fördern negative Aussagen über den Sinn des Methodeneinsatzes und die erarbeiteten Ergebnisse nicht die Motivation. Zu einer reinen Pflichtübung darf die FMEA nicht werden.

Neben diesen allgemeingültigen Aussagen über den Methodeneinsatz, die auch auf andere Bereiche und Methoden zutreffen, gibt es aber noch methodenspezifische Schwachstellen. Insbesondere die Durchführung der Risikoanalyse ist hier zu nennen. Für die Bewertung der Wahrscheinlichkeit des Auftretens, der Entdeckung und des Folgerisikos werden Werte aus einer Bewertungstabelle entnommen. Die aus den Tabellen ausgewählten Risikowerte werden durchgängig als gleichwertig angesehen, und jeder Anwender der Methode mit annähernd gleichem Erfahrungshorizont bewertet ein Risiko unterschiedlich. Dies liegt daran, dass Fehler, die man selber gemacht hat, schneller vergessen werden, als Fehler anderer, und dass trotz gleichen Erfahrungshorizonts, unterschiedliche Einstellungen zu einzelnen Risiken existieren. Die subjektiv beeinflusste Risikobewertung hat daher nur eine bedingte Aussagekraft und sollte auch nicht einzige Grundlage für die anschließenden Entscheidungsprozesse sein.

Unsicherheiten bei den Einzelwerten ergeben eine große Streubreite bei der Risikoprioritätszahl und lassen nur eine Unterscheidung zwischen hohem, mittlerem oder geringem Risiko zu. Mathematisch ist eine Multiplikation von ordinal skalierten Merkmalen methodisch nicht korrekt. Eine genaue Aussage ist also nicht zu erhalten. Dies ist auch mit Blickrichtung auf die Produkthaftung ein wichtiger Faktor. Da es sich bei den ermittelten Risiken für einen Untersuchungsgegenstand um eine Rangfolge handelt, kann das Ergebnis einer FMEA beispielsweise nicht bei Schadensfällen herangezogen werden.

Auch ist die Übertragung bereits durchgeführter und dokumentierter FMEA auf neue Anwendungen nur zum Teil möglich, da sich sowohl die Erfahrungen verändern als auch die zugrunde gelegten Vorschriften. Die Wiederverwendung vorhandener FMEA ist als Basis für neu zu erstellende Fehler-Möglichkeits- und Einfluss-Analysen aber grundsätzlich möglich und stellt diesbezüglich den Anfang einer Standardisierung dar.

2.12 Integration von FMEA und QFD bei der Produktentwicklung

Mit der Quality Function Deployment (QFD)-Methode und der FMEA existieren zwei wirkungsvolle Methoden des präventiven Qualitätsmanagements, die es im Zusammenspiel ermöglichen, Kundenforderungen und Risiken in frühen Entwicklungsphasen zu beachten bzw. einzuschätzen helfen.

Beide Methoden werden häufig in der Praxis unabhängig voneinander angewendet, wobei der Durchdringungsgrad der QFD-Methode in der Praxis eine geringere Akzeptanz erfährt als die FMEA. Das bezieht sich insbesondere auf den Einsatz in kleinen und mittleren Unternehmen und ist in erster Linie auf die Ermittlung übergreifender, funktionaler Systemzusammenhänge und Ursache-Wirkungs-Ketten zurückzuführen, was sich oftmals als äußerst aufwendig und komplex erweist.

Zum Thema QFD gibt es eine Reihe einschlägiger Literatur (Lindemann 2016; Knorr und Friedrich 2016; Brunner 2017), weshalb in diesem Buch auf die Methode nur kurz eingegangen wird. Im Vordergrund steht das Zusammenwirken mit der FMEA, und es soll aufgezeigt werden, wie sich beide Methoden ergänzen können.

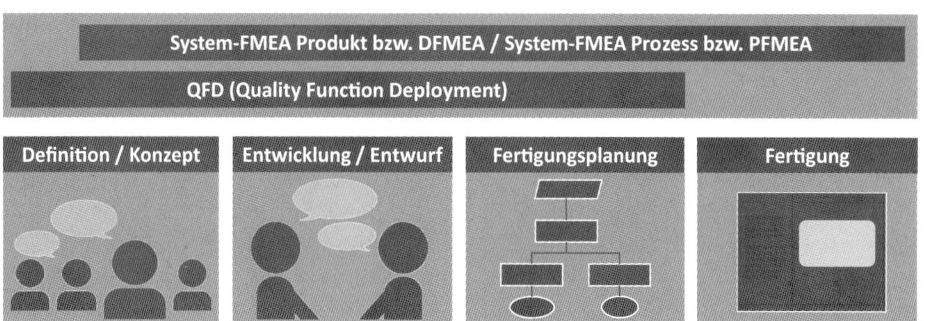

Bild 2.27 Einordnung der QFD- und FMEA-Methode in den Produktlebenslauf

Quality Function Deployment ist eine Methode zur systematischen und „ganzheitlichen“ Produkt- und Qualitätsplanung, die in den späten 1960er-Jahren in Japan entwickelt wurde. Zuerst wurde die Methode in der Werft von Mitsubishi Heavy Industry in Kobe angewendet. Einige Jahre später folgte die japanische Automobilindustrie. Toyota und seine Zulieferer griffen das QFD-Konzept auf und entwickelten es in der Folgezeit auf vielfältige Weise weiter. Das zentrale Instrument von QFD ist ein Matrix-Diagramm. Die Methode hat als wesentliches Ziel, die Kundenwünsche als Anforderungen an das Produkt innerhalb des Pflichtenhefts einfließen zu lassen. Aus diesen Anforderungen lassen sich wiederum Produktmerkmale ableiten, die dann konsequent bei der Umsetzung zu berücksichtigen sind. Kundenanforderungen und kritische Produktmerkmale werden dabei einander gegenübergestellt, um aus den unterschiedlich starken Wechselbeziehungen Prioritäten für die Umsetzung abzuleiten. Die Methode ist prinzipiell für alle Produkte und auch Dienstleistungen geeignet. Entwickelt wurde sie insbesondere für Märkte mit schnell wechselnden Kundenwünschen, um möglichst frühzeitig diese in die Planung und Realisierung der Produkte einbeziehen zu können. Sie ist aber auch ein Planungsinstrument bei der Einführung eines neuen Produkts in den Markt.

Alle Abteilungen eines Betriebs, d. h. die Produktentwicklung, die Produktionsplanung, die Qualitätsplanung sowie die Fertigung und der Vertrieb werden bei der QFD einbezogen. In einem Arbeitspapier, dem sogenannten „House of Quality“, werden die unterschiedlichen Aufgaben einzelner Bereiche abteilungsspezifisch erfasst und im Hinblick auf das gesamte Produkt bewertet. Die aus den Kundenwünschen resultierenden Konstruktionsanforderungen werden dann aus Kundensicht bewertet und im Hinblick auf den Wettbewerb technisch analysiert.

Voraussetzung ist eine systematische Vorgehensweise, das Einbeziehen aller Unternehmensbereiche, die Berücksichtigung der bestehenden Entwicklungskultur und des bisherigen Kommunikations- und Kooperationsverhaltens im Unternehmen. In Deutschland ist die Methode seit ca. 1980 im Einsatz. Hier gibt es auch ein *QFD Institut Deutschland* (*www.qfd-id.de*), das sich mit der Verbreitung von QFD im deutschsprachigen Raum befasst. Seit Dezember 2015 ist der neue ISO-Standard zu QFD verfügbar (ISO 16355-1).

Bild 2.28 zeigt den QFD-Chart in stilisierter Darstellung, das sogenannte „House of Quality“ als grafische Repräsentation der Methode. Diese Chart-Darstellung wird systematisch genutzt, um übergreifend die Aspekte des Produktentwicklungsprozesses mit Kundenrelevanz darzustellen. Auf der linken Seite des Charts werden die systematisch erhobenen Kundenforderungen eingetragen. Diese entstammen idealerweise direkten Kundenwünschen und werden „in der Sprache des Kunden“, das soll heißen, ohne Verfälschungen und Einflechtungen, dokumentiert. Sind derartige Quellen nicht verfügbar, kann auf Ergebnisse von Marktstudien o. Ä. zurückgegriffen werden. Mitarbeiter aus Abteilungen mit hohem Kundenkontakt, wie z. B. Wartungspersonal, Service und Vertrieb/Versand, stehen oft in direktem, aber nicht dokumentiertem Kontakt zu Kunden. Diese wertvollen Quellen gilt es zu nutzen. Im nächsten Schritt der QFD-Vorgehensweise werden die ermittelten Kundenforderungen gewichtet. Darauf folgt die Ermittlung von technischen Realisierungsmerkmalen, mit denen die zuvor erhobenen Kundenforderungen abgedeckt werden sollen.

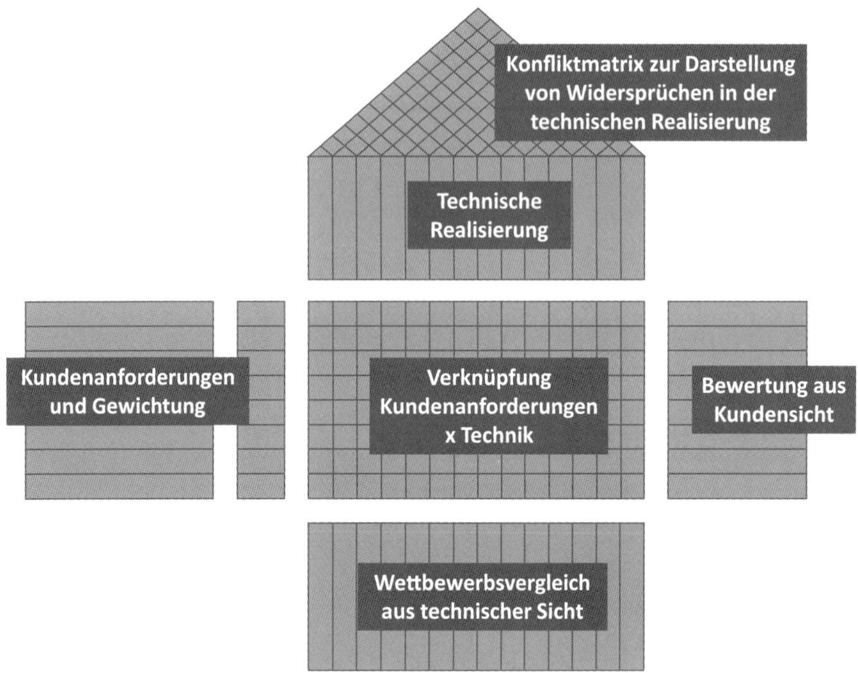

Bild 2.28 QFD-Chart „House of Quality" in vereinfachter Darstellung

Im Zentrum des Charts wird mit einer Bewertungsfunktion der Zusammenhang zwischen dem Realisierungsmerkmal aus technischer Sicht und den Kundenforderungen eingetragen. Meist findet eine 1-3-9-Skala Anwendung (geringer oder kein Zusammenhang = 1, hoher Zusammenhang = 9), um eine deutliche Differenzierung in der Bedeutung der Merkmale zu erhalten. Auf der Grundlage dieser Bewertung, die in dem in Bild 2.28 dargestellten simplifizierten Chart nicht enthalten ist, wird in Verbindung mit den Gewichtungen der Kundenforderungen die absolute und relative Bedeutung eines jeden technischen Merkmals ermittelt. Ziel ist es, den Schwerpunkt der Entwicklung auf die tatsächlich für die Kundenzufriedenheit erzeugenden Aspekte zu konzentrieren.

Im Dach des „House of Quality" ist die sogenannte Konfliktmatrix aufgetragen. Hier werden Widersprüche zwischen den technischen Funktionen, die möglicherweise auftreten können, gekennzeichnet. Auch positive, sich gegenseitig eventuell verstärkende und neutrale Zusammenhänge werden hier dargestellt, sodass das ausgefüllte Dach schon grafisch anschaulich macht, ob ein Design „ausgewogen" erscheint und die Breite der Kundenforderungen gleichmäßig abdeckt, oder ob es eher eine Sammlung konfliktbehafteter Merkmale darstellt, die in sich noch nicht „stimmig" sind.

Zusammenfassend ist festzuhalten, dass die QFD aus insgesamt elf Schritten besteht, die nachstehend kurz angerissen werden.

1. *Erfassung der Kundenanforderungen*

   Kundenanforderungen und Produktmerkmale sind zu ermitteln und in die Matrix zu überführen. Hierbei sollte man sich auf die wesentlichen Merkmale fokussieren (max. 20 Elemente), da die Matrix ansonsten zu komplex wird. Da es sich um Kundengewichtungen handelt, sollten diese eher von Marketing- und Servicekräften durchgeführt werden als von Konstrukteuren.

2. *Bewertung der Kundenanforderungen*

   Da nicht alle Anforderungen gleich relevant sind, werden sie anhand einer Skala, zumeist von 1 (unwichtig) bis 10 (sehr wichtig), gewichtet. Auf diese Weise wird eine Rangfolge der Wichtigkeit der Ziele gebildet.

3. *Durchführung eines Wettbewerbsvergleichs aus Kundensicht*

   Zur Wettbewerbsanalyse wird das eigene Produkt mit den auf dem Markt vorhandenen vergleichbaren Produkten bewertet. Hier erfolgt anhand einer Skala von 1 (ungenügende Erfüllung) bis 5 (sehr gute Erfüllung) die Bewertung der Kundenforderungen hinsichtlich des Erfüllungsgrads. Das Ergebnis ergibt dann ein Stärke-Schwäche-Profil.

4. *Ermittlung der technischen Produktmerkmale*

   Für die einzelnen Anforderungen wird jeweils ein technisches Merkmal gesucht, mit dem diese Kundenanforderung erfüllt werden kann. Für jedes „Was will der Kunde?" ist also zu definieren, ob ein oder mehrere Merkmale für „Wie wird es realisiert?" gefunden werden können. Dies ist eines der Kernstücke des QFD und sollte mit großer Sorgfalt durchgeführt werden.

5. *Festlegen der Optimierungsrichtung*

   Nicht alle gefundenen Merkmale entsprechen in der Praxis gleich einer optimalen Realisierung. Im Rahmen der QFD ist vorgesehen, das einzuschätzende Verbesserungspotenzial zu dokumentieren. Mit einer Symbolik wird angegeben, wie jeweils ein Merkmal zu verändern ist. Soll es erhöht werden, wird ein Pfeil nach oben, soll es reduziert werden, ein Pfeil nach unten eingezeichnet. Ein Kreis zeigt an, dass ein konkreter Zielwert mit dem gefundenen Merkmal zu erreichen ist.

6. *Aufstellen der Beziehungsmatrix*

   Die Korrelation zwischen den technischen Merkmalen und den Kundenanforderungen werden hier abgeschätzt und bewertet. Der Wert 9 bedeutet eine starke Korrelation, der Wert 3 eine mittlere und der Wert 1 eine schwache Korrelation. Leere Felder bedeuten keinerlei Korrelation und sind zu hinterfragen.

7. *Aufstellen der Korrelationsmatrix*

   In diesem Schritt findet quasi ein paarweiser Vergleich der verschiedenen technischen Merkmale statt, wobei es hier um die gegenseitige Beeinflussung geht. Zur Auswahl stehen hier (–) für eine negative Beeinflussung, (0) für keine Beeinflussung und (+) für eine positive Beeinflussung. Herrschen (+) und (0) vor, so können weitere Verbesserungen vorgenommen werden. Bei vorherrschenden (–)-Bewertungen wirken sich Verbesserungen bei einzelnen Merkmalen gleich negativ auf andere Bereiche aus und können sich im ungünstigsten Fall sogar widersprechen.

8. *Bewerten der technischen Schwierigkeiten*

   Die Umsetzbarkeit jedes ermittelten technischen Merkmals wird bewertet, um mögliche Schwierigkeiten bei der Durchführung der Umsetzung abschätzen zu können. Normalerweise wird eine Bewertungsskala von 1 (sehr leicht erreichbar) bis 10 (sehr schwer, fast gar nicht erreichbar) verwendet.

9. *Festlegen der Zielwerte*

   Um zu überprüfen, ob die technischen Merkmale in ihrer vorgesehenen Ausprägung erreicht werden, wird ein quantifizierbarer Zielwert festgelegt. Dieser ermöglicht es, die technischen Merkmale mittels einer Kenngröße zu messen und zu kontrollieren. Darüber hinaus können auf Basis dieser Zielwerte spätere Verbesserungsmaßnahmen geplant und angewendet werden.

10. *Wettbewerbsvergleich aus technischer Sicht*

    Ähnlich zum Wettbewerbsvergleich aus Kundensicht wird hier ein Vergleich der Produkt- bzw. Prozessmerkmale durchgeführt, nun aber aus Unternehmenssicht. Bewertet wird die gefundene Lösung zur jeweiligen Kundenanforderung gegenüber Vorgänger- und Konkurrenzmodellen. Die Analyse wird auf Basis der zuvor festgelegten Zielgrößen durchgeführt. Da das aus technischer Sicht erfolgt, ist dieser Vergleich vorrangig durch technisches Personal durchzuführen. Das Ergebnis ist wieder ein Stärke-Schwäche-Profil.

11. *Bewertung der technischen Bedeutung*

    Das Endergebnis einer Quality Function Deployment-Anwendung ist die technische Bedeutung des jeweils betrachteten Systems, Produkts bzw. Prozesses. Die Bewertungen der Kundenanforderungen werden hierfür multipliziert mit den Bewertungen aus der Beziehungsmatrix und spaltenweise aufaddiert. Mit diesen Kennzahlen kann dann eine Rangfolge aufgestellt werden, in der diejenigen Merkmale mit den höchsten Werten kritische Eigenschaften darstellen.

Mit dem Einsatz der QFD-Methode erfolgt konsequent eine Gewichtung und Bewertung von Kundenforderungen in Bezug auf ein Produkt oder einen Prozess. Es wird eine Rangfolge aufgestellt, die in der Menge der Forderungen Prioritäten setzt. Diese geben dann Hinweise darauf, welche Merkmale der verstärkten Absicherung gegen das Auftreten von Fehlern bedürfen. Hier ist dann das Einsatzfeld für die Fehler-Möglichkeits- und Einfluss-Analyse.

Diese kurz beschriebene Vorgehensweise für die QFD-Methode beschränkt sich nicht nur auf die Phase „Produktplanung", sondern die Arbeitsschritte werden für die weiteren Planungsschritte, wie die „Einzelteil- und Bauteilentwicklung", die „Prozess- und Prüfungsplanung" sowie die „Fertigungs- und Montageplanung", analog durchgeführt. Dabei ist das Ergebnis des vorherigen Planungsschritts der Ausgangspunkt (das „Was?") für die Lösung (das „Wie?") des nächsten (siehe Bild 2.29).

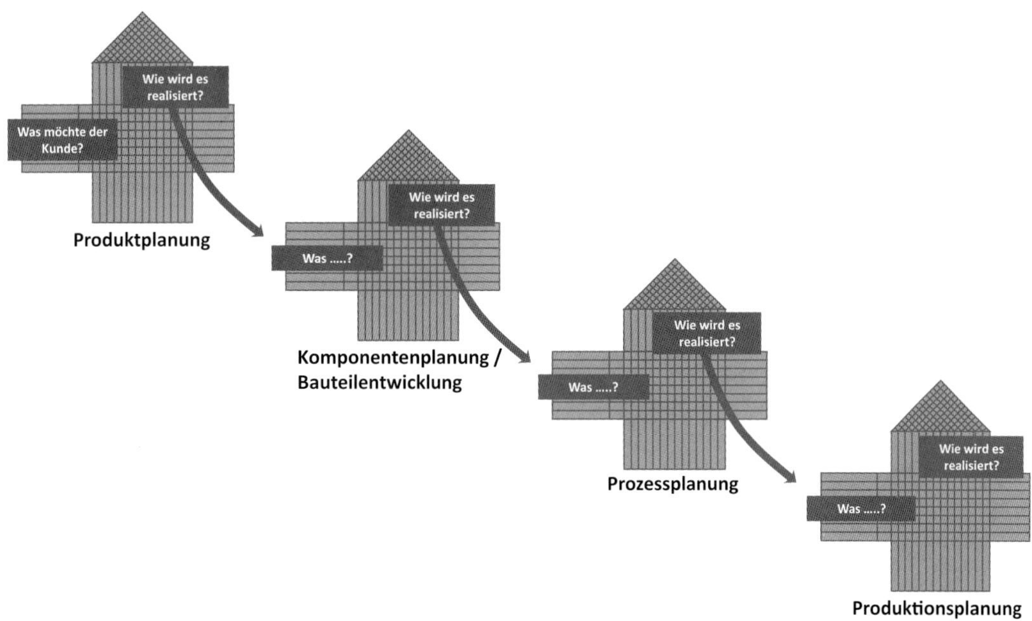

Bild 2.29 Mit QFD von der Produkt- zur Produktionsplanung (Hering et al. 2003)

Betrachtet man zwei aufeinanderfolgende QFD-Phasen, so wird deutlich, dass die in der vorherigen Phase ermittelten technischen Merkmale (*Wie wird es realisiert?*) zu den Anforderungen in der nächsten Phase werden.

Die System-FMEA ist zwischen den QFD-Phasen „Produktplanung" und „Komponentenplanung/Bauteilentwicklung" einzuordnen, da dort das Produktkonzept festgelegt und das Zusammenwirken der einzelnen Komponenten betrachtet wird. In der Phase „Produktplanung" erfolgt die Festlegung des Produktkonzepts. Hier werden die zur Umsetzung der Kundenforderungen notwendigen technischen Merkmale beschrieben. Die technischen Merkmale werden wiederum in der nächsten Phase zu Bauteilmerkmalen, wobei das Zusammenwirken der einzelnen Merkmale innerhalb der Beziehungsmatrix überprüft wird. Die Bauteilmerkmale sind wiederum mögliche Fehlerquellen, aus denen eine Nichterfüllung der Kundenforderungen resultieren kann. Das wird dann mithilfe der System-FMEA überprüft (Bild 2.30).

Zwischen der QFD-Phase „Komponentenplanung/Bauteilentwicklung" sowie „Prozessplanung" kann die Konstruktions-FMEA angeordnet werden. Hier wird das Konzept bzw. der Entwurf hinsichtlich möglicher Konstruktionsfehler überprüft, die bei der Montage bzw. Fertigung auftreten können oder auf Auslegungsfehler zurückzuführen sind. Die Prozess-FMEA als Bindeglied zwischen den QFD-Phasen „Prozessplanung" und „Produktionsplanung" befasst sich mit möglichen Fehlern, die bei den untersuchten Fertigungsschritten für ein Bauteil auftreten können. Nicht eingehaltene Qualitätsvorgaben und damit eine mangelhafte Umsetzung der Fertigungsschritte können dadurch rechtzeitig erkannt werden.

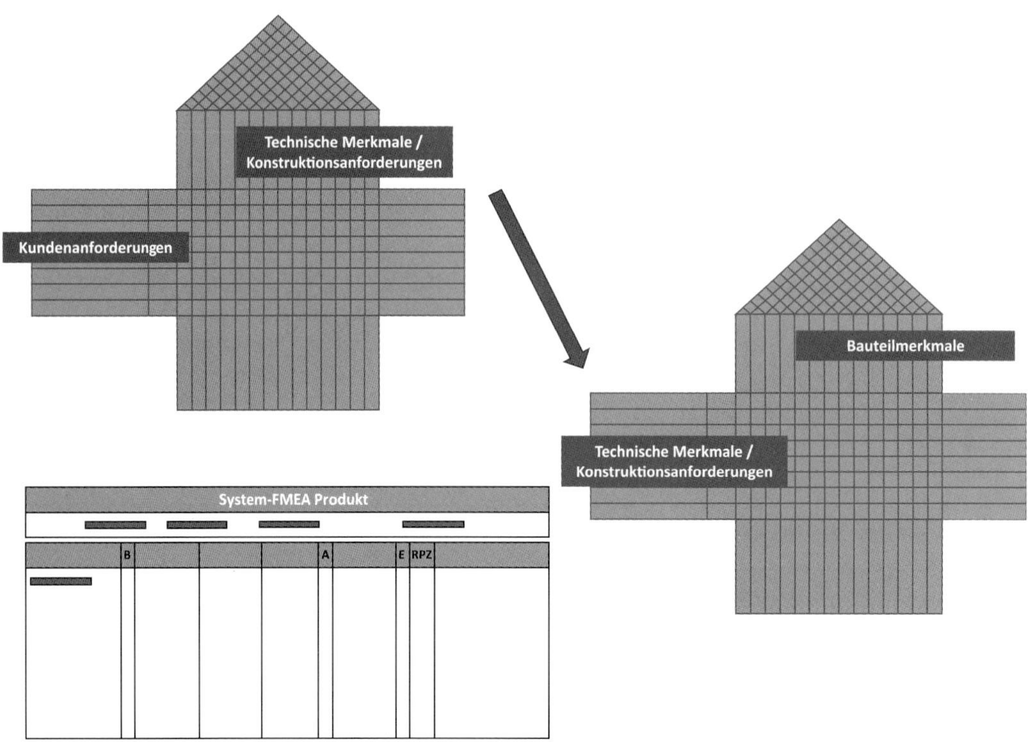

Bild 2.30 Verknüpfung von QFD und FMEA

Im globalen Wettbewerb können Unternehmen nur durch innovative Produkte und effiziente Herstellungsverfahren bestehen. Ziel ist es hierbei, die drei wesentlichen Wettbewerbsfaktoren Qualität, Kosten und Zeit gleichzeitig zu optimieren und auf diese Weise den Erfolg langfristig zu sichern. Die QFD-Methode ist als Arbeitsphilosophie und -stil zu verstehen, mit der eine volle Kundenzufriedenheit angestrebt wird. Darüber hinaus soll das Wissen aller Mitarbeiter in die Strategien und Maßnahmen bei der Produkt- bzw. Prozessplanung eingebunden werden (Lindemann 2016). Demgegenüber ist die FMEA ein Verfahren, um durch gezielte Fragen die möglichen Risiken systematisch abschätzen und bewerten zu können. Beide Verfahren bzw. Methoden haben gemeinsam, dass sie präventiv wirken. Bereits in den frühen Phasen des Produktlebenslaufs werden potenzielle Fehleinschätzungen über Kundenforderungen sowie potenzielle Fehler, ihre Folgeschäden und damit auch die Folgekosten erkannt. Eine strukturierte Anwendung stellt sicher, dass die entwickelten Produkte und Prozesse die Forderungen der Kunden erfüllen und die potenziellen Risiken bei der Entwicklung bzw. Umsetzung beachtet und minimiert werden können.

Die gemeinsame Anwendung von QFD und FMEA weist besondere Synergiepotenziale auf, da jede Methode die Wirtschaftlichkeit über einen externen bzw. internen Weg gewährleistet. QFD ermöglicht auf der einen Seite den Erfolg des Produkts im Markt durch die stringente Fokussierung auf die Kundenforderungen. Die FMEA auf der anderen Seite erzielt eine Kostensenkung über eine effizientere Leistung insofern, dass sie potenzielle Fehler erfasst und deren Ursachen als Ansatzpunkte für neue Innovationen darstellt. Ausschuss und Nacharbeit und die daraus resultierenden Kosten der Fehlerbeseitigung werden somit reduziert.

Indem beide Methoden gemeinsam zum Einsatz kommen, lassen sich unterschiedliche Ziele zusammenfassen. Einerseits gilt das für den Markterfolg durch das systematische Berücksichtigen der Kundenanforderungen mithilfe von QFD und andererseits betrieblichen Optimierung der Wertschöpfung durch das Vermeiden von Fehlern mittels FMEA.

3 Kompetenzintegration durch Teamarbeit

3.1 Interdisziplinäre Teambildung

Ein wesentlicher Bestandteil einer Unternehmensentwicklung ist die interne und externe Kommunikation und Zusammenarbeit. Teamarbeit stellt eine geeignete Plattform dar, um eigene Ideen einzubringen und diese gemeinsam im Team weiterzuentwickeln. Teamarbeit bietet die Möglichkeit, komplexe Aufgabenstellungen zielorientiert zu bearbeiten. Zentrales Erfolgselement der Teamarbeit ist neben der Teamzusammensetzung die klare Definition der Aufgaben innerhalb des Teams.

Die Bezeichnungen „Team" oder auch „Arbeitsgruppe" werden oft gleichwertig verwendet und beschreiben eine Organisationsform, in der eine sach- oder prozessbezogene Zusammenarbeit von Fachkräften aus unterschiedlichen Disziplinen erfolgt. Im Gegensatz zu den Arbeitsgruppen, die eine langfristige Einbindung beispielsweise auf Projektebene zum Ziel haben, werden Teams oft kurzfristig zusammengestellt. Diese haben dann die Aufgabe, über einen kurzen Zeitraum anstehende Herausforderungen oder auch neuartige komplexe Aufgaben zu lösen und gehen anschließend wieder auseinander.

Die Produkt- oder Prozessentwicklung ist ein äußerst komplexer Vorgang, der nur erfolgreich und effizient durchgeführt werden kann, wenn eine intensive Zusammenarbeit der unterschiedlichen Fachdisziplinen möglich ist. Darüber hinaus sind die Ursachen für Schwachstellen bzw. Fehler in Produkten und Prozessen oft sehr unterschiedlich und die Verantwortung für diese Fehler sind zumeist auch nicht einem Bereich bzw. einer Person zuzuordnen. Die meisten Fehler entstehen an den Schnittstellen zwischen den verschiedenen Fachdisziplinen. Solche Schwachstellen können oft nur dann entdeckt werden, wenn eine Zusammenarbeit von Entscheidungsträgern in interdisziplinären Teams gegeben ist. Im Team multipliziert sich das Wissen, da Menschen, sofern sie teamfähig sind, im Team kreativer arbeiten. Das kommt insbesondere dann zum Tragen, wenn das Team noch durch geeignete Methoden und Techniken wie Brainstorming, Methode 635 etc. unterstützt wird.

Interdisziplinarität ist definiert als geregelte Form der Kooperation verschiedener wissenschaftlicher Disziplinen. Eine Themenzentrierung steht hier während des gesamten Prozesses der Zusammenarbeit im Mittelpunkt, und die Interdisziplinarität ist dadurch gekennzeichnet, dass eine Vermischung der Sach- und Organisationsebenen stattfindet. Zwischen den einzelnen Fachdisziplinen wird dabei ein überaus hoher Anteil an Kommunikation gefordert. Interdisziplinarität ist also überwiegend ein zu organisierender Prozess.

Die Durchführung der FMEA-Methode ist Bestandteil einer modernen Produkt- bzw. Prozessentwicklung, und wie bereits in Kapitel 2 kurz angerissen, erfolgt die Durchführung der FMEA in Form von Teamarbeit, wobei sich das Team zur Steigerung der Wirksamkeit aus einer interdisziplinären Arbeitsgruppe, bestehend aus Personen der verantwortlichen und betroffenen Fachabteilungen, zusammensetzt. Das fordert neben der inhaltlich begründeten Qualifikation (Methodenwissen, Ablauf der betriebsinternen Prozesse etc.) auch die Fähigkeit zur Teamarbeit bzw. zu interdisziplinärem Arbeiten.

Problemlösungen sind heute vor allem von der Zusammenführung schon vorhandenen Fachwissens zu erwarten. Es kann deshalb davon ausgegangen werden, dass Detailwissen in den einzelnen Disziplinen in ausreichender Fülle vorhanden ist. Ein weitergehender Schritt ist es deshalb, dieses Gesamtwissen transparent zu machen, auszuwerten und zusammenzuführen.

Vorteile von Gruppen- und insbesondere interdisziplinärer Teamarbeit gegenüber der Einzelarbeit liegen in der höheren Qualität und Quantität von Ideen und Erfahrungen, die durch das Wissen der Teammitglieder begründet sind. Im Team soll das kreative Denken gefördert und eine kritische Bewertung des Untersuchungsgegenstands unterstützt werden. Darüber hinaus sind durch das gemeinsame Arbeiten an einer Problemstellung mehrere Personen gleichzeitig involviert, was im Allgemeinen die Warte- und Einarbeitungszeiten verringert und auch die Motivation zur Mitarbeit erhöht.

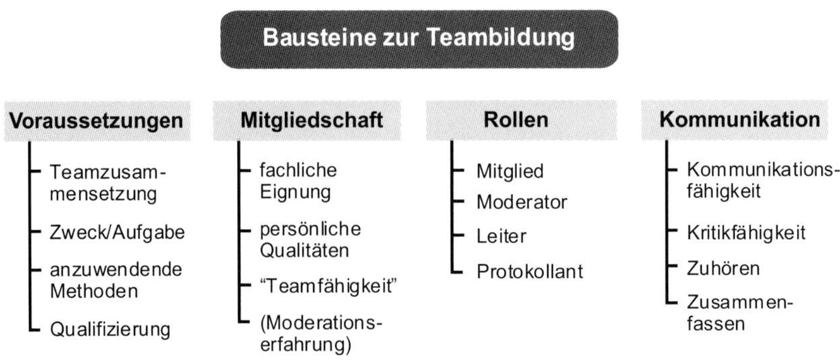

Bild 3.1 Bausteine zur Teambildung

Teamarbeit kann jedoch nicht nur Vorteile eröffnen. Beispielsweise entstehen nicht unerhebliche Reibungsverluste, wenn die Teammitglieder hinsichtlich ihrer sozialen Kompetenzen wenig geschult sind und Schwierigkeiten haben, ihr Fachwissen in einer Diskussion einzubringen. Die Fachkräfte bzw. Experten haben meist festgelegte Einschätzungen, die sie im Gespräch mit anderen Experten im Allgemeinen nicht näher erläutern. Das führt dazu, dass Ideen und Probleme aus sehr subjektiver Sicht beschrieben werden, sodass das Gesamtprojekt in viele Teilaspekte zergliedert wird und so Teilmodule entstehen. Solange die Teilnehmer eines Arbeitsteams jedoch nicht über ein umfassendes gemeinsames Modell verfügen, ist eine produktive Kooperation kaum zu erwarten. Auch bei der Bearbeitung disziplinübergreifender Gesamtprobleme wird häufig die subjektive Sicht in den Vordergrund gestellt.

Unterschiedliche Ausbildungen, Erfahrungen und Begriffswelten sind Gründe für diese Hemmnisse, die es im Team zu überbrücken gilt. Ansonsten sind Erscheinungsbilder, wie die Dominanz einzelner Teammitglieder, Akzeptanzverlust, unterdrückte Meinungen sowie ein daraus resultierendes schlechtes Gruppenklima die Folge.

Der betriebliche Alltag ist geprägt durch die aus dem Taylorismus entstandene Arbeitsteilung. Hierdurch ist vielfach der Gesamtüberblick über die betrieblichen Zusammenhänge verlorengegangen, was beispielsweise dazu geführt hat, dass die Konstruktion nicht im Detail über die Möglichkeiten der Fertigung informiert wurde. Ein ganzheitlicher Qualitätsansatz lässt sich dann nur sehr schwer umsetzen. Das Arbeiten im Team mit den Vorteilen des direkten Informationsaustauschs kann jedoch dabei helfen, diese Nachteile zu beseitigen.

■ 3.2 Teambildung bei der FMEA

Die richtige Teamzusammensetzung ist ein wichtiges Merkmal für einen erfolgreichen FMEA-Einsatz (Bild 3.2). Das FMEA-Team setzt sich aus den Fachkräften der betroffenen Bereiche und Abteilungen zusammen, sollte aber nicht zu groß sein. Gruppen mit mehr als sieben bis acht Teammitgliedern arbeiten mit zunehmender Größe immer uneffektiver (Ehrlenspiel und Meerkamm 2017). Zum Kernteam sollten möglichst wenige Spezialisten gehören, die je nach Zielrichtung und Art der FMEA durch weitere Personen aus den entsprechenden Fachabteilungen ergänzt werden. So sind z. B. für eine Prozess-FMEA die Experten aus den Bereichen Fertigung, Montage, Logistik etc. hinzuzuziehen. Experten sollten jedoch immer kompetente Personen sein und nicht solche, die in den Fachabteilungen am ehesten zu entbehren sind.

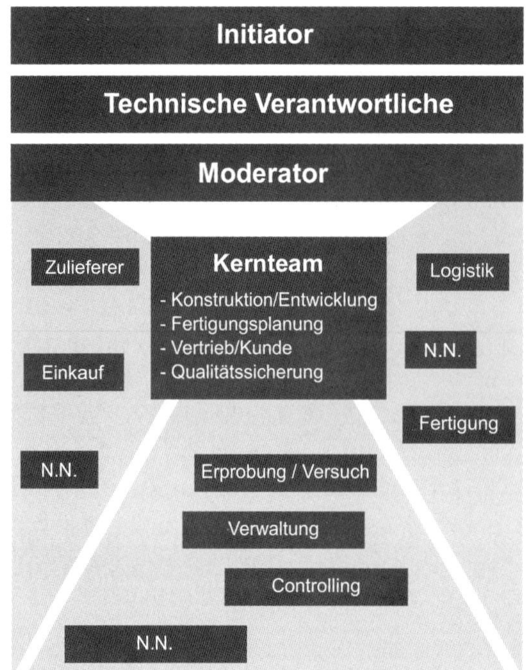

Bild 3.2 Verschiedene Möglichkeiten der FMEA-Team-Zusammensetzung

Damit die Teamarbeit für eine FMEA funktioniert, sollten einige grundlegende Regeln für die Teamzusammensetzung und -organisation beachtet werden. Hilfreich ist dabei, sich die folgenden Fragen zu stellen:

- Wer kann zu einer effizienten Vorbereitung und Strukturierung der Analyse beitragen?
- Wer kann als Fachkraft (Experte) für die FMEA wichtige Informationen bereitstellen?
- Sollen externe Personen, wie beispielsweise Lieferanten, der FMEA beiwohnen?
- Wie sieht die zeitliche Verfügbarkeit der Teammitglieder aus?
- Wie können sich die Teammitglieder sinnvoll vorbereiten und welcher Zeitrahmen ist hierfür vorzusehen?

Innerhalb der Teamsitzungen muss bei den Teammitgliedern verhindert werden, dass durch endlose Diskussionen und Leerlauf eine ablehnende Haltung gegenüber der FMEA entsteht. Vielmehr ist der Grundstein für das Verständnis und die Akzeptanz für die Methode und deren Einbindung in die Produkt- bzw. Prozessplanung zu legen und die wichtige Rolle bzw. Funktion des Teams hierbei herauszustellen. Unvorbereitete Sitzungen, demotivierte oder falsche Teilnehmer stellen sehr schnell den Sinn eines Methodeneinsatzes infrage und verhindern, dass die gesetzten Ziele mit einer hohen Effizienz erreicht werden können.

Der FMEA-Moderator bzw. Teamleiter ist für die effektive und effiziente Projektabwicklung und Methodendurchführung verantwortlich. Eine entsprechend gute organisatorische Vorbereitung ist ebenso Voraussetzung wie die Fähigkeit, eine FMEA-Sitzung zu leiten und zu lenken, damit nicht am Thema vorbei diskutiert wird. Der Moderator sollte innerhalb dieser Expertenrunde im Gegensatz zu den Spezialisten eher die vermittelnde Rolle spielen und die Veranstaltungen lenken. Das Profil des Moderators zeichnet sich durch gute Konfliktfähigkeit, Toleranz und Zielgruppenorientierung aus. In vielen Fällen wird zur Wahrung der Neutralität in der Moderation ein externer oder fachfremder Moderator bevorzugt. Ziel ist es, persönliche oder hierarchische Hindernisse zu reduzieren und strukturiert Ergebnisse zu erarbeiten, die von allen mitgetragen werden. Doppelfunktionen wie Moderator und Vorgesetzter sind oft hinderlich, da dem Team nicht die aktuelle Rolle des Moderators klar ist und eine offene Diskussion nicht erreicht wird. Im Gegensatz zu klassischen Moderationen ist bei der Durchführung einer FMEA jedoch ein höheres Maß an Fachkenntnissen erforderlich. Der Moderator sollte neben den üblichen Kenntnissen (z. B. Kommunikations und Moderationstechniken) eine Expertise in den Bereichen FMEA-Methodik, Werkzeuge und Software mitbringen (Bild 3.3).

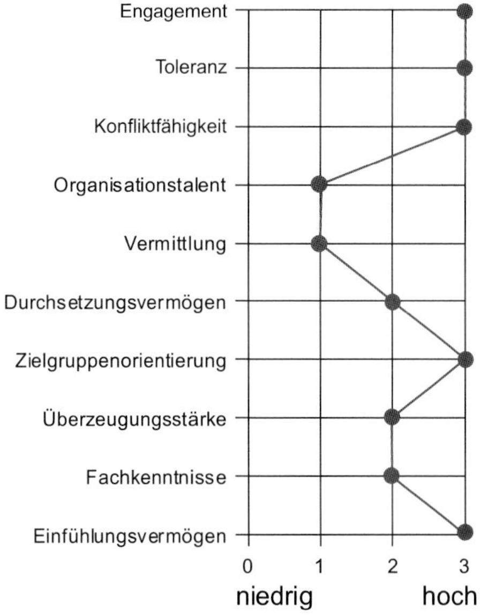

Bild 3.3 Profil für einen Moderator (Hering et al. 2003)

Nach (Automotive Industry Action Group 2019) und (Pfeifer und Schmitt 2014) wird vorgeschlagen, dass ein FMEA-Team sich aus einem Projektleiter (Bereich Management), einem technischen Leiter (Entwicklungs-/Prozessingenieur), dem Moderator, Kernmitglieder sowie weiteren Mitgliedern (Experten) zusammensetzen sollte. Ähnlich wird es von der deutschen Gesellschaft für Qualität empfohlen.

Sie schlägt z. B. die Aufteilungen in Initiator, Verantwortlicher, Moderator, Teammitglieder und Experten vor.

Aufgaben des Initiators (z. B. Management, Projektleiter oder Kunde)

- entscheidet über die Durchführung der FMEA
- legt die Verantwortlichen zur Durchführung fest
- unterstützt beim Sammeln von Informationen

Aufgaben des technisch Verantwortlichen (z. B. aus den Bereichen Entwicklung, Konstruktion oder Prozessplanung)

- bereitet FMEA-Projekte vor und organisiert diese
- beschafft Unterlagen und Informationen
- organisiert und koordiniert Abläufe
- definiert Schnittstellen und Umfang
- stellt das FMEA-Team zusammen
- stellt methodische Korrektheit der FMEA sicher
- trägt die Verantwortung für das Ergebnis der FMEA

Aufgaben des Moderators

- moderiert die FMEA-Arbeitsgruppentreffen
- präsentiert die FMEA-Ergebnis und wertet diese aus
- wirkt bei der FMEA-Projektierung/Teamzusammensetzung mit
- unterstützt bei der zeitlichen Koordinierung
- verantwortlich für den Methodeneinsatz
- regt Aktualisierungen an und führt diese evtl. durch
- wirkt bei der Verbesserung der FMEA-Effizienz mit
- Ansprechpartner bei FMEA-Fragen
- Informationsverteiler über geplante und erstellte FMEA
- wirkt bei FMEA-Arbeitskreisen zwecks Erfahrungsaustausch mit
- Voraussetzungen
  - Methodenkompetenz
  - Sozialkompetenz
  - Moderations-, Organisations- und Präsentationserfahrung
  - strukturiertes Arbeiten

Aufgaben der Teammitglieder (z. B. aus den Bereichen Entwicklung, Konstruktion, Versuch, Produktionsplanung, Produktion, Logistik, Vertrieb oder Qualitätsmanagement)

- unterstützen bei der Vorbereitung
- nehmen aktiv an den FMEA-Sitzungen teil
- bringen Erfahrungen ein
- dokumentieren die FMEA simultan durch Rechnerunterstützung
- Voraussetzungen
  - Expertenwissen im zu untersuchenden Themenumfeld
  - Grundkenntnisse in der Anwendung einer FMEA
  - Teamfähigkeit

Aufgaben der Experten

- bringen zeitlich begrenzt das erforderliche Spezialwissen ein

Die notwendige Förderung der interdisziplinären Teamarbeit gehört zu den wichtigsten Aufgaben des FMEA-Moderators. Darüber hinaus muss er sicherstellen, dass durch die Bereitstellung der notwendigen Mittel und insbesondere geeigneter Räumlichkeiten sowie einer sehr flexibel gestaltbaren Terminplanung ein Klima entsteht, in dem sich die Fachkräfte wohlfühlen und ihr persönliches Fachwissen in die Diskussion einbringen.

Der Moderator übernimmt in den Sitzungen die Gesprächsführung und achtet auf die methodische Korrektheit der durchgeführten FMEA. Er sollte Erfahrungen im Bereich der Teamleitung mitbringen, auf die einzelnen Personen im Team zugehen können und in den Diskussionen nicht dominieren.

Grundsätzlich ist bei den Fragen darauf zu achten, dass bei der Formulierung und dem erwarteten Antwortverhalten das Ziel der Frage und damit der FMEA nicht aus den Augen verloren wird. Mit offenen Fragen wie beispielsweise den W-Fragen „Wie?“, „Was?“, „Warum?“, „Wann?“ und „Wo?“ werden Inhalte erfasst. Hier entsteht zumeist eine Diskussion unter den Teammitgliedern, die es zu lenken gilt, damit ein sinnvoller Dialog zustande kommt. Geschlossene Fragen, die eine Ja/Nein-Entscheidung zum Ziel haben, sind dann angebracht, wenn aus dem Diskussionsprozess heraus eine Entscheidung getroffen werden muss. Suggestivfragen, die eine Beeinflussung der Meinungsvielfalt im Team hervorrufen können, sind zu vermeiden. Die FMEA lebt vom offenen Meinungsaustausch, und man würde sich durch Suggestivfragen selbst um den Erfolg bringen.

4 Durchführung der FMEA

Die FMEA-Methode wird mit dem Ziel eingesetzt, eine möglichst fehlerfreie Gestaltung von Produkten und Prozessen unter Einhaltung aller Kunden- und Qualitätsforderungen zu erreichen. Schwachstellen eines Produkts, Systems oder Prozesses sind meist der Anlass für eine konstruktive Überarbeitung bzw. für die Durchführung einer FMEA. Dabei können Schwachstellen in jeder Eigenschaft auftreten, z. B. Funktion, Sicherheit, Verfügbarkeit, Geräusch, Ergonomie, Design, Kosten oder Entsorgung (Ehrlenspiel und Meerkamm 2017).

Diese vielschichtigen Eigenschaften bzw. deren Einflussparameter verlangen nach einer systematischen Vorgehensweise, damit sichergestellt ist, dass eine ganzheitliche Analyse durchgeführt wird und die dann anstehende Beurteilung bzw. Bewertung eines untersuchten Systems auf eine fundierte Basis gestellt werden kann. Bezogen auf eine Produkt-FMEA bedeutet dies, dass das Betrachtungsobjekt so weit untergliedert wird, dass in sich geschlossene Funktionseinheiten (Systemelemente) bis hin zu Einzelteilen untersucht werden. Dies wird auch als Funktions- bzw. Systemstruktur bezeichnet und ist die Basis für die FMEA. Für jede Funktionseinheit, jedes Systemelement oder Einzelteil wird anschließend ein eigenes FMEA-Formblatt angelegt.

Sind keine Erfahrungen bezüglich einer Systemanalyse oder einer FMEA-Durchführung vorhanden, ist es sehr hilfreich, wenn bereits ein „Leitfaden" für die Methodendurchführung vorhanden ist. Hierbei sind verschiedene Abstraktionsebenen möglich.

Bei starker Abstraktion, d. h. sehr grundlegender Vorgehensweise, benutzt man Methoden der Systemanalyse, ähnlich der Konstruktionssystematik. Bei weiterer Konkretisierung kann mit Checklisten oder bereits durchgeführten FMEA gearbeitet werden.

Betrachtet man nun die aus der Konstruktionsmethodik bekannten Strategien der Lösungssuche

- generierendes Vorgehen (Auswählen einer Lösung aus mehreren Vorschlägen) und

- korrigierendes Vorgehen (eine Lösung wird vorgestellt und auf Schwachstellen untersucht bzw. verbessert),

so ist festzuhalten, dass das korrigierende Verfahren weitaus häufiger Anwendung findet (Ehrlenspiel und Meerkamm 2017) und darüber hinaus auch eine große Nähe zur FMEA-Methode aufweist.

Ein Großteil der Entwicklungs- und Konstruktionstätigkeit betrifft die Weiterentwicklung von Produkten und Prozessen, wobei auf bewährte und qualifizierte Verfahren und Bauteile zurückgegriffen wird. Demgegenüber geht das korrigierende Verfahren schneller und spart entsprechend an Aufwand bei der Durchführung. Weiterhin ist die mentale Belastung geringer und das Verbessern oder Ändern eines Entwurfs kommt dem Konstrukteur in seiner täglichen Routinetätigkeit entgegen, vor allem, wenn nicht auf eine äquivalente Konstruktionserfahrung zurückgegriffen werden kann (Bild 4.1).

Generierendes Vorgehen bei der Lösungssuche	Korrigierendes Vorgehen bei der Lösungssuche
• **Vorteile** • Führt eher zu neuen Lösungen • Hohe Kreativität • **Nachteile** • Mehr Erzeugungsaufwand • Größere mentale Belastung durch höhere Komplexität und längeres Aushalten in einer ungewissen Lösungssituation • Genauigkeit der Analyse • Kompatibilitätsprüfung aufwendiger	• **Vorteile** • Schnellere Abwicklung • Geringere mentale Belastung • Tiefergehende Analyse möglich • Einfachere Kompatibilitätsprüfung • **Nachteile** • Größere Gefahr des Verharrens bei bekannten Lösungen

Bild 4.1 Vergleich von generierendem und korrigierendem Vorgehen bei der Lösungssuche

Stellen wir uns nun folgendes Szenario vor: Die Arbeitssituation erfordert eine kurzfristige Durchführung einer Produkt-FMEA, wobei die organisatorischen Rahmenbedingungen bereits abgeklärt sind. Es bleibt gerade noch die Zeit, das Methodenwissen mithilfe eines Fachbuchs, Seminarunterlagen oder auch mit entsprechenden CBT-Programmen in Erinnerung zu rufen.

Die Vorgehensweise mit der Dokumentation im FMEA-Formblatt und die Ermittlung des kausalen Zusammenhangs zwischen

potenzieller Fehlerart → Fehlerfolge → Fehlerursache

sowie die Risikoabschätzung und die dann einzuleitenden Abstellmaßnahmen bereiten keinerlei Schwierigkeiten. Schema und Handhabung der Methode sind schnell wieder im Gedächtnis verankert. Anders sieht es aber zumeist bei der mentalen Zuordnung der methodischen Vorgehensweise zur anstehenden Aufgabenstellung aus. Fehlende Ansatzpunkte, keine direkte Assoziation zu vorhandenen Beispielen oder bereits vorhandene Lösungen führen zu Unsicherheiten, die es zu überbrücken bzw. abzustellen gilt.

Aufbauend auf diesen Aussagen werden nun nachstehend einige Hilfsmittel und Methoden aufgeführt, die den Einstieg in die FMEA-Methodendurchführung erleichtern sollen. Es werden Möglichkeiten vorgestellt, wie die Systemanalyse durch unterschiedliche Vorgehensweisen unterstützt werden kann. Darüber hinaus werden verschiedene Beispiele der FMEA-Anwendungen aufgeführt und erläutert.

4.1 Werkzeuge zur Problemanalyse

Die Anwendung von Methoden, um die Ursachen eines Problems sicher zu ermitteln und nachhaltig zu beseitigen, wird Problemanalyse genannt. Voraussetzung hierfür ist die genaue Beschreibung eines Problems. Eine Analyse ist in ihrem Wesen Informationsgewinnung durch das Zerlegen und Aufgliedern eines Betrachtungsgegenstands in seine Komponenten sowie die Untersuchung der Eigenschaften und Zusammenhänge der einzelnen Elemente (Feldhusen et al. 2013).

Zum Erstellen einer Problem- oder auch Systemanalyse kann eine Reihe von bewährten Methoden angewendet werden. Unter dem Begriff „7 Qualitätswerkzeuge (Q7)" sind Methoden zur Analyse von Daten zusammengefasst. Bei diesen Werkzeugen handelt es sich um statistische und analytische Werkzeuge. Diese Methoden sind zumeist einfach zu erlernen und anzuwenden und helfen dabei, Meinungen von Fakten zu trennen und diese Fakten anschließend zu analysieren. Die aus Japan kommenden, überwiegend statistisch orientierten Methoden bzw. Werkzeuge sollen den Anwender in die Lage versetzen, den größten Teil aller auftretenden Probleme selbst zu lösen und nur für die restlichen Probleme auf andere Instrumente zurückzugreifen.

Die Prinzipien dieser Methoden sind dabei ähnlich. Anhand eines Ordnungsschemas oder Kriterienkatalogs wird das zu betrachtende Produkt oder System, die Funktionseinheit, Baugruppe oder auch das Einzelteil hinsichtlich der verschiedenen Merkmalsausprägungen geprüft. Es geht hierbei vorrangig darum, Anregungen zu erhalten und alle kritischen Bereiche des Betrachtungsgegenstands möglichst vollständig aufzunehmen und zu überprüfen.

Neben den klassischen „7 Werkzeugen“ existieren aber auch noch andere Methoden, wie bspw. die Problemanalyse nach Kepner-Tregoe, die Versuchsmethodik nach Shainin und Taguchi oder auch Simulationswerkzeuge.

4.1.1 Ursache-Wirkungs-Diagramm

Das Ursache-Wirkungs-Diagramm wird wegen seines Aussehens auch Fischgräten-Diagramm oder nach seinem Erfinder Ishikawa-Diagramm genannt. Es wird als Problemlösungstechnik in Teamsitzungen eingesetzt. Durch die Visualisierung der gefundenen Lösungen sollen die Teammitglieder zum Auffinden weiterer Lösungen animiert werden. Das Diagramm ist ähnlich aufgebaut wie eine Mindmap.

Zur Strukturierung von Fehlerursachen werden Oberbegriffe für diese bestimmt und an den Enden der Pfeile geschrieben. Anschließend werden die im Team diskutierten und benannten weiteren Teilaspekte der Fehlerursachen gesucht und in das Diagramm als Verzweigungen der Ursachengruppen eingetragen. Liegen den einzelnen Ursachen wiederum verschiedene differenzierende Ursachen zugrunde, so wird in der gleichen Form weiter verzweigt. Die grafische Strukturierung der Ursachen ermöglicht damit eine übersichtliche Gesamtbetrachtung. Auf diese Weise können alle Problemursachen identifiziert und deren Abhängigkeiten voneinander aufgezeigt werden. Für die Ursachen werden unerfahrenen Anwendern die „5M“, Maschine, Mensch, Material, Mit(um)welt sowie Methode, empfohlen. Die Festlegung kann aber auch nach eigenen Kriterien erfolgen (Bild 4.2).

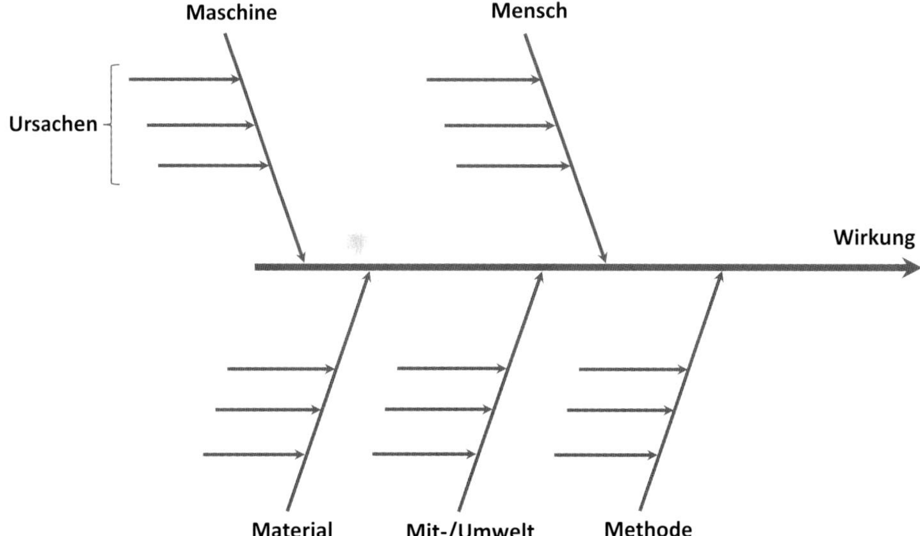

Bild 4.2 Ursache-Wirkungs-Diagramm (Ishikawa-Diagramm)

Entsprechend dieser fünf Ordnungskriterien soll die Vorgehensweise am Beispiel einer Sicherheitsplanung für eine Maschine verdeutlicht werden. Bei dieser Maschine handelt es sich um einen Kalander, der in der Kunststoff- und Papierindustrie zur Herstellung und Veredelung von Bahnware verwendet wird (Gries et al. 2019). Durch eine thermomechanische Behandlung des Bahnmaterials werden die physikalischen Eigenschaften des Produkts bestimmt. Auf diese Weise lassen sich beispielsweise die Zug- und die Reißfestigkeit des Endprodukts erhöhen oder auch durch ein Verschmelzen zweier unterschiedlicher Bahnwaren eine definierte Permeabilität erzeugen.

Das Wirkprinzip eines Kalanders basiert auf einem System aus mindestens zwei rotierenden parallel laufenden Walzen (Bild 4.3). Sie werden zum Prägen, Glätten, Verdichten und Satinieren von Papier und Textilien benutzt. Beim Vorgang des Kalandrierens wird der Werkstoff in einem zwischen den Walzen befindlichen Wirkspalt gepresst. Je nach verwendetem Material laufen dabei Knet-, Walz- und/ oder Verdichtungsvorgänge ab. Außerdem werden die Walzen zur Erzeugung definierter Materialeigenschaften beheizt. Durch hohe Oberflächentemperaturen erfolgt neben der mechanischen Verfestigung eine thermische Behandlung des Materials.

Die Maschine fällt in den Geltungsbereich der EG-Maschinenrichtlinie, und bei der Gefahrenanalyse müssen die Gefährdungen durch Maschinen Berücksichtigung finden.

Bild 4.3 Industrieller „Zwei-Walzen-Kalander“ (Werkfoto Fa. Kleinewefers)

Beim Aufstellen des Ursache-Wirkungs-Diagramms für eine Sicherheitsplanung wird nun versucht, den definierten Ordnungskriterien mögliche Gefährdungen gegenüberzustellen. Hierzu sind vorab alle Gefährdungspotenziale zusammenzutragen (Bild 4.4).

Gefährdungspotenziale:

- mechanische Gefährdung
- elektrische Gefährdung
- thermische Gefährdung
- Gefährdung durch Lärm
- Gefährdung durch Vibration
- Gefährdung durch Strahlung
- Gefährdung durch die verarbeitenden Stoffe
- Gefährdung durch fehlende Schutzgitter
- Gefährdung durch Fehlbedienung

Es folgt die Zuordnung zu den fünf „Hauptursachen", d.h. die Zuordnung der Gefährdungsquelle. Bezogen auf die Hauptursache „Mensch" ist die Zuordnung einer „Gefährdung durch Fehlbedienung" möglich. Im weiteren Verlauf wäre dann mit der FMEA zu untersuchen, welche Ursachen für die denkbaren Fehlbedienungen verantwortlich sein können und wie hoch dieses als Risiko eingeschätzt wird. Die Maßnahmen zur Verbesserung des Zustands, d.h. die Verringerung des Risikopotenzials, können dann von einer Überarbeitung der Bedienungsanleitung bis hin zu gesondert zu organisierenden Schulungsmaßnahmen reichen.

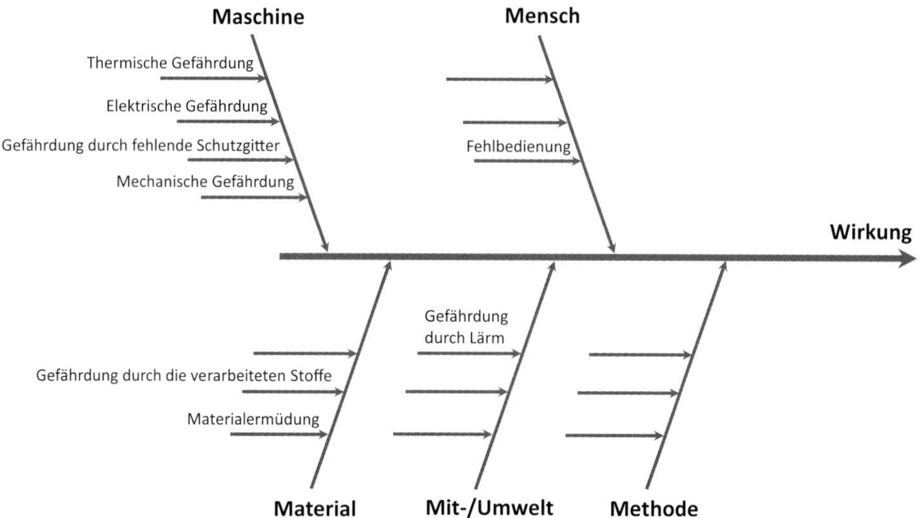

Bild 4.4 Auszug aus einem Ursache-Wirkungs-Diagramm für eine Sicherheitsplanung

Betrachtet man die mechanischen Gefährdungsmöglichkeiten, die durch die Maschine selbst hervorgerufen werden, so lassen sich u.a. differenzierte Gefährdungsmöglichkeiten für das Bedienpersonal ableiten.

Gefährdungsmöglichkeiten:

- Gefährdung durch Quetschen
- Gefährdung durch Schneiden oder Abschneiden
- Gefährdung durch Erfassen oder Aufwickeln
- Gefährdung durch Einziehen oder Fangen

Hier ist dann der „Mensch" nicht mehr verantwortlich für die mögliche Gefährdung, sondern er ist der Betroffene, der die Auswirkung zu ertragen hat. Beispielsweise besteht eine Gefährdung durch das Einziehen oder Fangen einer Hand, wenn ein Hineingreifen in den Einzugsbereich des Kalanders möglich ist. Mithilfe der FMEA kann dann abgeschätzt werden, wie hoch dieses Risiko ist, und Abstellmaßnahmen können von einfachen Schutzgittern bis hin zu aufwendigen Überwachungsanlagen reichen.

Die mit dieser Methode ermittelten Ergebnisse bilden die Grundlage für die FMEA. In das FMEA-Formblatt werden die Gefährdungen als mögliche Fehlerart bzw. Fehler eingetragen. Die möglichen Fehlerfolgen sind jeweils Personenschäden. Nun gilt es noch, mögliche Fehlerursachen zu ermitteln, damit hieraus im weiteren Verlauf der FMEA-Methodendurchführung eine Bewertung des Gefährdungspotenzials sowie eventuell notwendige Abstellmaßnahmen abgeleitet werden können.

Sofern im Team geklärt ist, welche Zielrichtung die FMEA haben soll und die Aufgabenstellung klar abgegrenzt ist (hier im aufgeführten Beispiel: Sicherheitsplanung), lassen sich mit dieser Vorgehensweise über die Beziehung „Ursache- Wirkung" relativ schnell Fehler, Fehlerfolgen und Fehlerursachen ermitteln. Wichtig ist hierbei aber auch, dass nicht nur die aus dem Diskussionsprozess abgeleiteten Schwachstellen dokumentiert werden, sondern gleichzeitig auch die wichtigsten Begründungen und Quellenangaben wie Normen, Richtlinien etc. festgehalten werden. Das vereinfacht dann die anschließende Beurteilung bzw. Festschreibung von Verbesserungsmaßnahmen.

4.1.2 Strukturbaum-Analyseverfahren

Verschiedene Methoden nutzen einen Strukturbaum zur Gefahrenanalyse, da mit dem logischen Aufbau eines Baums und den einzelnen Verzweigungen sowie einer konsequenten Anwendung die größtmögliche Sicherheit der Erfassung von Risiken gegeben ist. Das bekannteste Verfahren ist sicherlich die *Fehlerbaumanalyse* (Edler et al. 2015; Freese 2015), für die es ebenfalls eine Norm (DIN 25424, Teil 1 und Teil 2) gab, die aber mittlerweile zurückgezogen wurde. Gültig ist allerdings immer noch die internationale Norm *Fault tree analysis* (IEC 61025/DIN EN 61025), in der die Methode ebenfalls beschrieben wird. Als weitere Variante gab es die

Ereignisablaufanalyse nach DIN 25419 (zurückgezogen), die ebenfalls eine Baumstruktur nutzt. Beide Analyseverfahren stellen, wie die FMEA, ein Verfahren zur Einschätzung von Risikofaktoren dar und werden zur Beurteilung der Sicherheit von Maschinen und Produkten herangezogen. Die Methoden haben dabei gemeinsam, dass der Untersuchungsgegenstand, der ein System, Produkt, Ereignisablauf, aufgetretener Fehler etc. sein kann, in seinen Strukturen einfach und übersichtlich in Form einer Baumstruktur abgebildet und anschließend analysiert wird. Die Baumstruktur liefert eine klare und nachvollziehbare Dokumentation der Untersuchung. Je nach Methode und damit je nach Betrachtungsweise stehen dabei unterschiedliche Fragestellungen im Vordergrund. An den Beispielen der Fehlerbaum- sowie der Ereignisablaufanalyse soll dies verdeutlicht werden.

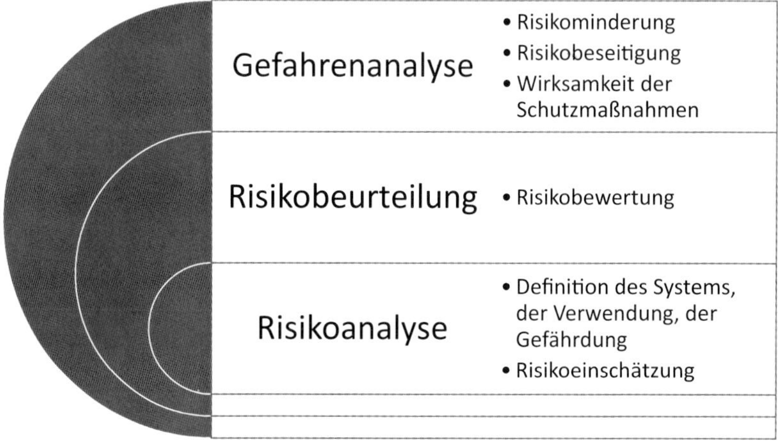

Bild 4.5 Grundprinzip der Gefahrenanalyse

Bei der Fehlerbaumanalyse (FTA) wird ausgehend von einem „unerwünschten Ereignis" nach möglichen Ursachen hierfür gesucht. Demgegenüber werden in der Ereignisablaufanalyse (ETA) Ereignisse ermittelt, die sich aus einem vorgegebenen Anfangsereignis entwickeln können. Die Fehlerbaumanalyse ist in erster Linie eine Methode zur Analyse von Gefährdungen, wobei die logischen Verknüpfungen von Komponenten oder Teilsystemausfällen, die zu einem „unerwünschten Ereignis" geführt haben, bei der Systembeurteilung wichtige Aufschlüsse geben. Die Ereignisablaufanalyse wird bevorzugt bei der Untersuchung von Störungen und Störfällen in technischen Systemen eingesetzt (Bild 4.6).

Beide Verfahren haben gemeinsam, dass der Fehlerbaum bzw. das Ereignisablaufdiagramm mathematisch ausgewertet werden kann. Unter Anwendung der Booleschen Algebra und der Wahrscheinlichkeitsrechnung können bei der FTA die Eintrittshäufigkeit und die wahrscheinlichste Ausfallursache bzw. Ausfallkombination ermittelt werden. Ähnliches gilt für die Ereignisablaufanalyse. Hier lassen sich die

Häufigkeit und die Wahrscheinlichkeit des eintretenden Ereignisses bestimmen. Die Ereignisablaufanalyse ist wie die FMEA eine induktive Analyse, während die Fehlerbaumanalyse zu den deduktiven Analyseverfahren zählt. Neben der quantitativen Auswertung kann der Fehlerbaum auch für eine qualitative Analyse verwendet werden, da sehr schnell deutlich wird, wenn unterschiedliche Ausfallursachen den gleichen Fehler hervorrufen.

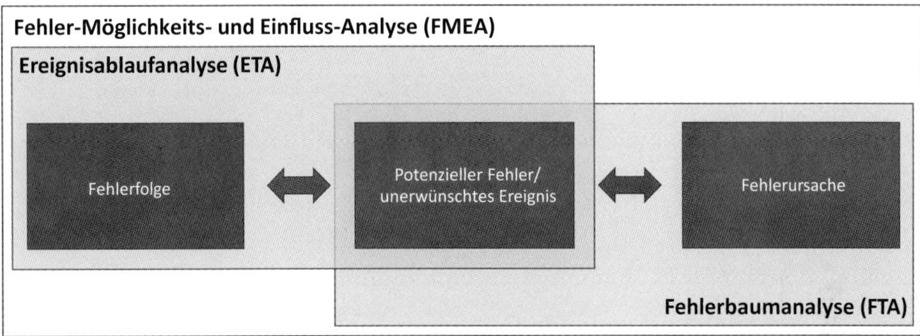

Bild 4.6 Einordnung der ETA und FTA gegenüber der FMEA

Der Ablauf dieser Verfahren ist gegenüber der FMEA identisch, d. h., auch hier wird der Betrachtungsgegenstand in seinen Systemgrenzen festgelegt, eine Risikoanalyse und -bewertung durchgeführt sowie Schutzmaßnahmen zur Risikominderung beschrieben.

Die Fehlerbaumanalyse ist eine universell einsetzbare Methode. Sie vereint sowohl den präventiven Ansatz über die zu erwartenden Zuverlässigkeits- und Sicherheitsaspekte als auch den Ursachenfindungsansatz bei bereits vorhandenen Problemen. Entsprechend wird diese Methode auch häufig in Verbindung mit der FMEA-Methode erwähnt bzw. die FTA kommt ergänzend zum Einsatz. Diese beiden Methoden unterscheiden sich bei der Durchführung hinsichtlich der Betrachtungsweise des Untersuchungsgegenstands. Während bei der FMEA von einem möglichen Fehler ausgegangen wird, steht bei der Fehlerbaumanalyse, wie bereits erwähnt, ein „unerwünschtes Ereignis", d. h. ein „Fehler", im Vordergrund.

Bezogen auf das bereits vorgestellte Beispiel „Maschinen-Kalander" ist in Bild 4.7 ein Fehlerbaum abgebildet. Der Fehlerbaum besteht aus Bildzeichen für die Eingänge und Verknüpfungen. Die Verknüpfungen stehen wiederum für logische Zusammenhänge innerhalb des Fehlerbaums. Das Symbol „≥ 1" ist eine „ODER"-Verknüpfung. „&" steht für eine „UND"-Verknüpfung.

Als mögliche Gefährdung bzw. „unerwünschtes Ereignis" wurde hier das Einziehen oder Fangen einer Hand bei laufendem Betrieb angenommen. Anschließend wird nun versucht, mit den am Diskussionsprozess beteiligten Teammitgliedern systematisch zu untersuchen, welche denkbaren Möglichkeiten existieren, damit dieses Ereignis überhaupt eintreffen kann. Diese Analyseergebnisse können dann in die FMEA überführt werden.

Wie das Ursache-Wirkungs-Diagramm liefert eine Analyse, deren Ergebnisse in einer Baumstruktur geordnet werden, durch ihre grafische Darstellung eine klare und nachvollziehbare Dokumentation einer Untersuchung. Sie ist einfach anzuwenden und durch die vorgegebene Systematik werden zumeist sehr schnell erste Ergebnisse innerhalb eines Teams erarbeitet, die dann die Grundlage einer FMEA bilden können.

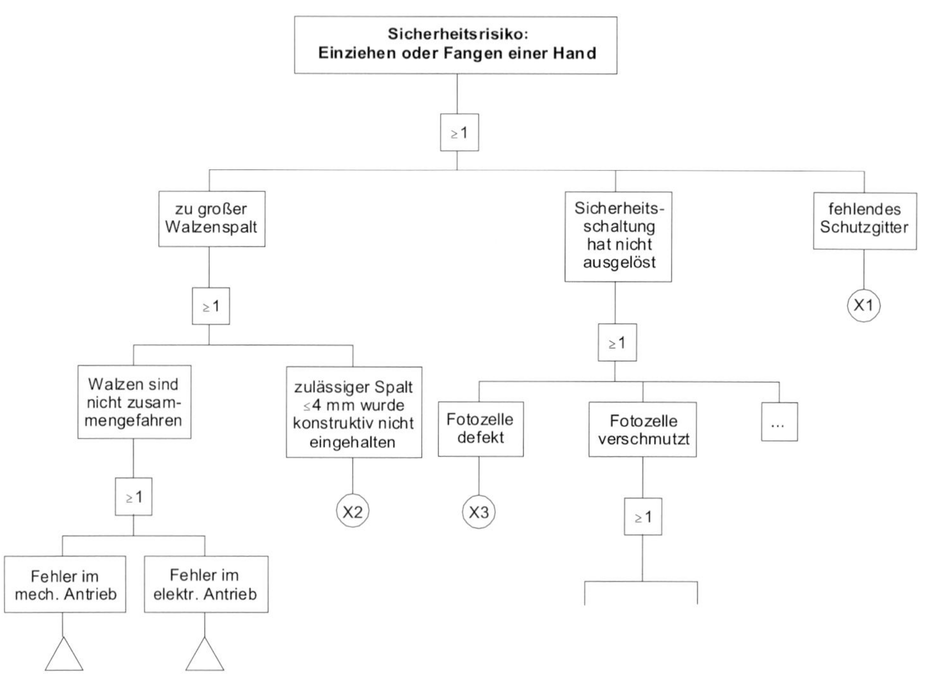

Bild 4.7 Beispielhafte Fehlerbaumanalyse (Auszug)

4.1.3 Matrix-Diagramme (Ordnungsschemata)

Matrix-Diagramme oder auch Ordnungsschemata sind aus der Konstruktionssystematik bekannt. Sie dienen der Verknüpfung mehrerer (in der Regel zweier) Listen. Doch auch die Verknüpfung einer einzigen Liste ist hiermit möglich. Matrix-Diagramme stellen ein Hilfsmittel im Konstruktions- und Entwicklungsprozess dar. Sie unterstützen den Konstrukteur und Entwickler bei der Lösungssuche aufgrund ihrer Darstellungsweise. Aus einer Fülle von unübersichtlichen Informationen werden verdeckte Strukturen offengelegt und die Intuition des Konstrukteurs wird dadurch unterstützt.

Ordnungsschemata stellen einen wichtigen Bestandteil des methodischen Konstruierens dar (Ehrlenspiel und Meerkamm 2017; Lindemann 2016) und werden beim Konstruktionsprozess vielfältig als Suchschemata, Verträglichkeitsmatrix sowie Katalog oder zur Aufstellung eines morphologischen Kastens verwendet. Eine Matrix besteht aus Zeilen und Spalten, in denen die betrachteten Untersuchungsgegenstände systematisch geordnet werden. Sie veranschaulicht damit auf eine einfache Art und Weise das Zusammenspiel verschiedener Bauteile, Systemelemente, Funktionen u. Ä. Bezogen auf einen Untersuchungsgegenstand gibt eine Matrix einen Überblick über denkbare Lösungen, Rangfolgen (in Verbindung mit einer Gewichtung) und Verknüpfungen.

Matrix-Diagramme können auch für die FMEA vielfältig eingesetzt werden. Sinnvollerweise schließt sich die Anwendung von Matrix-Diagrammen einer Strukturbaumanalyse an. Hier wird ein Untersuchungsgegenstand in immer kleinere Einheiten untergliedert. Anschließend kann dann mit einem Matrix-Diagramm eine Rangfolge innerhalb der einzelnen Komponenten bestimmt werden, die beispielsweise die Wichtigkeit und Gewichtung untereinander widerspiegelt. Dies soll am Beispiel „Anlasser“ (siehe Bild 4.8) verdeutlicht werden, der aus insgesamt sieben Elementen besteht.

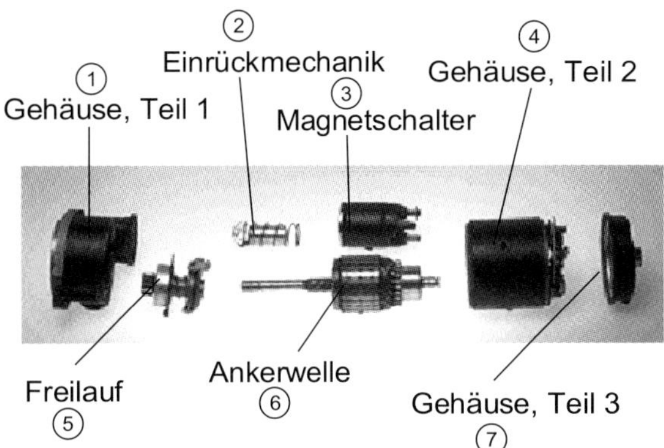

Bild 4.8 Anlasser eines Kraftfahrzeugs

Um bei der FMEA eine möglichst hohe Effektivität zu erreichen, ist es sinnvoll, mithilfe von Selektions- und Straffungsansätzen das Suchfeld einzuschränken und sich im Team auf die wesentlichen Elemente zu konzentrieren. Der Grundgedanke der FMEA, Fehlermöglichkeiten weitestgehend zu erkennen und zu vermeiden, erfordert einen sehr hohen Detaillierungsgrad bei der Systembetrachtung. Neben der Effektivität darf aber auch die Effizienz bei der Durchführung nicht verloren gehen. Somit ist es unverzichtbar, sich durch eine systematische Vorgehensweise die wichtigsten Bereiche zu erschließen.

Die einzelnen Elemente/Bauteile werden nun entsprechend der festgelegten Kriterien gewichtet. Für jedes Bauteil wird eine Bewertung durchgeführt (0 Punkte = trifft nicht zu, 1 Punkt = trifft zu, 2 Punkte = trifft sehr stark zu). Anschließend werden die vergebenen Punkte addiert. Die Bauteile mit der höchsten Punktzahl stellen ein erhöhtes Risiko dar, und entsprechend der ermittelten Rangfolge ergibt sich eine Prioritätenliste für die weitergehenden Untersuchungen (Tabelle 4.1).

Tabelle 4.1 Schwierigkeitsmatrix zur Ermittlung einer Rangfolge

Kriterien	Bauteil/Systemelemente						
	1	**2**	**3**	**4**	**5**	**6**	**7**
Neuentwicklungen	0		2	0			0
Neue Werkstoffe	1		1	1			
Neue Verfahren	0	1	1	0			
Sicherheitsteile	0		0	0			
Problemteile, -prozesse	1		2	1			
Produktänderung	1		1	1			
Verfahrensänderung	1		1	0			
Umgebungsänderung	0	0	0	0			
Summe	**4**	**1**	**8**	**3**			
0 = trifft nicht zu 1 = trifft zu 2 = trifft sehr stark zu							

Bei der Durchführung einer FMEA kann ein Matrix-Diagramm u. a. für folgende Aufgaben eingesetzt werden:

- Schnittstellenbetrachtung
- Beeinflussungsmatrix
- Bauteile-/Funktionsmatrix
- Schwierigkeitsmatrix
- Selektion mit QFD (Quality Function Deployment)

Eine Schnittstellenbetrachtung oder auch Beeinflussungsmatrix verdeutlicht insbesondere den Einfluss einzelner Systemelemente bzw. Bauteile etc. untereinander und bestimmt somit maßgeblich den Umfang einer FMEA-Untersuchung. Bezogen auf eine Konstruktions-FMEA lässt sich mit einer Bauteile-/Funktionsmatrix eine Verknüpfung zwischen den einzelnen, betrachteten Bauteilen sowie den umzusetzenden Funktionen erzielen. Mit dieser Beurteilung soll erreicht werden, dass die funktionswichtigen und kritischen Bauteile und Funktionen mit einer hohen Priorität behandelt sowie Risiken und Schwachstellen so früh wie möglich erkannt werden. Gleichzeitig können unwesentliche Bauteile oder Funktionen begründet für die eigentliche FMEA-Betrachtung ausgeschlossen werden.

Eine Selektion kann nach (Pfeifer und Schmitt 2014) für die folgenden Bereiche sinnvoll durchgeführt werden:

- nach Funktionen mit kritischen Auswirkungen (z.B. Kolben führen/Kolben klemmt)
- nach Bauteilen, die an Hauptfunktionen beteiligt sind (Summe der Hauptfunktionen bestimmt die weitere Vorgehensweise)
- nach Bauteilen, die an vielen Funktionen beteiligt sind (sogenannte Multifunktionsteile)

Die Schwierigkeitsmatrix soll anhand von vorgegebenen Kriterien das Augenmerk auf die kritischen Bauteile oder Systemelemente legen, die in der anschließenden FMEA zu betrachten sind. Innerhalb des FMEA-Teams sind die einzelnen Kriterien zu diskutieren und Bewertungen bezogen auf einzelne Bauteile/Systemelemente vorzunehmen. Hieraus kann dann eine Prioritätenliste abgeleitet werden, die die weitere Vorgehensweise bestimmt.

Die Methode Qualitiy Function Deployment (QFD) wurde bereits in Abschnitt 2.12 kurz vorgestellt. Sie basiert auf einer Zusammenstellung verschiedener Matrix-Diagramme. Die partielle Verwendung von Elementen der QFD-Methode kann auch für die FMEA verwendet werden, u.a. wird mit QFD eine Selektion von Merkmalen durchgeführt, die für die Erfüllung von Kundenforderungen besonders wichtig sind, deren Umsetzung aber einen hohen Schwierigkeitsgrad hat. Ein hoher Schwierigkeitsgrad assoziiert gleichzeitig ein erhöhtes Fehlerrisiko. Dieses zu ermitteln bzw. zu vermeiden ist auch vorrangiges Ziel der FMEA-Methode.

4.1.4 Strukturierter Fragenkatalog

Der Beginn einer Methodendurchführung wird zumeist durch eine längere Einführungs- und Erklärungsphase eingeleitet, die je nach Teamzusammensetzung und Vorkenntnissen innerhalb des Teams einen festen Zeitrahmen benötigt. Zur Sicherung einer zügigen Durchführung sind Vorarbeiten in Form von Checklisten mit verschiedenen Fragestellungen ein erprobtes Hilfsmittel, um beispielsweise bei der Klärung der Aufgabe bzw. Eingrenzung der Problemstellung schnell auf den Kern der anstehenden Arbeiten zu kommen. Checklisten stellen vor allem für den Moderator einen wichtigen Leitfaden dar und helfen dem Team, sich schnell in die Materie einzuarbeiten.

Ein systematischer Fragenkatalog, der unternehmens- oder auch produktspezifisch aufgebaut ist, gibt darüber hinaus klare, nachvollziehbare Verfahrensabläufe wieder, die vor allem für Mitarbeiter, die nicht mit der FMEA-Methode vertraut sind, einen pragmatischen Leitfaden darstellen. Das trifft insbesondere für die Vorgehensweise bei der Systemanalyse zu. Mit dem Fragenkatalog wird untersucht, ob der Betrachtungsgegenstand eine Verbindung zu einzelnen, für das Unternehmen oder für die Produktsicherheit relevanten Merkmalen aufweist. Zutreffendes wird dann vermerkt und um weitere Informationen und Hinweise aus dem FMEA-Team ergänzt.

Je enger und konkreter die Aufgabenstellung und letztlich alle Merkmale und Anforderungen erfasst worden sind, desto einfacher wird es anschließend, die kritischen Systemelemente zu erkennen und zu analysieren.

Ein Fragenkatalog bzw. eine Checkliste kann bei der FMEA beispielsweise auch für das Überprüfen der notwendigen Hilfsmittel sowie bei der Zusammenstellung des FMEA-Teams verwendet werden.

Darüber hinaus lassen sich mithilfe von Checklisten auch sehr schnell die organisatorischen Dinge wie die gesamte Terminplanung, Moderationshilfen und Räumlichkeiten überprüfen. Pinnwand, Flip-Chart und Overhead-Projektor gehören beispielsweise zur Standardausrüstung, werden aber zunehmend durch einen Personal Computer in Verbindung mit einem Beamer abgelöst. Letzteres ist dadurch begründet, dass zunehmend FMEA-Programme (siehe auch Kapitel 8) in den Unternehmen eingesetzt werden und die FMEA während der Teamsitzungen erstellt und gleichzeitig dokumentiert wird.

Weitere Einsatzmöglichkeiten für einen Fragenkatalog sind bei der Klärung der Aufgabenstellung vorhanden. Dies kann durch folgende Fragen unterstützt werden:

- Was soll untersucht/analysiert werden? Soll
  - ein Konzept,
  - eine Baugruppe,
  - ein Einzelteil,
  - ein Montageablauf oder
  - ein Fertigungsablauf

  untersucht werden?
- Welchen Status hat der Betrachtungsgegenstand?
- Existiert eine Zusammenstellung der Kundenforderungen (Lastenheft)? Sind diese bereits geordnet nach ihrer Wichtigkeit?
- Liegen alle Stücklisten, Zeichnungen, Schaltpläne etc. (soweit vorhanden) vor?
- Ist eine Funktionsbeschreibung vorhanden?
- Liegen Arbeitspläne, Prüfpläne etc. von vergleichbaren Produkten vor?
- Sind alle bekannten sicherheitsrelevanten Informationen vorhanden? Liegen alle relevanten
  - Normen,
  - Richtlinien,
  - Prüfberichte/-protokolle sowie
  - Abnahmebescheinigungen

  vor?

- Gibt es eine Mängelliste des Vorgängerprodukts?
- Existieren Versuchsberichte?
- Gibt es Informationen aus Feldversuchen bzw. -analysen?
- Führt die Sichtung vorhandener FMEA mit ähnlichen Inhalten zu verwendungsfähigen Aussagen?
  - Was ist neu?
  - Was ist bekannt?
  - Was hat sich geändert?
  - Warum hat diese Funktion die höchste Priorität?
  - Weshalb hat diese Fehlerfolge eine besonders hohe Bedeutung?
  - Welche Aussagen können verwendet werden (Funktions- und Fehlerstruktur etc.)?
- Sind unternehmensspezifische Bewertungskriterien zur Bestimmung der Risikoprioritätszahl vorhanden bzw. liegen verwendbare Unterlagen vor?

Die Fragestellungen gelten im Prinzip für alle drei Arten der FMEA, da sie vorrangig auf die im Unternehmen vorhandenen Daten und Informationen zielen. Sie sind die Basis für die Systemanalyse und sollen dabei helfen, die Teammitglieder zu entlasten, damit sie sich in den Sitzungen auf das Wesentliche konzentrieren und den Schwerpunkt der Analyse auf die wichtigsten Themen legen können.

Tabelle 4.2 Allgemeine Abfragemöglichkeiten bei einer System-FMEA Produkt (Schuler 1991)

Kategorie	Merkmalsabfrage
Allgemeine Daten	▪ Bezeichnung, Teile-Nr. ... ▪ Verwendungszweck ▪ Zielsetzung/Lastenheft ▪ Besondere/neue Anforderungen ▪ FMEA vorhanden/nötig? ▪ ...
Nutzung	▪ Austauschbarkeit ▪ Reparatur/Wartung ▪ Handhabbarkeit ▪ Haptik ▪ Optik ▪ ...
Sicherheitsrelevante Aspekte	▪ Ausfallsicherheit ▪ Zuverlässigkeit ▪ Missbrauchstest ▪ Lärm-/Geruchsbelästigung ▪ Lebensdauer ▪ ...
Herstellung	▪ Fertigung ▪ Montage ▪ ...

Neben diesen Möglichkeiten der Anwendung eines strukturierten Fragenkatalogs, die auf die Unterstützung der Methodendurchführung abzielen, lassen sich aber auch unternehmens- bzw. produktspezifische Kriterien abfragen, die dann eine Datensammlung oder eine Art von Erfahrungswissen darstellen. Diese Checklisten sind sicherlich etwas mühsam zu erstellen, ihren Nutzen ergeben sie jedoch, wenn im FMEA-Team keine adäquaten Erfahrungen im Umgang mit der Methode vorhanden sind. Solche Checklisten stellen eine wichtige Arbeitsbasis dar, da sie nicht sofort auf bestimmte Aufgaben und Bereiche fokussieren und der Betrachtungsgegenstand nicht sofort in seinen Systemgrenzen und Funktionen eingeengt wird.

Tabelle 4.3 und Tabelle 4.4 zeigen einige Gestaltungsbeispiele für Checklisten, wobei diese nur auszugsweise dargestellt sind. Diese Beispiele zielen gedanklich auf den späteren Einsatz des Untersuchungsgegenstands und prüfen beispielsweise bei einer Konstruktions-FMEA die Gebrauchstauglichkeit und Zuverlässigkeit im Einsatz beim Kunden ab. Mit einer Checkliste, die eine Merkmalsammlung von verschiedenen Komponenten sowie Hinweise auf typische Fehlerarten enthält, lassen sich schnell erste Erfolge erzielen. Durch eine Checkliste entsteht ein zielgerichtetes Nachdenken und Analysieren.

Eine weitere Anwendungsmöglichkeit liegt in der Gegenüberstellung von Komponenten aus der Systemstruktur und möglichen Fehlerarten, was letztendlich in eine objektspezifische Checkliste mit den möglichen Schwachstellen überführt werden kann.

Das Abarbeiten eines strukturierten Fragenkatalogs oder einer Checkliste ist eine schnelle und effiziente Methode, und die Ergebnisse lassen sich zudem relativ einfach dokumentieren. Darüber hinaus kann eine Checkliste jederzeit fortgeschrieben werden.

Tabelle 4.3 Allgemeine Beispiele von Fehlerarten (Automotive Industry Action Group 2019; Schuler 1991)

(System-)Komponente	Mögliche Fehlerarten (nicht empfohlen)	Mögliche Fehlerarten (empfohlen)
Komponentenebene (Bauteil)	▪ Gerissen ▪ Verformt ▪ Gebrochen ▪ Falsch ▪ Defekt ▪ Oxidiert ▪ Verkehrt montiert ▪ Passt nicht	▪ Komponente gerissen ▪ Komponente verformt ▪ Komponente gebrochen ▪ Komponente nicht vorhanden ▪ Komponente ohne Funktion ▪ Teil oxidiert ▪ Teil sitzt fest

(System-)Komponente	Mögliche Fehlerarten (nicht empfohlen)	Mögliche Fehlerarten (empfohlen)
Systemebene		▪ Vollständiger Flüssigkeitsverlust ▪ Kein Auskuppeln ▪ Keine Drehmomentübertragung ▪ Unzureichende Befestigung ▪ Druck/Signal/Spannung zu hoch
Dokumentation	▪ Veraltet ▪ Unvollständig ▪ Nicht lesbar ▪ Unverständlich ▪ Nicht vorhanden	▪ Norm veraltet ▪ Betriebsanleitung unvollständig ▪ Formulierungen nicht lesbar ▪ Formulierungen unverständlich ▪ Beschreibung nicht vorhanden
Montage	▪ Unmöglich ▪ Schwierig ▪ Umständlich	▪ Komponente passt nicht ▪ Einpassung schwierig ▪ Einpassung umständlich

Tabelle 4.4 Ausfallursachen und mögliche Optimierungsmaßnahmen

Fehlerursache	Mögliche Optimierungsmaßnahmen	Beispiele
Konstruktionsfehler	▪ Pflichtenheft ▪ Anforderung der vollständigen Konstruktionsunterlagen ▪ Detaillierte und vollständige Abnahme	▪ Fehlerhafte Dimensionierung ▪ Bearbeitungsfehler ▪ Montagefehler ▪ Materialfehler
Werkzeugfehler	▪ Kontrolle im Werkzeugbau in Bezug auf Maßhaltigkeit und Material ▪ Lieferantenbewertung	▪ Abweichung von den vorgegebenen Maßtoleranzen ▪ Fehlerhafte Materialien
Verschmutzung	▪ Erstellung bzw. Überarbeitung von Wartungsplänen ▪ Überarbeitung von Reinigungsplänen	▪ Späne ▪ Abfall ▪ Öle ▪ Fette
Umwelteinflüsse	▪ Abschirmung	▪ Gase ▪ Dämpfe
Änderung der Nutzung	▪ Ausfallanalyse ▪ Konstruktive Änderungen	▪ Maschinenüberlastung ▪ Übermäßige Belastung einzelner Bauteile
Externe Einflüsse	▪ Technische Vorrichtungen zur Abschirmung installieren ▪ Arbeitsanweisungen ▪ Bedienungsanleitung überarbeiten	▪ Kollisionen aller Art ▪ Fehlbedienung

4.1.5 Pareto-Analyse

Klassische Werkzeuge zum Einsatz in der Qualitätssicherung sind die Pareto-Diagramme (Brüggemann und Bremer 2020; Weidner 2017) oder in anderer Form die ABC-Analyse. „Pareto“ bezeichnet eigentlich eine (statistische) Verteilung, zählt zu den „7 Qualitätswerkzeugen“ und spielt insbesondere bei Verbesserungsprozessen eine wesentliche Rolle.

Das Diagramm bzw. die statistische Verteilung wurde nach Vilfredo Pareto benannt. Dieser italienische Wirtschaftswissenschaftler und Soziologe untersuchte die Verteilung des Volksvermögens in Italien und fand heraus, dass ca. 80 % des Volksvermögens im Besitz von ca. 20 % der Familien konzentriert ist. Joseph M. Juran, einer der amerikanischen Begründer des Qualitätsmanagements, formulierte dieses Prinzip in den dreißiger Jahren des 20. Jahrhunderts allgemeiner und benannte es nach Vilfredo Pareto. Das Pareto-Prinzip (auch 80-20-Prinzip genannt) besagt allgemein, dass 20 % aller möglichen Ursachen 80 % der gesamten Wirkung erreichen. Dies ist sowohl im positiven als auch im negativen Sinne anzuwenden. Im Qualitätsmanagement bedeutet das, dass 80 % aller Qualitätsmängel durch 20 % der möglichen Fehler verursacht werden. Für die Aufwandsabschätzung im Projektmanagement ergibt sich, dass mit 20 % des Aufwands bereits 80 % des Ergebnisses erreicht werden. Auch aus der Produktentwicklung sind solche prozentualen Aussagen hinsichtlich der verursachten und festgelegten Kosten durch die Konstruktion bekannt.

Das Pareto-Diagramm wird zur Analyse der Häufigkeitsverteilung von Fehlerursachen eingesetzt. Mithilfe dieser Methode kann dargelegt werden, wie hoch der jeweilige Anteil der unterschiedlichen Fehlerursachen am Gesamtsystem ist. Diese in eine entsprechende Reihenfolge gebracht, ermöglichen es dem Anwender, sich auf die wesentlichen Fehler zu konzentrieren und diese zu beseitigen. Das Pareto-Diagramm ist von der Darstellung her eine Spezialform des Säulendiagramms, in dem die einzelnen Fehlerursachen grafisch in abfallender Reihenfolge dargestellt werden. Somit lassen sich relativ einfach Schwerpunkte für das weitere Vorgehen festlegen.

Histogramme bzw. Säulendiagramme beruhen direkt auf den Erhebungsdaten, ihre Aussage kommt durch die Gruppierung zustande und ist somit stark durch die Fragestellung beeinflusst. Das Pareto-Diagramm ist das nach Häufigkeit sortierte Histogramm. Es dient dazu, die wichtigsten Ursachen zu identifizieren, um möglichst schnell die wichtigsten Fehlerquellen zu bestimmen. Die Methode erlaubt eine Darstellung der Auswirkungen eines Problems sowohl in Fehlerhäufigkeit als auch in Kosten. Dadurch werden exakt die Ursachen gefunden, die den größten Einfluss auf den Untersuchungsgegenstand haben. Die Bedeutung einer Ursache hinsichtlich eines möglichen Fehlers kann direkt dem Pareto-Diagramm entnommen werden. Somit können Ursachen entsprechend ihrer Rangfolge korrigiert werden. Damit werden neben der eigentlichen Ursachenbekämpfung selbstverständlich auch Einsparungen an Zeit und Kosten erzielt.

Das in Tabelle 4.5 dargestellte Beispiel soll die Vorgehensweise verdeutlichen. Bei der Reparatur bzw. Reparaturannahme eines Kraftfahrzeugs treten immer wieder Fehler am Anlasser auf, die kostenintensive Gewährleistungsansprüche nach sich ziehen. Die Ursachen sollen mithilfe der Pareto-Analyse gewichtet werden.

Zunächst sind alle möglichen Fehlerarten zusammenzutragen. Das erfolgt entweder durch direkte Produkt- bzw. Prozessbeobachtung oder durch zielgerichtete Auswertungen der entsprechenden Aufzeichnungen. In unserem Beispiel ist das die Auswertung der Reparaturaufträge. Dann wird ein Gewichtungskriterium festgelegt, das dem Problem angepasst ist. In der Regel sind das die Kosten, es könnten aber auch z.B. die Bedeutung für den Kunden sein oder auch nur die Anzahl der auftretenden Fehler.

Tabelle 4.5 Beispiel für eine Datenanalyse

Fehler-Nr.	Fehlerart	Anzahl	Häufigkeit in [%]
1	Ankerwelle gebrochen	42	21
2	Magnetschalter defekt	29	14
3	Einrückmechanik klemmt	57	28
4	Freilauf gebrochen	24	12
5	Zahnritzel gebrochen	4	7
6	Kurzschluss in den Wicklungen	9	5
7	Bürsten sind verklebt	21	11
8	Sonstiges	14	2
	Summe	**200**	**100**

Aus den ermittelten Daten wird die relative Häufigkeit jeder einzelnen Kategorie ermittelt. Absteigend nach ihrer Bedeutung werden die Kategorien geordnet und dann auf der waagrechten Achse jeweils von links abgetragen. Die Kategorien werden mit einem Rechteck überdeckt, dessen Höhe die Häufigkeit des Auftretens wiedergibt.

Werden die nach Größe geordneten Häufigkeiten kumuliert, so entsteht eine Summenkurve. Die Bedeutung der einzelnen Kategorien zeigt sich im Pareto-Diagramm in der grafischen Reihenfolge. Je größer die Säule, umso wichtiger die Kategorie. Der Verlauf der Summenkurve zeigt an, wie bedeutend die Ursachen für das Problem sind. Eine flache Kurve gibt an, dass gleichwertige Probleme vorliegen. Eine steile Kurve gibt an, dass wenige wichtige Ursachen für ein Problem vorliegen (Bild 4.9).

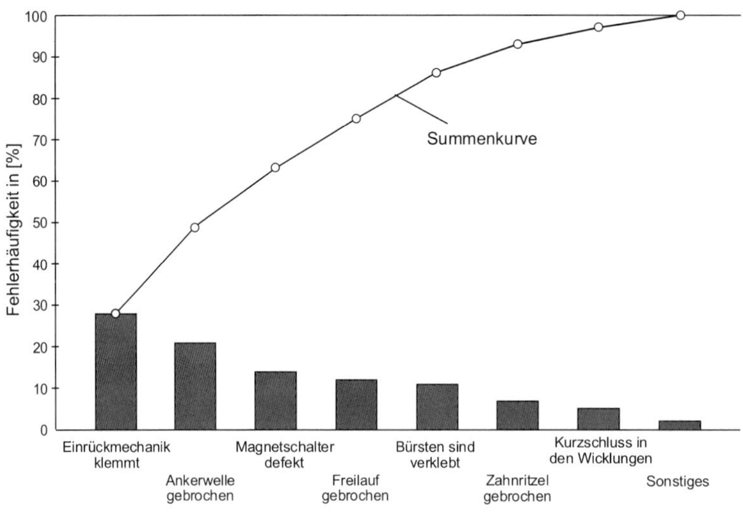

Bild 4.9 Beispiel einer Pareto-Analyse

Um dieses Analyseverfahren einsetzen zu können, sind gewisse Randbedingungen einzuhalten, wie z. B. dass aktuelle und repräsentative Daten vorhanden sein müssen. Darüber hinaus müssen sich Merkmale und Klassen eindeutig definieren und zuordnen lassen. Die Anzahl der Klassen sollte dabei nicht zu klein oder zu groß sein (etwa 5 bis 10 Klassen).

Vorteile dieses Analyseverfahrens:

- einfach und ohne große Vorkenntnisse anwendbar (jeder kann Methode verwenden)
- Anwendbarkeit auf allen Organisationsebenen
- hoher Nutzen aufgrund der hohen Analyse- und Verbesserungskapazität
- nach Wichtigkeit sortierte Darstellung (z. B. Auftrittshäufigkeit, Kosten)
- übersichtliche Klassifizierung
- geringer Zeitaufwand, sofern die Daten vorhanden sind

Nachteile des Analyseverfahrens:

- nur begrenzte Anzahl von Klassen sind sinnvoll darstellbar
- Ergebnis hängt stark von der Definition der Klassen ab
- individuelle Gewichtung der Klassen ist nicht möglich

4.1.6 Problemanalyse nach Kepner-Tregoe

Die Problemanalyse nach Kepner-Tregoe (Linß 2018) stellt eine sehr strukturierte Vorgehensweise für das Bearbeiten komplexer Problemstellungen dar und ist geeignet für das schnelle Aufdecken bzw. Lösen von Problemen. Die Methode ist eine spezielle Form der schrittweisen Ursachenanalyse und Lösungsfindung und basiert auf der Beobachtung, dass jedes Problem immer eine Folge von Veränderungen im System und/oder Systemumfeld ist.

Kepner und Tregoe sind zwei US-Unternehmensberater, die in den 1950er-Jahren eine Technik zur systematischen Problemursachenfindung geschaffen haben. Sie entspricht grundsätzlich der Technik, wie man einen verlorenen Schlüssel wiederfindet. Hierbei wird analytisch vorgegangen, in dem alle Stellen ausgeschlossen werden, an dem der Schlüssel *nicht* abhandengekommen sein kann. Zum Schluss bleibt nur noch ein plausibler Ort übrig ist, wo sich der gesuchte Gegenstand hoffentlich befindet.

Hierzu wird der Ist- mit dem Soll-Zustand verglichen, es werden Hypothesen für die Ursachen aufgestellt und dann wird das System auf ihre Wahrscheinlichkeit geprüft.

Die Technik umfasst insgesamt drei Phasen:

- Problembeschreibung
- Ermittlung von Veränderungen und Besonderheiten
- Hypothesengenerierung und -prüfung

Der Kern der Technik liegt in der Definition eines Problems als Abweichung von einem Soll-Zustand. Die Ursache dieser Abweichung wird dabei durch spezifische Fragen eingegrenzt, um das Problem genauer charakterisieren und abgrenzen zu können.

Fragestellungen:

- Was ist das Problem? Was ist nicht das Problem?
- Wo besteht das Problem? Wo besteht das Problem nicht?
- Wann äußert sich das Problem? Wann äußert sich das Problem nicht?
- In welchem Ausmaß besteht das Problem? In welchem Ausmaß besteht das Problem nicht?

Dies erfolgt, in dem das Problem sowohl im positiven als auch im negativen Sinn beschrieben wird. Anschließend wird ein Vergleichssystem (Soll-Zustand) gesucht und die Unterschiede zwischen den beiden Systemen werden herausgearbeitet. Schließlich folgt die Übertragung der Antworten in eine Matrix sowie deren Auswertung (Tabelle 4.6).

Tabelle 4.6 Matrix für die Kepner-Tregoe-Methode

Fragen	Ist-Problem	Ist-Nicht-Problem	Besonderheiten	Veränderungen
Was?				
Wo?				
Wann?				
Wieviel?				

Die nächste Phase befasst sich mit der Entwicklung von Versagenshypothesen und der Plausibilitätsprüfung. Auch hierbei hilft das Vergleichssystem. Die zutreffende Ursachenhypothese erklärt zwanglos und logisch sowohl das Versagen im Problemsystem als auch das Nicht-Versagen des Vergleichssystems. Es folgt die Bewertung der Hypothesen. In die Bewertung werden alle gesammelten Informationen einbezogen. Die Hypothese muss dabei alle „Ist-Probleme" und alle „Ist-Nicht-Probleme" erklären können. Scheitert sie an einem Punkt, scheidet die Variante aus. Entsprechend dürfen nur (erwiesene) Tatsachen, aber keine Vermutungen und Annahmen berücksichtigt werden. Abschließend erfolgen noch die Überprüfung der wahrscheinlichsten Hypothese sowie die Herleitung und Durchführung der Maßnahmen zur Lösung des Problems.

Die Kepner-Tregoe-Technik ist eine einfache, sehr effektive Technik, die, wie die ABC-Analyse, überall und ohne großen Aufwand einsetzbar ist. Die Methode wird im Team durchgeführt, wobei der Personenkreis für das Team breit angelegt sein kann. Wichtig ist nur, dass fundierte Informationen zur Problemsituation vorhanden sind. Durch die strukturierte Methodik für das Identifizieren und das Ordnen aller kritischen Faktoren hilft die Methode, die richtigen Entscheidungen zu treffen. Sie ist darüber hinaus für fast alle Entscheidungen anzuwenden.

4.1.7 Blockdiagramme

Blockdiagramme sind hilfreiche Werkzeuge für die Darstellung eines Betrachtungsgegenstands und seiner Schnittstellen zu angrenzenden Systemen. Damit verschafft man sich einen guten Überblick, denn die Funktionen und auch die Fehlfunktionen treten an den Schnittstellen auf. Im Qualitätsmanagement existieren verschiedene Varianten. In (Pfeifer und Schmitt 2014) und in (Kamiske 2012) wird das Funktionsblockdiagramm beschrieben. Es wird häufig in der Systemtechnik und der Softwareentwicklung verwendet, um die Funktionen und deren Zusammenhänge zu beschreiben. In (Pfeifer und Schmitt 2014) wird weiterhin auf das Zuverlässigkeitsblockdiagramm eingegangen. Aus der Bezeichnung kann schon abgeleitet werden, dass diese Form der grafischen Darstellung zur Überprüfung und zum Nachweis der Zuverlässigkeit von Systemen herangezogen werden kann. Ein Systemverhalten wird mit diesem Diagramm abgebildet. Es zeigt die logischen Verknüpfungen, die zum Erfüllen von Anforderungen eines Systems benötigt werden. Elemente, die für das Erfüllen einer Funktion keine Relevanz haben, werden nicht abgebildet. Die modellierten Blöcke haben die Eigenschaft, dass sie ein Element nur in zwei Zuständen (funktionsfähig/ausgefallen) darstellen können. Damit wird die Nähe zur FMEA bereits deutlich. Blockdiagramme gehören auch nach dem FMEA-Ansatz der AIAG zu den vorgeschlagenen Werkzeugen in der Analysephase. Übernommen wurde dies auch in der gemeinsamen vom VDA und AIAG vorgelegten FMEA-Methodenbeschreibung (Automotive Industry Action Group 2019; Ford Motor Company 2011).

Blockdiagramme sind also grafische Anordnungen einzelner Blöcke (Elemente) eines betrachteten Systems, die mit Linien verbunden werden. Jeder Block steht dabei für eine Hauptkomponente des Betrachtungsgegenstands. Die Linien stellen die Beziehungen bzw. Schnittstellen zwischen den einzelnen Einheiten dar. Pfeile an den Linienenden geben zusätzlich die Wirkrichtung an.

Blockdiagramme können nach (Automotive Industry Action Group 2019) in folgenden Schritten erstellt werden:

- Beschreibung der Komponenten und Eigenschaften
- Felder so gestalten, dass Verbindungen aufgezeigt werden
- Beschreibung der Verbindungen
- Hinzufügen von Schnittstellensystemen und Inputs (Personen und Objekte)
- Definition der Grenze (innerhalb des Verantwortungsbereichs des Teams) und des Umfangs
- Hinzufügen relevanter Details

Eine weitere Variante stellt das Parameterdiagramm (P-Diagramm, siehe Bild 4.10) dar, das ebenfalls in (Automotive Industry Action Group 2019) behandelt wird. Ein Parameterdiagramm ist die grafische Darstellung, in der ein Betrachtungsgegenstand (Objekt) existiert. Es beinhaltet Faktoren, die beeinflussend auf die Überführung von Eingangsgrößen und die gewünschten Ausgangsgrößen sind. Mithilfe des Parameterdiagramms wird also das Verhalten eines Systems oder einer Komponente im Kontext der vorgesehenen Funktionen beschrieben.

Verdeutlicht werden soll dies an der Komponente eines Fahrrads. Mithilfe eines Strukturbaums wurde der Betrachtungsgegenstand „Fahrrad" einer Analyse unterzogen. Auf der ersten Ebene erfolgte eine Unterteilung in

- Rahmeneinheit,
- Steuereinheit,
- Antriebseinheit,
- Räder und
- Sicherheitsausrüstung.

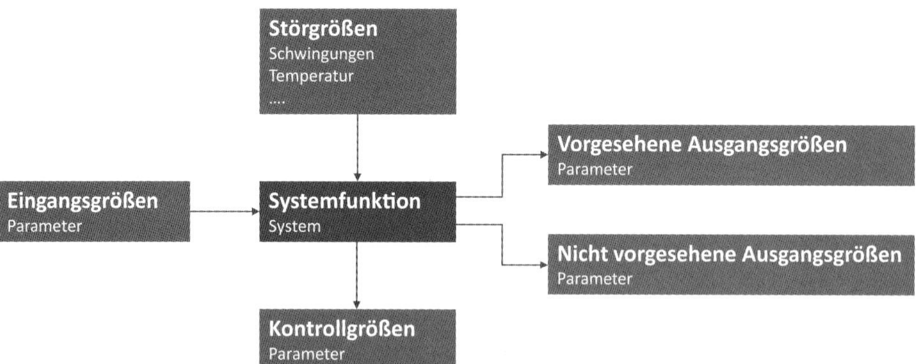

Bild 4.10 Das Parameterdiagramm als Variante des Blockdiagramms

Die Sicherheitsausrüstung kann weiter zergliedert werden in die durch die Straßenverkehrsordnung vorgeschriebenen Elemente, u.a. eine Einrichtung für Schallzeichen (Fahrradklingel).

Das Parameterdiagramm ist vorgesehen für die Darstellung der Schlüsselfunktionen, die von dem betrachteten System zu erfüllen sind und auch auf Störgrößen hinweisen, die die Robustheit der umzusetzenden Funktionen beeinträchtigen können. Störgrößen stellen dabei Ansatzpunkte für Vermeidungs- und Entdeckungsmaßnahmen dar (Bild 4.11).

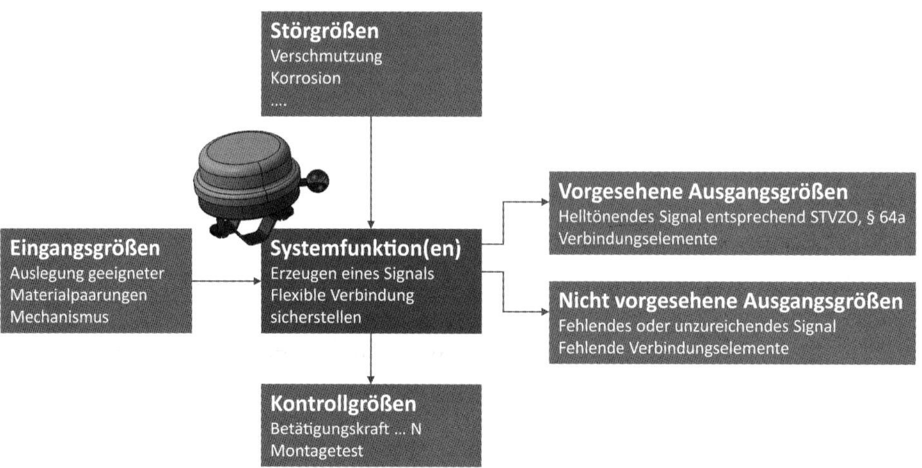

Bild 4.11 Parameterdiagramm für eine Fahrradklingel (Designstudie)

4.2 Szenario einer Methodendurchführung (Prozess-FMEA)

Mit neuen Methoden des Qualitätsmanagements beschäftigt sich ein Unternehmen zumeist aufgrund von außen an das Unternehmen herangetragenen Forderungen, zum Teil auch aufgrund eigenen Interesses. Hierbei geht es dann um die Verbesserung der vorhandenen Prozesse, Produkte oder Systeme.

Im Mittelpunkt des nun folgenden Szenarios steht ein Unternehmen aus der Automobilzulieferbranche mit ca. 80 Mitarbeitern. Das Leistungsangebot des Unternehmens umfasst neben dem Verkauf von Neu- und Gebrauchtwagen auch deren Wartung und Reparatur. Die Servicebereitschaft wird durch ein gut sortiertes Ersatzeillager mit ständig bevorrateten Originalteilen sichergestellt. Im Werkstattbereich stehen mehrere Kfz-Arbeitsplätze für die Wartungs- und Reparaturarbeiten zur Verfügung.

Das Unternehmen ist mit einer schlanken Organisationsstruktur und definierten Verantwortungsbereichen klar gegliedert:

- Der Betriebsleiter untersteht direkt der Geschäftsführung.
- Der Werkstattleiter ist dem Betriebsleiter als technischer Abteilungsleiter unterstellt.
- Die Service-Berater sind Kfz-Meister, in deren Verantwortung die Fahrzeugannahme und die Auftragserstellung liegt.
- Das Betriebsbüro für die Auftragsannahme und die betriebswirtschaftliche Abwicklung wird innerhalb des Services verantwortet und ist mit Service-Sachbearbeitern ausgestattet.
- Die Werkstatt ist der Hauptbereich des Service.
- Die Bereiche (Karosserie, Lackierabteilung etc.) sind technische Teilbereiche innerhalb des Services.

Zertifiziert ist das Unternehmen nach ISO/TS 9002:2016 (Qualitätsmanagementsysteme – Leitfaden für die Anwendung von DIN EN ISO 9001:2015). Das Unternehmen will sich aber zukünftig an die in der Schriftenreihe VDA 6.x (Grundlagen für ein Qualitätsaudit)[1] festgelegten Vorgehensweise orientieren, um auch zukünftig die Vorgaben des Automobilkonzerns, an den man vertraglich gebunden ist, erfüllen zu können.

Bei der Betrachtung der Unterschiede der QM-Systeme wird sehr schnell deutlich, welchen hohen Stellenwert der Bereich Dienstleistung innerhalb der VDA 6.x besitzt. Das Element 15 der VDA 6.2 befasst sich beispielsweise mit der Analyse,

[1] Die VDA 6.x-Regewerke wurden für Organisationen in der automobilen Lieferkette entwickelt, die ein ganzheitliches Qualitätsmanagement einführen und gegebenenfalls zertifizieren lassen möchten.

Bewertung und Verbesserung der Dienstleistungsqualität unter Einschluss notwendiger statistischer Methoden. Explizit wird auch die Fehlermöglichkeits- und Einflussanalyse als Verfahren zur Fehlervermeidung aufgeführt.

Exemplarisch soll nun für einen markanten und problembehafteten Dienstleistungsprozess innerhalb des Autohauses aufgezeigt werden, welche Veränderungen und Auswirkungen sich für das Unternehmen ergeben, wenn mithilfe der FMEA die Schwachstellen für einen Prozess ermittelt, analysiert und anschließend auch eliminiert werden. Als ein möglicher zu analysierender Bereich wurde die Reparaturannahme bzw. der gesamte Servicebereich erkannt. Probleme innerhalb dieses Bereichs führten in der Vergangenheit immer wieder zu Störungen des innerbetrieblichen Ablaufs. Hierdurch wurden zum einen Mehrkosten verursacht und zum anderen eine erhebliche Unzufriedenheit beim Kunden erzeugt, die sich dahingehend äußerte, dass neben vorgebrachten Beschwerden auch Kundenabwanderungen stattgefunden haben. Mithilfe der FMEA soll systematisch aufgezeigt werden, wo die Schwachstellen im Prozess liegen und welches Verbesserungspotenzial für das Unternehmen eröffnet werden kann.

4.2.1 Prozessanalyse

Der Service lässt sich grob in sechs Funktionen untergliedern (siehe Bild 4.12). Er beginnt mit der Kundenannahme, für die zwei Sachbearbeiter verantwortlich sind. In etwa 80 % aller Fälle geschieht die Auftragsannahme telefonisch, die verbleibenden 20 % werden durch die sogenannte „Laufkundschaft“ abgedeckt. Hierunter fallen die Kunden, die ohne Terminabsprache vorbeikommen. Die Hauptaufgabe der Sachbearbeiter besteht in der Aufnahme der Kunden- und Fahrzeugdaten. Hierzu wurde vom Unternehmen ein Formblatt entwickelt, um unter anderem Name, Fahrzeugkennzeichen, Fahrzeugtyp etc. aufzunehmen. Darüber hinaus ist natürlich auch der Grund des Anrufs bzw. Besuchs zu nennen, z. B. Inspektion, TÜV-Abnahme, Bremsen etc. Als besonderen Service des Hauses soll darüber hinaus dem Kunden auch die Möglichkeit der Inanspruchnahme eines Ersatzwagens angeboten werden.

Zusammen mit dem Kunden wird dann ein geeigneter Termin verabredet, zu dem das Fahrzeug vorbei zu bringen ist. Gleiches gilt für den Fertigstellungstermin, der aber mit gewissen Unsicherheiten verbunden sein kann. Hier wird zur Sicherheit und bei Bedarf ein telefonischer Rückruf angeboten.

Die Fahrzeugannahme erfolgt über die Sachbearbeiter. Oberste Prämisse des Unternehmens ist hierbei die Kundenzufriedenheit. Deshalb ist der Kunde innerhalb einer möglichst kurzen Zeitspanne anzusprechen und zu bedienen. Die Sachbearbeiter prüfen dabei, ob es sich um einen angemeldeten oder unangemeldeten Kunden handelt. Liegt eine Anmeldung vor, so wird der Kunde an den zuständigen Service-Berater (Kfz-Meister) weitergeleitet.

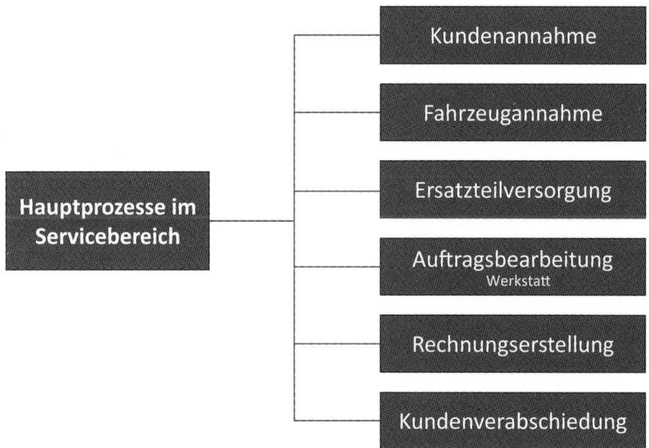

Bild 4.12 Grobstruktur des Servicebereichs

Auf der Basis des vom Sachbearbeiter aufgenommenen Auftrags geht der Kfz-Meister zusammen mit dem Kunden die Probleme am Fahrzeug durch, u. a. ist auch zu klären, ob es sich bei den anstehenden Arbeiten um Garantiearbeiten handelt. Eine Fahrzeugbesichtigung und gegebenenfalls eine Probefahrt schließen die Problembeschreibung ab. Anschließend ist vom Meister zu klären, ob alle benötigten Ersatzteile vorrätig sind oder ob eine Beschaffung eingeleitet werden muss. Hierbei sind die Liefertermine zu beachten. Als Hilfsmittel steht ein EDV-System zur Verfügung. Darüber hinaus existieren verschiedene Formulare, wie z. B. eine Wartungscheckliste oder das Annahmeprotokoll. Unter aktiver Mithilfe des Kunden wird damit dann ein kompletter Arbeitsauftrag erstellt.

Abschließend geht der Meister noch einmal mit dem Kunden die notwendigen Arbeiten durch, um den Kunden ausreichend zu informieren und sicherzustellen, dass alle beabsichtigten Reparaturen aufgenommen wurden. Hierbei kann der Meister dem Kunden auch mitteilen, ob beispielsweise die Arbeiten in der eigenen Werkstatt durchgeführt werden können oder ob weitere Spezialfirmen herangezogen werden müssen. Im Anschluss kann dann ein konkreter Fertigstellungstermin genannt werden.

Sind alle Punkte besprochen, wird vom Meister der komplette Arbeitsauftrag ausgedruckt und vom Kunden unterschrieben. Bei komplexeren Reparaturen erfragt der Meister dann noch eine Telefonnummer, damit bei Bedarf rückgefragt werden kann. Nicht alle notwendigen Arbeiten werden bei einer Auftragserteilung erkannt, sondern ergeben sich während der Reparatur. Der Kunde muss dann über diese Mehraufwendungen informiert werden und gegebenenfalls eine Auftragserweiterung erteilen.

Anschließend wird der Auftrag in die Werkstatt weitergeleitet. Hierzu wird eine Auftragsmappe mit dem Auftrag und allen weiteren Papiere, wie z.B. dem Kfz-Schein, angelegt. Der Werkstattmeister beginnt dann mit der Disposition der eingehenden Aufträge und gegebenenfalls mit der Einleitung der Ersatzteilbeschaffung.

Der Auftrag wird dann an einen Monteur weitergereicht. Mit dem Abstempeln des Auftrags beginnt die zur Verfügung stehende Bearbeitungszeit. Der Monteur fährt nun das Fahrzeug in die Werkstatt, und nachdem er sich über die anstehenden Arbeiten informiert hat, besorgt er sich die notwendigen Ersatzteile und Materialien aus dem Lager und führt die Reparaturen durch.

Sobald der Monteur alle Arbeiten ausgeführt und das Fahrzeug wieder auf den Hof gefahren hat, beendet er den Auftrag durch das Abstempeln mit der Zeiterfassung. Die Auftragsmappe wird dann wieder an den Werkstattmeister zurückgegeben.

Im nächsten Schritt wird die Endkontrolle durch einen Meister durchgeführt. Anhand der Auftragsmappe wird am Fahrzeug überprüft, ob alle Arbeiten erledigt wurden. Gegebenenfalls wird noch eine Probefahrt gemacht, um festzustellen, ob das Problem tatsächlich behoben wurde. Zusätzlich wird geprüft, ob alle Papiere vorschriftsmäßig ausgefüllt wurden. Insbesondere wird hierbei darauf geachtet, dass alle benötigten Materialien eingetragen wurden und dass die Richtzeiten vom Monteur eingehalten wurden. Abschließend wird das Fahrzeug auf den Kundenparkplatz gefahren. Die kompletten Unterlagen werden dann zur Rechnungserstellung an die Sachbearbeiter im Servicebereich weitergeleitet.

Nach Erledigung dieser Arbeit werden die gesamten Unterlagen an den für die Fahrzeugübergabe verantwortlichen Serviceberater weitergegeben. Dieser steht dem Kunden auch für weitere Fragen bzgl. der Reparatur zur Verfügung. Der Auftrag ist mit der Aushändigung der Papiere, des Schlüssels und der Rechnung abgeschlossen, und nachdem die Bezahlung erfolgt ist, verlässt der Kunde das Unternehmen.

Diese Beschreibung des Ablaufs steht exemplarisch für die Strukturanalyse des untersuchten Prozesses und bildet die Grundlage für die sich anschließende Fehlerbetrachtung. Hierauf aufbauend lassen sich nun die einzelnen Hauptprozesse weiter untergliedern. Diese differenzierteren Funktionen sind exemplarisch in Bild 4.13 dargestellt.

Zusammenfassend ist festzuhalten, dass diese Analyse im Wesentlichen eine Informationsgewinnung durch Zerlegen und Aufgliedern darstellt. Hierbei sind die Untersuchungsschwerpunkte auf die Eigenschaften einzelner Elemente sowie die Beeinflussung dieser Elemente untereinander zu legen. Im FMEA-Team wird nach strukturellen Zusammenhängen gesucht, und es werden z.B. hierarchische Strukturen oder logische Zusammenhänge aufgezeigt. Wichtig ist bei der Analyse, dass alle relevanten Bereiche im Team zur Sprache kommen und alle wesentlichen Informationen aus der Diskussion als Erkenntnisse in die FMEA einfließen können.

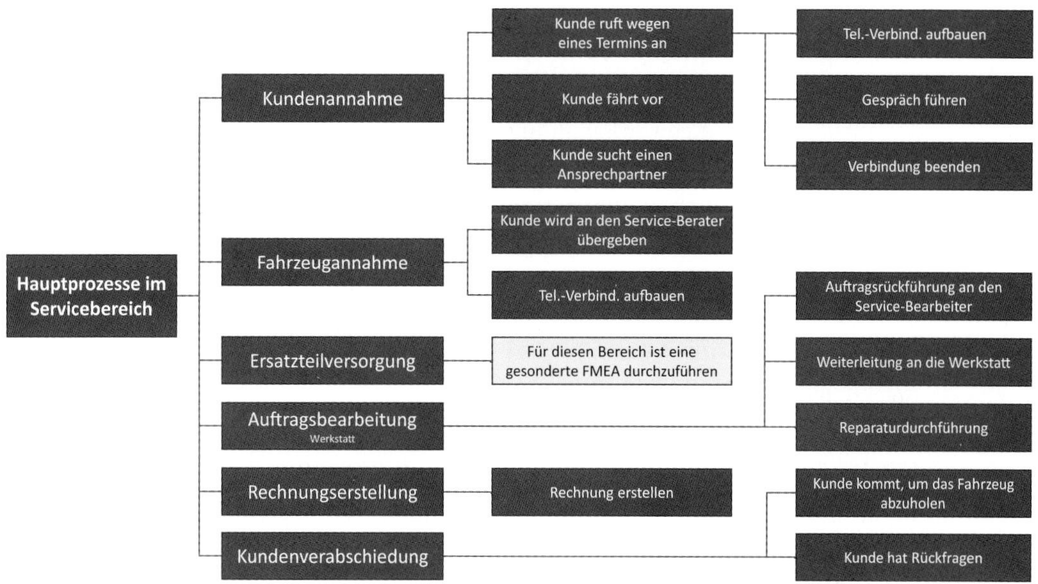

Bild 4.13 Struktur des untersuchten Prozesses

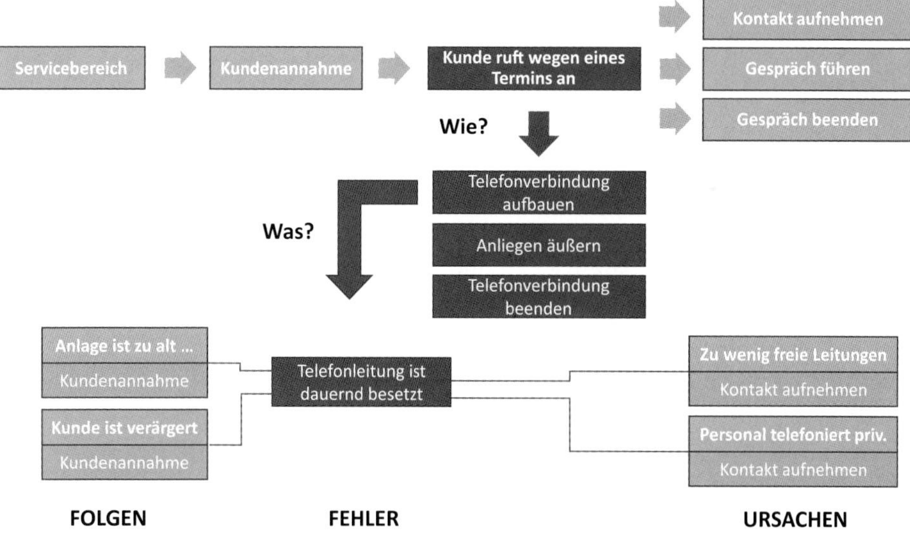

Bild 4.14 Ausschnitt aus dem Funktions- und Fehlernetz für das Fokuselement „Telefonverbindung aufbauen“

4.2.2 Risikoeinschätzung mithilfe der RPZ sowie der Einzelbewertungen

Die aus der Analyse gewonnenen Erkenntnisse über den exakten Ablauf einer Reparaturannahme sowie die daraus abgeleiteten Prozessschritte (Systemelemente) bilden die Basis für das Ausfüllen des gewählten FMEA-Formblatts. Wird für die Dokumentation ein Personal Computer mit entsprechender Software (siehe Kapitel 8) benutzt, können die Systemelemente zeilenweise in das Programm eingegeben werden. Aufgrund der Flexibilität dieser Programme stellen nachträgliche Ergänzungen kein Problem dar. Beispielsweise lassen sich jederzeit an beliebigen Positionen neue Zeilen einfügen. Auch bleibt es bei der Verwendung einer FMEA-Software den Anwendern überlassen, ob das Formblatt nun vertikal oder horizontal ausgefüllt wird bzw. ob Mischformen angewendet werden. Nur bei einer Dokumentation in Papierform würde sich das horizontale Ausfüllen des Formblatts anbieten, da sich nachträgliche Änderungen oder Ergänzungen nur schwer durchführen lassen und nicht zur Übersichtlichkeit beitragen.

In Bild 4.15 bis Bild 4.18 wurde das Formblatt nach VDA '86 verwendet. Funktionen und potenzielle Fehler stehen in den ersten beiden Spalten. Die Bewertung erfolgt in einem zusammenhängenden Block. Demgegenüber sind beim Formblatt VDA '96 die Bewertungen thematisch zugeordnet. Die Spalten mit den Bewertungen sind direkt den Spalten mit den zugehörigen Analyseergebnissen zugeordnet.

Für die einzelnen Systemelemente werden im Team die potenziellen Fehlermöglichkeiten diskutiert und dokumentiert. Es folgt die Fehlerbetrachtung durch die Festlegung der Folgen (Bedeutung des Fehlers) und Ursachen (Entdeckungsfähigkeit) sowie die Fehlerbewertung bzw. die Bewertung des Risikos, dass ein bestimmter Fehler eintritt (Prognose des Auftretens der Fehlerursache).

Diese Vorgehensweise wird für jedes der ermittelten Systemelemente angewendet, und entsprechend der im FMEA-Team geäußerten Einschätzungen können dabei auch verschiedene potenzielle Fehler für jedes Systemelement benannt werden. Gleiches gilt für die Fehlerursachen, die Fehlerfolgen sowie die aktuellen Maßnahmen, die verhindern sollen, dass der genannte Fehler über seine Fehlerursachen auftreten kann. Die Bewertung der einzelnen Faktoren zur Beurteilung der Risiken erfolgt anschließend nach den in Kapitel 2 beschriebenen Kriterien. Abschließend sind diese Unterlagen dann auszuwerten, damit sie als Leitfaden für die Durchsetzung von Verbesserungsmaßnahmen herangezogen werden können.

Name der FMEA			
Reparaturabwicklung in einer Kfz-Werkstatt			
Gegenstand der FMEA	**Datum der letzten Änderung**	**FMEA-Typ**	**FMEA-Status**
Hauptprozesse im Servicebereich		Prozess	Vorläufig
Verantwortlicher Bereich	**Bearbeiter/Bearbeiterin**	**Betroffene Bereiche**	**Attribute**
Service	Tietjen		
FMEA-Team			
Müller, Meier, Tietjen, Schulze, Karl, Schmidt, Herrlich, Scholz			

Funktion	pot. Fehler	pot. Folge	D	Ursache	aktuelle Maßnahme	A	B	E	RPZ	empf. Maßnahme	Zu erledigen durch
Kunde ruft wegen eines Termins an	Leitung ist dauernd besetzt	Kunde ist verärgert	N	zu wenig freie Leitungen	Gespräche kurz fassen	5	7	2	70	Mehr Leitungen beantragen	Schulze
				Personal telefoniert privat	Gespräche unterbinden	3	7	2	42		
	Anruf wird nicht angenommen			Zentrale ist nicht besetzt	Kontrollen durchführen	3	6	3	54		Decker
				Leitung ist defekt	Überprüfung durch Techn.	3	6	1	18		Tietjen
Kunde fährt vor	Parkplatz ist nicht ausgewiesen	Kunde kommt zu spät	N	fehlende Beschilderung	Schilder aufstellen	1	5	4	20	Erweiterungsmöglichkeiten prüfen	Meier
	Parkplatz ist voll			zu wenig Parkplätze	Kapazitätsprüfung	1	5	1	5		

Bild 4.15 Methoden-Anwendung auf Basis des FMEA-Formblatts ´86

Funktion	pot. Fehler	pot. Folge	D	Ursache	aktuelle Maßnahme	A	B	E	RPZ	empf. Maßnahme	Zu erledigen durch
Kunde sucht Ansprech-partner	Schalter nicht besetzt	Kunde muss warten	N	nicht genügend Personal	Auftragslage/ Auftrags-eingänge prüfen	1	6	5	30		Müller
	Schalter-personal telefoniert					2	6	1	12		
Kunde wird an den Service-Berater weiter-geleitet	Kundendaten werden nicht überprüft	Kunde kann nicht über Änderungen inf. werden	N	nicht aus-reichende Fragen	Checklisten überprüfen	1	4	6	24	Personal-schulung	Meier
	Fahrzeug-daten werden nicht überpr.	Auftrag ver-zögert sich				1	5	3	15		
	fehlende Fahrzeug-besichtigung	Problem nicht richtig erkannt	N	Termin-situation (fehlende Zeit)	Kapazitäts-prüfung	5	7	4	140	In der Meisterrunde besprechen und Abstell-maßnahmen erarbeiten	
		Rückfragen aus der Werkstatt				5	7	4	140		
		Auftrag muss nachträglich erweitert werden				5	7	4	140		
		Auftrag ver-zögert sich				5	7	4	140		
		Kosten ändern sich				5	7	4	140		

Bild 4.16 Methoden-Anwendung auf Basis des FMEA-Formblatts ´86 *(Fortsetzung)*

Funktion	pot. Fehler	pot. Folge	D	Ursache	aktuelle Maßnahme	A	B	E	RPZ	empf. Maßnahme	Zu erledigen durch
Kunde wird an den Service-Berater übergeben	Annahmeprotokoll nicht ausgefüllt	keine Reklamationsmöglichkeit	N	fehlende Checkliste	Vollständigkeitskontrolle (grob)	5	6	5	150	Handlungsleitfaden erstellen	Meier
	unvollständige Auftragsannahme	Werkstatt muss zurückfragen	N			5	5	4	100		
	Verfügbarkeit von Material und Ersatzteilen wird nicht geprüft	Expressbestellung	N	vergessen	Dispositionsprüfung	6	7	6	252	Auftragsweitergabe erst nach Ersatzteilprüfung ermöglichen	
		Auftrag verzögert sich				5	7	6	210		
	Werkstattauslastung nicht geprüft	Engpässe in der Werkst.	N		Personaleinsatzplanung und Auslastung laufend aktualisieren und an den Servicebereich leiten	4	7	5	140		
		Terminverzögerung				4	7	2	56		
		Kunde muss benachrichtigt werden				4	7	2	56		
Kunde bittet um Rückruf bei Auftragserweiterung	Es erfolgt kein Rückruf	Kunde ist verärgert	N	interne Informationsdefizite	interne Schulungen durchführen	3	6	5	90		Schmidt
	Kunde wird falsch informiert	Kunde kommt und muss warten	N			3	7	5	105		
		Kosten haben sich geändert				3	7	4	84		

Bild 4.17 Methoden-Anwendung auf Basis des FMEA-Formblatts ´86 *(Fortsetzung)*

Funktion	pot. Fehler	pot. Folge	D	Ursache	aktuelle Maßnahme	A	B	E	RPZ	empf. Maßnahme	Zu erledigen durch
Weiterleitung an die Werkstatt	Unterlagen sind nicht vollständig	Auftrag verzögert sich	N		Checkliste einführen	5	7	5	175		Schulze
		Werkstatt muss zurückfragen				5	6	5	150		
	Terminabsprachen sind nicht dokumentiert	Engpässe in der Werkst.	N		Mitarbeitergespräch führen	4	7	5	140		
		Werkstatt muss zurückfragen				5	7	5	175		
		Kunde muss benachrichtigt werden				4	7	6	168		
	Material/Ersatzteile sind nicht verfügbar	Auftrag verzögert sich	N	falsche/ fehlerhafte Disposition	jeden Auftrag durch Lager abzeichnen lassen	4	6	6	144		
		Kunde muss informiert werden				4	5	6	120		
Reparaturdurchführung	Reparatur erfolgt nicht nach Auftrag	Reklamation/ Nachbesserungen	N	falsche Ersatzteile verbaut	Mitarbeitergespräch führen	2	8	6	96		Herrlich
	Terminverzögerungen	Kunde muss warten	N	Zeitnot		3	6	4	72	Überprüfung der Bearbeitungszeiten	
	Endkontrolle wird nicht durchgeführt	Sicherheitsmängel	N			1	8	8	64		

Bild 4.18 Methoden-Anwendung auf Basis des FMEA-Formblatts ´86 *(Fortsetzung)*

Ausgenommen bleibt bei den nachfolgenden Ausführungen die Betrachtung der Ersatzteilversorgung, da hierfür eine gesonderte FMEA-Analyse sinnvoll ist. Weiterhin spielt dieser Teilprozess für den Bereich Service eine untergeordnete Rolle, da hier nur die innerbetrieblichen Bereiche betrachtet werden sollen und nicht die Disposition der Ersatzteile allgemein, die aber einen großen Einfluss auf diesen Teilprozess hat. Zudem sind die Einflussgrößen und damit die Fehlermöglichkeiten für die Ersatzteilbeschaffung nicht nur im eigenen Unternehmen zu sehen, sondern erstrecken sich bis hin zum Lieferanten. Das hat dadurch auch Auswirkungen auf die Zusammenstellung des FMEA-Teams.

Die im FMEA-Formblatt aufgeführten potenziellen Fehler sind aus Sichtweise der Kunden zu spezifizieren und zu bewerten. Innerbetriebliche Belange, bei denen kein direkter Kundenkontakt besteht bzw. wo keine direkten Auswirkungen für die Kunden festzustellen sind, sind nicht Betrachtungsgegenstand. Hierzu zählen z.B. die Ersatzteilversorgung sowie das interne Buchungsverfahren für die Rechnungserstellung.

Die Kundenzufriedenheit hat bei dieser Analyse oberste Priorität, die ermittelten potenziellen Fehlerfolgen haben für die Kunden negative Auswirkungen. Dies geht wiederum zu Lasten des Autohauses, da das Meinungsbild über das untersuchte Unternehmen negativ geprägt sein wird und große Auswirkungen auf das weitere Kundenverhalten hat. Die Ansprechbarkeit der Mitarbeiter ist hierfür ein gravierendes Beispiel, das auch auf viele andere Branchen zutrifft. Kunden, die mehrfach versuchen, mit einem Unternehmen Kontakt aufzunehmen und dabei keinen Anschluss bekommen bzw. immer wieder in die Warteschleife gestellt werden, werden nach einer selbst gesetzten Zeitspanne auf das breite Angebot an Wettbewerbern zurückgreifen und die Werkstatt wechseln. Besonders erschwerend kommt hinzu, dass solches „Fehlverhalten" einem Unternehmen nur indirekt und zeitverzögert mitgeteilt bzw. bekannt wird und dass hieraus mittel- bis langfristige Nachteile entstehen, denen nicht rechtzeitig begegnet werden kann.

Nun aber zurück zur Auswertung der FMEA. Aus der Prozessanalyse ist bekannt, dass sich die Hauptprozesse im Servicebereich auf drei Zuständigkeitsbereiche verteilen lassen. Auf der Ebene „Service-Sachbearbeiter" erfolgt der erste Kontakt mit den Kunden. Die Ebene „Service-Berater" ist das zentrale Element in der Auftragsabwicklung, und die Ebene „Werkstatt" ist für die ordnungsgemäße Durchführung der vereinbarten Arbeiten zuständig. Entsprechend dieser Untergliederung lassen sich nun die untersuchten Systemelemente zuordnen und anschließend auswerten.

Bei dieser Auswertung der Zahlen wird schnell deutlich, dass eine große Streuung bei den Risikoprioritätszahlen zwischen den einzelnen Verantwortungsbereichen und innerhalb der einzelnen Bereiche auftritt (Bild 4.19 bis Bild 4.21). Wie aber bereits in Kapitel 2 erwähnt, sollten unabhängig von der Risikoprioritätszahl auch die Einzelbewertungen betrachtet werden. Insbesondere gilt das für das Beurteilungskriterium Bedeutung des Fehlers „B“. Hohe „B-Werte“ führen zumeist zu schwerwiegenden Kundenverärgerungen.

Grundsätzlich ist bei der Risikoanalyse zu bedenken, dass es beim Bewerten der FMEA nicht darum geht, eine absolute Risikogröße zu definieren, sondern vielmehr darum, eine möglichst differenzierte Risikorangfolge zu ermitteln. Es ist sicherlich möglich, über alle Bewertungen eine Gesamtbetrachtung des Prozesses durchzuführen und prozentual zu ermitteln, welches Systemelement die größten Risiken beinhaltet. Das ist aber nur bei sehr umfangreichen und unübersichtlichen FMEA sinnvoll, um beispielsweise für die Maßnahmenplanung und -umsetzung eine Prioritätenliste zu erhalten.

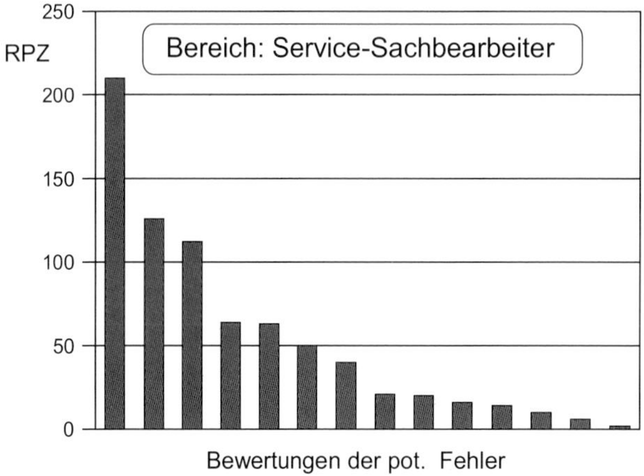

Bild 4.19 RPZ-Verteilung für den Zuständigkeitsbereich „Service-Sachbearbeiter“

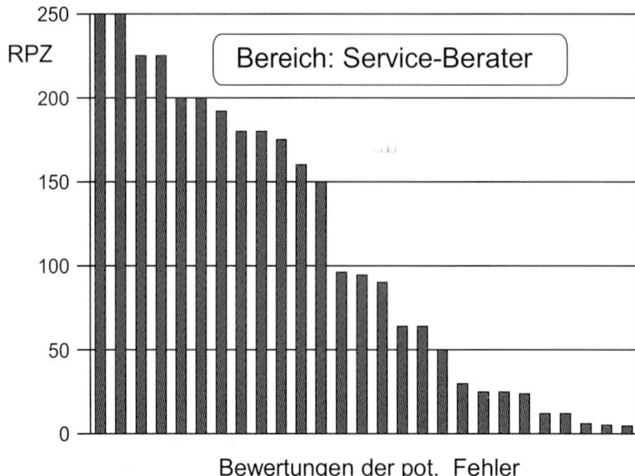

Bild 4.20 RPZ-Verteilung für den Zuständigkeitsbereich „Service-Berater“

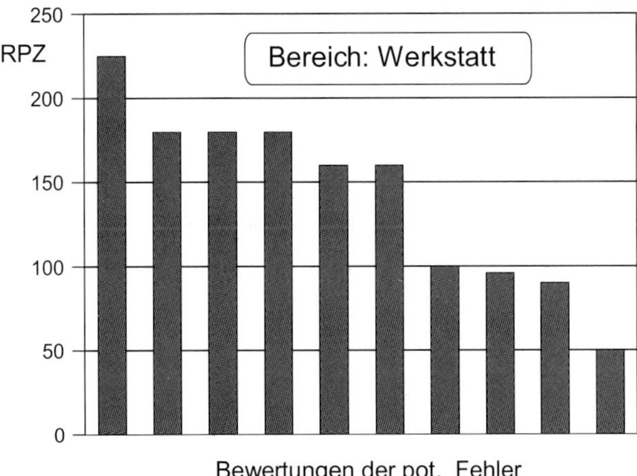

Bild 4.21 RPZ-Verteilung für den Werkstattbereich

Bezogen auf das Beispiel ragen im Bereich „Service-Sachbearbeiter" drei RPZ-Bewertungen heraus, die aus der Funktion „Rechnung erstellen" resultieren. Hierbei ist insbesondere der hohe Wert für die Bedeutung des Fehlers zu sehen sowie die geringen Bewertungen bei der Entdeckungswahrscheinlichkeit (vor Auslieferung an den Kunden).

Im Zuständigkeitsbereich des „Service-Beraters" liegt eine erhebliche Anzahl an Bewertungen im Bereich RPZ > 200. Dies ist vorrangig auf die Funktion „Kunde wird an den Service-Berater weitergeleitet" zurückzuführen. Gerade dieses Element hat, bezogen auf die Kunden, vielfältige Fehlermöglichkeiten und ist daher äußerst kritisch zu beleuchten. Ein direkter Kundenkontakt findet vorrangig im Zuständigkeitsbereich des Service-Beraters statt. Entsprechend wird die Kundenzufriedenheit auch an dieser Schnittstelle maßgeblich geprägt. Die ermittelten Zahlenwerte für die RPZ verdeutlichen, dass eine weiterführende und eingehende Untersuchung dieses Prozessschritts zwingend erforderlich ist.

Im Bereich „Werkstatt" haben mangelnde oder fehlende Informationen bezüglich der Termine, Ersatzteile und Unterlagen große Auswirkungen auf eine reibungslose Auftragsabwicklung. Letztendlich bedeuten alle im Team ermittelten Fehlfunktionen eine Auftragsverzögerung. Sie haben damit eine indirekte Auswirkung auf die Kundenzufriedenheit und sind zu beseitigen. Erschwerend kommt aber hinzu, dass diese Problemfelder erst unmittelbar vor oder während einer Auftragsdurchführung auftreten. Es kann dann zumeist nur reagiert werden, indem ein möglicher Schaden in seinen Auswirkungen beschränkt wird. Präventive Maßnahmen könnten hier gegenüber einfachen Prüfmaßnahmen den Schlüssel zum Erfolg darstellen.

4.2.3 Abgeleitete Handlungsempfehlungen nach der neuen Bewertung (VDA/AIAG)

Auszugsweise wurden die für dieses Beispiel aufgeführten möglichen Fehler mithilfe der harmonisierten Bewertungskataloge in das neue Formblatt nach VDA/AIAG überführt (Bild 4.22 bis Bild 4.24). Das Risiko wird nicht mehr mit der Risikoprioritätszahl, sondern als Aufgabenpriorität dargestellt. Bei diesem Ansatz bekommt die Bedeutung eines Fehlers einen höheren Stellenwert für die sich anschließenden Handlungsempfehlungen.

Prioritäten alleine aus der RPZ abzuleiten, ist nicht zielführend, da diese aus den zahlreichen Kombinationen der Einzelbewertungen B, A und E berechnet wird. Sie ist das Produkt aus den drei Werten und kann zwischen 1 (absolut beherrschte Situation) und 1000 (sehr hohes Risiko mit nicht ausreichender Entdeckungswahrscheinlichkeit) annehmen. Festgelegte Werte beruhen hierbei nicht auf absoluten Wahrscheinlichkeiten, sondern geben vielfach das Ergebnis eines Diskussionsprozesses, basierend auf subjektiven und relativen Einschätzungen, der FMEA-Teammitglieder wieder. Die Höhe der RPZ allein sagt jedoch nicht viel aus, da es keine Gewichtung der Faktoren gibt. Die gleiche RPZ kann trotz unterschiedlicher Einzelbewertungen die gleiche Größe haben. In Bezug auf eine Risikoabschätzung ist dies jedoch nicht förderlich. In der Vorgehensweise nach VDA 2006 wurde deshalb immer wieder darauf hingewiesen, dass die Einzelbewertungen mit in die Betrachtung einbezogen werden müssen. In der Vergangenheit kam es so häufig zu unbefriedigenden und zeitraubenden Zahlendiskussionen und weitere Maßnahmen waren oft nicht klar definiert. Im schlimmsten Fall gab es Korrekturen bei Einzelbewertungen, um beispielsweise einen unternehmensspezifischen Schwellenwert zu unterschreiten oder um genügend Abstand einzuhalten.

Die neue Aufgabenpriorität (AP) wird in drei Stufen dargestellt. Eine *hohe Priorität der Maßnahme* bedeutet, dass weitere Maßnahmen zwingend folgen müssen. Die *mittlere Priorität der Maßnahme* besagt, dass weitere Maßnahmen folgen sollten und falls nichts unternommen werden soll, muss mindestens eine schlüssige Begründung dokumentiert werden. Bleibt noch die Stufe der *niedrigen Priorität*. Hier können Maßnahmen ergriffen werden. Sie sind aber nicht zwingend notwendig. Großer Vorteil dieses Ansatzes ist, dass hieraus eindeutige Ergebnisse und damit Handlungsempfehlungen abgeleitet werden.

Fehler-Möglichkeits- und Einfluss-Analyse

☐ DFMEA / ☒ PFMEA

Planung und Vorbereitung (Schritt 1)

Unternehmen:	Thema:	Seite: von:
xxx		
Entwicklungsstandort:	**Startdatum:**	**FMEA-ID:**
xxxxxxxx	xx.xx.xxxx	xxx.xx.xxx
Kunde:	**Revisionsdatum:**	**Verantwortung:**
Interne Überprüfung	xx.xx.xxxx	Meier
Modell / Jahr / Programm:	**Team:**	**Vertraulichkeitsstufe:**
xx.xx.xxxx	Müller / Meier / Schulze / ..	hoch

Strukturanalyse (Schritt 2)

Nächsthöhere Ebene	Fokuselement	Nächstniedrigere Ebene
Servicebereich	Kundenannahme	Telefonanlage

Funktionsanalyse (Schritt 3)

Funktion der höheren Ebene	Funktion Fokus	Funktion niedr. Ebene
Reparaturauftrag abwickeln	Kunde ruft wegen eines Termins an	Tel.-Verbindung aufbauen

Fehleranalyse (Schritt 4)

Fehlerfolgen (FF) nächsthöhere Ebene	B	Fehlerart (FA) des Fokuselements	Fehlerursache (FU) nächstniedrigere Ebene
Kunde ist verärgert	7	Leitung ist dauernd besetzt	Zu wenig freie Leitungen

Risikoanalyse (Schritt 5) und Optimierung (Schritt 6)

Vermeidungsmaßnahmen	A	Entdeckungsmaßnahmen	E	Aufgabenpriorität (AP)	Verantwortlich	Geplante Fertigstellung Datum	Status	Ergriffene Maßnahme	Fertigstellung	Bemerkung
Vorhandene Maßnahme										
Gespräche kurz fassen	5	Beobachtung	2	M	Sch	xx.xx.xx				
Optimierung										
Mehr Leitungen beantragen	2	Beobachtung	2	N	Sch					

Bild 4.22 Analyse mit dem VDA/AIAG-Formblatt 2019

Fehleranalyse (Schritt 4)				Risikoanalyse (Schritt 5) und Optimierung (Schritt 6)											
Fehlerfolgen (FF) nächsthöhere Ebene	**B**	**Fehlerart (FA) des Fokus-elements**	**Fehlerursache (FU) nächst-niedrigere Ebene**	**Vermeidungs-maßnahmen**	**A**	**Entdeckungs-maßnahmen**	**E**	Aufgaben-priorität (AP)	Verantwortlich	Geplante Fertigstellung Datum	Status	Ergriffene Maßnahme	Fertigstellung	Bemerkung
Kunde ist verärgert	7	Leitung ist dauernd besetzt	Personal telef. Privat	Vorhandene Maßnahme										
				Gespräche unterbinden	3	Beobachtung	2	N			Erl.			
				Optimierung										
				-		-								
	6	Anruf wird nicht angenommen	Zentrale ist nicht besetzt	Vorhandene Maßnahme										
				Kontrollen durchführen	3	Beobachtung	3	N			Erl.			
				Optimierung										
				-		-								
			Leitung ist defekt	Vorhandene Maßnahme										
				Überprüfung durch Techniker	3		1	N			Erl.			
				Optimierung										
				-		-								

Bild 4.23 Analyse mit dem VDA/AIAG-Formblatt 2019 *(Fortsetzung)*

Strukturanalyse (Schritt 2)					
Nächsthöhere Ebene	**Fokuselement**	**Nächstniedrigere Ebene**	**Kunde:**	**Revisionsdatum:**	**Verantwortung:**
Servicebereich	Kundenannahme	Angeb. Parkmöglichkeit	Interne Überprüfung	xx.xx.xxx	Meier
Funktionsanalyse (Schritt 3)					
Funktion der höheren Ebene	**Funktion Fokus**	**Funktion niedr. Ebene**	**Modell / Jahr / Programm:**	**Team:**	**Vertraulichkeitsstufe:**
Reparaturauftrag abwickeln	Kunde fährt vor	Auto abstellen			hoch

Fehleranalyse (Schritt 4)				Risikoanalyse (Schritt 5) und Optimierung (Schritt 6)										
Fehlerfolgen (FF) nächsthöhere Ebene	**B**	**Fehlerart (FA) des Fokuselements**	**Fehlerursache (FU) nächstniedrigere Ebene**	**Vermeidungsmaßnahmen**	**A**	**Entdeckungsmaßnahmen**	**E**	Aufgabenpriorität (AP)	Verantwortlich	Geplante Fertigstellung Datum	Status	Ergriffene Maßnahme	Fertigstellung	Bemerkung
Kunde kommt zu spät	5	Parkplatz nicht ausgewiesen	Beschilderung fehlt	Vorhandene Maßnahme										
				Schilder aufstellen	1	Beobachtung	4	N						
				Optimierung										
				Zusätzl. Markierungen		-					Erl.			
		Parkplatz ist voll	Kapazität unzureichend	Vorhandene Maßnahme										
				Kapazitätsprüfung durchführen	1	Ermittlung Durchsatz	1	N						
				Optimierung										
				-		-					Erl.			

Bild 4.24 Analyse mit dem VDA/AIAG-Formblatt 2019 *(Fortsetzung)*

4.2.4 Schlussfolgerung/Maßnahmenplan

Mit der Durchführung einer FMEA sollen nicht nur die Schwachstellen in Systemen, Konstruktionen und Prozessen ermittelt und dokumentiert werden. Vielmehr ist es das Ziel, das bei den Teammitgliedern vorhandene Fachwissen sowie die in den Diskussionen erarbeiteten Ergebnisse und ausgetauschten Erfahrungen zu bündeln, um eine fehlerfreie Produkt- und Prozessentwicklung zu erreichen. Oberste Priorität stellt bei der Definition von Abstell- oder Verbesserungsmaßnahmen die Beseitigung der Fehlerursachen dar. Erst wenn dies nicht möglich ist, sollten Maßnahmen untersucht werden, die eine Entdeckungswahrscheinlichkeit verbessern.

Im Einzelnen sollten aber vorrangig die nachstehenden Zielsetzungen in der aufgeführten Rangfolge verfolgt werden:

- Eliminieren der Fehlerursachen
- Minimieren des Auftretens der Fehler
- Verringern der Fehlerauswirkungen
- Beheben eines Fehlers erleichtern

Hierzu können nun prüfende Maßnahmen oder auch Präventivmaßnahmen eingesetzt werden, wobei grundsätzlich festzuhalten ist, dass Maßnahmen zur Fehlervermeidung immer Vorrang vor einer Prüfung haben sollten, denn hiermit werden vorhandene Fehler nur aufgedeckt.

Es trifft auch nicht immer zu, dass die in einer FMEA erkannten potenziellen Fehler bisher unbekannt waren. Dies gilt insbesondere dann, wenn es sich nicht um eine neue FMEA, sondern um die Fortführung einer vorhandenen FMEA handelt. Hier ist dann zu überprüfen, ob die zum damaligen Zeitpunkt empfohlenen Maßnahmen umgesetzt wurden und ob eine Verbesserung eingetreten ist. Auch ist zu überprüfen, ob eingeleitete Verbesserungsmaßnahmen nicht an anderer Stelle unbeabsichtigte Prozessverschlechterungen erbracht haben.

Entsprechend der durchgeführten Einzelbewertungen sowie der ermittelten RPZ-Werte sind nun im Team Abstellmaßnahmen zu benennen bzw. Verbesserungsvorschläge zu unterbreiten. Das kann in einem gemeinsamen Brainstorming erfolgen oder aber auch an die jeweils zuständigen Bereiche, unter Nennung eines Verantwortlichen, delegiert werden. Alternativ steht mit dem neuen Ansatz nach VDA/AIAG und der Ermittlung einer Aufgabenpriorität ein nachvollziehbarer Ansatz hinsichtlich der Schlussfolgerungen aus der FMEA zur Verfügung. Wie bei einer Ampelschaltung wird nun deutlich aufgezeigt, ab wann Maßnahmen ergriffen werden müssen. Das Diskutieren über einzuhaltende Schwellenwerte kann damit zukünftig entfallen.

Für das Beispiel wurden die FMEA-Formblätter nur auszugsweise abgebildet. Die Zusammenfassung der Untersuchungsergebnisse mit der Pareto-Analyse in Bezug auf die RPZ-Verteilung haben aufgezeigt, dass das Hauptproblem bei der Serviceabwicklung im Bereich der Fahrzeugannahme liegt. Darüber hinaus wirken sich die hier entstehenden Probleme sehr stark auf andere Prozesse im Betrieb aus, wie beispielsweise auf die Ersatzteilbeschaffung und die Disposition in der Werkstatt. Werden entsprechend die Fehlermöglichkeiten bei der Fahrzeugannahme minimiert, so werden gleichzeitig die Fehlerursachen für die nach geschalteten Teilprozesse beseitigt. Es stellen sich somit auch hier Verbesserungen ein, ohne dass an diesen Teilprozessen direkte Maßnahmen ergriffen werden.

Angesichts der Bedeutung und der Anzahl der potenziellen Fehlermöglichkeiten im Bereich Fahrzeugannahme wurden Überlegungen angestellt, diese grundlegend neu zu gestalten. Die zur Verfügung stehende Zeit für jeden Kunden und Auftrag sowie die Abwicklung unter aktiver Mitwirkung der Kunden müssen derart optimiert werden, dass der Kunde zukünftig weniger Gründe oder besser keinen Grund zur Beanstandung hat.

Zum einen wurde eine Weiterqualifizierung der Service-Sachbearbeiter diskutiert, zum anderen wurde der Vorschlag unterbreitet, die inhaltliche Auftragsannahme durch den Service-Berater vornehmen zu lassen. Die Umsetzung sollte derart gestaltet werden, dass neue Aufträge weiterhin von den Sachbearbeitern angenommen werden, der Kunde dann an den Service-Berater weitergeleitet wird, damit dieser den Auftrag fachlich korrekt formuliert und EDV-technisch erfasst. Mit diesen Überlegungen würde man den Service-Berater bei der Direktannahme der Fahrzeuge entlasten und dadurch auch das Fehlerpotenzial verringern. Weitere Vorteile sind darin zu sehen, dass im Unternehmen bereits zu einem früheren Zeitpunkt die Planungen begonnen werden können. Aufgrund der Fachkenntnisse des Service-Beraters können bereits Materialverfügbarkeit, gegebenenfalls Ersatzteilbestellungen und Werkstattdisposition eingeleitet werden.

Wird dieser Gedanke konsequent weitergeführt, so besteht sogar die Möglichkeit, eine telefonische Anfrage direkt vom Service-Berater entgegennehmen zu lassen. Hier ist aber zu bedenken, dass keine Vorselektion bei den Anfragen mehr möglich ist und der Service-Berater sich dann zwangsläufig auch mit allgemeinen Anfragen beschäftigen muss. Zudem ist die hieraus resultierende zeitliche Belastung zu beachten.

Es wurde also im Team beschlossen, zukünftig diese Änderung bei der Fahrzeugannahme umzusetzen. Im ersten Schritt soll dabei die Variante mit der Weiterleitung an den Service-Berater realisiert werden. Vereinbart wurde weiterhin, dass nach einer Erprobungsphase eine weitere Überprüfung stattfinden soll. Darüber hinaus wurde beschlossen, dass die bisher verwendeten Checklisten überprüft und ergänzt werden. Die Ergebnisse der FMEA haben aufgezeigt, dass im Umgang mit diesem Hilfsmittel an verschiedenen Stellen Probleme auftreten. Diese beruhen auf dem unvollständigen Ausfüllen, außerdem wurde aber auch auf die Unvollständigkeit einzelner Listen hingewiesen.

4.3 Szenario einer Methodendurchführung (System-FMEA Produkt)

Im nachfolgenden Beispiel ist ein Produkt ausgewählt worden, das in Kleinserie gefertigt werden soll. Es soll hiermit beispielhaft erläutert werden, wie im Rahmen einer Produktentwicklung die System-FMEA Produkt bereits in den frühen Phasen des Produktentstehungsprozesses eingesetzt werden kann. Der Methodeneinsatz soll dabei helfen, das Produkt im derzeitigen Planungs- und Entwicklungsstand auf mögliche Fehler zu untersuchen. Das Beispiel soll zeigen, dass mit der Anwendung der FMEA der vorher erbrachte Aufwand eine erhebliche Verbesserung des Produkts erzeugen und damit den Kundennutzen verbessern kann.

Bei dem Beispiel handelt es sich um einen Handgabelhubwagen, der für die Anwendung der Reinraumtechnik konzipiert werden soll. Ein möglicher Einsatz ist daher in der Nahrungsmittelindustrie sowie der Pharma-, Chemie- und Reaktorindustrie vorgesehen. An derartige Handgabelhubwagen werden spezifische Anforderungen gestellt, da die Materialien nicht korrodieren dürfen, die Betriebsstoffe wie Schmierfette oder Öle zu keinerlei Verschmutzung führen darf und insbesondere eine sehr gute Reinigungsmöglichkeit vorhanden sein muss.

Die Entwicklung dieses Handgabelhubwagens soll nach der VDI-Richtlinie 2222 (VDI 2222 Blatt 1) durchgeführt werden. Dabei sind die Schritte aus Bild 4.25 zu beachten.

In der Planungsphase wird die Gesamtaufgabe festgelegt. Die daraus sich ergebenden Anforderungen werden definiert und dabei möglichst nicht nur beschrieben, sondern auch eindeutig quantifiziert. Im Zuge des immer schärfer werdenden Wettbewerbs wird es für Unternehmen immer wichtiger, die Präferenzen der Kunden genau zu kennen. Nur wer am Markt die Bedürfnisse richtig und rechtzeitig einschätzt, kann seine Dienstleistungen und Produkte zielorientiert anbieten.

Schon während der Erarbeitung der Anforderungsliste werden viele Merkmale des späteren Produkts und damit sowohl dessen Qualität als auch dessen Kosten festgelegt. In diesem Beispiel des Handgabelhubwagens ist bereits durch die Aufgabenstellung vereinbart worden, eine manuelle Betätigung durch den Bediener vorzusehen, d.h. also, keine Energiequelle z.B. für den Transport des Hubwagens inklusive seiner Lasten einzusetzen.

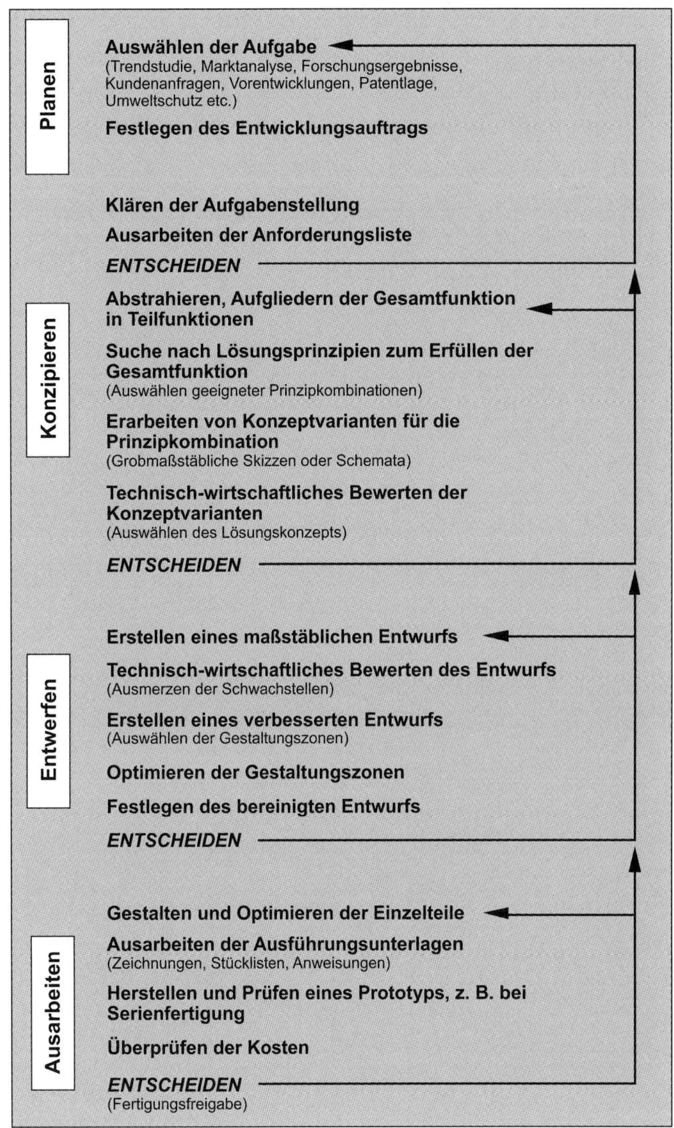

Bild 4.25 Vorgehensplan für das Schaffen neuer Produkte nach VDI 2222

Zur Ermittlung der gesamten Kundenanforderungen können verschiedene Methoden eingesetzt werden. Produkttests gehören zum bewährten Methodenrepertoire der Marktforschung und lassen sich auf allen Stufen der Produktentwicklung einsetzen. Je nach Zielsetzung wird das Produktkonzept oder das Produkt selbst – einzeln oder im Vergleich zu anderen Produkten – getestet. Es lassen sich hierbei Aussagen über das eigentliche Produkt, aber auch die Vermarktungsleistung (Marke, Aufmachung, Ausstattung, Preis) generieren.

Die *Conjoint-Analyse* oder auch *Conjoint Measurement-Analyse* ist in den vergangenen Jahren zu einem immer wichtigeren Bestandteil von Produkttests geworden. Das liegt vor allem daran, dass sich auf Basis von Conjoint-Analysen wichtige marketingrelevante Informationen ermitteln lassen. Die Conjoint Measurement-Analyse gehört zu den multivariaten Analysemethoden und folgt bei der Erfassung von Kundenpräferenzen einer sogenannten dekompositionellen Vorgehensweise. Ausgehend von einer ganzheitlichen Produktbeurteilung werden Detailergebnisse ermittelt („dekomponiert"). Die Conjoint Measurement-Analyse dient dem Gewichten der Kundenanforderungen durch die Ermittlung der wichtigsten Produktmerkmale aus Kundensicht, spiegelt die Entscheidungsfindung der Kunden realitätsnah wider und gibt Aufschluss darüber, was von ihnen bevorzugt wird.

Im Beispiel wurden alternative Neuentwicklungen skizziert und deren herausragende Entwicklungsmerkmale beschrieben, z. B. in Form von Bildern, sogenannten Displays (siehe Bild 4.26) und den möglichen Abnehmern und Betreibern solcher Geräte vorgeführt und erklärt. Als Ergebnisse entstehen sogenannte relative Nutzwerte, sodass der Effekt einer bestimmten Eigenschaft, einer bestimmten Produktkombination oder auch z. B. der Marke erkannt werden kann.

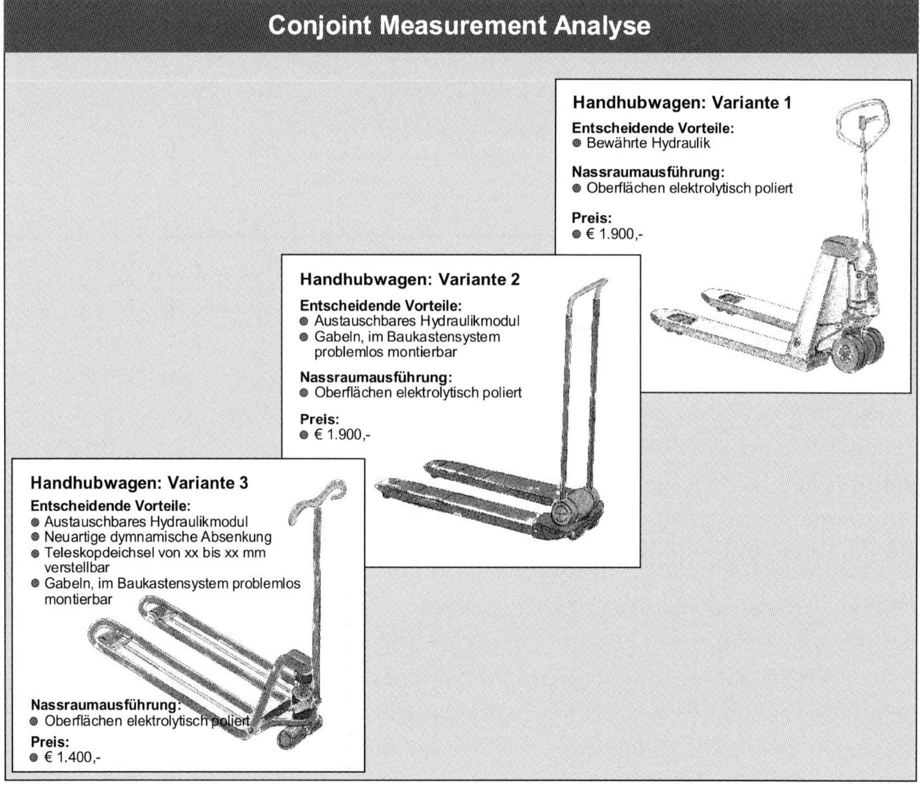

Bild 4.26 Beispielhafte Displays einer Conjoint Measurement-Analyse

Die relativen Nutzwerte für den Handhubwagen sind in Bild 4.27 dargestellt. Der hier durch eine Marktumfrage ermittelte, relativ hohe Nutzen des Merkmals „Design“ resultiert ganz offensichtlich aus spezifischen Konstruktionsmerkmalen, die eine hohe Tragkraft, eine sichere Funktion und Haltbarkeit und damit auch eine große Zuverlässigkeit schon vom Design her vermitteln.

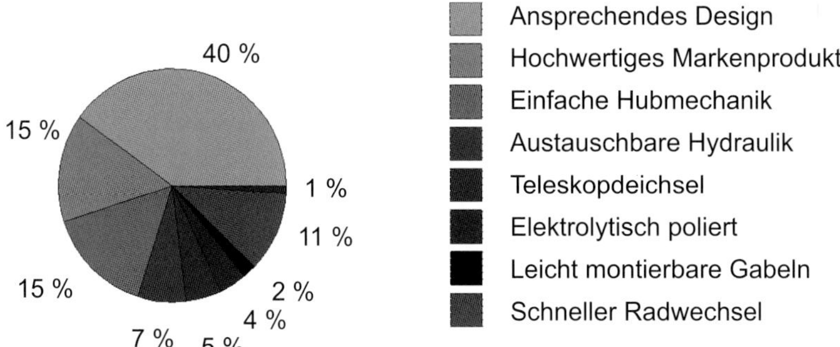

Bild 4.27 Nutzwerte von Produktmerkmalen für einen Handgabelhubwagen (Beispiel)

Die Reihenfolge der Wichtigkeit einzelner Merkmale bestimmt nun die Vorgehensweise der System-FMEA Produkt, denn besonders wichtig erachtete Merkmale müssen erfolgreich umgesetzt und vorrangig auf mögliche Fehler untersucht werden. Produktmerkmale, auf die ein Kunde einen besonderen Wert legt, fallen besonders ins Gewicht, wenn sie fehlerbehaftet sind bzw. beim Kunden negativ auffallen.

Ausgehend vom Entwicklungsauftrag beginnt die Konzeptionsphase, in der ein Funktionsplan entwickelt wird. Die von dem Gerät zu erfüllende Gesamtfunktion wird dabei in Teilfunktionen zerlegt, um so das Suchen nach Lösungsprinzipien zu vereinfachen. Um den möglichen Lösungsraum zu vergrößern, wird dabei sehr stark abstrahiert, sodass aufbauend auf physikalischen Effekten und den dazu zuordenbaren Wirkgeometrien Lösungsprinzipien ausgewählt werden können. Diese Lösungsprinzipien müssen hinsichtlich der Machbarkeit, Kosten und Vereinbarkeit mit den Lösungsprinzipien anderer Funktionsträger untersucht werden. Damit werden alternative Lösungsmöglichkeiten sowohl für die Teilfunktionen als auch für die Zusammenfassung dieser Teilfunktionen erarbeitet.

Durch die Aufgliederung der Gesamtfunktion in Teilfunktionen reduziert sich die Komplexität der zu bearbeitenden Problematik. Für die Teilfunktionen können damit Lösungen gesucht werden, die im späteren Verlauf der Entwicklungsphase eine eindeutige Zuordnung des Funktionsträgers (des Bauteils, der Baugruppe) zu den Funktionen möglich machen. Auch wenn für zwei oder mehrere Teilfunktionen ein Funktionsträger festgelegt wird, mithin also eine sogenannte Funktionsintegration konstruiert wurde, ist dennoch eine Zuordnung vorhanden.

Für das Beispiel des Handgabelhubwagens ist in Bild 4.28 ein Auszug über eine Funktionsgliederung, wie sie sich aus der Konstruktionsmethodik heraus ergeben würde, dargestellt.

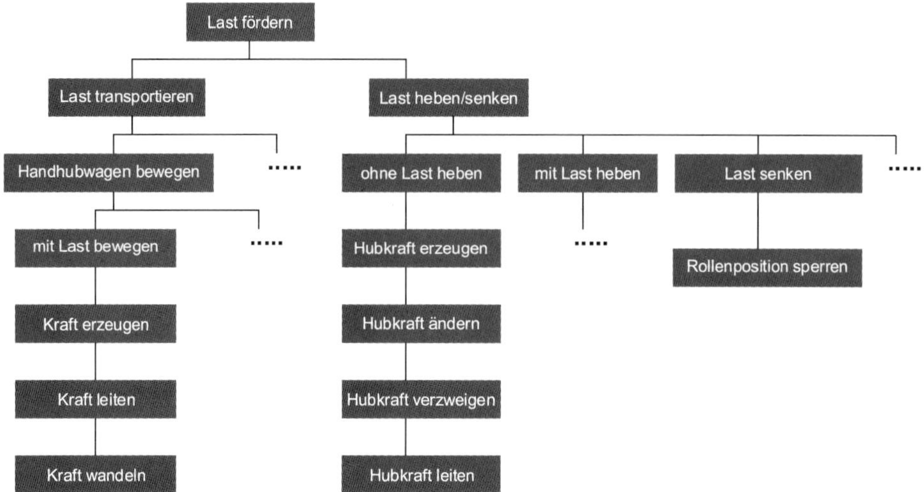

Bild 4.28 Funktionsgliederung in der Konzeptphase einer Produktentwicklung am Beispiel „Handgabelhubwagen“ (Auszug)

Die Umsetzung der Wirkflächen in sogenannte Funktionsträger und die Festlegung der Wirkbewegungen erfolgen während der Entwurfsphase. Beim Ausarbeiten erfolgt dann die Detaillierung, die Festlegung der möglichen Fertigungsart und die exakte Dimensionierung unter Berücksichtigung der Anforderungen wie Festigkeit, minimale Verformung, Temperatureinsatz usw.

Während dieser schrittweisen Vorgehensweise ist ständig eine Bewertung der gewonnenen Teilergebnisse erforderlich, um so eine Auswahl von Lösungsprinzipien durchzuführen. Sehr häufig ist auch ein Zurückgehen auf einen der vorherigen Schritte erforderlich, um alternative Lösungsmöglichkeiten auf Konkretisierung und Wirksamkeit zu untersuchen. Um die beschriebene Lösungsvielfalt bei der innovativen Entwicklung möglichst groß zu erhalten, wird dabei eine Bottom-up-Vorgehensweise bevorzugt.

In der FMEA-Analyse wiederum ist der Top-down- Ansatz zu bevorzugen. Für die System-FMEA Produkt ist es sehr hilfreich, ausgehend von einer gesamten Maschine, einer Baugruppe oder eines Teils, das hier als Gesamtsystem bezeichnet wird, eine Strukturanalyse durchzuführen, bei der das Gesamtsystem in die einzelnen Teilsysteme zergliedert wird. Die von den Teilsystemen zu erledigenden Aufgaben, oder besser Funktionen, werden nun zugeordnet, sodass aus dieser Struktur eine Funktionsanalyse abgeleitet werden kann. Werden den Teilfunktionen

Fehlfunktionen zugeordnet, so ist damit ein konsequenter Leitfaden für die Entwicklung der FMEA vorhanden.

Nach der systematischen Vorgehensweise zur Entwicklung neuer Produkte nach VDI 2222 (Konstruktionsmethodik - Methodisches Entwickeln von Lösungsprinzipien) wird aufbauend auf der Funktionsstruktur über mehrere Teilschritte die bauliche Realisierung durchgeführt. Das heißt, die klassische Konstruktionsmethode ist gekennzeichnet durch die Vorgehensweise vom Abstrakten zum Konkreten. Die FMEA-Analyse dagegen wird in anderer Reihenfolge durchgeführt, nämlich vom Konkreten zum Abstrakten, also zur Funktion.

4.3.1 Strukturanalyse

Eine der in diesem Beispiel nun mit der System-FMEA Produkt näher betrachteten Funktionen ist „Last heben/senken“. Diese Funktion ist bezüglich der grundsätzlichen Lösung in Bild 4.29 dargestellt. Über einen Hydraulikblock wird ein Drucköl erzeugt, das in einem Zylinder einen Kolben beim Heben nach unten bewegt. An diesem Kolben sind verdrehsicher zwei Haupträder befestigt, die im Allgemeinen die maximale Last tragen.

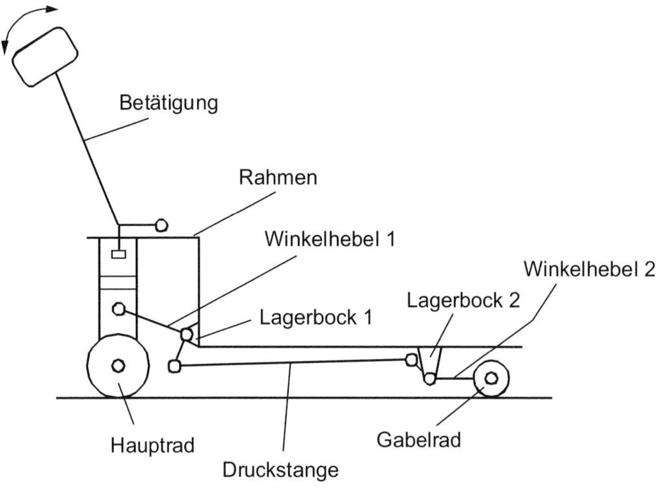

Bild 4.29 Funktionsskizze „Handgabelhubwagen“

Bei der dargestellten Konstruktion mit zwei Winkelhebeln und einer Druckstange entsteht eine Kraftübertragung auf die vorderen Tragrollen, die hier zur Unterscheidung als „Gabelräder“ bezeichnet werden.

Bei richtiger Wahl der Übersetzungsverhältnisse wird der Kolbenhub in gleichem Maße auf die Gabelräder übertragen, sodass ein Parallelhub und bei umgekehrter Betätigung ein Parallelsenken erreicht wird. Um nun die Vorgehensweise in diesem Beispiel deutlich zu machen, ist in Bild 4.30 für den Handgabelhubwagen eine Strukturanalyse durchgeführt worden. Die einzelnen Baugruppen sind dabei aufgelistet worden, um hierauf aufbauend das Sicherstellen des Parallelhebens bzw. das Halten in waagerechter Lage mithilfe der FMEA zu überprüfen.

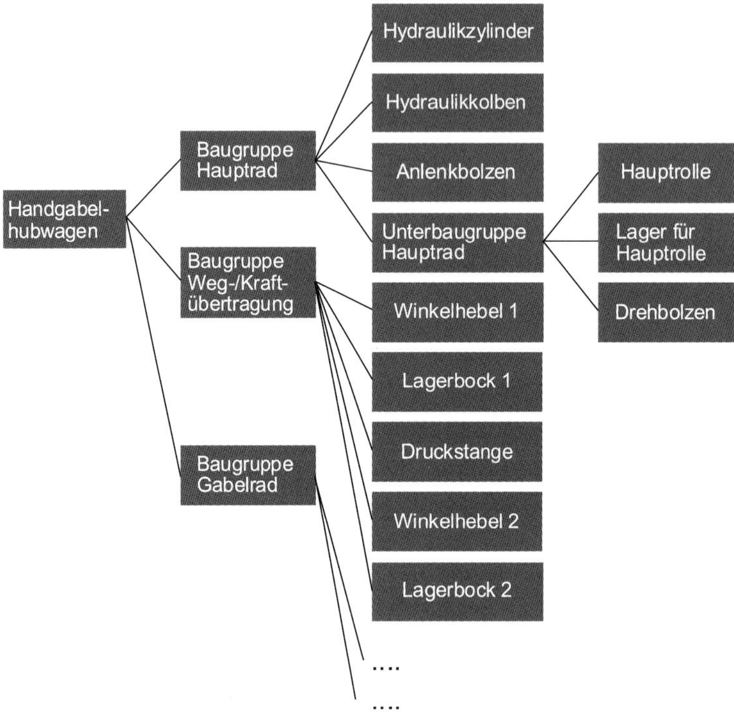

Bild 4.30 Systemstruktur Handgabelhubwagen (Auszug)

4.3.2 Funktions-/Fehleranalyse

Bei der Funktionsanalyse werden den in der Systemstruktur (siehe Bild 4.31) beschriebenen Teilsystemen zugehörige Funktionen zugeordnet. Hierbei ist jedem Element mindestens eine Funktion zuzuordnen. Anschließend werden die Funktionen in einem Funktionsbaum nach den einzelnen Funktionsbeiträgen der Systemelemente verknüpft. Es entsteht ein Funktionsnetz mit logischen Ursache-Wirkungs-Beziehungen.

Die Funktionsanalyse bildet die Grundlage für die folgende Fehleranalyse, in der den einzelnen Funktionen Fehlfunktionen zugeordnet werden. Die Verneinung der

Funktionen ist hierbei die einfachste Vorgehensweise. Es entsteht durch die Verknüpfung eine Fehlfunktionsstruktur. Das oberste Element in dieser Betrachtung ist eine mögliche Fehlerfolge (*Last transportieren nicht gegeben*; *paralleles Halten/ Senken nicht gegeben*) und die untersten Elemente stellen mögliche Fehlerursachen dar (beispielsweise *Kolben fährt nicht aus*; *falsche Passungswahl*).

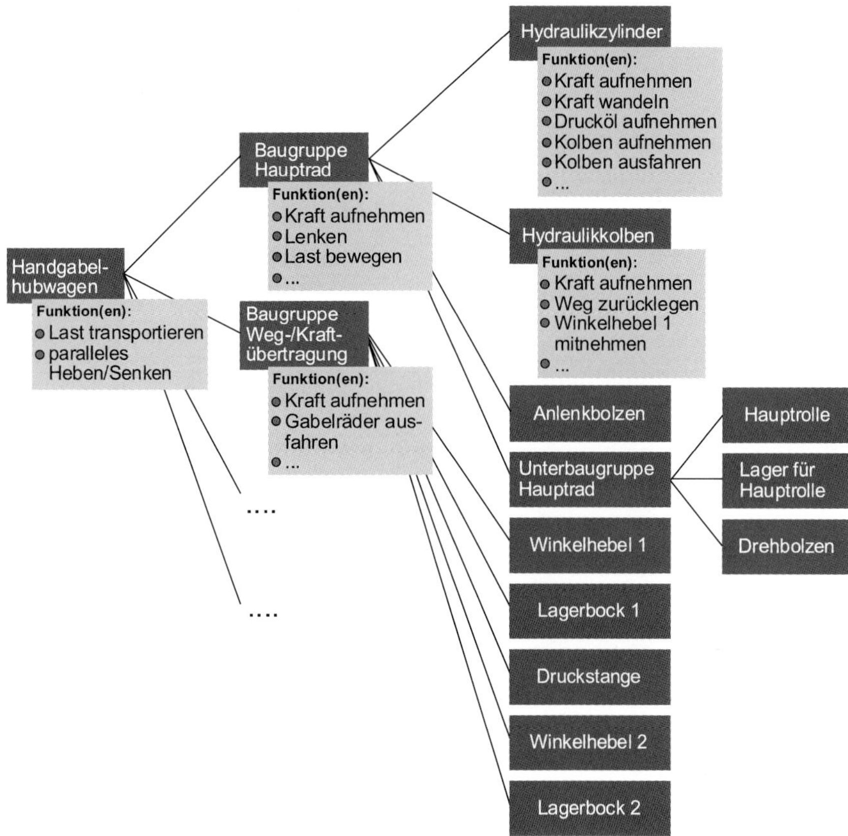

Bild 4.31 Funktionsstruktur Handgabelhubwagen (Auszug)

Bei der Verknüpfung der Fehlfunktionen zum Fehlernetz wird ein zentraler Fehler (in Bezug auf das Fokuselement) als Basis ausgewählt, der dann im Mittelpunkt der Analyse steht und die Untersuchungstiefe bestimmt. Im Beispiel wurde der Fehler *Gabelräder fahren nicht aus* weiter analysiert. Im Fehlerbaum werden auf der linken Seite die zugehörigen möglichen Fehlerfolgen und auf der rechten Seite die potenziellen Fehlerursachen aufgeführt. Dieser Fehlerbaum ist dann eine hilfreiche Grundlage, um die analysierten Daten in das FMEA-Formblatt überführen zu können.

Der in Bild 4.32 beschriebene Fehlerbaum wird in die Tabellen des FMEA-Formblatts übertragen. Dabei wird der augenblickliche Ist-Zustand hinsichtlich möglicher Vermeidungs- und Entdeckungsmaßnahmen in der Risikobewertung diskutiert und bewertet. Je exakter ein Fehlernetz hierbei aufgestellt wird, desto mehr reduziert sich der anschließende Aufwand für die Komplettierung der FMEA.

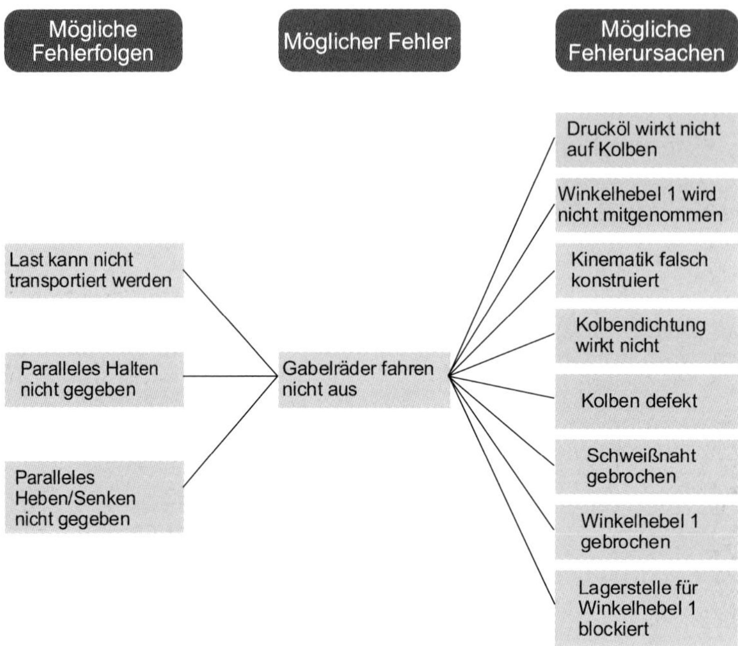

Bild 4.32 Fehlernetz für das Beispiel Handgabelhubwagen (Auszug)

4.3.3 Risikobewertung

Die Risikobewertung erfolgt für den derzeitigen Zustand und durch die Angabe der Risikoprioritätszahl wird jede Fehlerfolge quantitativ bewertet.

Die Risikoprioritätszahl wird anhand des mathematischen Produktes der drei Einzelfaktoren ermittelt:

- Bedeutung der Fehlerfolge (B)
- Auftrittswahrscheinlichkeit der Fehlerursache (A)
- Entdeckungswahrscheinlichkeit der aufgetretenen Fehlerursache (E)

Die Einzelfaktoren haben einen Wertebereich von 1 bis 10. Dies hält alle RPZ-Angaben innerhalb der FMEA vergleichbar und erlaubt, eine Rangfolge für die Optimierung zu bilden. Die Bewertung erfolgt anhand der in Abschnitt 2.6 aufgeführten Bewertungsskalen.

Fehler-Möglichkeits- und Einfluss-Analyse			Datum
System-FMEA Produkt / System-FMEA Prozess			
Typ/Modell/Fertigung	**Sach-Nummer**	**Bearbeiter**	**Verantwortl. Bereich**
	000-000-000	Tietjen, Müller	TA
FMEA-Team		**Betroffene Bereiche**	
Müller, Meier, Schulze		Entwicklung/Konstruktion	
System-Nr./Systemelement	**Funktion/Aufgabe**	**Status**	**Attribute**
Baugruppe Weg-/Kraftübertragung	Paralleles Heben/Senken		

potentielle Fehlerfolgen	B	potentielle Fehler	potentielle Fehlerursachen	Vermeidungs-maßnahmen	A	Entdeckungs-maßnahmen	E	RPZ	V/T
paralleles Heben/Senken nicht gegeben	8	Gabelräder fahren nicht aus	keine Wirkung des Drucköls	Ölwechsel vorschreiben	5	Ölkontrolle	4	160	Schulze / Bereich Dokumentation
				Ölfilter einsetzen					
Last kann nicht transportiert werden				zäheres Öl verwenden					
			Winkelhebel 1 wird nicht mitgenommen	Kinematik berechnen	2	rechnerische Simulation	2	32	Müller / Bereich Konstruktion
paralleles Halten nicht gegeben						Tests			
			Kinematik falsch konstruiert						

Bild 4.33 Beispielhaftes FMEA-Formblatt für eine System-FMEA Produkt

potentielle Fehlerfolgen	B	potentielle Fehler	potentielle Fehlerursachen	Vermeidungsmaßnahmen	A	Entdeckungsmaßnahmen	E	RPZ	V/T
			Kolbendichtung wirkt nicht	Auswechseln vorsehen	6	Wartungsintervall verkleinern	6	288	Müller / Bereich Konstruktion
				Konstruktionsänderung / Doppeldichtung vorsehen		Berechnung	3	144	
				Lieferantenüberprüfung		Lieferantenbewertung	8	384	Meier / Bereich Einkauf
			Kolben defekt (unrund)	Maßkontrolle	3	Einzelprüfungen durchführen	3	72	Bereich Endkontrolle
				Passungskontrolle					
paralleles Heben/ Senken nicht gegeben	8	Kräfte werden nicht aufgenommen	Winkelhebel 1 gebrochen	Überprüfung des Werkstoffs	4	Materialprüfung	2	64	Kunze / Bereich Werkstoffprüfung
				nur zertifizierte Werkstoffe verwenden					
Last kann nicht transportiert werden				Festigkeitsnachweis durchführen	6	Sichtkontrolle	5	240	Müller / Bereich Konstruktion
paralleles Halten nicht gegeben			Schweißnaht gebrochen	Schweißnaht nachrechnen	6	Tests	2	96	

Bild 4.34 Beispielhaftes FMEA-Formblatt für eine System-FMEA Produkt *(Fortsetzung)*

Liegen mehrere Fehlerfolgen vor, so wird der B-Wert der schwerwiegendsten Fehlerfolge herangezogen. Die Bestimmung der Auftretenswahrscheinlichkeit erfolgt unter Berücksichtigung von wirksamen Vermeidungsmaßnahmen. Die Bestimmung der Entdeckungswahrscheinlichkeit erfolgt unter Berücksichtigung von wirksamen Entdeckungsmaßnahmen.

Alternativ kann auch hier wieder der neue Ansatz mit der Benennung der Aufgabenpriorität angewendet werden. Bei den im Beispiel mit einer hohen Bedeutung bewerteten potenziellen Fehlerfolgen wird dabei herauskommen, dass jeweils Maßnahmen mit einer hohen bzw. mittleren Priorität einzuleiten sind.

4.3.4 Maßnahmen optimieren

Ausgehend von der Risikobewertung für den derzeitigen Zustand werden in der Reihenfolge absteigender RPZ-Werte bzw. der Aufgabenprioritäten sowie der Einzelwerte für die entsprechenden Fehlermechanismen Verbesserungsmaßnahmen gesucht. Diese können eine Reduzierung des B-Werts (über den Ausschluss der bisher schwerwiegendsten Fehlerfolge durch Konzept- oder Designänderungen), eine Reduzierung des A-Werts (zusätzliche Vermeidungsmaßnahmen) oder eine Reduzierung des E-Werts (zusätzliche Entdeckungsmaßnahmen) nach sich ziehen.

Während der Optimierung werden alle Systemelemente mit hohen Bedeutungen der Fehlerfolgen (B) betrachtet. Ziel ist es hier, eine Senkung des Risikos durch die Festlegung zusätzlicher Maßnahmen zu erreichen. Kommen verschiedene alternative Maßnahmen infrage, so werden diejenigen ausgewählt, die den größten Erfolg versprechen. Gut geeignet sind meistens Maßnahmen, die kostengünstig und kurzfristig durchführbar sind. Das Risiko muss dabei allerdings merklich reduziert werden können.

Anhand des geschilderten Beispiels ist zu erkennen, dass vielfach unterschiedliche Vermeidungs- und Entdeckungsmaßnahmen möglich sein können und eine starke Streuung bei der RPZ auftritt. Hier gilt es dann, die geeignetste Maßnahme auszuwählen und weiterzuverfolgen. Beispielsweise ist bei der potenziellen Fehlerursache *Kolbendichtung wirkt nicht* eine Nachrechnung bzw. Konstruktionsänderung gegenüber der Einführung eines verkürzten Wartungsintervalls zu bevorzugen. Bei Letzterem kann sich ein Hersteller nie sicher sein, ob der Kunde die gesamten Hinweise in einer Bedienungsanleitung gelesen hat und sich an die Wartungsintervalle hält. Bei einer möglichen Fehlfunktion wird ein Fehler in erster Linie beim Produkthersteller vermutet.

Wie für eine System-FMEA Produkt (DFMEA) typisch, sind mögliche Vermeidungsmaßnahmen häufig konstruktiver Natur, wie z. B. das Einsetzen eines Ölfilters, das Nachrechnen einer Schweißverbindung oder das Wechseln von Materialien. Es können aber auch grundsätzliche Konstruktionsänderungen wie beispielsweise im Bereich einer Dichtung notwendig sein.

5 Beispiele als Leitfaden einer FMEA-Anwendung

Bei den in diesem Kapitel aufgeführten Beispielen werden verschiedene FMEA-Anwendungen beschrieben. Einleitend werden jeweils kurz der Untersuchungsgegenstand sowie die Zielsetzung der Analyse beschrieben. Anschließend sind auszugsweise die Analyseergebnisse in FMEA-Formblätter überführt worden. Verwendet wurden dabei unterschiedliche Varianten.

Mittlerweile gibt es ein großes FMEA-Softwareangebot (siehe Kapitel 8) mit der Möglichkeit, unterschiedlichste Formblätter zu nutzen. Ein bloßes Ausfüllen dieser Formblätter entspricht nicht mehr dem Stand der Technik und steht nicht im Vordergrund einer FMEA-Analyse. Vielmehr liegt der Schwerpunkt im systematischen Betrachten und Zergliedern eines Systems oder Prozesses und darauf folgend im korrekten Bewerten eines Risikos mit dem Ableiten entsprechender Maßnahmen.

Die vorgestellten Beispiele sind nicht vollständig und erheben auch keinen Anspruch auf Vollständigkeit und inhaltliche Richtigkeit. Vielmehr sollen hiermit die Abläufe der FMEA, bezogen auf verschiedene Anwendungen und Problemstellungen, dargestellt werden. Die Schritte Struktur-, Funktions- und Fehleranalyse tragen wesentlich zum Erfolg bei. Dies hat sich auch mit der Harmonisierung der FMEA durch VDA und AIAG nicht geändert.

■ 5.1 Beispiele einer System-FMEA Produkt

5.1.1 FMEA für einen Autositz

Die Kaufentscheidung für ein bestimmtes Auto wird mit sehr unterschiedlichen Anforderungen und Kriterien begründet. Meist geht es dabei um Motorentechnik und Getriebe. Viele Entwicklungsabteilungen widmen sich aber auch den vermeintlichen „Kleinigkeiten“ wie den Autositzen. Der Autositz mit ansprechendem Sitzkomfort spielt eine wichtige Rolle, wobei die Kunden neben dem Komfort auch Wert auf Qualität, Ergonomie, Design, Zuverlässigkeit und Sicherheit legen.

Bei dieser Vielzahl an Anforderungen wundert es daher nicht, dass die Herstellung von Autositzen mittlerweile erhebliches Know-how und Erfahrung erfordert und dass die Sitze äußerst komplexe Gebilde darstellen. Ausgestattet mit Airbags, diversen Elektromotoren zum Einstellen und zum Teil sogar eingebauter Klimatisierung oder Massagefunktion, sind sie längst zu Hightech-Möbeln geworden (Bild 5.1). Schon längst werden dabei nicht nur die Neigung der Lehne und der Abstand nach vorne eingestellt. Moderne Sitzsysteme bieten bis zu zweistellige Verstellachsen in Lehne, Sitzkissen und Kopfstützen, von der Länge der Beinauflage über die Höhe der Schulterpolster bis hin zur Weite der Lendenstütze. Zielkonflikte sind hierbei vorhersehbar. Einerseits müssen die Sitze Komfort bieten, andererseits sollten sie wenig Platz einnehmen und wenig Gewicht aufweisen, damit es keine Auswirkungen auf das Gesamtgewicht eines Fahrzeugs und den Verbrauch gibt.

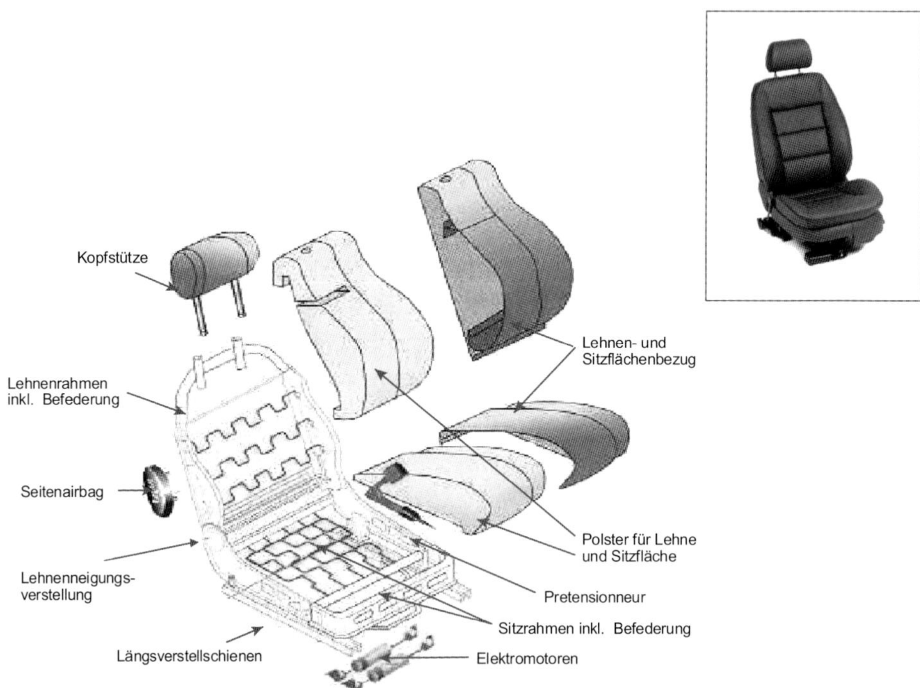

Bild 5.1 Teile eines Pkw-Autositzes (Quelle: FAURECIA)

Die Mängel in der Komfortabstimmung eines Sitzes und vielfach auch die falsche Sitzhaltung ist Ursache für Rückenschmerzen und Verspannungen beim Autofahren. Deshalb ist es wichtig, dass jeder Autofahrer seine ganz individuelle Idealposition herausfinden und den Sitz darauf einstellen kann. Der Sitz muss sich dem Menschen anpassen und nicht umgekehrt.

Verschiedene Verstell- und Einstelleinrichtungen sollen dies beim Autositz sicherstellen:

- Sitzabstand zu den Pedalen einstellbar
- Neigung der Rückenlehne einstellbar
- Sitzhöhe einstellbar
- Sitzneigung einstellbar
- Sitzflächenverlängerung einstellbar
- Unterstützung im oberen Becken- und Lendenwirbelbereich (Lordose) einstellbar
- Seitenführungen einstellbar
- Kopfstütze einstellbar

Die Umsetzung dieser verschiedenen Verstell- und Einstelleinrichtungen führt zu einer Reihe von notwendigen konstruktiven Maßnahmen, für die eine Konstruktions- und Entwicklungsabteilung Lösungen finden muss. Hierbei dürfen jedoch nicht die zu erfüllenden Forderungen der Endkunden beeinträchtigt werden, die mithilfe der FMEA überprüft werden sollen.

Ein Autositz besteht im Wesentlichen aus zwei Seitenteilen, einer Sitzschale, Querträgern, Schwingen sowie den diversen Verstellkomponenten und elektronischen Bauteilen. Diese Einzelteile werden zum Teil vor Ort, zum Teil aber auch von verschiedenen Zulieferern nach vorgegebenen Anforderungslisten und Zeichnungen gefertigt. Die Teile müssen einer geforderten Qualität entsprechen, was aber nicht ausschließt, dass sich bei der Endmontage Fehler einstellen können. Diese können beispielsweise ihre Ursache in verschiedenen Fertigungsgenauigkeiten haben oder im Bereich der Montierbarkeit liegen. Häufig ist es auch erst möglich, geforderte Funktionen (siehe Bild 5.2) an montierten Baugruppen zu testen, was wiederum „Gefahrenpotenziale" hervorruft.

Neben den Fehlermöglichkeiten beim konstruktiven Entwurf sind deshalb mit der FMEA insbesondere die Schnittstellenprobleme zu betrachten, die sich aus dem Zusammenbau der Komponenten und Baugruppen ergeben (Bild 5.3 bis Bild 5.13).

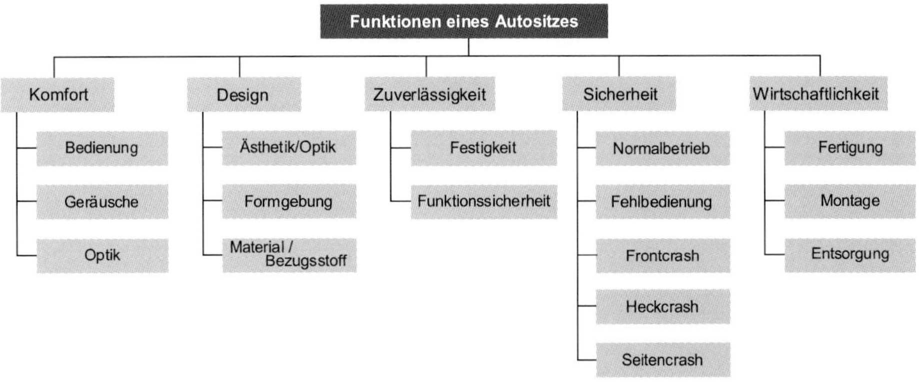

Bild 5.2 Funktionen eines Autositzes

Name der FMEA			
Schnittstellenbetrachtung Sitzrahmen/Sitzhöhenverstellung			
Gegenstand der FMEA	**Datum der letzten Änderung**	**FMEA-Typ**	**FMEA-Status**
Höhenverstellung		Konstruktion	Vorläufig
Verantwortlicher Bereich	**Bearbeiter/Bearbeiterin**	**Betroffene Bereiche**	**Attribute**
FMEA-Team			

Funktion	pot. Fehler	pot. Folge	D	Ursache	aktuelle Maßnahme	A	B	E	RPZ	empf. Maßnahme	Zu erledigen durch
Komfort gewährleisten	Verstellkräfte zu hoch	Komfort nicht gegeben	N	Abstimmung Feder/ Rahmen nicht gegeben	V: Federauslegung P: Fahrversuche	7	8	3	168	alternative Federgeometrie prüfen	
				Bedienhebel zu kurz	V: Hebelauslegung P: Messung der Bedienkraft	5	8	3	120		
				fehlende Abstimmung	V: Abstimmung vornehmen P: Fahrversuche	5	8	3	120		

Bild 5.3 Funktionsüberprüfung eines Autositzes mithilfe der FMEA

Funktion	pot. Fehler	pot. Folge	D	Ursache	aktuelle Maßnahme	A	B	E	RPZ	empf. Maßnahme	Zu erledigen durch
Komfort gewährleisten	Verstellweg nicht ausreichend	Komfort nicht gegeben	N	Kollision Verstelleinheit/ Gelenkhebel	V: Bauraumuntersuchung P: Funktionstest	4	8	3	96	Konstruktive Anpassung	
Sicherheit gewährleisten	Teile bei der Montage beschädigt	Sicherheitsmängel	N	Ritzelstellung nicht definiert	V: Überprüfung der Konstruktion P: Montageversuche	9	10	3	210	Absprache u. Festlegung der Ritzelstellung	
				Zahnsegmentstellung falsch	V: FMEA beim Zulieferer durchführen P: 100 %-Kontrolle durchführen	3	10	8	240	FMEA überprüfen	
	Kollision Verstelleinheit/ Gelenk	Sicherheit nicht gegeben	N	Abstand Gelenkh./ Verstelleinheit zu gering	V: Bauraumuntersuchung P: Crashtest	7	10	3	210	Konstruktive Anpassung	
Zuverlässigkeit gewährleisten	Teile bei der Montage beschädigt	Funktionsmängel	N	Ritzelstellung falsch	P: Montageversuch	8	8	3	192	Festlegung des notwendigen Maßes	
				Ritzelstellung nicht eingehalten	P: Prozess FMEA beim Zulieferer	3	8	2	48		

Bild 5.4 Funktionsüberprüfung eines Autositzes mithilfe der FMEA *(Fortsetzung)*

Funktion	pot. Fehler	pot. Folge	D	Ursache	aktuelle Maßnahme	A	B	E	RPZ	empf. Maßnahme	Zu erledigen durch
Wirtschaftlichkeit gewährleisten	Seitenverkehrter Zusammenbau	Montierbarkeit nicht gegeben / Montage nicht wirtschaftlich	N	Verstelleinheit vertauscht	Kennzeichnung durch Zulieferer	3	8	3	72	nicht symmetr. Teile verwenden	
				falsche Anlieferung	Prozess-FMEA beim Zulieferer	3	8	2	48		
				falsche Einlagerung	V: Prozess FMEA	3	8	2	48		
					P: Stichprobenkontrolle						
	Montage sehr aufwendig	Montierbarkeit nicht gegeben / Montage nicht wirtschaftlich	N	Ritzelstellung nicht definiert	P: Montageversuch	9	5	3	135	Absprache und Festlegung der Ritzelstellung	
				Ritzelstellung nicht eingehalten	V: Prozess-FMEA beim Zulieferer	3	5	2	30		

Bild 5.5 Funktionsüberprüfung eines Autositzes mithilfe der FMEA *(Fortsetzung)*

Name der FMEA			
Sitztiefenverstellung			
Gegenstand der FMEA	**Datum der letzten Änderung**	**FMEA-Typ**	**FMEA-Status**
Sitzgestell für XXX		Konstruktion	Vorläufig
Verantwortlicher Bereich	**Bearbeiter/Bearbeiterin**	**Betroffene Bereiche**	**Attribute**
TE	Gast		
FMEA-Team			

Funktion	pot. Fehler	pot. Folge	D	Ursache	aktuelle Maßnahme	A	B	E	RPZ	empf. Maßnahme	Zu erledigen durch
Komfort: Bedienungsfreundlichkeit gewährleisten	Bedienungselemente sind schlecht zugänglich	Komfort nicht gegeben	N	Ergonomie nicht berücksichtigt	V: Übernahme bewährtes Konzept	2	8	3	48		
					P: Komforttest						
	Verstellbereich nicht ausreichend	Komfort nicht gegeben	N	falsche Auslegung der Verrastungslänge	V: konstr. Auslegung	3	8	2	48		
					P: Funktionsprüfung						
				keine Abstimmung zur Polsterung	V: Konstr. Auslegung	3	8	2	48		

Bild 5.6 Funktionsüberprüfung eines Autositzes mithilfe der FMEA *(Fortsetzung)*

Funktion	pot. Fehler	pot. Folge	D	Ursache	aktuelle Maßnahme	A	B	E	RPZ	empf. Maßnahme	Zu erledigen durch
Komfort: Bedienungs-freundlichkeit gewähr-leisten	Bedien-elemente schwergängig	Komfort nicht gegeben	N	Reibung zu hoch	V: Material-auswahl, Ver-wendung be-währter Werk-stoffpaarun-gen	3	8	3	72		
					P: Bedienkraft messen						
				falsche Passungs-auswahl	V: Toleranz-untersuchung	3	8	3	72		
					P: Bedienkraft messen						
	Verstellkräfte entsprechen nicht den Lastenheft-anforderungen	Komfort nicht gegeben	N	Reibung zwischen Schiene u. Schienen-lager zu hoch	V: bewährte Werkstoffpaa-rungen wählen	3	8	3	72		
					P: Verstellkraft messen						
				verspannte Bauteile bei der Montage, Parallelität nicht ge-geben	V: Anzahl der Teile bei der Schienenfüh-rung reduzie-ren	5	8	3	120	Funktions-trennung von Positionie-rung und Ent-riegelung	
					P: Verstellkraft und Spiel messen						

Bild 5.7 Funktionsüberprüfung eines Autositzes mithilfe der FMEA *(Fortsetzung)*

Funktion	pot. Fehler	pot. Folge	D	Ursache	aktuelle Maßnahme	A	B	E	RPZ	empf. Maßnahme	Zu erledigen durch
Komfort: Geräuschfreiheit des Sitzes gewährleisten	unangenehme Geräusche bei der Sitzverstellung	Gestühl macht Geräusche	N	falsche Materialpaarung	V: Verwendung bewährt. Materialpaarungen P: Akustikbewertung	3	8	3	72		
				Eindringen von Fremdpartikeln	V: Abdeckung durch Polsterblech P: Staubtest	4	8	3	96		
				falsche Formgebung des Polsterblechs	V: Vermeidung von Kreuzsicken P: Belastungstest	3	8	3	72		
	Geräusche aus Führungen und Lagerstellen	Gestühl macht Geräusche	N	Spiel zu groß	V: Toleranzuntersuchung P: Spielprüfung	5	8	2	80		
	Knarzen aus Feder und Federaufhängung	Gestühl macht Geräusche	N	Freigängigkeit nicht gewährleistet	V: Spaltmaß definieren P: Funktionstest	2	8	5	80		

Bild 5.8 Funktionsüberprüfung eines Autositzes mithilfe der FMEA *(Fortsetzung)*

Funktion	pot. Fehler	pot. Folge	D	Ursache	aktuelle Maßnahme	A	B	E	RPZ	empf. Maßnahme	Zu erledigen durch
Komfort: Geräuschfreiheit des Sitzes gewährleisten	Geräusche aus Antriebseinheit	Gestühl macht Geräusche	N	Motorgeräusche zu laut	V: Motorauswahl	4	8	3	96		
					P: Akustikmessung						
				Getriebe zu laut	v: Übernahme bewährtes Konzept	4	8	3	96		
					P: Akustikmessung						
				Bauteile nicht entkoppelt (Resonanz)	V: Dämpfung am Adapterblech vorsehen	3	8	3	72		
					P: Akustikmessung						
Design: Material / Bezugsstoff Robustheit gewährleisten	Alterung der Kunststoffteile	Robustheit nicht gegeben	N	falsche Materialwahl	V: Verwendung bewährter Materialien	3	8	3	72		
					P: Klimawechseltest						
	Korrosion an nicht lackierten Teilen	Robustheit nicht gegeben	N	Korrosionsschutz unzureichend	V: Oberflächenschutz	3	8	3	72		
					P: Klimawechseltest						

Bild 5.9 Funktionsüberprüfung eines Autositzes mithilfe der FMEA *(Fortsetzung)*

Funktion	pot. Fehler	pot. Folge	D	Ursache	aktuelle Maßnahme	A	B	E	RPZ	empf. Maßnahme	Zu erledigen durch
Zuverlässigkeit: Funktionssicherheit gewährleisten	Verriegelungssicherheit im Feldversuch nicht gewährleistet	Funktionssicherheit nicht gegeben	N	Federkraft des Betätigungselements ist zu gering	V: Federauslegung P: Funktionstest	2	5	3	30		
				Verschleiß an den Verriegelungselementen	V: Übernahme bewährtes Konzept P: Dauerversuch	0	5	0	0		
	Korrosion an Steckverbindungen	Funktionssicherheit nicht gegeben	N	falsche Stecker ausgewählt	V: nur freigegebene Stecker verwenden P: Klimatest	1	8	1	8		
	Missbrauchsbelastung wird nicht erreicht	Funktionssicherheit nicht gegeben	N	Dimensionierungsfehler (Befestigung)	V: FEM-Berechnung P: Missbrauchstest	3	8	3	72		
			N	Führungsschienen falsch ausgelegt	V: FEM-Berechnung P: Missbrauchstest	3	8	3	72		

Bild 5.10 Funktionsüberprüfung eines Autositzes mithilfe der FMEA *(Fortsetzung)*

Funktion	pot. Fehler	pot. Folge	D	Ursache	aktuelle Maßnahme	A	B	E	RPZ	empf. Maßnahme	Zu erledigen durch
Sicherheit: Insassenschutz in Crashsituation gewährleisten	Verriegelungseinheit nimmt Kräfte nicht auf	Insassenschutz nicht gewährleistet	N	Verriegelungsstange nimmt Kräfte nicht auf	P: Crashtest, Fahrversuche V: Analytische Auslegung, Konzeptänderung	5	10	3	150	Analyse Versuchsergebnisse	
				Rastelement nimmt Kräfte nicht auf	P: Crashtest, Fahrversuche V: Analytische Auslegung	5	10	3	150	Analyse Versuchsergebnisse	
				Verbindung Ver.-Stange/ Zahnrad nimmt Kräfte nicht auf	V: Bauteile nicht im Kraftfluss P: Crashtest	1	10	1	10		
	Führungsschiene nimmt Kräfte nicht auf	Insassenschutz nicht gewährleistet	N	Schienenführung nimmt Kräfte nicht auf	V: FEM-Berechnung P: Crashtest	3	8	3	72		
				Schiene nimmt Kräfte nicht auf	V: FEM-Berechnung P: Crashtest	3	8	3	72		

Bild 5.11 Funktionsüberprüfung eines Autositzes mithilfe der FMEA *(Fortsetzung)*

Funktion	pot. Fehler	pot. Folge	D	Ursache	aktuelle Maßnahme	A	B	E	RPZ	empf. Maßnahme	Zu erledigen durch
Sicherheit: Insassenschutz in Crashsituation gewährleisten	Polsterblech nimmt Kräfte nicht auf	Insassenschutz nicht gewährleistet	J	Verbindungselemente nehmen Kräfte nicht auf	V: Kraft- und Formschluss in der Verbindung untersuchen P: Crashtest, Zugversuch	4	10	3	120	Analyse Versuchsergebnisse	
				Materialauslegung nicht in Ordnung	V: Verwendung bewährtes Material P: Crashtest	5	10	3	150	Analyse Versuchsergebnisse beim Zulieferer	
	Antriebseinheit nimmt Kräfte nicht auf	Insassenschutz nicht gewährleistet	J	Selbsthemmung nicht gewährleistet	V: Übernahme bewährtes Konzept P: Crashtest	2	10	3	60		
Wirtschaftlichkeit: Montagefreundlichkeit gewährleisten	Justierung sehr aufwendig	leichte Montage nicht möglich	N	Positionierhilfe nicht vorhanden	V. Justierhilfe vorsehen P: Einbauversuch	4	8	3	96		
	Schwer zugängliche Verschraubungen	keine montagegerechte Gestaltung	N	Werkzeugdim. nicht berücksichtigt	V: Abstimmung mit IE P: Einbauversuch	4	8	1	32		

Bild 5.12 Funktionsüberprüfung eines Autositzes mithilfe der FMEA *(Fortsetzung)*

Funktion	pot. Fehler	pot. Folge	D	Ursache	aktuelle Maßnahme	A	B	E	RPZ	empf. Maßnahme	Zu erledigen durch
Wirtschaftlichkeit: Montagefreundlichkeit gewährleisten	Montagereihenfolge nicht abgestimmt	keine montagegerechte Gestaltung	N	fehlende Abstimmung mit IE	V: montagegerechte Konstruktion in Abstimmung mit IE P: Montageversuch	2	8	1	16		
Wirtschaftlichkeit: Reparaturfreundlichkeit gewährleisten	Bauteile nicht zerstörungsfrei demontierbar	Reparaturfreundlichkeit nicht berücksichtigt	N	Verwendung nicht demontierbarer Verbindungstechniken	V: lösbare Verbindungselemente verwenden P: Demontageversuch	5	10	3	150		
	Austauschbarkeit einzelner Teile nicht gewährleistet	Reparaturfreundlichkeit nicht berücksichtigt	N	keine Modulbauweise realisiert	V: Modulbauweise anwenden P: Review	1	6	1	6		
			N	Zugänglichkeit der Befestigungselemente nicht gegeben	V: keine P: Demontageversuch	3	6	3	54		

Bild 5.13 Funktionsüberprüfung eines Autositzes mithilfe der FMEA *(Fortsetzung)*

5.1.2 Vorrichtungsbau für die Betonsteinherstellung

Pflastersteine aus Beton werden fast ausschließlich auf Rüttelmaschinen hergestellt. Zur Erhöhung der Produktivität werden hierzu Formen verwendet, die die Herstellung von mehreren Betonsteinen in einem Arbeitsgang zulassen. Der Fertigungsablauf erfolgt dabei in folgenden Schritten:

- Einfüllen bzw. Einstreuen der Betonmischung in die Form
- Einfahren der Form in die Rüttelmaschine
- Schließen der Form durch Herunterfahren des Oberteils der Rüttelmaschine
- Abdeckung der Form durch ein Oberblech
- Rüttelvorgang über einen rüttelmaschineneigenen Unwuchterreger
- Öffnen der Form
- Herausfahren einer Palette samt der darauf befindlichen Form
- Hineinfahren einer mit Beton gefüllten Form

Die Form selbst besteht aus den Begrenzungsflächen der Betonpflastersteine und ist nach oben und unten offen. Deshalb wird für die Produktion jeweils eine Palette benutzt, die heute zum großen Teil aus recyceltem Kunststoff hergestellt wird. Früher wurden fast ausschließlich Holzpaletten, teilweise mit einem Blechbelag, verwendet.

Die unterschiedlichen Außenkonturen der Betonpflastersteine resultieren zum Teil aus ästhetischen Gründen, zum Teil soll damit auch ein Verschieben in der Fläche verhindert werden. Die so geformten Betonpflastersteine werden auch Verbundsteine genannt.

Ein Verbund in der Dimension senkrecht zur Verlegebene ist insbesondere bei Flächen, auf denen schwere Lasten transportiert werden, vorteilhaft. Ein solcher Stein kann in einer Form (siehe Bild 5.14) mit schwenkbaren Profilwangen hergestellt werden. Die Betätigung dieser Profilwangen kann entweder durch eigenen Antrieb, z. B. über Hydraulikzylinder erfolgen, oder durch Belastung der Füße, wie in diesem Beispiel (Bild 5.15).

Bild 5.14 Form zur Herstellung von Betonsteinen (Quelle: H. Küsel GmbH)

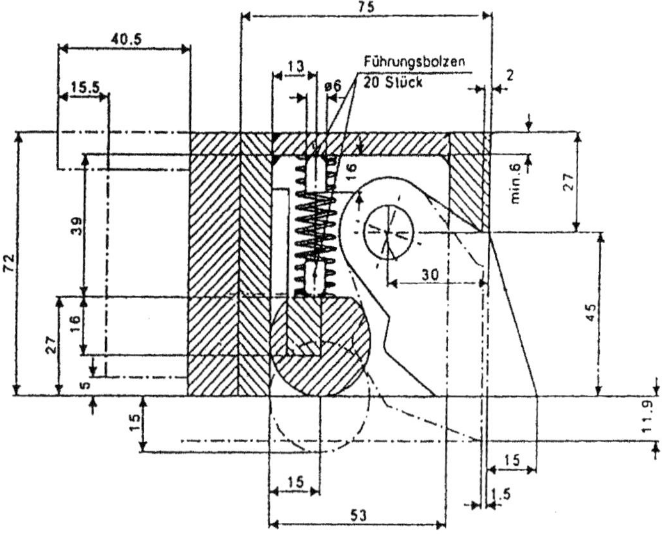

Bild 5.15 Technische Zeichnung zur Mechanik der schwenkbaren Profilwangen (Quelle: H. Küsel GmbH)

In der Produktionsstellung werden die Profilwangen durch das Eigengewicht in den Forminnenraum hinein bewegt, sodass hierdurch für den Füll- und Rüttelvorgang eine Ausnehmung im zu produzierenden Betonstein gebildet wird. Durch Entlastung wird diese Profilwange zurückgezogen, sodass ein einwandfreies Endformen ermöglicht wird.

Aus ähnlichen Vorrichtungen ist bekannt, dass die auftretenden möglichen Fehler bei der Steinherstellung einerseits durch die Form bzw. Profilwangenbetätigung selbst entstehen. Falls die Profilwange nicht einwandfrei funktioniert, haben die Betonsteine entweder keine seitliche Ausnehmung oder die Entnahme aus der Form ist nicht möglich.

Die Funktion der Profilwange kann z.B. durch die Druckfedern beeinträchtigt werden, die altern oder durch Verschmutzung nicht funktionieren. Weiterhin kann eine Verschmutzung an den Seitenflächen zwischen den Wangen und den Formseiten auftreten und somit ein Vor- oder Rückwärtsbewegen der Profilwangen verhindern. Es kann aber auch eine unebene oder zu weiche Palette dazu führen, dass kein gleichmäßiger Druck über die Füße auf alle Profilwangen ausgeübt wird. Eine insgesamt verformte Form würde in Kombination mit einer unebenen Unterlage dazu führen, dass einige der Profilwangenbetätigungen nicht funktionieren würden. Entsprechend soll die nun folgende FMEA sich auf diese Baugruppe konzentrieren.

Eine vereinfachte Betrachtung der Einzelzeile hinsichtlich der zu erfüllenden Funktionen sowie eine grobe Einschätzung für mögliche Fehlerpotenziale ergaben, dass vorrangig die Teile „Profilwange", „Feder" und „Fuß" ein erhöhtes Risiko enthalten. Die FMEA konzentriert sich entsprechend auf diese drei Einzelteile (Tabelle 5.1, Bild 5.16 bis Bild 5.20).

Tabelle 5.1 Matrix zur Ermittlung einer Untersuchungsreihenfolge

	Profilwange	Bolzen	Führungsbolzen	Feder	Fuß	Führungsschiene
Neuentwicklung	2	0	0	0	2	0
Neue Werkstoffe	0	0	0	0	0	0
Verschleißteil/ Alterungsteil	1	1	0	2	1	1
Verschmutzungsanfälligkeit	2	0	1	2	1	1
Summe	**5**	**1**	**1**	**4**	**4**	**2**

Name der FMEA			
Konstruktion einer Vorrichtung zur Herstellung von Pflastersteinen			
Gegenstand der FMEA	**Datum der letzten Änderung**	**FMEA-Typ**	**FMEA-Status**
Federbelastete Profilwangen		Konstruktion	Vorläufig
Verantwortlicher Bereich	**Bearbeiter/Bearbeiterin**	**Betroffene Bereiche**	**Attribute**
FMEA-Team			

Funktion	pot. Fehler	pot. Folge	D	Ursache	aktuelle Maßnahme	A	B	E	RPZ	empf. Maßnahme	Zu erledigen durch
Profilwange: Aussparung im Betonstein bilden	Aussparung unvollständig	Betonsteine sind fehlerhaft und können nicht gesetzt werden	N	Formgebung der Profilwange nicht ausreichend überdacht	V: Konzept überarbeiten P: Versuche durchführen	7	5	3	105		
			N	Position der Profilwange stimmt nicht beim Füllen der Form	V: Auslegung überprüfen P: Versuche durchführen	7	5	5	175	Konstruktion überarbeiten	

Bild 5.16 Funktionsüberprüfung mit der FMEA

Funktion	pot. Fehler	pot. Folge	D	Ursache	aktuelle Maßnahme	A	B	E	RPZ	empf. Maßnahme	Zu erledigen durch
Profilwange: Entformung der Betonsteine sicherstellen	Ablagerungen auf dem Bolzen verhindern Drehbewegung	Entformung nicht möglich	N	zu großes Passungsspiel	V: Passungsauslegung P: Spiel nachmessen	2	6	3	36		
	Form ist verunreinigt	Entformung nicht möglich	N	Sand und Betonreste aus der Fertigung	V: regelmäßige Reinigung vorschreiben P: Sichtprüfung	5	6	5	150	Konzept überarbeiten	
	Profilwange bewegt sich nicht auf dem Bolzen	Entformung nicht möglich	N	Passungsrost	V: Schmieren mit Fett P: Sichtprüfung	4	6	4	96		
		Entformung nicht möglich	N	Sand befindet sich zwischen Bolzen und Bohrung	V: Lagerstelle abdichten P: Sichtprüfung	5	6	5	150	Konstruktion überarbeiten	
	Profilwange haftet am Beton	Entformung nicht möglich	N	zu geringes Eigengewicht der Profilwange	V: Gewicht vergrößern P: Versuche durchführen	7	6	6	252	Konstruktion überarbeiten	

Bild 5.17 Funktionsüberprüfung mit der FMEA *(Fortsetzung)*

Funktion	pot. Fehler	pot. Folge	D	Ursache	aktuelle Maßnahme	A	B	E	RPZ	empf. Maßnahme	Zu erledigen durch
Feder: Absenken des Fußes	Federbruch	Fuß sinkt nicht ab	N	Werkstofffehler	V: Federtyp wechseln	2	5	3	30		
					P: Versuche durchführen						
				Federbruch infolge einer Überlast	V: Belastungen nachrechnen	2	5	3	30	Konstruktion überarbeiten	
					P: Versuche durchführen						
				Montagefehler	V: Montageanweisung erstellen	2	5	4	40		
					P: Sichtprüfung						
				Dimensionierungsfehler	V: Feder nachrechnen	2	5	2	20	Konstruktion überarbeiten	
					P: FEM						
	Feder ist zu schwach ausgelegt	Federkraft reich nicht aus um den Fuß abzusenken	N	Dimensionierungsfehler	V: Fehler nachrechnen	2	5	5	50	Konstruktion überarbeiten	
					P: Versuche durchführen						

Bild 5.18 Funktionsüberprüfung mit der FMEA *(Fortsetzung)*

Funktion	pot. Fehler	pot. Folge	D	Ursache	aktuelle Maßnahme	A	B	E	RPZ	empf. Maßnahme	Zu erledigen durch
Feder: Absenken des Fußes	Feder verschmutzt	Fuß sinkt nicht ab	N	fehlende Abkapselung	V: Feder abkapseln P: Sichtprüfung	7	5	2	70	Konzept überarbeiten	
				fehlende Reinigung	V: regelmäßige Reinigung vorschreiben P: Sichtprüfung	7	5	2	70		
	Feder verhakt mit der Federführung	Fuß sinkt nicht ab	N	Montagefehler	V: Montageanweisung erstellen P: Sichtprüfung	2	5	4	80	Prozess-FMEA durchführen	
				Dimensionierungsfehler	V: Feder nachrechnen P: Sichtprüfung	2	5	5	50		
				falsche Feder wurde verwendet	V: Kontrolle Stückliste P: Feder nachmessen	2	5	3	30		

Bild 5.19 Funktionsüberprüfung mit der FMEA *(Fortsetzung)*

Funktion	pot. Fehler	pot. Folge	D	Ursache	aktuelle Maßnahme	A	B	E	RPZ	empf. Maßnahme	Zu erledigen durch
Fuß: Profilwange in Position bringen	Fuß gleitet nicht auf der Führungs-schiene	Aussparung in den Stei-nen ist un-vollständig bzw. Steine lassen sich nicht entfor-men	N	Verschmutzung	V: regel-mäßige Reinigung vorsehen P: Sicht-prüfung	5	6	5	150	Konzept über-arbeiten	
				fehlende Schmie-rung	V: Schmierung vorsehen P: Sicht-prüfung	4	6	4	96		
	Federkraft ist zu schwach	Steine las-sen sich nicht entfor-men	N	falsche Feder	V: stärkere Feder einsetzen P: Feder prüfen	2	5	3	30		

Bild 5.20 Funktionsüberprüfung mit der FMEA *(Fortsetzung)*

5.1.3 Überprüfung eines Design-Entwurfs für ein Trekkingrad

Das Fahrrad als Fortbewegungsmittel existiert seit ca. 200 Jahren. Die Entwicklung reicht vom ersten Rad ohne Pedale bis zu den heutigen E-Bikes, die mit Motorunterstützung einen immer größeren Kundenkreis gewinnen. Darüber hinaus gibt es auch bei den nicht motorunterstützten Varianten eine große Vielfalt, zumeist gruppiert nach ihrem Einsatz. Tourenfahrräder, City-Bikes, Rennräder, Trekkingräder etc. haben alle einen Markt. Freizeit- und Konsumentenverhalten geben dabei immer wieder Anregungen für Detailverbesserungen und auch für Neuentwicklungen.

Typische Differenzierungen von Kundenanforderungen sind beispielsweise

- direkte Anforderungen wie
  - Ausstattung (Anzahl der Gänge, Art der Schaltung, Bremsen, Beleuchtung),
  - Design des Fahrrads,
  - Image der Marke bzw. des Fahrradtyps (sportlich, elegant ...)

und

- indirekte Anforderungen wie
  - Sicherheitsausstattung,
  - Straßentauglichkeit,
  - CE-Konformität, Einhaltung des Stands der Technik und damit der relevanten Normen.

Mit welcher Arbeitsweise eine Projektaufgabe am schnellsten und effizientesten zu realisieren ist, ist nicht vorhersehbar. Es existieren hierfür sehr unterschiedliche Ansätze. Das Wasserfallmodell erfreut sich immer noch einer großen Beliebtheit. Besonders bei Unternehmen mit hierarchisch geprägten Strukturen kommt solch ein Modell häufig zum Einsatz. Anhand eines klar definierten Ablaufs wird ein Projekt schrittweise bearbeitet. Eine Aufgabe wird erst begonnen, wenn die vorherige Stufe beendet ist (Bild 5.21).

Geht es nun in die Festlegung der Systemstruktur, bietet sich die Baumstruktur mit der Gliederung der einzelnen Systemkomponenten (Baugruppen) an. Exemplarisch wurde hierfür die Sicherheitsausrüstung weiter heruntergebrochen, da diese im Fokus dieses Anwendungsbeispiels steht (Bild 5.22).

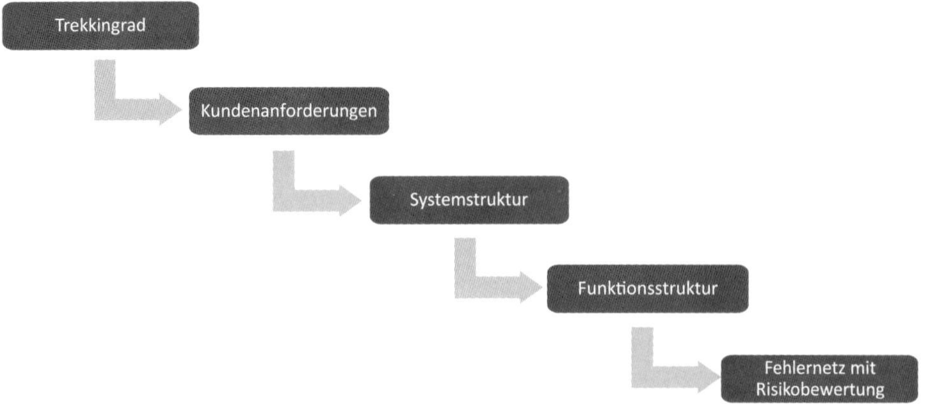

Bild 5.21 Wasserfalldarstellung eines Entwicklungsauftrags „Trekkingrad"

Alleine bei der Recherche nach relevanten Gesetzen und Normen, die einzuhalten sind, wird man auf eine Reihe an Vorschriften stoßen. Die DIN EN ISO 4210 (vormals DIN EN 14764), „Fahrräder – Sicherheitstechnische Anforderungen an Fahrräder – Teil 1: Begriffe/Teil 2: Anforderungen für City- und Trekkingfahrräder, Jugendfahrräder, Geländefahrräder (Mountainbikes) und Rennräder", wurde beispielsweise geschaffen, um Fahrräder nachweislich so sicher wie möglich zu entwickeln. Die Norm legt Anforderungen an die Leistung und Sicherheitstechnik für Fahrräder zur Benutzung im öffentlichem Verkehr hinsichtlich ihrer Konstruktion und Montage fest. Darüber hinaus werden Prüfverfahren für Fahrräder und deren Baugruppen vorgegeben.

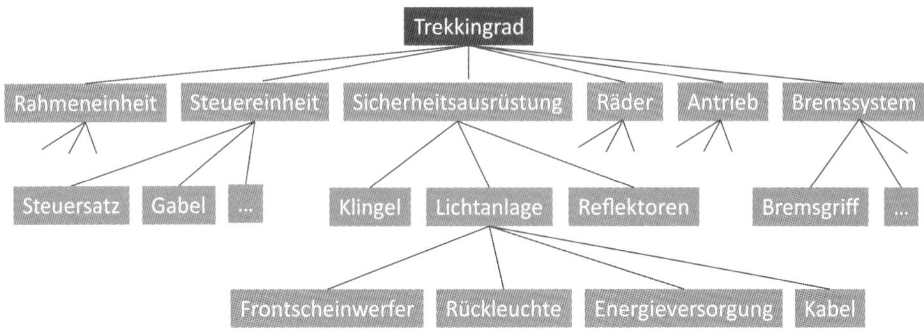

Bild 5.22 Auszug aus einer Systemstruktur für ein Fahrrad

Darüber hinaus gibt es noch verschiedene andere Normen, die sich auf einzelne Systemkomponenten beziehen. Für die Sicherheitsausrüstung gelten beispielsweise noch:

- DIN 33946, „Glocken für Fahrräder und Fahrräder mit Hilfsmotor – Anforderungen und Prüfung"

- DIN 33958, „Fahrräder - Lichttechnische Einrichtungen und Dynamos“
- DIN 49848, „Fahrrad-Glühlampen“
- ISO 6742, Teil 1 bis 5, „Fahrräder - Beleuchtung und reflektierende Einrichtungen“

Außerdem regelt die Straßenverkehrs-Zulassungs-Ordnung (StZVO)

- in § 64a die Einrichtungen für Schallzeichen: *„Fahrräder und Schlitten müssen mit mindestens einer helltönenden Glocke ausgerüstet sein; ...“*,
- in § 65 die Ausstattung mit Bremsen und
- in § 67 die lichttechnischen Einrichtungen an Fahrrädern: *„Fahrräder dürfen nur dann im öffentlichen Straßenverkehr in Betrieb genommen werden, wenn sei mit den vorgeschriebenen und bauartgenehmigten lichttechnischen Einrichtungen ausgerüstet sind.“*. Nach vorne muss mindestens eine Leuchte mit weißem Licht, nach hinten mindestens eine Leuchte mit rotem Licht vorhanden sein. Für lichttechnische Einrichtungen gelten folgende Anbauhöhen: Minimale Höhen 400 mm; Maximale Höhe 1200 mm.

Die Kenntnis dieser Vorschriften und Normen ist Grundvoraussetzung, um die im Produktsicherheitsgesetz (ProdSG) vorgegebenen Rahmenbedingungen zur Bereitstellung von Produkten auf dem Markt zu erfüllen und um die CE-Kennzeichnung vornehmen zu können (siehe auch Kapitel 6 und Bild 5.23). Gleichzeitig bilden die hier aufgeführten Informationen und Parameter die Grundlage für die FMEA, mit der nun überprüft werden kann, ob die Voraussetzungen gegeben sind, ein entwickeltes Produktdesign in der vorliegenden Ausführung weiter zu verfolgen oder ob Korrekturen notwendig sind.

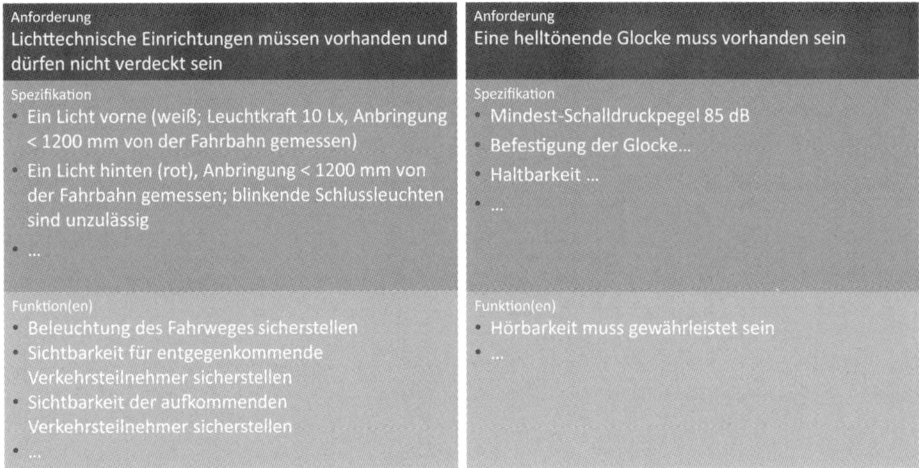

Bild 5.23 Aus Gesetzen und Normen abgeleitete Anforderungen, Spezifikationen und Funktionen

Die exemplarisch analysierten Systemelemente lassen sich anschließend in ein FMEA-Formblatt überführen, und mögliche Fehlerarten werden dort einer Bewertung (Risikoanalyse) unterzogen. Verwendet wurde hierbei die Vorlage nach VDA/AIAG (Bild 5.24 bis Bild 5.26). Mit der Bedeutung wird die schwerwiegendste Fehlerfolge bewertet. Mit den zugrunde gelegten Kriterien würde das für die Beleuchtungsanlage eines Fahrrads bedeuten, dass eine sehr hohe Bewertung einzutragen ist, da die *Nichteinhaltung von gesetzlichen oder behördlichen Vorgaben* vorliegt. Die Bewertung für das Auftreten ist eine relative Einstufung und spiegelt möglicherweise das tatsächliche Auftreten nicht wider. Die Kriterien wurden in Abhängigkeit der Produkterfahrung und damit indirekt auch der Vermeidungsmaßnahmen unterteilt. Danach ist es nun so, dass bei neuen Technologien bzw. Neuentwicklungen davon ausgegangen wird, dass wenig bis keine Erfahrungen hinsichtlich der Überprüfbarkeit der geforderten Funktionen vorliegen. Nur bei der Verwendung von Konstruktionen, die geringfügige Änderungen aufweisen, die ähnlich sind etc., liegen die Bewertungen niedriger.

Die Bewertung der Entdeckung wurde gekoppelt an den Reifegrad einer verwendeten Methode zur Überprüfung. Die Reifegradabsicherung ist in der Automobilbranche nicht neu. Der VDA-Band „Produktentstehung – Reifegradabsicherung für Neuteile“ wurde als Leitfaden zur Umsetzung der Reifegrad-Methodik bei Lieferumfängen herausgegeben. Ziel ist die objektive Beurteilung der Produkt- und Fertigungsprozessreife innerhalb der Produktrealisierung.

In diesem Kontext erfolgen nun auch die Zuordnungen der Bewertungen für die Entdeckungsfähigkeit. Qualifizierte Testverfahren bekommen eine niedrige Bewertung, neuartige oder auch noch zu entwickelnde Verfahren werden mit dem höchsten Wert belegt.

Letztendlich leitet sich bei diesem Anwendungsbeispiel aufgrund der hohen Bedeutung bei den dokumentierten Fehlern eine hohe Aufgabenpriorität ab. Das wird sich auch erst ändern, wenn geeignete und qualifizierte Vermeidungsmaßnahmen für das Auftreten vorhanden sind und eine sichere Entdeckung gewährleistet wird.

Strukturanalyse (Schritt 2)

Nächsthöhere Ebene	Fokuselement	Nächstniedrigere Ebene	Kunde:	Revisionsdatum:	Verantwortung:
Sicherheitsausrüstung	Licht vorne	Leuchtmittel	XXX	XXX	XXX

Funktionsanalyse (Schritt 3)

Funktion der höheren Ebene	Funktion Fokus	Funktion niedr. Ebene	Modell / Jahr / Programm:	Team:	Vertraulichkeitsstufe:
Verkehrstauglichkeit sicherstellen	Sichtbarkeit sicherstellen	Lichtleistung erzeugen			

Fehleranalyse (Schritt 4) / Risikoanalyse (Schritt 5) und Optimierung (Schritt 6)

Fehlerfolgen (FF) nächsthöhere Ebene	B	Fehlerart (FA) des Fokuselements	Fehlerursache (FU) nächstniedrigere Ebene	Vermeidungsmaßnahmen	A	Entdeckungsmaßnahmen	E	Aufgabenpriorität (AP)	Verantwortlich	Geplante Fertigstellung Datum	Status	Ergriffene Maßnahme	Fertigstellung	Bemerkung
Verkehrstauglichkeit ist nicht gegeben	9	Lichtquelle ist unzureichend	Leuchtkraft ist zu gering	Vorhandene Maßnahme										
				Nur zertifizierte Glühlampen verwenden	6	Überprüfung Lieferant	4	H						
				Optimierung										
				Vorhandene Maßnahme										
		Streuung des Lichts ist zu stark ausgeprägt	Reflektor / Brennweite fehlerhaft ausgelegt	Prüfung nach DIN	6	Kontrolle Testbericht	4	H						
				Optimierung										

Bild 5.24 Konzeptüberprüfung der Sicherheitsausrüstung eines Trekkingrads

Fehleranalyse (Schritt 4)				Risikoanalyse (Schritt 5) und Optimierung (Schritt 6)										
Fehlerfolgen (FF) nächsthöhere Ebene	**B**	**Fehlerart (FA) des Fokus-elements**	**Fehlerursache (FU) nächst-niedrigere Ebene**	**Vermeidungs-maßnahmen**	**A**	**Entdeckungs-maßnahmen**	**E**	Aufgaben-priorität (AP)	Verantwortlich	Geplante Fertigstellung Datum	Status	Ergriffene Maßnahme	Fertigstellung	Bemerkung
Verkehrstauglichkeit ist nicht gegeben	9	Spannungs-versorgung ist unterbrochen	Korrosion bei den Kontakten	Vorhandene Maßnahme										
				Kontakte mit Korrosions-schutz versehen	3	Sichtprüfung	2	N						
				Optimierung										
				Material-änderung	1	Sichtprüfung	2	N						
		Dynamo liefert keine bzw. keine ausreichende Spannung	Verbindungs-kabel gebrochen	Vorhandene Maßnahme										
				Nur zertifizierte Komponenten verwenden	3	Test (Funktions-überprüfung)	3	N						
				Optimierung										
				-		-								
			Masseleitung unterbrochen	Vorhandene Maßnahme										
				Verbindungen optimieren	3	Test (Widerstands-messung)	1	N						
				Optimierung										
				-		-								

Bild 5.25 Konzeptüberprüfung der Sicherheitsausrüstung eines Trekkingrads *(Fortsetzung)*

Strukturanalyse (Schritt 2)

Nächsthöhere Ebene	Fokuselement	Nächstniedrigere Ebene	Kunde:	Revisionsdatum:	Verantwortung:
Sicherheitsausrüstung	Glocke (Klingel)	Klangkörper	XXX	xx.xx.xxx	

Funktionsanalyse (Schritt 3)

Funktion der höheren Ebene	Funktion Fokus	Funktion niedr. Ebene	Modell / Jahr / Programm:	Team:	Vertraulichkeitsstufe:
Verkehrstauglichkeit sicherstellen	Hörbarkeit sicherstellen	Ton erzeugen			

Fehleranalyse (Schritt 4) / **Risikoanalyse (Schritt 5) und Optimierung (Schritt 6)**

Fehlerfolgen (FF) nächsthöhere Ebene	B	Fehlerart (FA) des Fokuselements	Fehlerursache (FU) nächstniedrigere Ebene	Vermeidungsmaßnahmen	A	Entdeckungsmaßnahmen	E	Aufgabenpriorität (AP)	Verantwortlich	Geplante Fertigstellung Datum	Status	Ergriffene Maßnahme	Fertigstellung	Bemerkung
Verkehrstauglichkeit ist nicht gegeben	9	Schalldruckpegel von 85 dB wird nicht erreicht	Klangkörper wird nicht ausreichend angeregt	*Vorhandene Maßnahme*										
				Aufhängung modifizieren	1	Funktionstest	4	N						
				Optimierung										
						-								
			Korrosion	*Vorhandene Maßnahme*										
				Zertifizierte Glocken verwenden	1	Sichttest	1	N						
				Optimierung										
				-		-								

Bild 5.26 Konzeptüberprüfung der Sicherheitsausrüstung eines Trekkingrads *(Fortsetzung)*

5.2 Beispiele einer System-FMEA Prozess

5.2.1 Spritzgießen von Isoliermaterial

Auf einer Spritzgießmaschine, die vorrangig für das Fertigen von Kunststoffprodukten eingesetzt wird, sollen auch andere Materialien verarbeitet werden. Aus der Serienfertigung ist das Spritzgießen nicht mehr wegzudenken. Komponenten für die unterschiedlichsten Branchen können damit hergestellt werden, denn es vereint extreme Prozessstabilität mit einer großen Materialvielfalt und den Vorteil, dass die produzierten Formteile ohne weitere Bearbeitung unmittelbar verwendet werden können.

Es soll nun untersucht werden, wie die einzelnen Prozessparameter eingestellt werden müssen und wie sie sich verhalten, wenn mit der Maschine umweltverträgliche Isoliermaterialien verspritzt werden, die im endabmessungsnahen Bereich liegen. Dazu wird Granulat, das im Wesentlichen aus Altpapier und modifizierter Stärke besteht, durch die Spritzgießmaschine plastifiziert und in eine Form (Kavität) gespritzt. In der Kavität schäumt das Material dann stark auf und erhält somit die definierte Geometrie. Darüber hinaus werden vom Produkt eine ausreichende Festigkeit sowie eine hohe Oberflächengüte gefordert. Auch soll das Material möglichst leicht sein und sich als Baustoff für Wärme- und Schalldämmung eignen. Hieraus ergibt sich wiederum eine niedrige Wärmeleitzahl sowie eine feinporige Struktur.

Bild 5.27 zeigt die wesentlichen Komponenten der Anlage. Das Granulat (Formmasse) befindet sich im Massetrichter, der über eine Einfüllöffnung am Massezylinder angeordnet ist. Die Schnecke im Massezylinder fördert durch die Drehbewegung die einzuspritzende Masse vom Massetrichter bis hin zur Schneckenspitze. Mittels Heizbändern wird der Massezylinder erwärmt und damit auch das Granulat aufgeschmolzen. Durch das Vorlaufen der Schnecke in axialer Richtung erfolgt eine Vorverdichtung der Masse, die dann unter Druck durch die Düse in die Form gespritzt wird. Damit ein ungewolltes Zurückströmen der Masse durch den Schneckengang in den Zylinder verhindert wird, ist die Schnecke mit einer Rückstromsperre versehen.

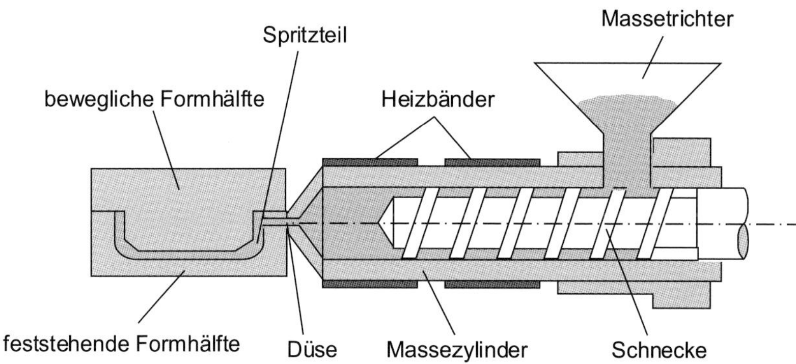

Bild 5.27 Schematische Darstellung einer Spritzgießanlage

Nach dem Andocken der Düse an die Form und dem Öffnen des Verschlusses wird die Formmasse eingespritzt. Anschließend wird der Verschluss wieder geschlossen. Die unter Druck (kleiner als der Einspritzdruck) und hoher Temperatur stehende Form wird anschließend durch die an der Form befindlichen Ventile schlagartig entlüftet und das Granulat, das ein Treibmittel enthält, schäumt auf. Die Formmasse erhält dadurch eine poröse, schaumstoffartige Struktur und Form und sollte den Produktmerkmalen aus Tabelle 5.2 genügen.

Tabelle 5.2 Angestrebte Qualitätsmerkmale

Geforderte bzw. gewünschte Qualitätsmerkmale	Bemerkungen
Hohe Abbildungsgenauigkeit	Die Form muss ausreichend gefüllt sein.
Hohe Stabilität und Festigkeit	Das Endprodukt darf bei einer normalen Kraftanstrengung (Zug-, Biege-, oder Druckbeanspruchung) nicht zerbrechen bzw. aufbrechen.
Geringe Dichte/geringes Gewicht/geringe Kosten	Die Minimierung der Plastifiziermenge (Rohstoff) erfolgt bei optimaler Nutzung des Aufschäumverhaltens.
Hohe Oberflächengüte	Die Oberfläche soll keine bzw. nur unmerkliche Risse aufweisen. Außerdem soll vermieden werden, dass Teile der Oberfläche bei leichtem Druck abplatzen.

Erste Versuche auf der Anlage führten zu Ergebnissen, die nicht den geforderten Qualitätsmerkmalen entsprachen. Darüber hinaus wurde festgestellt, dass der Prozess in seiner Gesamtheit nicht stabil war und keine reproduzierbaren Produkte gleicher Qualität hergestellt werden konnten.

Aufgabe ist es nun, geeignete Maschinenparameter zu ermitteln und den zeitlichen Verfahrensablauf festzulegen, damit durchgängig die geforderte Produktqualität erreicht werden kann. Dies soll mithilfe der FMEA untersucht werden (Bild 5.29 bis Bild 5.33). Für die Analyse bietet sich hier beispielsweise ein Blockdiagramm an, wie es auch in (Automotive Industry Action Group, 2019) angeregt wird (Bild 5.28).

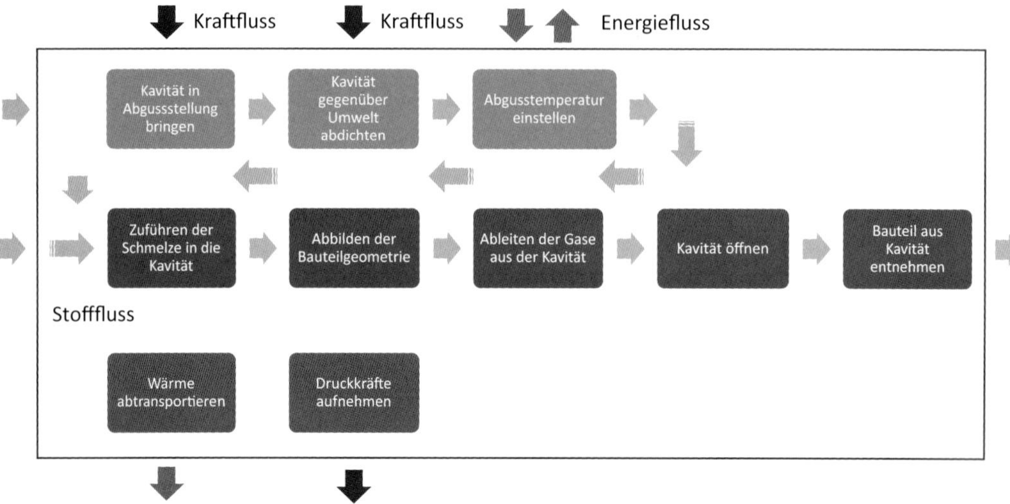

Bild 5.28 Blockdiagramm mit Prozessparametern

Name der FMEA			
Spritzgießen von umweltverträglichen Isoliermaterial			
Gegenstand der FMEA	**Datum der letzten Änderung**	**FMEA-Typ**	**FMEA-Status**
Fertigungsprozess		Prozess	Vorläufig
Verantwortlicher Bereich	**Bearbeiter/Bearbeiterin**	**Betroffene Bereiche**	**Attribute**
Testfeld/Labor	Meier		
FMEA-Team			

Funktion	pot. Fehler	pot. Folge	D	Ursache	aktuelle Maßnahme	A	B	E	RPZ	empf. Maßnahme	Zu erledigen durch
Bereich: Plastifizierung im Massezylinder	aufgeschäumte Stränge verkleben nicht	Produkt ist instabil und zerbricht	N	Formmasse wird unzureichend plastifiziert	P: einzustellender Druck 400 bar V: Staudruck erhöhen	7	8	5	280		
	Rückströmung der Formmasse in Richtung Materialzuführung (Überwinden der Rückstromsperre)	Es gelangt zu wenig Material in die Form	N	zu niedrige Viskosität aufgrund zu hoher Temperaturen	P: Prüfen der Temperatur t = 180°C V: Temperatur verringern	7	7	7	343	Temperaturregelung überprüfen, konstruktive Änderungsvorschläge	

Bild 5.29 Ermittlung der Prozessrisiken beim Spritzgießen von Isoliermaterial

Funktion	pot. Fehler	pot. Folge	D	Ursache	aktuelle Maßnahme	A	B	E	RPZ	empf. Maßnahme	Zu erledigen durch
Bereich: Plastifizierung im Massezylinder (Fortsetzung)	Material verbrennt im Massezyl. oder im Verschlussträger	Einspritzeinheit verklebt und ist verstopft	N	Verweilzeit im Massezylinder zu lang	V: Masse früher einspritzen	7	6	3	126	Änderung des Verfahrensablaufs	
				Temp. im Massezyl. ist zu hoch	P: Temperatur überprüfen	7	6	3	126	Änderung des Verfahrensablaufs	
	Schnecke verklebt	Es wird zu wenig Formmasse eingezogen	N	Temp. der Schnecke ist zu hoch	P: Temperatur überprüfen	5	8	5	200	Innenkühlung der Schecke verbessern (erhöhter Durchsatz, Bohrung vergrößern?	
					V: Temp. um 8 °C senken						
Bereich: Verschlusseinheit (Masse wird in die Form gedrückt)	Materialreste vom vorherigen Spritzvorgang gelangen in das nächste Werkstück	Es entsteht keine homogene Struktur, Werkstücke zerbrechen an den Stellen der Einlagerungen	N	plastifizierte Masse wird im Bereich Düse / Verschluss zu stark abgekühlt	V: Erhöhung der Solltemperatur	5	8	7	280		
	Leckverluste durch zu spätes Verschließen	Verstopfen der Düse	N	Ansteuerung des Drehverschlusses	V: Verschließzeitpunkt variieren	6	5	3	90	Konzept Drehverschluss überarbeiten	

Bild 5.30 Ermittlung der Prozessrisiken beim Spritzgießen von Isoliermaterial *(Fortsetzung)*

Funktion	pot. Fehler	pot. Folge	D	Ursache	aktuelle Maßnahme	A	B	E	RPZ	empf. Maßnahme	Zu erledigen durch
Bereich: Form / Werkzeug	Form wird nicht ausreichend gefüllt	Abbildungsgenauigkeit wird nicht erreicht	N	Es wird zu wenig plastifizierte Masse eingespritzt	V: Masse erhöhen P: Berechnung der benötigten Masse	8	8	2	128	Vergrößerung des Dosiervolumens durch Erhöhung des Schneckenhubes	
	nach dem Entlüftungsvorgang wird noch Material in die Form gedrückt	verhärteter Bereich in der Angußzone	N	Schnecke ist beim Einspritzvorgang noch nicht in der vorderen Position und durch den Vorschub wird weiteres Material zugeführt	V: Entlüftungsvorgang später einleiten (warten bis die Schnecke in der vorderen Position ist) P: Steuerung der Anlage überprüfen	5	3	4	60	Teilprozesssteuerung komplett überprüfen	
	Das plastifizierte Material schäumt unregelmäßig auf	unregelmäßige Struktur, unterschiedliche Dichte	N	ungleichmäßige Temperaturverteilung im Massezylinder	V: stetiges Erhöhen des Plastifizierdruckes beim Einspritzen	6	7	5	210		

Bild 5.31 Ermittlung der Prozessrisiken beim Spritzgießen von Isoliermaterial *(Fortsetzung)*

Funktion	pot. Fehler	pot. Folge	D	Ursache	aktuelle Maßnahme	A	B	E	RPZ	empf. Maßnahme	Zu erledigen durch
Bereich: Form / Werkzeug (Fortsetzung)	Die in der Form eingespritzten Stränge sind ungleichmäßig verteilt	Abbildungsgenauigkeit wird nicht erreicht	N	Einspritzdruck ist zu gering	V: Versuch P: Einspritzdruck überprüfen	5	9	3	105		
		Produkt weist unterschiedliche Dichten auf	N	Einspritzdruck ist zu hoch, es gelangt zuviel Masse in die Form	V: Versuch P: Einspritzdruck überprüfen	5	8	5	200		
	Oberfläche des aufgeschäumten Werkstücks weist Risse auf und zerfällt bei leichter Kraftanstrengung	unregelmäßige Struktur und Oberflächenbeschaffenheit	N	Schrumpfprozess; wärmere Kernzone gegenüber den oberflächennahen kälteren Bereichen	V: Temperatur der Formheizung erhöhen P: Soll-Temperatur prüfen	6	6	3	108	Konzeptüberprüfung	
				Undichtigkeiten zwischen den Formhälften	P: Trennfugen der Formhälften vermessen	3	6	3	54		

Bild 5.32 Ermittlung der Prozessrisiken beim Spritzgießen von Isoliermaterial *(Fortsetzung)*

Funktion	pot. Fehler	pot. Folge	D	Ursache	aktuelle Maßnahme	A	B	E	RPZ	empf. Maßnahme	Zu erledigen durch
Bereich: Form / Werkzeug (Fortsetzung)	Oberfläche des aufgeschäumten Werkstücks weist Risse auf und zerfällt bei leichter Kraftanstrengung	unregelmäßige Struktur und Oberflächenbeschaffenheit	N	Die Form wird mit Luft (t = 30°C) gefüllt und kühlt die Innenwand der Form ab	V: Einspritzvorgang verzögern (Temperaturausgleich)	6	6	3	108	Konzeptüberprüfung: evtl. mit vorgeheizter Luft die Form beaufschlagen	
	Entlüftung der Form erfolgt zu langsam	Der entstehende Wasserdampf kann nicht vollständig entweichen	N	Bohrungen im Schalldämpfer haben sich zugesetzt	V: Schalldämpfer wechseln und reinigen P: Bohrungsgröße überprüfen	8	7	3	168	Konzeptüberprüfung: Reinigungsanlage für den Schalldämpfer vorsehen	
	Die Werkstücke sind zu schwer bzw. haben eine zu hohe Dichte	als Dämmstoff nicht geeignet	N	Es wird zuviel Masse in die Form gespritzt	V: Dosiervolumen reduzieren	3	8	6	144		

Bild 5.33 Ermittlung der Prozessrisiken beim Spritzgießen von Isoliermaterial *(Fortsetzung)*

5.2.2 Fertigen von Vliesstoffen auf Kalanderanlagen

Vliesstoffe (Englisch: *nonwovens*) sind textile Flächengebilde, bei denen Fasern entweder als Endlosfasern direkt extrudiert und anschließend gelegt werden oder bei denen in einem vorher gelegenen Arbeitsschritt derartige extrudierte Fasern geschnitten und über geeignete Maschinen wieder als Fläche ausgebildet werden. Genutzt werden Vliesstoffe in zahlreichen Branchen wie der Automobil- und Bekleidungsindustrie oder der Bau- oder Medizinbranche.

Ein großer Anteil der am Markt befindlichen Fasern sind thermoplastische Fasern, die im Wesentlichen aus Polypropylen, Polyester oder Polyamid bestehen. Diese Fasern können punktweise durch partielles Anschmelzen miteinander verbunden werden. Dies geschieht auf einer Kalanderanlage mit verschiedenen Walzen. Eine der Walzen weist dabei eine Gravur auf und arbeitet gegen eine glatte Walze. Dieses Verfestigungsverfahren wird auch Thermobonding genannt. Der Vliesstoff wird über ein Band in den Kalander eingeführt und an die Heiztrommel gedrückt. Das Eindringen von Wärme kann mit entsprechender Druckeinstellung reguliert werden. Thermobondier-Kalander haben heutzutage die herkömmlichen chemischen Binderverfestigungsverfahren, die einen anschließenden Trocknungsprozess erfordern, ersetzt.

Die Oberfläche eines so erzeugten Vliesstoffs wird durch die verwendeten Gravurwalzen bestimmt, und für die Gravuren sind praktisch keine Grenzen gesetzt. Von punkt- über rhomben- bis zu strich- und wellenförmigem Design können die unterschiedlichsten Formen eingesetzt werden. Es können auch zwei gravierte Walzen gegeneinander arbeiten. Bild 5.34 zeigt das Schema einer solchen Kalanderanlage.

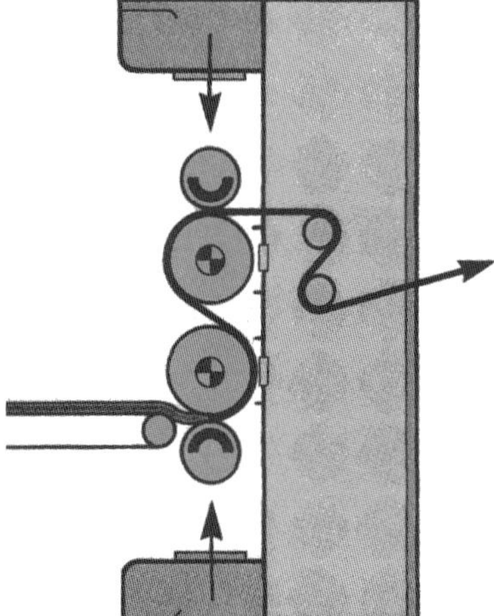

Bild 5.34 Schema eines Kalanders (Quelle: Küsters GmbH & Co. KG)

Eingesetzt wird dieses Verfestigungsverfahren im Wesentlichen bei leichteren Vliesstoffen mit Flächengewichten zwischen 15 und 100 g/m^2. Diese werden sowohl als Abdeckvliese im Hygienebereich als auch für Filtermaterialien oder als sogenannte Einlagematerialien bei der Oberbekleidungskonfektion verwendet.

Für die späteren Verwendungszwecke sind selbstverständlich definierte Spezifikationen wie Festigkeit in Produktionsrichtung bzw. quer dazu, Dehnung in beide Richtungen, Arbeitsaufnahmevermögen in beide Richtungen, Anteil der verfestigten zur unverfestigten Fläche, Einhaltung des textilen Charakters usw. vorgegeben.

Um diese Parameter zu erhalten, müssen sowohl die Materialparameter als auch die Fasereigenschaften (dick/dünn oder lang/kurz oder glatt/gekräuselt) definiert sein sowie die Gleichmäßigkeit der Gewichtsverteilung über das vor der Verfestigung vorhandene Flächengebilde und die Lage der Fasern in dieser Fläche (quer oder längs).

Des Weiteren sind die Konstruktionsdaten des Kalanders bzw. der Walzen wichtig, wie

- Walzendurchmesser,
- Walzenzylindrizität,
- Ebenheit der glatten Walze,
- Gleichmäßigkeit der Gravur und
- Parallelität der Walzen.

Ebenso sind die physikalischen Verfestigungsparameter von großem Einfluss, wie die Temperatur und Temperaturgleichmäßigkeit, der Druck und die Druckgleichmäßigkeit über die Breite sowie die Geschwindigkeit.

Das vor dem Kalander vorhandene lose Flächengebilde muss ohne große Zugbeanspruchung in den Kalanderspalt einlaufen, um Umorientierungen der Fasern zu vermeiden. Außerdem darf hinter dem Kalanderspalt nur ein geringer Verzug vorhanden sein. Da das Material im Kalanderspalt erwärmt wird und sich hierdurch auch eine Veränderung der Kristallisation ergibt, muss es unverzüglich nach Verlassen des Kalanderspalts abgekühlt werden, um diesen Rekristallisationsprozess möglichst zu stoppen.

In Bild 5.35 sind die wichtigsten Einflussparameter, bezogen auf die Produktqualität der herzustellenden Vliese, zusammengefasst.

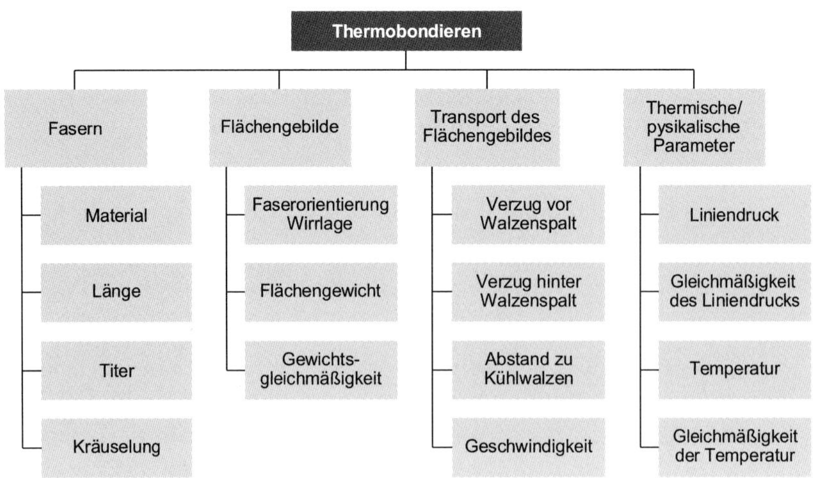

Bild 5.35 Einflüsse auf die Produktqualität beim Thermobondieren

Ein Vergleich zwischen den einzelnen Parametern des Thermobondierens zeigte auf, dass insbesondere die Regelung und Einstellung einer gleichmäßigen Temperatur über die Walzenbreite einen großen Einfluss auf die Produktqualität ausübt. Mithilfe der FMEA soll deshalb untersucht werden, welche möglichen Fehler von diesem Prozessparameter ausgehen (Bild 5.37 bis Bild 5.39).

In Bild 5.36 sind die Gravurpunkte, die sich auf einer der Walzen befinden, sowie einzelne verfestigte Punkte des Vlieses dargestellt.

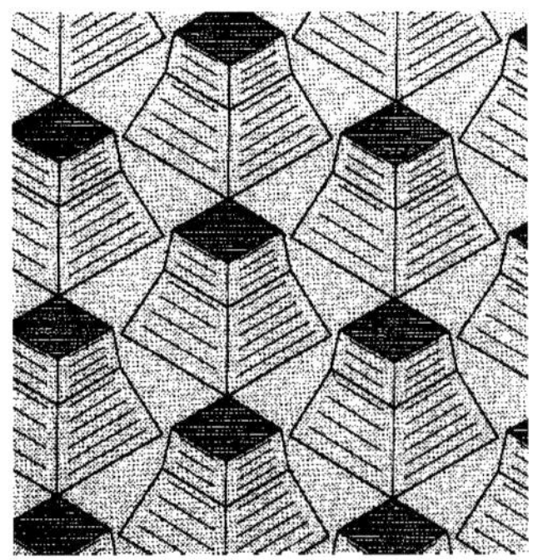

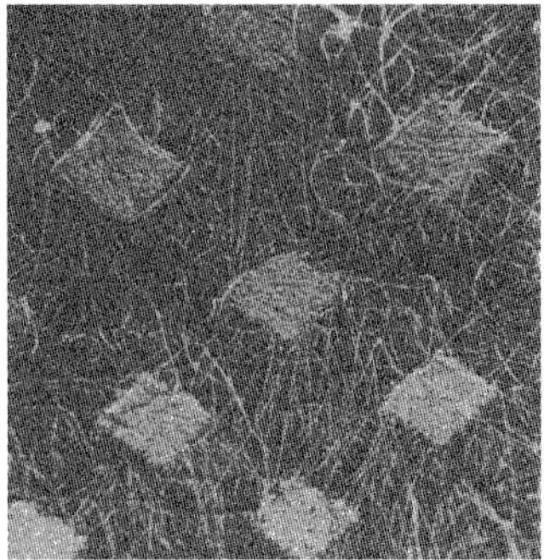

Bild 5.36 Walzengravur (links) sowie verfestigte Punkte eines Vlieses (rechts) (Quelle: Küsters GmbH & Co. KG)

Name der FMEA			
Fertigen von Bahnwaren auf einer Kalanderanlage			
Gegenstand der FMEA	**Datum der letzten Änderung**	**FMEA-Typ**	**FMEA-Status**
Temperaturregelung der Walzen		Prozess	Vorläufig
Verantwortlicher Bereich	**Bearbeiter/Bearbeiterin**	**Betroffene Bereiche**	**Attribute**
FMEA-Team			

Funktion	pot. Fehler	pot. Folge	D	Ursache	aktuelle Maßnahme	A	B	E	RPZ	empf. Maßnahme	Zu erledigen durch
gleichmäßige Oberflächen-temperatur der Walzen erzeugen	Temperatur der Walzen wird nicht erreicht (ist < soll)	Vlies wird nicht ausreichend verfestigt	N	Heizleistung zu niedrig	V: Dimensionierung überprüfen P: Temperatureinstellung prüfen	2	7	5	70	Heizaggregat im Labor testen	
			N	Abkühleffekt durch Umgebung zu hoch	V: Zuluft unterbinden, Raum schließen P: Raumtemperatur messen	6	7	7	294	Zuluftsystem überprüfen	

Bild 5.37 Nachweis der Prozesssicherheit bei der Vliesstoffherstellung

Funktion	pot. Fehler	pot. Folge	D	Ursache	aktuelle Maßnahme	A	B	E	RPZ	empf. Maßnahme	Zu erledigen durch
gleichmäßige Oberflächentemperatur der Walzen erzeugen	Temperatur der Walzen wird nicht erreicht (ist < soll)	Vlies wird nicht ausreichend verfestigt	N	Abkühlefekt durch das Material (Vlies) ist zu hoch	V: Geschwindigkeit reduzieren P: Vergleich der eingestellten Geschw. mit den Auslegungsdaten	5	7	5	175		
			N	zu hohe Geschwindigkeit	V: Geschwindigkeit reduzieren P: Geschw. messen/ prüfen	5	7	5	175		
			N	Temperaturregler defekt	P: Regler überprüfen	3	7	6	126	Konzept überprüfen	
			N	Temperaturfühler defekt	V: Fühler wechseln P: Fühler überprüfen	5	7	5	175	weiteren Fühler zur Kontrolle vorsehen	
			N	Heizung defekt	P: Heizleistung prüfen	1	7	5	35		

Bild 5.38 Nachweis der Prozesssicherheit bei der Vliesstoffherstellung *(Fortsetzung)*

Funktion	pot. Fehler	pot. Folge	D	Ursache	aktuelle Maßnahme	A	B	E	RPZ	empf. Maßnahme	Zu erledigen durch
gleichmäßige Oberflächentemperatur der Walzen erzeugen	Temperatur der Walzen ist zu hoch (ist > soll)	Vlies klebt an den Walzenoberflächen	N	Temperaturregler defekt	V: Temperatur herunterregeln P: Regler überprüfen	3	8	6	144		
			N	Temperaturfühler defekt	V: Fühler wechseln P: Fühler prüfen	5	8	5	200	weiteren Fühler zur Kontrolle vorsehen	
	Temperatur schwankt über die Zeit	Verfestigung ist ungleichmäßig	N	Temperaturregler defekt	V: Temperatur herunterregeln P: Regler überprüfen	3	7	8	168		
			N	Abkühlung durch Umgebung	V: Windzug vermeiden P: Umgebungstemp. messen	5	7	8	280		
	Temperatur ist ungleichmäßig über die Walzenbreite	Verfestigung ist ungleichmäßig	N	Thermalölmenge zu gering	V: Auslegung überprüfen P: Mengenprüfung	3	7	7	147		

Bild 5.39 Nachweis der Prozesssicherheit bei der Vliesstoffherstellung *(Fortsetzung)*

6 Risiko- und Gefahrenanalyse im Rahmen der CE-Kennzeichnung

Der Gesetzgeber stellt immer höhere Anforderungen an die Sorgfaltspflicht der Hersteller von Produkten. Auch Gesetzesinitiativen der Europäischen Union (EU) wurden und werden dafür in nationales Recht umgesetzt. Aus diesem Grund sind immer mehr Gesetze und Verordnungen bereits in der Produktentwicklungsphase zu berücksichtigen. Ziel dieser Vorgaben ist es, von auf dem Markt befindlichen Produkten ausgehende Gefahren zu minimieren und besonders die Sicherheit von Personen zu erhöhen.

Auswahl wichtiger Gesetze und Verordnungen:

- Produkthaftungsgesetz (ProdHaftG)
- Bürgerliches Gesetzbuch (§ 823 BGB)
- Produktsicherheitsgesetz (ProdSG)
- EG-Maschinenrichtlinie (9. Verordnung zum Geräte- und Produktsicherheitsgesetz)
- Arbeitsschutzgesetz (ArbSchG)
- Vorschriften der Berufsgenossenschaften
- ...

Einen zentralen Punkt in der deutschen Rechtsprechung nimmt das aktuelle Produktsicherheitsgesetz (ProdSG) ein. Historisch geht es auf das Gerätesicherheitsgesetz (GSG) aus dem Jahr 1968 zurück. Das GSG wurde 2004 aufgrund des Gesetzes zur Neuordnung der Sicherheit von technischen Arbeitsmitteln und Verbraucherprodukten (BGBl. I 2004 S. 2) mit dem Produktsicherheitsgesetz (ProdSichG) aus dem Jahr 1997 zusammengeführt und durch das Geräte- und Produktsicherheitsgesetz (GPSG) abgelöst (Bild 6.1). Mit dieser Neuordnung wurde erstmals die europäische Maschinenrichtlinie über die allgemeine Produktsicherheit in deutsches Recht umgesetzt.

Unser Ziel ist es, die Bedeutung einer gewissenhaft durchgeführten Gefahrenanalyse für das Unternehmen und die Angestellten aufzuzeigen. Ausschließlich dafür erfolgt eine vereinfachte Einordnung der Gefahrenanalyse in die CE-Kennzeichnung und den rechtlichen Rahmen. Für die Durchführung einer CE-Kennzeichnung und besonders die Bewertung von rechtlichen Fragestellungen, sind Fachliteratur und Originalquellen heranzuziehen.

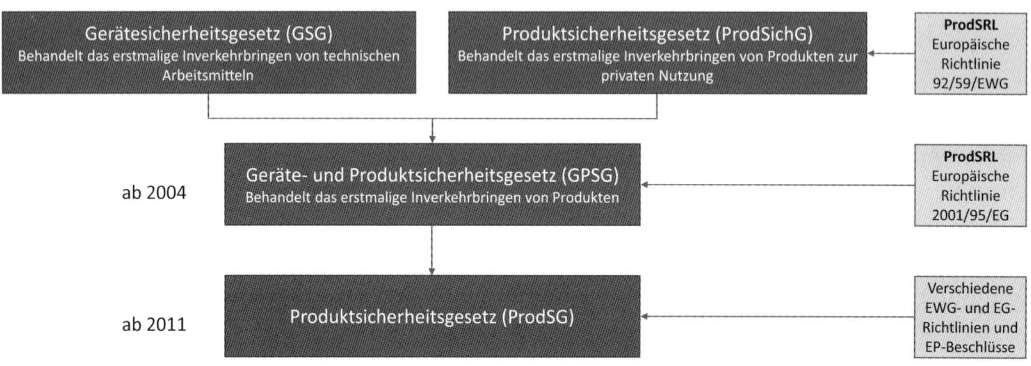

Bild 6.1 Historie des Produktsicherheitsgesetz (ProdSG)

Das GPSG sah unter anderem erstmals vor, dass neben der bestimmungsgemäßen Verwendung auch die vorhersehbare Fehlanwendung eines Produkts durch den Hersteller zu berücksichtigen ist, um durch Fehlanwendungen schwere Unfälle zu verhindern.

2011 trat das aktuelle Produktsicherheitsgesetz (ProdSG) in Kraft und löste das GPSG ab. In Verbindung mit der Maschinenverordnung (9. Verordnung zum Geräte- und Produktsicherheitsgesetz, Umsetzung der Richtlinie 2006/42/EG) und den harmonisierten bzw. nicht harmonisierten europäischen Normen (EN) setzt die Bundesrepublik Deutschland die Richtlinien zur allgemeinen Produktsicherheit um.

Mit der überarbeiteten Maschinenrichtlinie 2006/42/EG wird weiterhin die gleiche Zielsetzung im Hinblick auf die Produktsicherheit verfolgt, denn es sollen sich ausschließlich sichere Produkte auf dem Markt befinden. Verschiedene Kritikpunkte wurden behoben und einige Bereiche ergänzt. Insgesamt gab es aber keine größeren Änderungen. Einen guten Überblick über die Veränderungen mit einer Kommentierung wurde von der Kommission Arbeitsschutz und Normung herausgegeben (Bamberg und Boy 2008).

Zur besseren Einordung der einzelnen Zusammenhänge ist in Bild 6.2 ein vereinfachter Überblick über die unterschiedlichen rechtlichen Elemente im europäischen Produktsicherheitsrecht dargestellt. Detaillierter gehen andere Quellen auf diese Fragestellungen ein, z. B. (Lach und Polly 2017) sowie (Neudörfer 2016).

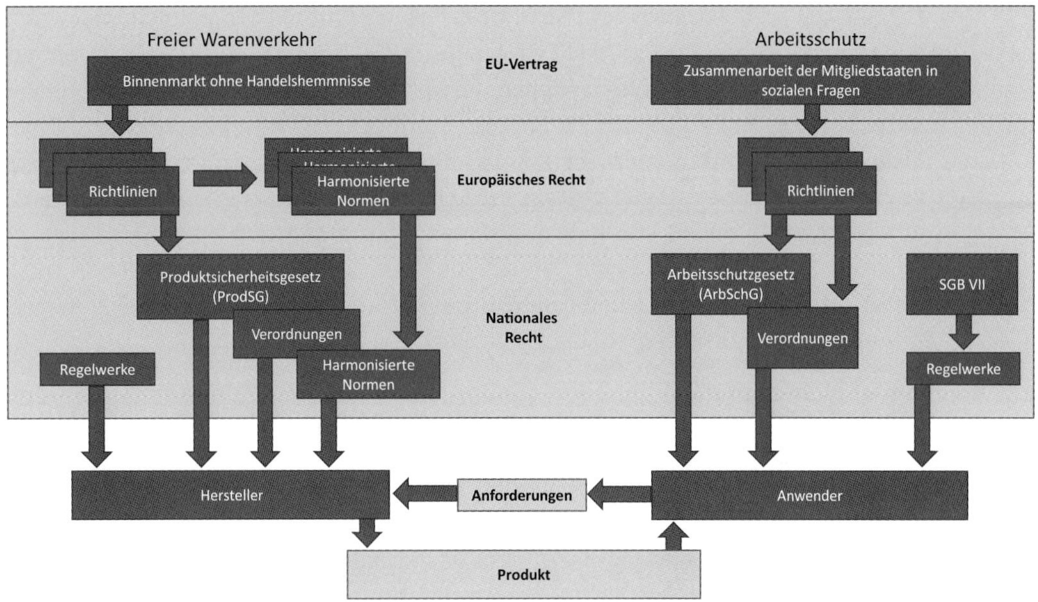

Bild 6.2 Zusammenhang zwischen nationalem und europäischem Recht

Erkennbar ist, dass nicht nur das ProdSG mit den entsprechenden Vorordnungen einen Einfluss auf das Produkt hat, sondern auch von anderen Seiten rechtliche Aspekt zu berücksichtigen sind. Ein wichtiges Beispiel ist der Arbeitsschutz. Auch diese Anforderungen an das Produkt müssen zusätzlich berücksichtigt werden.

Neben dem ProdSG und den Verordnungen sind in Bezug auf die Sicherheit von Produkten die harmonisierten Normen von besonderer Bedeutung. Die einzelnen Mitgliedstaaten sind verpflichtet, diese Normen unverändert in das nationale Normenwerk zu übernehmen. In der Bundesrepublik Deutschland werden diese europäischen Normen (EN) vom Deutschen Institut für Normung e. V. (DIN) als DIN EN herausgegeben. Ob es sich jeweils um eine sogenannte harmonisierte Norm handelt oder nicht, ist jeweils dem Vorwort zu entnehmen. Nur die Kennzeichnung als EN ist kein ausreichendes Erkennungsmerkmal.

Struktur des europäischen Normenwerks:

- Typ A-Normen: Sicherheitsgrundnormen (z. B. Sicherheit von Maschinen, DIN EN ISO 12100)
- Typ B-Normen: Sicherheitsfachgrundnormen (z. B. Not-Halt-Funktion, DIN EN ISO 13850)
- Typ C-Normen: Maschinensicherheitsnormen (z. B. Drehmaschinen, DIN EN ISO 23125)

Das europäische Normenwerk ist in drei Ebenen unterteilt, die aufeinander aufbauen und sich ergänzen. Vom Typ A zum Typ C beziehen sich die Normen auf immer speziellere Maschinengruppen. Entsprechend werden in einer Maschinensicherheitsnorm (Typ C) sehr detaillierte Festlegungen zu Gefährdungen für spezielle Maschinenarten oder Gruppe getroffen. Vorzugweise sollten dieser Typ C recherchiert und verwendet werden. Ist keine Maschinensicherheitsnorm (Typ C) auf das eigene Produkt anwendbar, kann eine Sicherheitsfachgrundnorm (Typ B) angewandt werden. Zum Erreichen des gleichen Sicherheitsniveaus einer Typ C-Norm, ist eine auf den eigenen Erfahrungen beruhende Gefahrenanalyse durchzuführen und die Entscheidungen ausreichend zu dokumentierten.

Normen

Normen haben keinen rechtlich bindenden Charakter wie z. B. Gesetze und Verordnungen. Sie stellen nur Empfehlungen dar, die umgesetzt werden können. Sie sind aber ein Indiz für die Anwendung des Stands der Technik, was im Produktsicherheitsrecht eine wichtige Rolle spielt. ■

Der große Vorteil bei der Anwendung von harmonisierten Normen liegt in der Konformitätsvermutung. Diese gilt jedoch ausschließlich für harmonisierte Normen. Bei der Anwendung von Typ C-Normen kann der Hersteller zunächst davon ausgehen, dass alle Sicherheitsanforderungen der Maschinenrichtlinie erfüllt sind. Notwendige Gefahrenanalysen und Risikobewertungen wurden bereits nach dem Stand der Technik bei Erstellung der Norm durchgeführt. Aus diesem Grund unterliegen diese Normen auch ständig einer Überarbeitung und Anpassung. Unternehmensinterne Prozesse sollten deshalb darauf ausgerichtet sein und sollten die verwendeten Normen hinsichtlich der Aktualität regelmäßig überprüfen, um nicht hinter den Stand der Technik zurückzufallen.

Konformitätsvermutung bei harmonisierten Normen

Die Anwendung einer harmonisierten Norm bewirkt eine Konformitätsvermutung an die grundlegenden Anforderungen des Anhangs I der Maschinenrichtlinie. Es entbindet jedoch nicht von der Pflicht, Risikobeurteilungen durchzuführen. Beispielsweise könnten bestimme Risiken nicht von der Norm erfasst worden sein. ■

Werden andere Normen, Regelwerke oder eigene sicherheitstechnische Lösungen eingesetzt, so dreht sich die Beweislast um. Gegenüber der Marktaufsichtsbehörde muss die Erfüllung der Anforderungen aus der Maschinenrichtlinie nachgewiesen werden. Eine Möglichkeit, diesen Nachweis zu erbringen, ist eine freiwillige GS-Gebrauchsmusterprüfung bei einer vom Bundesministerium für Wirtschaft und Arbeit notifizierten Stelle durchführen zu lassen. In einigen Fällen ist das sogar vorgeschrieben.

GS-Zeichen (Geprüfte Sicherheit)

Das GS-Zeichen ist ein rein nationales Zeichen, das von einer notifizierten und akkreditierten Prüf- und Zertifizierungsstelle bei erfolgreicher Prüfung des Produkts vergeben wird. Die Zielsetzung ist weitestgehend mit der Maschinenrichtlinie identisch. Mit dem GS-Zeichen wird von einer neutralen Prüfstelle bestätigt, dass alle relevanten Vorschriften eingehalten werden und das Produktmuster erfolgreich auf Sicherheit geprüft wurde.

Das ProdSG findet immer Anwendung, wenn Produkte auf dem Markt bereitgestellt, ausgestellt oder erstmals verwendet werden (§ 1 Abs. 1 ProdSG). Es gilt auch für die Errichtung und den Betrieb überwachungsbedürftiger Anlagen, die gewerblichen oder wirtschaftlichen Zwecken dienen oder durch die Beschäftigte gefährdet werden können (§ 1 Abs. 2 ProdSG). Im Gegenzug sind bestimmte Produktgruppen ausgeschlossen. Damit ist das ProdSG ein produktsicherheitsrechtliches Auffanggesetz, das Produkte, für die keine Spezialvorschriften gelten, abdeckt (§ 1 Abs. 4 ProdSG).

Eine Auswahl von Bezugsmöglichkeiten und Internetverweisen von Gesetzen, Verordnungen, EU-Richtlinien, Normen und Regelwerken sind in Anhang C zu finden.

Ausgeschlossene Produktgruppen (§ 1 Abs. 3 ProdSG):

- Antiquitäten
- Militärprodukte
- Lebensmittel
- Medizinprodukte
- Umschließungen für die Beförderung gefährlicher Güter
- Pflanzenschutzmittel
- ...

Unter anderem verpflichtet das ProdSG die Hersteller in einer Konformitätserklärung zu bestätigen, dass das von ihnen in Verkehr gebrachte Produkt allen einschlägigen Sicherheits- und Gesundheitsanforderungen entspricht. Dieser Erklärung geht dabei eine Konformitätsbewertung voraus. In DIN EN ISO/IEC 17000, „Konformitätsbewertung – Begriffe und allgemeine Grundlagen“, ist dies als „Darlegung, dass festgelegte Anforderungen bezogen auf ein Produkt, einen Prozess, ein System, eine Person oder eine Stelle erfüllt sind“ definiert. Je nach Produkt können dabei verschiedene Verfahren zur Konformitätsbewertung zum Einsatz kommen. Welches dieser Verfahren anzuwenden ist, hängt von der entsprechenden Richtlinie und vom Risikopotenzial des Produkts ab. Ein Hersteller ist also verpflichtet, eine Risikobeurteilung vorzunehmen, um alle mit der Maschine verbundenen Gefahren zu ermitteln. Anschließend kann die Maschine dann unter Berücksichtigung der Analyseergebnisse entworfen und gebaut werden, sonst ist eine Bereitstellung auf dem Markt nach § 3 ProdSG nicht zulässig. Das grundsätzliche Vorgehen bei der CE-Kennzeichnung von Produkten ist in Bild 6.3 dargestellt.

§ 3 ProdSG

„Ein Produkt darf, soweit es nicht Absatz 1 unterliegt, nur auf dem Markt bereitgestellt werden, wenn es bei bestimmungsgemäßer oder vorhersehbarer Verwendung die Sicherheit und Gesundheit von Personen nicht gefährdet. Bei der Beurteilung, ob ein Produkt der Anforderung nach Satz 1 entspricht, sind insbesondere zu berücksichtigen:

1. die Eigenschaften des Produkts einschließlich seiner Zusammensetzung, seine Verpackung, die Anleitungen für seinen Zusammenbau, die Installation, die Wartung und die Gebrauchsdauer,
2. die Einwirkungen des Produkts auf andere Produkte, soweit zu erwarten ist, dass es zusammen mit anderen Produkten verwendet wird,
3. die Aufmachung des Produkts, seine Kennzeichnung, die Warnhinweise, die Gebrauchs- und Bedienungsanleitung, die Angaben zu seiner Beseitigung sowie alle sonstigen produktbezogenen Angaben oder Informationen,
4. die Gruppen von Verwendern, die bei der Verwendung des Produkts stärker gefährdet sind als andere."

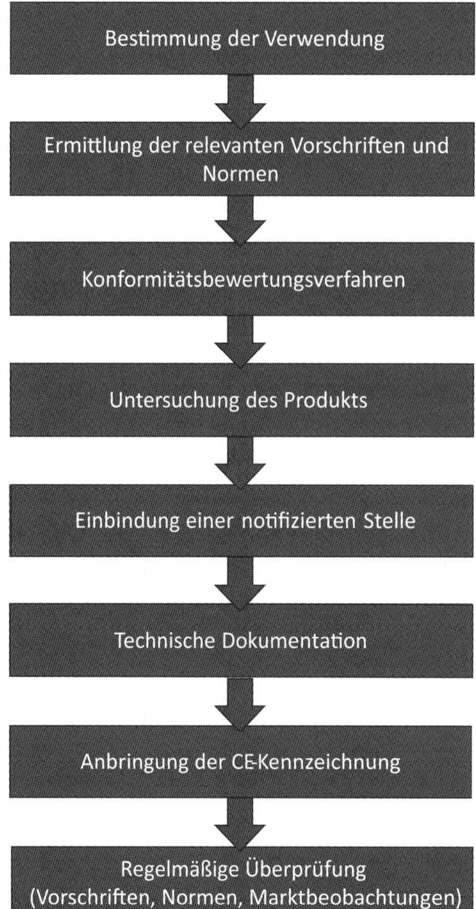

Bild 6.3
Vorgehen bei der CE-Kennzeichnung

Bestimmung der Verwendung

Im ersten Schritt wird die bestimmungsmäßige Verwendung festgelegt. Diese Vorüberlegungen helfen im folgenden Schritt, die relevanten Vorschriften und Normen zu ermitteln. Weitere Schritte sind teilweise davon abhängig.

Ermittlung der relevanten Vorschriften und Normen

Auf dem Weg zur CE-Kennzeichnung ist das einer der wichtigsten Schritte, daher sollte er sehr sorgfältig durchgeführt werden. Von der Berücksichtigung aller relevanten Vorhaben hängt später der erfolgreiche gesetzeskonforme Marktzugang ab. Je nach Produkt werden zum Teil sehr unterschiedliche Anforderungen an die CE-Kennzeichnung gestellt und müssen berücksichtigt werden. Besonders wichtig sind hierbei die harmonisierten Normen, aus denen sich später eine Konformitätsvermutung ableiten lässt.

Konformitätsbewertungsverfahren

Nach der Feststellung der relevanten Vorschriften und Normen ist zu überprüfen, ob das Produkt diese auch erfüllt und welche weiteren Maßnahmen sich daraus ableiten. Beispielsweise kann die Durchführung einer Risikobeurteilung oder die Einführung eines Qualitätsmanagementsystems gefordert werden, wobei besonders die Risikobeurteilung (siehe z. B. für Maschinen Anhang I Nr. 1 der Maschinenrichtlinie 2006/42/EG) ein weiteres wichtiges Thema ist, auch in Bezug auf die Produkthaftung.

Damit später die ordnungsgemäße Konformitätsbewertung gegenüber der Marktüberwachungsbehörde nachgewiesen werden kann, ist auf eine systematische Vorgehensweise sowie eine sorgfältige Dokumentation zu achten und die entsprechenden Anforderungen aus den Harmonisierungsvorschriften sind zu berücksichtigen.

Auszug aus der Maschinenrichtlinie 2006/42/EG Anhang I Nr. 1

„Der Hersteller einer Maschine oder sein Bevollmächtigter hat dafür zu sorgen, dass eine Risikobeurteilung vorgenommen wird, um die für die Maschine geltenden Sicherheits- und Gesundheitsschutzanforderungen zu ermitteln. Die Maschine muss dann unter Berücksichtigung der Ergebnisse der Risikobeurteilung konstruiert und gebaut werden.

Bei den vorgenannten iterativen Verfahren der Risikobeurteilung und Risikominderung hat der Hersteller oder sein Bevollmächtigter

- die Grenzen der Maschine zu bestimmen, was ihre bestimmungsgemäße Verwendung und jede vernünftigerweise vorhersehbare Fehlanwendung einschließt;
- die Gefährdungen, die von der Maschine ausgehen können, und die damit verbundenen Gefährdungssituationen zu ermitteln;

- die Risiken abzuschätzen unter Berücksichtigung der Schwere möglicher Verletzungen oder Gesundheitsschäden und der Wahrscheinlichkeit ihres Eintretens;
- die Risiken zu bewerten, um zu ermitteln, ob eine Risikominderung gemäß dem Ziel dieser Richtlinie erforderlich ist;
- die Gefährdungen auszuschalten oder durch Anwendung von Schutzmaßnahmen, die mit diesen Gefährdungen verbundenen Risiken in der in Nummer 1.1.2 Buchstabe b festgelegten Rangfolge zu mindern."

Die harmonisierte Norm DIN EN ISO 12100 enthält sicherheitstechnische Festlegungen im Sinne des Produktsicherheitsgesetzes (ProdSG) und steht im Zusammenhang mit der EG-Maschinenrichtlinie. Innerhalb dieser Dokumente sind einige Empfehlungen zur Risikobeurteilung aufgeführt. Die Norm wurde entwickelt, um Herstellern eine Anleitung für ein geschlossenes systematisches Verfahren zur Risikobeurteilung zur Verfügung zu stellen. Enthalten sind hier allgemeine Leitsätze, um die in DIN EN ISO 12100 aufgestellten Ziele zur Risikominderung zu erreichen.

Untersuchung des Produkts

In einem weiteren Schritt sollte an einem seriennahen Prototyp eine Überprüfung der realen Sicherheit erfolgen. Neben den Gefahren aus der bestimmungsgemäßen Anwendung sind hier auch vorhersehbare Zweckentfremdungen zu berücksichtigen.

Einbindung einer notifizierten Stelle

In zahlreichen Harmonisierungsvorschriften ist die Einbindung einer notifizierten Stelle gefordert, auch wenn es ich bei der CE-Kennzeichnung grundsätzlich um eine Selbstzertifizierung handelt.

Notifizierte Stellen

Notifizierte Stellen sind besondere Einrichtungen, z. B. DEKRA, TÜV Nord oder TÜV Rheinland, die die Befugnis haben, Konformitätsbewertungsaufgaben wahrzunehmen. In Deutschland wird die Befugnis von der Zentralstelle der Länder für Sicherheitstechnik (ZLS) erteilt.

Technische Dokumentation

Die Technische Dokumentation ist für das Anbringen der CE-Kennzeichnung eine zwingende Voraussetzung und hat in den letzten Jahren eine immer größere Bedeutung bekommen. Im Wesentlichen unterteilt sich die Technische Dokumentation in zwei Bereiche:

- interne Dokumentation
  - Hierbei handelt es sich um die gesamte Dokumentation, die nach der entsprechend gültigen EU-Richtlinie vorgeschrieben ist, um ein Produkt in Verkehr zu bringen.
  - Diese Dokumente verbleiben beim Hersteller bzw. In-Verkehr-Bringer.
- externe Dokumentation: Dieser Teil enthält Dokumente, die dem Endbenutzer zur Verfügung gestellt werden. Diese Dokumente müssen dabei jeweils in der Landessprache verfasst werden.

In Anhang VII der Maschinenrichtlinie 2006/42/EG wird das Verfahren zur Erstellung der Technischen Dokumentation für Produkte, die unter diese Richtlinie fallen, beschrieben. Anhand dieser Unterlagen muss es möglich sein, die Übereinstimmung der Maschine mit den Anforderungen dieser Richtlinie zu beurteilen.

Tabelle 6.1 Checkliste für die Technische Dokumentation nach der Maschinenrichtlinie 2006/42/EG

Nr.	Unterlagen/Dokumentenform/Dokument	Status
1	Allgemeine Beschreibung der Maschine bzw. Anlage	
2	Übersichtszeichnung und Schaltpläne etc. der Maschine, die zum Verständnis der Funktionsweise erforderlich sind	
3	Detaillierte und vollständige Pläne, evtl. mit Berechnungen, Versuchsergebnissen usw. für die Überprüfung der Übereinstimmung der Maschine mit den grundlegenden Sicherheits- und Gesundheitsanforderungen	
4	**Unterlagen über die Risikobeurteilung, aus denen hervorgeht, welches Verfahren angewandt wurde** ▪ **Liste der grundlegenden Sicherheits- und Gesundheitsschutzanforderungen** ▪ **Beschreibung der zur Abwendung ermittelter Gefährdungen oder zur Risikominderung ergriffenen Schutzmaßnahmen und gegebenenfalls eine Angabe der von der Maschine ausgehenden Restrisiken**	
5	Angewandte Normen und sonstige technische Spezifikationen	
6	Technische Berichte oder jegliches von einer zuständigen Stelle ausgestellte Zertifikat in Bezug auf eine Überprüfung der Konformität	
7	Ein Exemplar der Betriebsanleitung wird vorgeschrieben.	

Tabelle 6.1 Checkliste für die Technische Dokumentation nach der Maschinenrichtlinie 2006/42/EG *(Fortsetzung)*

Nr.	Unterlagen/Dokumentenform/Dokument	Status
8	Für unvollständige Maschinen ist die Einbauerklärung und die Montageanleitung notwendig.	
9	Eine Kopie der EG-Konformitätserklärung für in die Maschine eingebaute andere Maschinen oder Produkte ist beizulegen.	
10	Eine Kopie der EG-Konformitätserklärung selbst gehört zum Umfang.	

Den genauen Umfang legen die entsprechen Harmonisierungsvorschriften fest. Diese Unterlagen sind zugriffssicher im Unternehmen aufzubewahren und auf Verlangen der Marktüberwachungsbehörde herauszugeben.

Anbringung der CE-Kennzeichnung

Bevor das Produkt auf den Markt gebracht wird, muss die CE-Kennzeichnung sichtbar, lesbar und dauerhaft auf dem Produkt angebracht werden. Ausnahmen werden in den entsprechen Vorschriften genannt. Wichtig dabei ist es, die vorgegebenen geometrischen Abmessungen einzuhalten, damit es nicht zu Verwechselungen mit anderen sehr ähnlichen Kennzeichnungen kommt (z. B. China Export).

Mit der CE-Kennzeichnung erklärt der Hersteller die Einhaltung der europäischen Vorschriften. Dies gilt unabhängig davon, ob der Hersteller innerhalb oder außerhalb der europäischen Gemeinschaft ansässig ist.

Wer eine CE-Kennzeichnung an einem Produkt anbringt, erklärt damit gegenüber der Marktüberwachungsbehörde, dass

- das Produkt allen geltenden europäischen Vorschriften entspricht und
- es den vorgeschriebenen Konformitätsbewertungsverfahren unterzogen wurde.

Es handelt sich damit nicht um eine Qualitätskennzeichnung, sondern um eine Selbstzertifizierung. Die Prüfung der Konformität kann von Dritten übernommen werden, die Verantwortung trägt aber der Hersteller immer selbst.

Regelmäßige Überprüfung

In regelmäßigen Abständen sollten die einzelnen Schritte auf Veränderungen hin überprüft werden, damit das Produkt nicht hinter den Stand der Technik zurückfällt und gegebenenfalls nicht mehr den Anforderungen genügt. Besonders die Harmonisierungsvorschriften sind einem ständigen Wandel unterlegen und werden regelmäßig an neue Erkenntnisse angepasst. Eine zusätzliche Maßnahme ist die Markbeobachtung der eigenen Produktgruppe, umso auf neue, in der Praxis vorkommende Gefahrenquellen reagieren zu können.

Im Ergebnis wird mit der CE-Kennzeichnung die Sicherheit des Produkts gegenüber der Marktüberwachungsbehörde nachgewiesen. Zusätzlich zum öffentlichen Recht (z. B. Produktsicherheitsgesetz) sind Hersteller und Mitarbeiter eines Unternehmens noch verschiedenen anderen produkthaftungsrechtlichen Risiken ausgesetzt. In Haftungsfragen kommen zusätzlich das Zivilrecht (z. B. Sachmängelgewährleistung aus dem Vertragsrecht, verschuldensunabhängige Haftung nach dem Produkthaftungsgesetz) und das Strafrecht (z. B. persönliche strafrechtliche Haftung wie fahrlässige Körperverletzung) zum Tragen.

Bürgerliches Gesetzbuch (§ 823 Abs. 1 BGB)

Wer vorsätzlich oder fahrlässig das Leben, den Körper, die Gesundheit, die Freiheit, das Eigentum oder ein sonstiges Recht eines anderen widerrechtlich verletzt, ist dem anderen zum Ersatz des daraus entstehenden Schadens verpflichtet.

Die Produkthaftung beruht in Deutschland auf dem Produkthaftungsgesetz (ProdHaftG) und § 823 Abs. 1 BGB. Ein Hersteller haftet für sein Produkt im Sinne des Produkthaftungsgesetzes, wenn das Produkt einen sicherheitstechnischen Mangel hat. Dabei gilt der in der deutschen Rechtsprechung unübliche Grundsatz der verschuldensunabhängigen Haftung. Der Hersteller haftet damit immer für sicherheitsrelevante Fehler seiner Produkte. Eine Begrenzung dieser Haftung ist nicht möglich. Nach § 823 BGB haftet der Hersteller bei vorsätzlichen oder fahrlässigen Produktfehlern, die das Leben, den Körper, die Gesundheit, die Freiheit, das Eigentum oder ein sonstiges Recht anderer verletzt.

Schwere oder tödliche Unfälle, die durch das Produkt verursacht wurden, können neben zivilrechtlichen auch gegebenenfalls persönliche strafrechtliche Konsequenzen haben. Lassen sich diese Unfälle auf z. B. Konstruktionsfehler zurückführen, steht der Konstrukteur selbst in der Verantwortung. Während häufig die zivilrechtliche Verantwortung durch Versicherungen abgedeckt ist, gibt es bei der strafrechtlichen Verantwortung keine Versicherung. Dabei orientiert sich das Maß der Verantwortung im Straf- und Zivilrecht bei schweren Unfällen nicht ausschließlich an allgemein anerkannte Regeln der Technik und dem Stand der Technik, sondern setzt die Maßstäbe höher an. Das bedeutet, dass auch immer der neueste allgemein zugängliche Stand von Wissenschaft und Technik berücksichtigt werden sollte (Neudörfer 2016).

Unbestimmte Begriffe:

- allgemein anerkannte Regeln der Technik (z. B. VDI-Richtlinien, Normen ...)
- Stand der Technik (z. B. harmonisierte europäische Normen, Prüfgrundsätze berufsgenossenschaftlicher Fachausschüsse ...)
- Stand von Wissenschaft und Technik (z. B. neueste Literatur, wissenschaftliche Erkenntnisse ...)

Weitere Haftungsrisiken sind aus dem Vertrags- (z. B. Gewährleistung, Sachmängelhaftung) und Deliktrecht (z. B. Produzentenhaftung) abzuleiten. Einen Mangel hat ein Produkt bereits dann, wenn die tatsächliche Beschaffenheit negativ von der vertraglich vereinbarten Beschaffenheit abweicht und zwar unabhängig davon, ob das Produkt einen sicherheitsrelevanten Fehler aufweist. Auch die Bedienungsanleitung ist Teil des Produkts und hat zur Folge, dass bereits Fehler in einer begleitenden Dokumentation dazu führen können, dass ein Produktmangel vorhanden ist, unabhängig davon, ob das Produkt selbst einen sicherheitsrelevanten Fehler aufweist.

Gewissenhaft durchgeführte Gefahrenanalysen sind zur Reduzierung der unternehmerischen und persönlichen Risiken ein wichtiges Hilfsmittel.

6.1 Risikobeurteilung nach DIN EN ISO 12100

Nach DIN EN ISO 12100 ist die Risikobeurteilung eine Folge von logischen Schritten, die die systematische Analyse und Bewertung von Risiken erlauben, die von Maschinen ausgehen. 2013 ersetzte die DIN EN ISO 12100 die zurückgezogene DIN EN ISO 14121, wobei die Veränderungen in Hinblick auf die Risikoanalyse und -beurteilung im Unternehmen marginal sind.

Schon im Ursprung folgt die DIN EN ISO 14121 den wichtigen Schritten der Risikobeurteilung nach DIN EN ISO 12100-1:2004 (ersetzt durch die aktuelle DIN EN ISO 12100:2011). Die Wiederholung der Risikobeurteilung kann erforderlich sein, um Gefährdungen so weit wie durchführbar zu beseitigen und um Risiken hinreichend zu vermindern, indem Schutzmaßnahmen umgesetzt werden. Für die Durchführung der Gefahrenanalyse gibt es dabei keine gesetzlich vorgeschriebene Form. Es wird auch nicht vorgeschrieben, welche Methode anzuwenden ist. In Bild 6.4 sind einige der bekanntesten Methoden dargestellt.

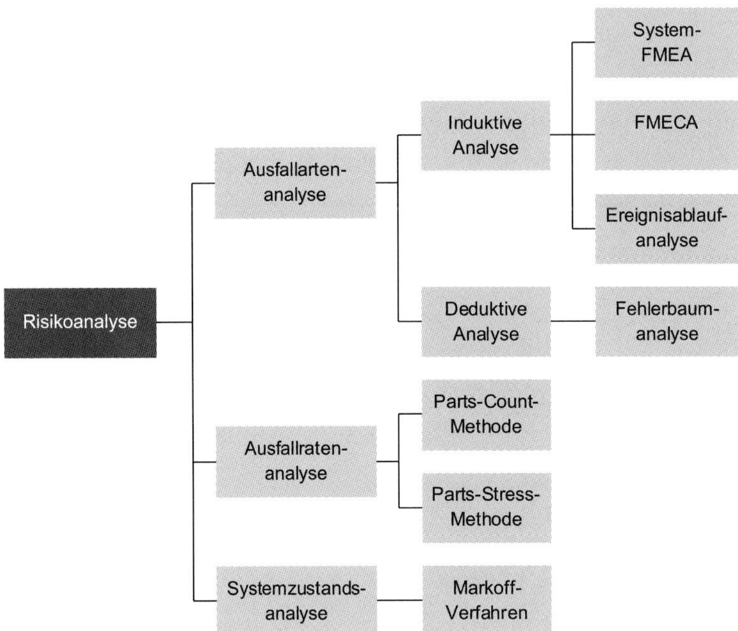

Bild 6.4 Technische Risiko- und Zuverlässigkeitsanalysen

6.2 Beispielhafte Vorbereitung einer Risikobeurteilung

Bei der harmonisierten Normung in Europa wurde ein systembezogener Ansatz bei der Entwicklung von Risikoanalyse-Methoden zugrunde gelegt. Entsprechend wird in den Normen gefordert, die Systemgrenzen festzulegen bzw. zu definieren, die Schnittstellen zu beschreiben und für das so betrachtete System bzw. Produkt die Probleme und Gefährdungen zu analysieren. Hierzu gehören beispielsweise die Energie-, Material- und Informationsflüsse. Im Regelfall sind dabei nicht nur die Probleme in einem System bzw. Produkt zu identifizieren, sondern auch solche Probleme, deren Ursachen nicht selbst im Produkt liegen.

Die DIN EN ISO 12100 enthält im Anhang B einen Gefahrenkatalog, der in vier Abschnitte unterteilt ist. Neben allgemeinen Ausführungen sind Beispiele für Gefährdungen, Gefährdungssituationen und Gefährdungsereignisse aufgeführt. Der Gefahrenkatalog ist sehr umfassend und deckt alle üblichen Gefahrensituationen ab, die in der Praxis vorkommen können.

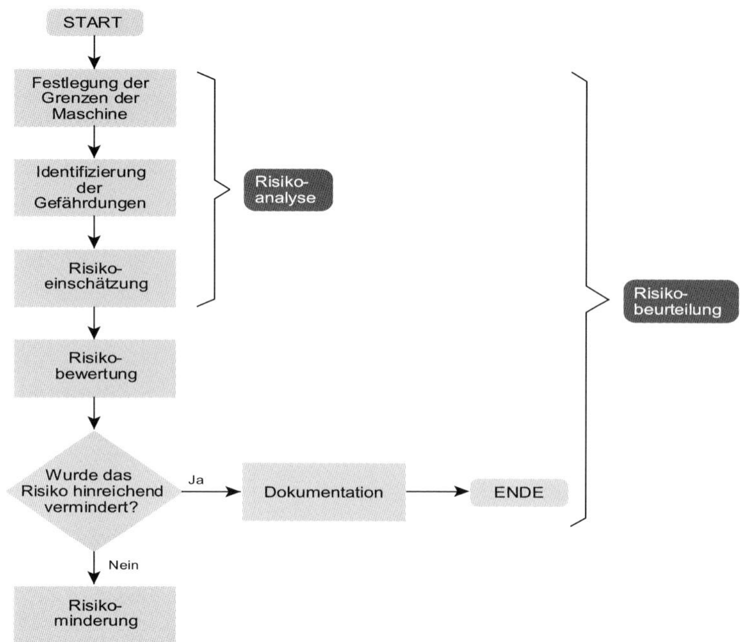

Bild 6.5 Iterativer Prozess zur Risikominderung vereinfacht nach DIN EN ISO 12100

Analog zur methodischen Vorgehensweise bei der FMEA wird im Gefahrenkatalog unterschieden zwischen „Gefährdungsarten", „möglichen Folgen" sowie dem „Ursprung der Gefährdung". Hierdurch ist eine direkte Übertragung in ein FMEA-Formblatt möglich.

Eine Risikobeurteilung beginnt mit der Festlegung der Grenzen des zu betrachtenden Produkts bzw. Systems unter Berücksichtigung sämtlicher Phasen des Produktlebenszyklus. Die Grenzen beziehen sich dabei auf die bestimmungsgemäße Verwendung und die vernünftigerweise vorhersehbare Fehlanwendung. Es folgt die Identifizierung der Gefährdungen, die Risikoeinschätzung mit der Risikobewertung und die abschließende Dokumentation.

Am Beispiel eines Hebelifts[1] (Bild 6.6) soll nachfolgend in Ansätzen aufgezeigt werden, wie eine Risikobeurteilung im Rahmen einer CE-Kennzeichnung aussehen kann. Der Untersuchungsgegenstand wird betriebsfertig ausgeliefert. Entsprechend erstreckt sich der Umfang der Analyse von der Aufstellung (Installation) bis zur Betriebsphase. Hierbei ist der Normalbetrieb genauso zu betrachten wie der Notfall-Betrieb bei Störungen und der Bereich des vorhersehbaren Missbrauchs. Darüber hinaus ist natürlich auch das mögliche Versagen von Bauteilen sowie ein Fehlbetrieb zu analysieren.

[1] Ein Hebelift, eine Hebeplattform oder auch ein Treppenausgleichspodest ist ein technisches Gerät, das die Barrierefreiheit bei einem Gebäudezugang sicherstellen soll.

Bild 6.6 Beispiel eines Hebelifts

Die Verwendung des Hebelifts ist sowohl für den Einsatz innerhalb von Gebäuden als auch für den Einsatz im Außenbereich vorgesehen. Voraussetzung für eine Aufstellung ist lediglich ein waagerechter, in allen Richtungen ebener Untergrund sowie eine 230-V-Steckdose. Hieraus ergeben sich weitere Merkmale für die Risikoanalyse, wie beispielsweise die unterschiedlichen Umwelteinflüsse (Regenwasser, Erdung etc.). Zielgruppe sind Personen, die auf einen Rollstuhl angewiesen sind.

Der Hebelift besteht aus einem mit unterschiedlichen Profilen zusammengeschweißten Rahmen sowie einer Plattform mit Auffahrklappe. Die Plattform ist im Rahmen über Bowdenzüge aufgehängt und die Umlenkung erfolgt in den senkrecht stehenden Tragsäulen des Rahmens. Als Antrieb dient ein Gleichstrommotor mit Schneckengetriebe, der auf ein Trapezgleitspindelsystem wirkt. Das Antriebssystem arbeitet auf Zug und Druck, wobei die Selbsthemmung durch eine eingebaute Bremse gewährleistet wird. Die Kraftübertragung erfolgt vollständig über Metallteile. Eine zusätzliche Sicherung ist bei einem Ausfall des Antriebs vorgesehen, die dann ein langsames Absinken der Plattform bewirkt.

Basierend auf den Verwendungsgrenzen der Maschine besteht die Notwendigkeit in der systematischen Untersuchung und Identifizierung von Gefährdungspotenzialen. Das kann in Bezug auf einzelne Lebensdauerphasen wie Transport und Installation, Inbetriebnahme, Verwendung und Pflege bzw. Wartung erfolgen (Bild 6.7). Die Strukturelemente bilden hier ausschließlich die Prozesse oder Tätigkeiten ab, was insbesondere für eine Fehleranalyse sinnvoll ist.

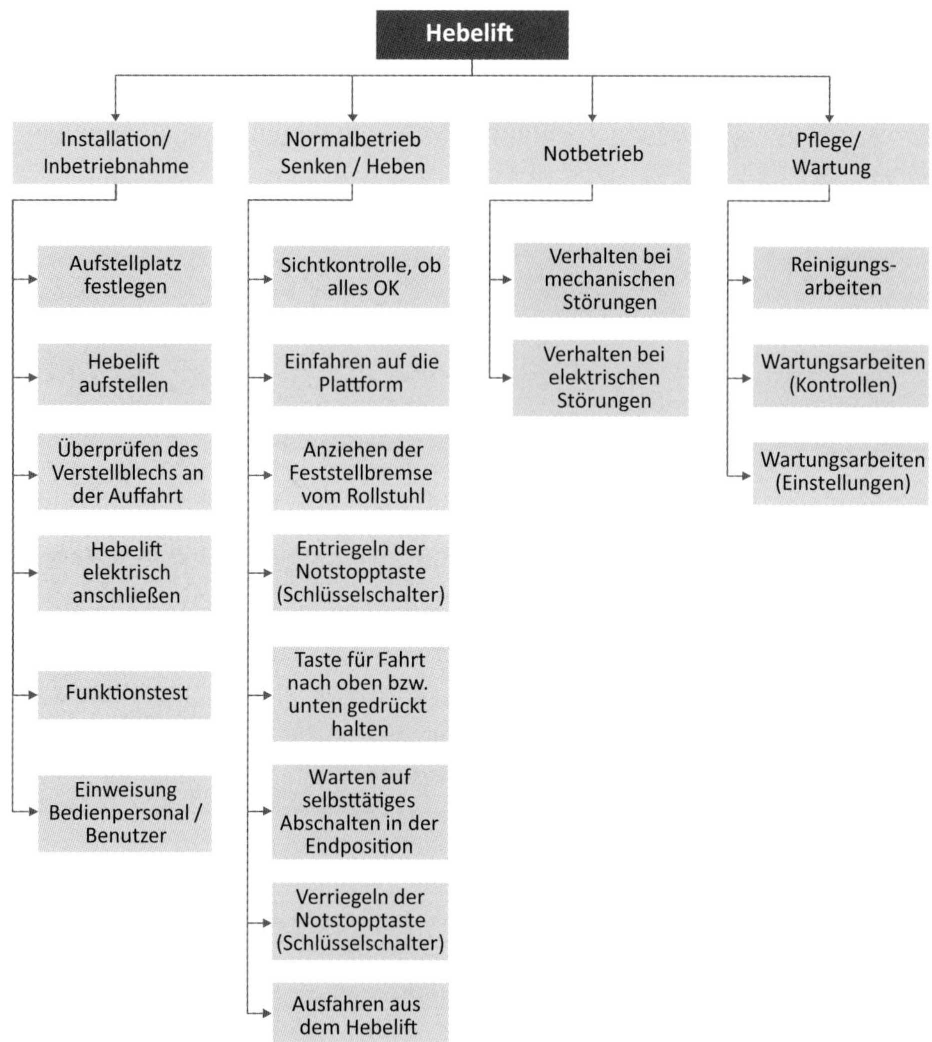

Bild 6.7 Prozessorientierte Systemstruktur

Typischerweise wird die prozessorientierte Systemstruktur verwendet, wenn das Ziel der FMEA die Untersuchung von

- Fertigungsabläufen bzw. -prozessen,
- Bearbeitungsabläufen bzw. Tätigkeiten oder
- Bedienungsabläufen

ist.

Eine produktorientierte Struktur (Bild 6.8) entspricht der Umsetzung einer Konstruktions- oder Baukastenstückliste. Die in dieser Stückliste enthaltenen Daten werden hier übersichtlich und hierarchisch dargestellt. Diese Art der Darstellung ist insbesondere dann hilfreich, wenn es gilt, Funktionen und zugehörige Funktionsträger kenntlich zu machen.

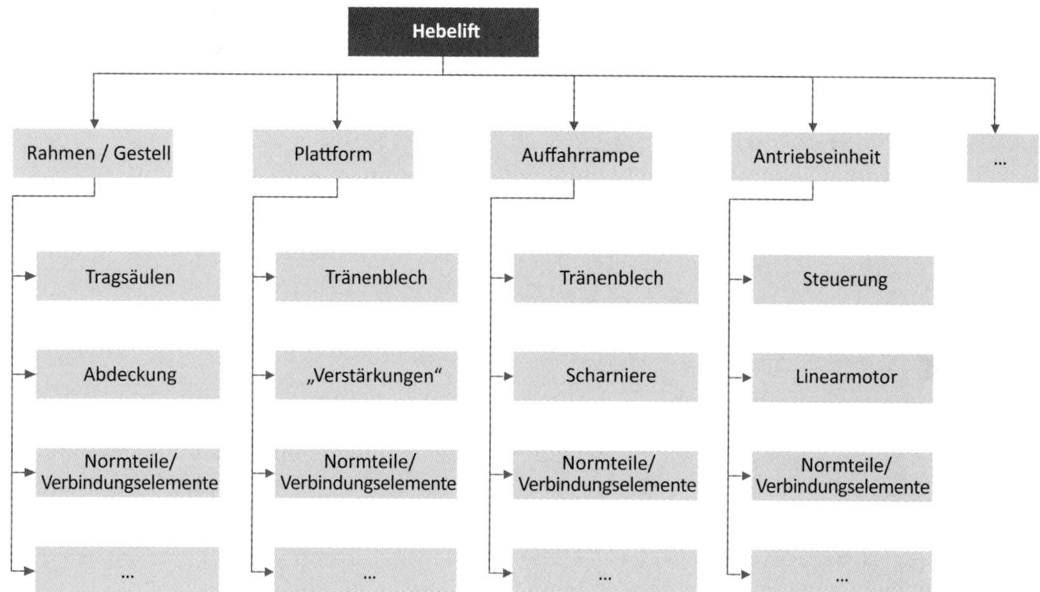

Bild 6.8 Produktorientierte Systemstruktur

Nun gilt es zu überprüfen, welche Sicherheitsanforderungen aus Anhang I der Maschinenrichtlinie auf den Untersuchungsgegenstand zutreffen. Tabelle 6.2 enthält einen Auszug dieser Anforderungen. Die hier aufgeführten Angaben sind bindend, auch wenn die damit gesetzten Ziele aufgrund des Stands der Technik nicht erreicht werden können. In diesem Fall muss die Maschine so weit wie möglich auf diese Ziele hin konstruiert und gebaut werden.

Anhang I der Maschinenrichtlinie ist in mehrere Teile gegliedert, wobei der erste Teil den allgemeinen Anwendungsbereich beschreibt und für alle Arten von Maschinen gilt. Die weiteren Teile beziehen sich auf bestimmte spezifische Gefährdungen.

Tabelle 6.2 Checkliste für Gefährdungen nach Maschinenrichtlinie 2006/42/EG, Anhang I (Auszug)

Steuerungen und Befehlseinrichtungen (Nr. 1.2)	
▪ Sicherheit und Zuverlässigkeit von Steuerungen	▪ Die Steuerungen müssen Betriebsbeanspruchungen und Fremdeinflüssen standhalten. ▪ Fehler in der Logik dürfen keine gefährlichen Situationen hervorrufen. ▪ Die Maschine darf nicht unbeabsichtigt in Gang gesetzt werden.
▪ Stellteile	▪ Stellteile müssen deutlich sichtbar sowie kenntlich sein und, wenn möglich, Piktogramme verwenden. ▪ Sicheres, unbedenkliches und eindeutiges Betätigen ▪ Kohärent mit der jeweiligen Steuerwirkung ▪ Die Stellteile müssen so gefertigt sein, dass sie den vorhersehbaren Beanspruchungen standhalten. ▪ Verhindern von unbeabsichtigtem Betätigen bei gefährlichen Situationen
▪ Ingangsetzen	▪ Nur über vorgesehene Stellteile
▪ Stillsetzen (Normal)	▪ Befehlseinrichtung zum Stillsetzen ▪ Unterbrechung der Energieversorgung des Antriebs
▪ Stillsetzen im Notfall	▪ Schnell zugängliche Stellteile ▪ Schnelles Stillsetzen ohne zusätzliche Gefahren ▪ Freigabe nur durch geeignete Betätigung
▪ Betriebsartenwahlschalter	▪ Wahlschalter mit bestimmten Funktionen
▪ Störung der Energieversorgung	▪ Kein unbeabsichtigtes Ingangsetzen ▪ Keine gefährliche Situation, beispielsweise nach einer Unterbrechung
Schutzmaßnahmen gegen mechanische Gefährdungen (Nr. 1.3)	
▪ Risiken des Verlusts der Standsicherheit	▪ Keine Gefahr durch unbeabsichtigtes Umstürzen, Herabfallen oder Verrücken
▪ Bruchrisiken beim Betrieb	▪ Die verschiedenen Teile sowie deren Verbindungen untereinander müssen den Belastungen standhalten. ▪ Ausreichende Festigkeit gegen Alterung, Ermüdung, Korrosion und Verschleiß
▪ Risiken durch Oberflächen, Kanten und Ecken	▪ Keine scharfen Kanten und Ecken, die zu Verletzungen führen ▪ Keine rauen Oberflächen, die zu Verletzungen führen
▪ Risiken durch bewegliche Teile	▪ Vorkehrungen zur Verhinderung eines ungewollten Blockierens ▪ Keine Gefahren durch Quetschen, Abscheren etc.
▪ Wahl der Schutzeinrichtungen durch Risiken durch bewegliche Teile	▪ Feststehende Abdeckungen bzw. Schutzeinrichtungen für die Antriebseinheit

Die genannten Gefährdungsgruppen stellen nur einen kleinen Auszug aus den Aufzählungen in der Maschinenrichtlinie dar. Beispielsweise gelten für das Beispiel Hebelift unter anderem noch zusätzliche grundlegende Sicherheits- und Gesundheitsschutzanforderungen zur Ausschaltung der durch Hebevorgänge bedingten Gefährdungen. Die Überprüfung der Übereinstimmung mit den Sicherheitsanforderungen erfolgt analog zu den aufgeführten Beispielen für den gesamten Anhang I der Maschinenrichtlinie. Hiermit wird sichergestellt, dass kein Risiko, das sich aus den Merkmalen ergeben könnte, vergessen wird.

Wurden nun alle zu prüfenden Risiken in Bezug auf das Produkt zusammengestellt, gilt es entsprechend der Systemanalyse mögliche Gefahren zu identifizieren. Das kann beispielsweise mithilfe des Ursache-Wirkungs-Diagramms erfolgen (Bild 6.9). Ausgangspunkt der Betrachtung sind Schadensereignisse. Das sind alle Ereignisse, denen ein Schadensausmaß im Sinne der definierten Schutzziele zugeordnet werden kann, ohne zunächst ihre Eintrittshäufigkeit zu kennen. Beispiele dafür sind alle Ereignisse, bei denen Personenschäden vorkommen können, wie z. B. bei mechanischen Gefährdungen durch Quetschen, Schneiden bzw. Abscheren oder durch das Herausspritzen von Flüssigkeiten unter hohem Druck.

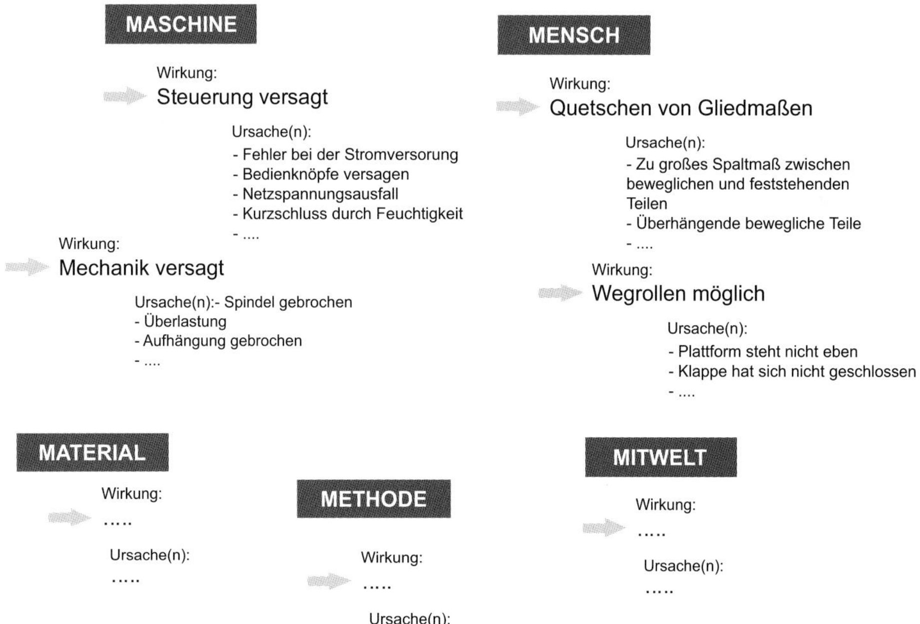

Bild 6.9 Ursache-Wirkungs-Zusammenhänge am Beispiel Hebelift (Auszug)

■ 6.3 Risikoeinschätzung und -beurteilung

Die Risikobewertung ist von einer Person oder einer Gruppe durchzuführen, die Erfahrung mit dem Produkt und den entsprechenden Gefahren besitzt. Eingesetzt werden hierfür unterschiedliche Methoden, um eine Einschätzung des Gesamtrisikos zu erhalten. Das wird für Konsumprodukte nach (o. V. 2004) durch eine der folgenden Stufen ausgedrückt:

- hohes Risiko, das rasche Maßnahmen erfordert
- mittleres Risiko, das Maßnahmen erfordert
- geringes Risiko, das im Allgemeinen keine Maßnahmen erfordert

Die Risikobewertungstabelle in Bild 6.10 ist Teil eines Verfahrens für eine Risikobewertung, das auf den Anleitungen zur EG-Richtlinie über allgemeine Produktsicherheit beruht. Es stellt mögliche Personenschäden, die im Umgang mit dem betrachteten Produkt auftreten können bzw. könnten, in den Mittelpunkt. Entsprechend befasst sich der Leitfaden nicht nur mit der Risikoeinschätzung, sondern widmet sich in einem Schwerpunkt dem Bereich Korrekturmaßnahmen einschließlich Rückrufen.

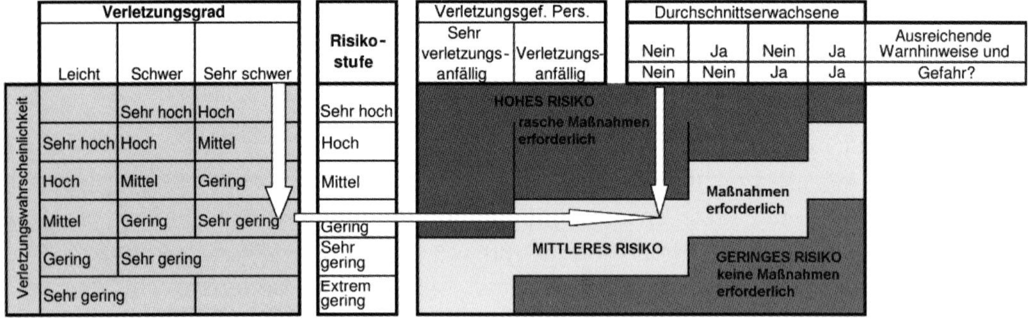

Bild 6.10 Risikobewertungstabelle (o. V. 2004)

Die Risikobewertung verläuft für gewöhnlich in mehreren Phasen nach den folgenden Grundsätzen:

- Identifizierung der Gefahr
- Einschätzen der Risikostufe
- Bewerten der Zumutbarkeit von Risiken
- Bewerten des Gesamtrisikos

Ist der Grad einer möglichen Personenverletzung als sehr schwer einzustufen, die Verletzungswahrscheinlichkeit allerdings als sehr gering, so ist die Risikostufe gering. Für einen Durchschnittserwachsenen ergibt sich hieraus ein mittleres Risiko, das durch Maßnahmen verringert werden muss. Die Zumutbarkeit wird aus ausreichend vorhandenen Warnhinweisen und Sicherheitsvorrichtungen abgeleitet und daraus, ob die möglichen Gefährdungen aufgrund der eigentlichen Funktionen des untersuchten Produkts auftreten können und damit in Kauf genommen werden müssen.

Für die Risikoeinschätzung enthält (o. V. 2004) verschiedene Tabellen, die es dem Anwender ermöglichen, eine vergleichbare objektive Einschätzung vornehmen zu können. Beispielsweise werden Personengruppen genannt, die zur Gruppe der sehr verletzungsanfälligen Personen zählen, sowie Personen, die als verletzungsanfällig einzustufen sind. Damit ist in Abhängigkeit der ermittelten Risikostufe eine klare Zuordnung zu den unterschiedlichen Maßnahmenkategorien möglich.

Maßnahmen zur Beseitigung von Gefährdungen oder zur Risikominderung können also erst eingeleitet werden, wenn die Gefährdungen identifiziert wurden (DIN EN ISO 12100). Zudem muss festgehalten werden, während welcher Aufgaben (Prozessschritte) im Lebenszyklus, wie Inbetriebnahme, Normalbetrieb etc., das Gefährdungspotenzial auftritt. Mit diesen Informationen kann anschließend eine Übertragung in ein geeignetes Formblatt sowie die Risikoeinschätzung bzw. -bewertung erfolgen.

Um zu entscheiden, ob Korrekturmaßnahmen notwendig sind, gilt es auch die Zumutbarkeit von Risiken einzuschätzen. Bestimmte Produktgruppen, wie Werkzeuge oder Maschinen mit scharfen Schneiden oder Klingen, weisen offensichtliche Gefahren auf, die von Verbrauchern akzeptiert werden (o. V. 2004), sofern erkennbar ist, dass ein Hersteller angemessene Sicherheitsmaßnahmen vorgesehen hat. Anders sieht es aus, wenn die Produkte von verletzungsgefährdeten Personengruppen verwendet werden, wie beispielsweise Kindern. Hier sind die Toleranzen bezüglich der Zumutbarkeit weitaus geringer.

Nachdem alle denkbaren Gefährdungen gesammelt wurden, gilt es die Risikostufe einzuschätzen, um eine Entscheidungshilfe darüber zu erhalten, wie weiter zu verfahren ist bzw. welche Maßnahmen zur Risikominimierung unternommen werden müssen.

Bei dieser vorgestellten Methode stellen Personengefährdungen, die von einem Produkt oder System ausgehen, die wichtigsten Risiken dar, die es zu eliminieren gilt. In diesem Zusammenhang sind mögliche Fehler immer „Ursachen“, die von einem Betriebszustand einer Maschine ausgehen und die „Wirkung“ bezieht sich entsprechend auf Schädigungen von Personen (Bild 6.11 und Bild 6.12).

Projekt		Risikoeinschätzungen für Personengefährdungen								Datum
Identifizierung				Einschätzung aktuell						Bemerkung
Nr.	Risiken / Gefährdungsmöglichkeiten	Zuordnung Produktstruktur	Ursache	w	v	**B**	p	**A**	**G**	
1	**Mechanische Gefährdungen**									
1.1	Gefährdung durch Quetschen	- Rahmen / Gestell - Plattform	Spalt zwischen beweglichen und feststehenden Bauteilen	3	2	3	1	1	2	Spaltmaß ist entsprechend Norm .... ausgeführt
		- Rahmen / Gestell - Plattform	Gliedmaße kommen zwischen bewegl. und festst. Teile	5	3	4	1	1	2	Warnhinweis anbringen
		- Plattform	Absperrung / Rollo versagt							
1.2	Gefährdung durch Scheren									
1.3	Gefährdung durch Schneiden oder Abschneiden		Scharfe Kanten bei Blechteilen	5	1	1	1	1	2	Kantenschutz vorsehen
1.4	Gefährdung durch Erfassen oder Aufwickeln		Nicht vorhanden							
1.5	Gefährdung durch Einziehen oder Fangen		Nicht vorhanden							
1.6	Gefährdung durch Stoß									
1.7	Gefährdung durch Durchstich oder Einstich		Nicht vorhanden							
1.8	Gefährdung durch Reibung oder Abrieb									
1.9	Gefährdung durch Eindringen oder Herausspritzen von Flüssigkeit unter hohem Druck									
2	**Elektrische Gefährdungen**									
2.1	Direkte Berührung von Personen mit von unter Spannung stehenden Teilen									Schutzklasse I anwenden / Schutzleiteranschluss
2.2	Berührung von Personen mit Teilen									Schutzklasse I anwenden / Schutzleiteranschluss

Bild 6.11 Auszug aus einer beispielhaften Gefahrenanalyse für einen Hebelift nach (o. V. 2004)

Projekt		Risikoeinschätzungen für Personengefährdungen								Datum
Identifizierung				Einschätzung aktuell						Bemerkung
Nr.	Risiken / Gefährdungsmöglichkeiten	Zuordnung Produktstruktur	Ursache	w	v	**B**	p	**A**	**G**	
2.3	Annäherung an unter Hochspannung stehenden Teile									
2.4	Elektrostatische Vorgänge									Erdung
2.5	Thermische Strahlung oder Vorgänge wie Herausschleudern geschmolzener Teilchen oder chemische Vorgänge bei Kurzschlüssen, Überlastungen usw.									
3	**Thermische Gefährdungen**									
3.1	Verbrennungen und Frostbeulen und andere Verletzungen durch den Kontakt von Personen mit Gegenständen oder Werkstoffen sehr hoher oder niedriger Temperaturen, durch Flammen oder Explosionen und auch durch die Strahlung von Wärmequellen									
3.2	Schädigungen der Gesundheit durch heiße oder kalte Arbeitsumgebung									

Verletzungswahrscheinlichkeit (w)	Verletzungsgrad (v)	Risikostufe (B)	Schadensbegrenzung (b)	Verletzungsgefährdete Personen (p)	Zumutbarkeit (A)	Gesamtrisiko (G)
1 Sehr hoch 2 Hoch 3 Mittel 4 Gering 5 Sehr gering	1 Leichte Verletzung 2 Mittelschwere Verletzung 3 Sehr schwere Verletzung	1 Sehr hoch 2 Hoch 3 Mittel 4 Gering 5 Sehr gering 6 Extrem gering	1 Gute Möglichkeiten 2 Schlechte Möglichkeiten	1 Sehr anfällig 2 Anfällig	1 Gefahr für Funktion nicht abwendbar / Warnhinweise vorharlden 2 Gefahr für Funktion abwendbar / Warnhinweise vorharlden 3 Gefahr für Funktion nicht abwendbar / Warnhinweise nicht vorharlden 4 Gefahr für Funktion abwendbar / Warnhinweise nicht vorharlden	1 Gering 2 Mittel 3 Hoch

Bild 6.12 Auszug aus einer beispielhaften Gefahrenanalyse für einen Hebelift nach (o. V. 2004) *(Fortsetzung)*

Für einen Hersteller von Produkten sind aber auch weitere Faktoren wie Zuverlässigkeit, Instandhaltbarkeit oder auch Benutzerfreundlichkeit wichtige Indikatoren, die letztendlich helfen, eine mögliche Gefährdungssituation richtig einzuschätzen.

Die DIN EN ISO 12100 definiert ein Risiko entsprechend auch als Kombination der Wahrscheinlichkeit des Eintritts eines Schadens und seines Schadensausmaßes. Das kommt der Zielsetzung der FMEA sehr nahe. In Abschnitt 6.4 wird ein alternatives Verfahren, ähnlich der FMEA, mit einer zahlenmäßigen Beurteilung von Risiken vorgestellt.

■ 6.4 Risikobewertung in Anlehnung an die RPZ

Alternativ zum bislang vorgestellten Verfahren der Risikobewertung kann auch aus zahlenmäßigen Bewertungen eine Risikoprioritätszahl ermittelt werden, die dann wieder Aufschluss darüber gibt, ob und welche Art an Maßnahmen einzuleiten sind. Wie bereits in Abschnitt 4.2.3 diskutiert, wird in den aktuellen Richtlinien nicht mehr die RPZ berechnet (z. B. FMEA nach VDA/AIAG), da diese in der Interpretation Defizite aufwies. Im Bereich der Risikobewertung wurde von (Eberhardt 2015) jedoch ein Verfahren analog zur allgemeinen Bewertung mit der FMEA vorgestellt, das für eine Priorisierung der Maßnahmen sehr hilfreich sein kann.

Das mit einer bestimmten Gefährdungssituation zusammenhängende Risiko hängt von folgenden Faktoren ab (Bild 6.13):

- Schadensausmaß (Bedeutung des Schadens „B“)
- Eintrittswahrscheinlichkeit dieses Schadens als Funktion
  - Gefährdungsexposition einer Person bzw. von Personen
  - Eintritt eines Gefährdungsereignisses (Auftrittswahrscheinlichkeit „A“)
  - Möglichkeit zur Vermeidung oder Begrenzung des Schadens (Entdeckungswahrscheinlichkeit „E“)

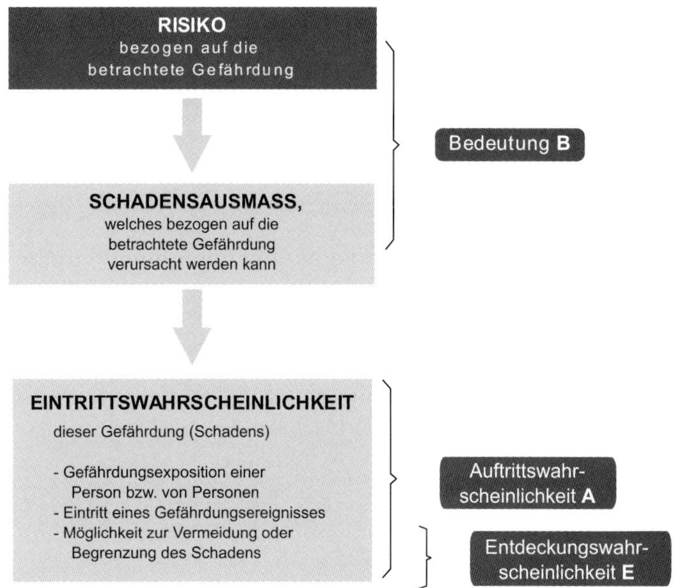

Bild 6.13 Risikoelemente nach DIN EN ISO 12100

Die Schätzungen über Grad und Wahrscheinlichkeit ergeben zusammengenommen dann die Gesamtrisikoeinschätzung. Ab einer bestimmten Größe sind anschließend, wie bei der FMEA, Maßnahmen zur Risikominimierung einzuleiten.

Für die Schutzmaßnahmen zur Risikovermeidung wird in der DIN EN ISO 12100 eine „3-Stufen-Methode“ (Tabelle 6.3) vorgestellt, die auf

- inhärenten sicheren Konstruktionen,
- technischen und ergänzenden Schutzmaßnahmen, sowie
- Benutzerinformationen

basiert. Bei „inhärenten sicheren“ Konstruktionen werden durch eine geeignete Auswahl von Konstruktionsmerkmalen Gefährdungen vermieden bzw. Risiken vermindert. Technische und ergänzende Schutzmaßnahmen können notwendig werden, um Personen vor Gefährdungen, die nicht durch sichere Konstruktionen vermieden werden können, zu schützen. Benutzerinformationen sind ein integraler Bestandteil der Konstruktion einer Maschine. Mithilfe der Benutzerinformationen werden beispielsweise Benutzer über die bestimmungsgemäße Verwendung informiert. Darüber hinaus informiert sie den Benutzer über Restrisiken einer Maschine und gibt Warnhinweise.

Tabelle 6.3 „3-Stufen-Methode" für Maßnahmen in Abhängigkeit der Risikoprioritätszahl (Eberhardt 2015)

Einordnung	Beschreibung	Aufgabenpriorität	Maßnahmen
Inhärente sichere Konstruktion	Gefährdungen bzw. Risiken werden durch geeignete Konstruktionsmerkmale vermieden bzw. verhindert.	$1 \leq RPZ \leq 100$	Akzeptables Restrisiko: keine Maßnahme erforderlich
Benutzerinformationen	Anbringen von Hinweisen an der Maschine bzw. im Benutzerhandbuch	$100 < RPZ \leq 125$	Geringes Restrisiko: zusätzlicher Warnhinweis erforderlich
Technische und ergänzende Schutzmaßnahmen	Zum Schutz von Personen vor Gefährdungen, deren Risiken nicht ausreichend begrenzt werden können, sind trennende und nicht trennende Schutzeinrichtungen notwendig.	$125 < RPZ \leq 250$	Erhöhtes Restrisiko: ergänzende (zusätzliche) Schutzmaßnahme erforderlich
		$250 < RPZ \leq 1000$	Inakzeptables Restrisiko: konstruktive Maßnahme unbedingt erforderlich

Für eine Identifizierung möglicher Gefährdungen, Gefährdungssituationen und Gefährdungsereignisse enthält die DIN EN ISO 12100 eine umfassende Liste, wobei aber darauf hingewiesen wird, dass diese nicht als abschließend anzusehen ist.

In dem Verfahren von (Eberhardt 2015) setzen sich Auftrittswahrscheinlichkeit, Bedeutung des Fehlers und Entdeckungswahrscheinlichkeit jeweils aus differenzierenden Faktoren zusammen. Insgesamt gilt aber auch hier, dass für die drei Faktoren der FMEA jeweils eine Skala von 1 bis 10 gilt.

Die Bedeutung des Fehlers setzt sich aus dem Verletzungsgrad von Personen, den Verletzungsfolgen sowie der Möglichkeit der Schadensbegrenzung zusammen. Die Eintritts- oder Auftrittswahrscheinlichkeit hat die gleiche Bedeutung wie bei der FMEA, allerdings geht zusätzlich noch die Gefährdungsdisposition mit ein. Empfänglichkeit und Anfälligkeit in Bezug auf das Gefährdungsrisiko werden hierfür bewertet. Die Entdeckungswahrscheinlichkeit wird entsprechend der DIN EN ISO 12100 mehr in Bezug auf die Vermeidung oder Begrenzung eines Schadens gesehen. Grundvoraussetzung für die Schadensvermeidung ist aber, dieses Risikopotenzial rechtzeitig erkennen zu können. Hier sind dann Faktoren wie Qualifikation, Komplexität einer Gefährdungssituation und die Möglichkeiten des Eingriffs zur Schadensbegrenzung zu bewerten.

Mithilfe der Bewertungen aus Tabelle 6.4 bis Tabelle 6.6 sowie den dort aufgeführten zugehörigen Rechenschemata lässt sich analog zur FMEA eine Kennzahl bestimmen, die wiederum Aufschluss darüber gibt, welche Art an Maßnahmen entsprechend der Zusammenfassung in Tabelle 6.3 unternommen werden müssen.

Tabelle 6.4 Einschätzung der Schwere einer Gefährdungsfolge (Eberhardt 2015)

Bedeutung „B“ der Gefährdung = Schwere der Gefährdungsfolge		
v	**Verletzungsgrad**	**B = (d × v) + b**
1	Leichte Verletzungen (Erste-Hilfe-Versorgung)	
2	Mittelschwere Verletzungen (ambulante Behandlung notwendig)	
3	Sehr schwere Verletzungen (stationäre Behandlung notwendig)	
d	**Schadensdauer**	
1	Keine Langzeitschäden oder Verletzungsfolgen	
2	Noch tragbare Langzeitschäden	
3	Schwere Langzeitschäden (Berufsunfähigkeit, Invalidität)	
B	**Rettungschancen und Schadensbegrenzung**	
0	Gute Rettungschancen, erfolgversprechende Schadensbegrenzung	
1	Schlechte Voraussetzungen für Rettung und Schadensbegrenzung	

Tabelle 6.5 Ermittlung der Auftrittswahrscheinlichkeit (Eberhardt 2003)

Auftretenswahrscheinlichkeit „A“ der Gefährdungsursache		
w	**Fehlerwahrscheinlichkeit**	**A = (g × w) + f**
1	Fehlfunktion oder -verhalten wird selten erwartet	
2	Fehlfunktion oder -verhalten wird mit mäßiger Häufigkeit erwartet	
3	Fehlfunktion oder -verhalten wird sehr häufig erwartet	
g	**Gefährdungsdisposition**	
1	Aufenthalt im Gefahrenbereich sehr selten	
2	Nur zeitweiser Aufenthalt im Gefahrenbereich	
3	Sehr langer oder ständiger Aufenthalt im Gefahrenbereich	
f	**Anfälligkeit der Gefährdung**	
0	Nicht anfällig (gute persönliche Schutzausrüstung)	
1	Sehr anfällig (keine Schutzausrüstung)	

Tabelle 6.6 Entdeckungswahrscheinlichkeit im Rahmen einer Gefahrenanalyse (Eberhardt 2015)

Entdeckungswahrscheinlichkeit „E" der Gefährdung		
q	**Qualifikation der gefährdeten Person**	
1	Fachmann	
2	Unterwiesene Person	
3	Laie, nicht unterwiesen	
k	**Komplexität der Gefährdungssituation**	
1	Komplexität gering, Situation gut durchschaubar	
2	Mittlere Komplexität, Situation noch durchschaubar	**E = (q × k) + r**
3	Hohe Komplexität, Situation kaum durchschaubar	
r	**Reaktions-, Eingreif- und Ausweichmöglichkeit**	
0	Gute Reaktionsmöglichkeiten	
1	Schlechte Reaktionsmöglichkeiten	

Bild 6.14 bis Bild 6.16 zeigen einen kleinen Ausschnitt aus der Gefahrenanalyse. In Ansätzen sind hier Gefährdungsmöglichkeiten entsprechend der DIN EN ISO 12100 aufgeführt und es erfolgten exemplarische Bewertungen nach dem vorgestellten Verfahren.

Projekt	Gefahrenanalyse nach EN ISO 12100 (Risikobeurteilung nach DIN EN ISO 14121-1)																Datum
Identifizierung					Einschätzung aktuell												Bemerkung
Nr.	Risiken / Gefährdungsmöglichkeiten	Zuordnung Produktstruktur	W	Ursache	v	d	b	**B**	w	g	f	**A**	q	k	r	**E**	**RPZ**	
1	**Mechanische Gefährdungen**																	
1.1	Gefährdung durch Quetschen	- Rahmen / Gestell - Plattform	1	Spalt zwischen beweglichen und feststehenden Bauteilen	2	2	1	5	1	1	1	2	2	1	1	3	30	Spaltmaß ist entsprechend Norm .... ausgeführt
		- Rahmen / Gestell - Plattform	2	Gliedmaße kommen zwischen bewegl. und festst. Teile	2	2	1	5	1	3	1	4	2	1	1	3	60	Warnhinweis anbringen
		- Plattform	1	Absperrung / Rollo versagt														
1.2	Gefährdung durch Scheren																	
1.3	Gefährdung durch Schneiden oder Abschneiden			Scharfe Kanten bei Blechteilen														
1.4	Gefährdung durch Erfassen oder Aufwickeln																	
1.5	Gefährdung durch Einziehen oder Fangen																	
1.6	Gefährdung durch Stoß																	
1.7	Gefährdung durch Durchstich oder Einstich																	
1.8	Gefährdung durch Reibung oder Abrieb																	
1.9	Gefährdung durch Eindringen oder Herausspritzen von Flüssigkeit unter hohem Druck																	
2	**Elektrische Gefährdungen**																	
2.1	Direkte Berührung von Personen mit von unter Spannung stehenden Teilen																	Schutzklasse I anwenden / Schutzleiteranschluss
2.2	Berührung von Personen mit Teilen																	Schutzklasse I anwenden / Schutzleiteranschluss

Wirkung (W)	**Verletzungsgrad (v)**	**Schadensdauer (d)**	**Schadens-begrenzung (b)**	**Fehler-wahrscheinlichkeit (w)**	**Gefährdungs-disposition (g)**	**Anfälligkeit der Gefährdung (f)**	**Qualifikation der gefährdeten Person (q)**	**Komplextität der Gefährdungssituation (k)**	**Reaktions-, Eingriffs-, Ausweichmöglichkeit**
1 Maschine 2 Mensch 3 Material 4 Umwelt	1 Leichte Verletzung 2 Mittelschwere Verletzung 3 Sehr schwere Verletzung	1 Keine Verletzungsfolgen 2 Noch tragbare Langzeitschäden 3 Schwere langzeitschäden	1 Gute Möglichkeiten 2 Schlechte Möglichkeiten	1 Selten 2 Mäßiger Häufigkeit 3 Häufig	1 Konstruktiv 2 Sicherheitsvorrichtung 3 Warnhinweis	1 Nicht anfällig 2 Sehr anfällig	1 Fachmann 2 Unterwiesene Person 3 Laie, nicht unterwiesen	1 Gering 2 Mittel 3 Hoch	1 Gut 2 Schlecht

Bild 6.14 Auszug aus einer beispielhaften Gefahrenanalyse für einen Hebelift nach (Eberhardt 2015)

Projekt				Gefahrenanalyse nach EN ISO 12100 (Risikobeurteilung nach DIN EN ISO 14121-1)														Datum
Identifizierung					Einschätzung aktuell													Bemerkung
Nr.	Risiken / Gefährdungsmöglichkeiten	Zuordnung Produktstruktur	W	Ursache	v	d	b	**B**	w	g	f	**A**	q	k	r	**E**	**RPZ**	
2.3	Annäherung an unter Hochspannung stehenden Teile																	
2.4	Elektrostatische Vorgänge																	Erdung
2.5	Thermische Strahlung oder Vorgänge wie Herausschleudern geschmolzener Teilchen oder chemische Vorgänge bei Kurzschlüssen, Überlastungen usw.																	
3	**Thermische Gefährdungen**																	
3.1	Verbrennungen und Frostbeulen und andere Verletzungendurch den Kontakt von Personen mit Gegenständen oder Werkstoffen sehr hoher oder niedriger Temperaturen, durch Flammen oder Explosionen und auch durch die Strahlung von Wärmequellen																	
3.2	Schädigungen der Gesundheit durch heiße oder kalte Arbeitsumgebung																	
4	**Gefährdungen durch Lärm**																	
4.1	Gehörverlust (Taubheit), andere physiologische Beeinträchtigungen (z. B. Gleichgewichtsverlust, Nachlassen der Aufmerksamkeit)																	
4.2	Störung der Sprachkommunikation, Störung akustischer Signale usw.																	
5	**Gefährdungen durch Vibration**																	

Wirkung (W)	Verletzungsgrad (v)	Schadensdauer (d)	Schadensbegrenzung (b)	Fehlerwahrscheinlichkeit (w)	Gefährdungsdisposition (g)	Anfälligkeit der Gefährdung (f)	Qualifikation der gefährdeten Person (q)	Komplextität der Gefährdungssituation (k)	Reaktions-, Eingriffs-, Ausweichmöglichkeit
1 Maschine 2 Mensch 3 Material 4 Umwelt	1 Leichte Verletzung 2 Mittelschwere Verletzung 3 Sehr schwere Verletzung	1 Keine Verletzungsfolgen 2 Noch tragbare Langzeitschäden 3 Schwere langzeitschäden	1 Gute Möglichkeiten 2 Schlechte Möglichkeiten	1 Selten 2 Mäßiger Häufigkeit 3 Häufig	1 Konstruktiv 2 Sicherheitsvorrichtung 3 Warnhinweis	1 Nicht anfällig 2 Sehr anfällig	1 Fachmann 2 Unterwiesene Person 3 Laie, nicht unterwiesen	1 Gering 2 Mittel 3 Hoch	1 Gut 2 Schlecht

Bild 6.15 Auszug aus einer beispielhaften Gefahrenanalyse für einen Hebelift nach (Eberhardt 2015) *(Fortsetzung)*

Projekt	Gefahrenanalyse nach EN ISO 12100 (Risikobeurteilung nach DIN EN ISO 14121-1)																Datum
Identifizierung					Einschätzung aktuell												Bemerkung
Nr.	Risiken / Gefährdungsmöglichkeiten	Zuordnung Produktstruktur	W	Ursache	v	d	b	**B**	w	g	f	**A**	q	k	r	**E**	**RPZ**
5.1	Verwendung handgeführter Werkzeuge mit dem Ergebnis von Nerven- und Gefäßstörungen																
5.2	Ganzkörpervibration, speziell in Verbindung mit Zwangshaltungen																
6	**Gefährdungen durch Strahlung**																
6.1	Strahlung mit Niedertrequenz, Funkfrequenz, Mikrowelle																
6.2	Infrarotes, sichtbares und ultraviolettes Licht																
6.3	Röntgen- und Gammastrahlen																
6.4	Alpastrahlen, Betastrahlung, Elektronen- oder Ionenstrahlen, Neutronenstrahlen																
6.5	Laserstrahlen																
7	**Gefährdungen durch Werkstoffe und andere Stoffe**																
7.1	Gefährdungen durch Kontakt mit oder Einatmung von gefährlichen Flüssigkeiten, Gasen, Nebeln, Dämpfen und Stäuben																
7.2	Gefährdung durch Feuer oder Explosion																
7.3	Biologische oder mikrobiologische Gefährdungen (durch Viren oder Bakterien)																

Wirkung (W)	**Verletzungsgrad (v)**	**Schadensdauer (d)**	**Schadensbegrenzung (b)**	**Fehlerwahrscheinlichkeit (w)**	**Gefährdungsdisposition (g)**	**Anfälligkeit der Gefährdung (f)**	**Qualifikation der gefährdeten Person (q)**	**Komplextität der Gefährdungssituation (k)**	**Reaktions-, Eingriffs-, Ausweichmöglichkeit**
1 Maschine 2 Mensch 3 Material 4 Umwelt	1 Leichte Verletzung 2 Mittelschwere Verletzung 3 Sehr schwere Verletzung	1 Keine Verletzungsfolgen 2 Noch tragbare Langzeitschäden 3 Schwere langzeitschäden	1 Gute Möglichkeiten 2 Schlechte Möglichkeiten	1 Selten 2 Mäßiger Häufigkeit 3 Häufig	1 Konstruktiv 2 Sicherheitsvorrichtung 3 Warnhinweis	1 Nicht anfällig 2 Sehr anfällig	1 Fachmann 2 Unterwiesene Person 3 Laie, nicht unterwiesen	1 Gering 2 Mittel 3 Hoch	1 Gut 2 Schlecht

Bild 6.16 Auszug aus einer beispielhaften Gefahrenanalyse für einen Hebelift nach (Eberhardt 2015) *(Fortsetzung)*

7 FMEA in Verbindung mit Design of Experiments (DoE)

Auf dem Weg zur vermehrten Prävention bei der Produkt- und Prozessentwicklung haben sich die sogenannten Quality-Engineering-Methoden wie z. B. Quality Function Deployment (QFD), Fehler-Möglichkeits- und Einfluss-Analyse (FMEA), Design of Experiments (DoE) oder statistische Prozesskontrolle (SPC) als unverzichtbare Werkzeuge etabliert. Die Anwendungsbreite dieser methodischen Werkzeuge deckt mittlerweile große Bereiche der Produktplanung und -entwicklung, Versuchstechnik sowie Fertigungsplanung und -überwachung ab. Bei der Planung und Durchführung von Versuchen gibt es verschiedene Anwendungsszenarien für das Vorgehen, die vielfach darauf beruhen, dass einzelne Parameter verändert werden. Dies ist jedoch mit einem unnötig hohen Versuchsaufwand verbunden und liefert zudem keinerlei Aussagen über mögliche Wechselwirkungen zwischen den untersuchten Einflussgrößen. Durch die Anwendung der statistischen Versuchsplanung (SVP), auch Design of Experiments (DoE) genannt, lassen sich diese Nachteile umgehen.

Die FMEA baut auf dem Erfahrungswissen der Teammitglieder bzw. dem bisher dokumentierten Erfahrungswissen auf und beschreibt die Ursache-Wirkung-Beziehung zwischen Fehler, Fehlerursache und Fehlerauswirkung. Ähnliches gilt für die DoE-Methode. Innerhalb einer Untersuchung ist es das Ziel, Parameter mit einer Wirkung auf ein System zu identifizieren und damit ebenfalls die Ursachen-Wirkungs-Beziehungen aufzuzeigen. Bei Versuchen wird die Frage beantwortet, welche Wirkungsart und -höhe die jeweiligen Einflussgrößen auf das Ergebnis, die Zielgröße oder Zielgrößen haben.

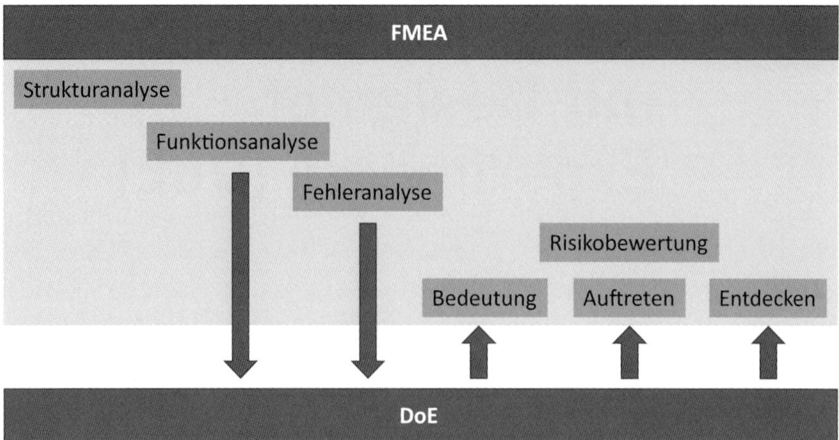

Bild 7.1 Erkenntnisgewinn durch das Zusammenwirken von DoE und FMEA

Unter Design of Experiments bzw. statistischer Versuchsplanung werden detailliert beschriebene Versuchspläne verstanden, um im Rahmen einer Untersuchung zum einen Parameter (Einflussgrößen) mit einer Wirkung auf ein System zu identifizieren und zum anderen die ermittelten Einflussfaktoren systematisch zuzuordnen, um Qualitätsmerkmale durch gezielte Einstellungen dieser Einflussfaktoren optimieren zu können (Bild 7.2).

Nur mit der Kenntnis über den Einfluss eines Parameters auf ein jeweiliges betrachtetes System ist anschließend eine zielorientierte Bewertung möglich. Das Ergebnis einer solchen Analyse kann dann für die Optimierung des Systems (gewollte Parameteränderung) durch das gezielte Einleiten von Verbesserungs- bzw. Abstellmaßnahmen und die Beurteilung der Auswirkung von Fehlern (ungewollte Parameteränderung) verwendet werden.

Versuchsdurchführungen werden bei einer Produkt-FMEA nicht selten zur Klärung bzw. Bestätigung einer möglichen Situationseinschätzung angewandt. Zumeist kommen dann auch Methoden der statistischen Versuchsplanung zum Einsatz und helfen somit bei einzelnen Arbeitsschritten der FMEA. Die Überprüfung der Wirksamkeit vorhandener Vermeidungs- und Entdeckungsmaßnahmen stellt nach (Automotive Industry Action Group 2019) auch ein wesentliches Element einer erfolgreichen Anwendung dar.

Die Vielseitigkeit der DoE-Methode erlaubt es, die FMEA an verschiedenen Stellen zu unterstützen:

- Benennung des Untersuchungsgegenstands
- Identifizierung der signifikanten Einflussgrößen
- Identifizierung der Wechselwirkung zwischen den Einflussgrößen und den Zielgrößen

- Risikoanalyse
- Bewertung des Einflusses der Einflussgrößen auf die Zielgrößen
- Abschätzung der Auswirkungen der Einflussgrößen auf die Zielgrößen
- Maßnahmen der Risikominimierung
- Sicherstellung der Prozessrobustheit
- Optimierung des Prozesses

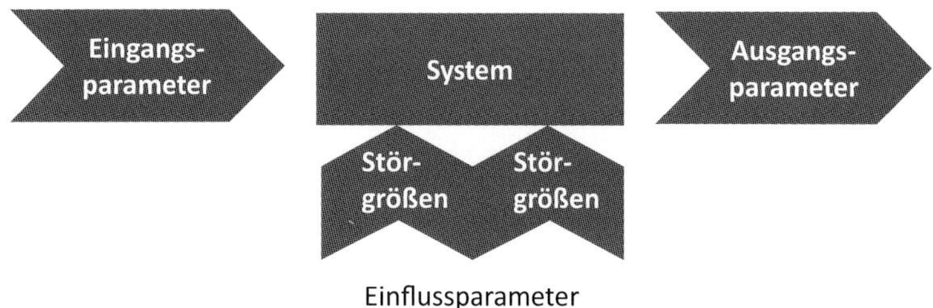

Bild 7.2 Schematische Darstellung eines untersuchten Systems

Für die Ermittlung des Zusammenhangs zwischen Einfluss- und Zielgrößen ist häufig eine Vielzahl von Versuchen notwendig. Hoher Zeit- und Kostenaufwand für deren Durchführung stehen dem Nutzen gegenüber. Insbesondere zu Beginn der Entwicklungsphase, wenn das System und seine Parameter noch unzureichend bekannt sind, müssen viele dieser Faktoren auf einen signifikanten Einfluss geprüft werden. Durch die Anwendung von Methoden der statistischen Versuchsplanung kann der Aufwand für die Durchführung von Versuchen reduziert werden. Die Struktur der Versuchspläne ermöglicht zudem eine schrittweise Erweiterung dieser Pläne. Zusätzlich erlaubt es die DoE-Methode auch, aus wenigen Versuchswiederholungen statistisch abgesicherte Ergebnisse zu erzielen. Solche Ergebnisse aus ersten Screening-Untersuchungen können so zu einem späteren Zeitpunkt zu detaillierteren Analysen erweitert werden.

Zu Beginn einer FMEA steht immer die „Benennung des Untersuchungsgegenstands". Bereits hier kann die DoE-Methode hilfreich eingesetzt werden, da am Anfang die Identifizierung der signifikanten Einflussgrößen und die Ermittlung der Wechselwirkung stehen. Eingesetzt werden hierfür die Grundlagen der Statistik und ausgewählte Versuchspläne. So kann beispielsweise der „Vergleich von zwei Mittelwerten" genutzt werden, um zu untersuchen, ob ein Parameter einen signifikanten Einfluss auf das Ergebnis hat. Ein „vollständig faktorieller Versuchsplan" (siehe Abschnitt 7.3) oder die Verwendung von „Screening-Versuchsplänen" (siehe Abschnitt 7.4) können helfen, die Wechselwirkung zwischen den Parametern und der Zielgröße mit einem möglichst geringen Aufwand zu untersuchen.

Aus diesen Ergebnissen können im Anschluss Modelle für die Risikoanalyse abgeleitet werden, wofür verschiedene Methoden zur Auswahl stehen. Mit diesen Modellen kann dann eine Abschätzung der gewollten und nicht gewollten Parameteränderung auf die Zielgröße erfolgen.

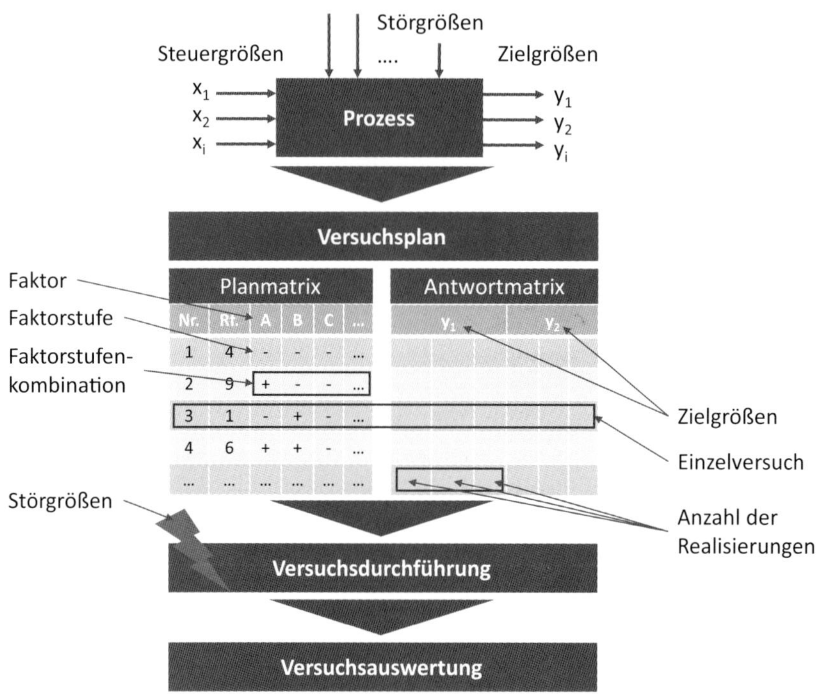

Bild 7.3 Begriffe der statistischen Versuchsplanung

7.1 Mittelwertvergleich

Häufig soll der Einfluss von Parameteränderungen eines Verfahrens oder Prozesses auf die Zielgröße hin untersucht werden. Dabei muss festgestellt werden, welcher Parameter einen signifikanten Einfluss auf das Ergebnis hat. Im Regelfall steht hierfür nur eine begrenzte Anzahl von Versuchsergebnissen zur Verfügung. Aus diesem Grund können z. B. bei normalverteilten Ergebnissen nur der Mittelwert und die Standardabweichung geschätzt werden. Das bedeutet, dass beispielsweise für den errechneten Mittelwert nur ein Aufenthaltsintervall angegeben werden kann. Ein Unterschied kann dabei nur erkannt werden, wenn sich die Aufenthaltsintervalle der zu vergleichenden Mittelwerte nicht überschneiden. Bild 7.4 stellt zwei voneinander unabhängige Mittelwerte mit den entsprechenden

Aufenthaltsintervallen dar. Diese so genannten Konfidenzintervalle (Vertrauensbereich, Vertrauensintervall) können für verschiedene Vertrauensstufen angegeben werden. Die Prozentzahl gibt dabei die Wahrscheinlichkeit an, mit der der Mittelwert in diesem Intervall liegt. Das Ergebnis ist signifikant, wenn sich das Konfidenzintervall (99,9 %) der beiden Mittelwerte nicht überschneidet (Kleppmann 2016).

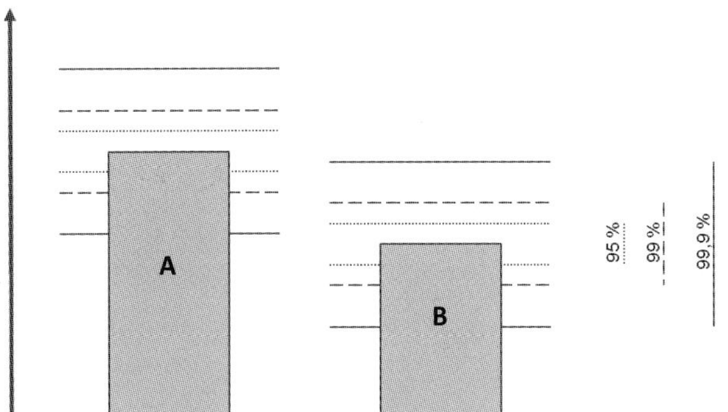

Bild 7.4 Vergleich von zwei unabhängigen Mittelwerten mit Konfidenzintervall

■ 7.2 Vollfaktorielle Versuchspläne

Im Gegensatz zur traditionellen „One-factor-at-a-time"-Vorgehensweise, bei der jeweils nur ein Parameter variiert wird und alle anderen konstant gehalten werden (Bild 7.5), werden bei der statistischen Versuchsplanung mehrere Parameter in den Versuchen gleichzeitig verändert (Bild 7.6). Die Auswertung der Ergebnisse ermöglicht dabei die Bestimmung der Wirkung des einzelnen Parameters und auch die Wechselwirkung zwischen mehreren Parametern auf das Ergebnis.

In der Literatur zur Versuchsplanung werden die Parameter auch als Faktoren bezeichnet und die Werte, die ein Parameter im Versuch annehmen kann, heißen Stufen. Der in Bild 7.6 dargestellte Versuchsplan hat zwei Faktoren mit je zwei Stufen. Bei sehr vielen Faktoren werden in der Regel anfangs nur zwei Stufen verwendet, um eine zu große Anzahl von Einzelversuchen zu vermeiden. Bei vollfaktoriellen Versuchsplänen lässt sich die Anzahl der Faktorstufenkombinationen aus der Anzahl der Stufen sowie der Anzahl der Faktoren errechnen.

Die Vorbereitung und Auswertung von Versuchsplänen kann durch die Verwendung von spezieller Software unterstützt werden. Heutzutage bieten viele kommerzielle Softwarepakete ein Modul zur statistischen Versuchsplanung an. Einfache Auswertungen können aber auch innerhalb einer Tabellenkalkulation programmiert werden. Der Aufwand für die Einarbeitung in eine entsprechende Software erhöht sich zumeist mit den Möglichkeiten, die die Software selbst bietet.

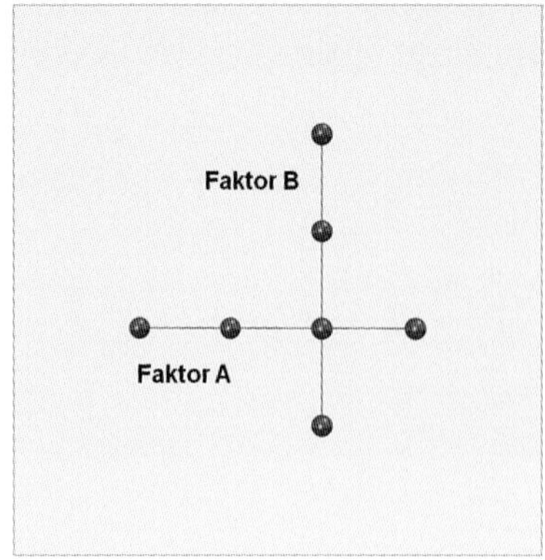

Bild 7.5 One-factor-at-a-time bei zwei Faktoren

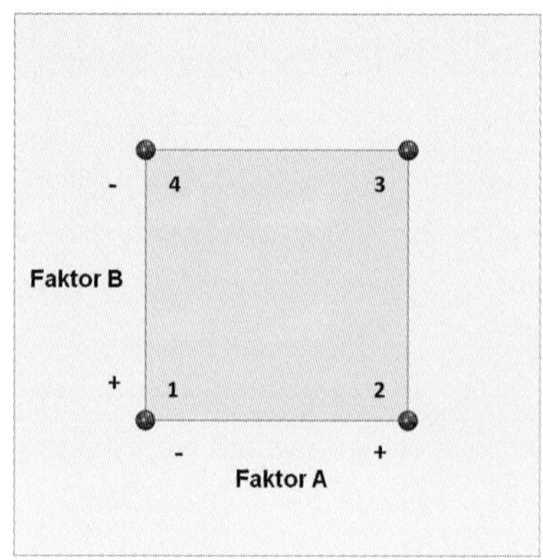

Bild 7.6 Vollfaktorieller Versuchsplan mit zwei Faktoren

■ 7.3 Teilfaktorielle Versuchspläne

Zu den wesentlichen Stärken der statistischen Versuchsplanung gehört die Möglichkeit, mit minimalem Versuchsaufwand viele Faktoren zu untersuchen. Bei einer hohen Zahl von Faktoren ist der Vollfaktorplan nicht mehr durchführbar und teilfaktorielle Versuchspläne, wie z. B. Screening-Versuchspläne, haben die Aufgabe, bei minimalem Informationsverlust mit möglichst wenigen Versuchen auszukommen. Bei Screening-Versuchsplänen handelt es sich um eine Abwandlung der vollständigen faktoriellen Versuchspläne, mit denen sehr viele Faktoren untersucht werden können. Wie in Bild 7.7 dargestellt, wird durch das Weglassen bestimmter Versuche eine Reduzierung der Gesamtversuchszahl erzielt, was für erste abschätzende Untersuchungen sehr hilfreich sein kann. Bedingt durch das Vorgehen, kommt es zu einer Vermengung der Effekte von zwei oder mehreren Faktoren, wodurch der Einfluss des einzelnen Faktors nicht mehr beurteilt werden kann. Bei der Planung und Auswertung der Untersuchung ist dies unbedingt zu berücksichtigen.

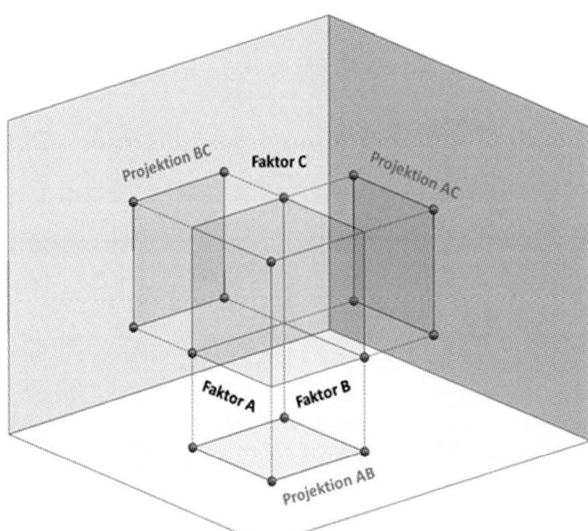

Bild 7.7 Projektion eines Screening-Versuchsplans

7.4 Modellbildung

Eine Risikoabschätzung ist nur möglich, wenn der Einfluss der Parameter bekannt ist. Um abschätzen zu können, in welchem Umfang der Einfluss besteht, können verschiedene Modelle sehr nutzbringend sein. Für die erste Abschätzung werden in der Regel einfache lineare Regressionsmodelle verwendet, die aber später beliebig komplex erweitert werden können, was allerdings mit steigendem Aufwand verbunden ist. Quadratische Modelle können beispielsweise mit Versuchsplänen aus dem Central Composite Design oder dem Box-Behnken-Design erstellt werden.

Mit den Modellen kann im späteren Verlauf beispielsweise eine Monte-Carlo-Simulation durchgeführt werden. Alle Parameter unterliegen einer Streuung, die durch eine Verteilungsfunktion beschrieben werden kann. In der Simulation wird dieses Modell mehrfach berechnet. Die Eingangsparameter werden dabei entsprechend ihrer Verteilungsfunktion einbezogen. Durch diese Untersuchung ist es möglich, den Einfluss der Eingangsparameter mit einer entsprechenden Verteilung, auf die Streuung des Ergebnisses zu beurteilen (Bild 7.8).

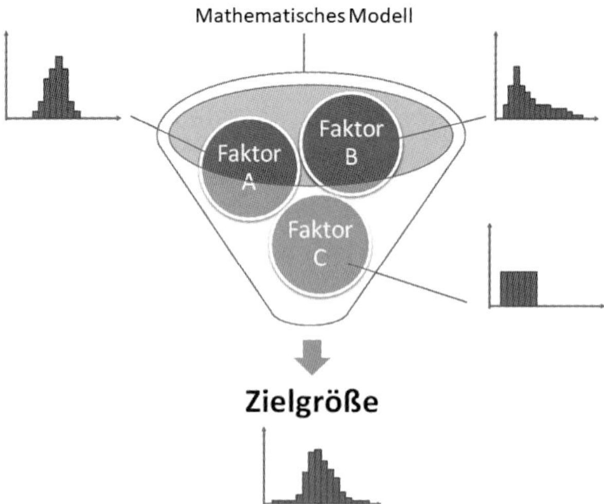

Bild 7.8 Monte-Carlo-Simulation zur Risikoabschätzung von Prozessen

7.5 Robustheit der Prozesse/ Optimierungsverfahren

Eine Maßnahme zur Risikominimierung ist eine Systemgestaltung, in der das zu erzielende Ergebnis eine möglichst geringe Abhängigkeit von den Störgrößen hat. Ziel ist es, die Streuung des Ergebnisses möglichst gering zu halten (siehe Bild 7.9) und einen Abstand zu den Toleranzgrenzen sicherzustellen. Dieses Ziel sollte nicht auf Kosten zu enger Toleranzgrenzen der einzelnen Parameter erfolgen. Am Beispiel von Bild 7.10 wurde als Versuchsplan ein Response Surface Design gewählt. Es ist zu erkennen, welche Möglichkeiten sich ergeben, wenn der Einfluss der Parameter genau untersucht wurde. In diesem Beispiel soll eine Zielgröße in einem Prozess den Wert zwischen 2 und -2 annehmen, es besteht dabei eine Abhängigkeit von den Faktoren „A" und „B". Erkennbar ist, dass es Bereiche im Prozessfenster gibt, die schon bei kleinen Variationen der Faktoren einen sehr großen Einfluss auf die Zielgröße haben. In anderen Bereichen ist der Einfluss deutlich geringer. Es ist daher sinnvoll, diesen Bereich für die Prozessgestaltung zu ermitteln und hierfür auszunutzen.

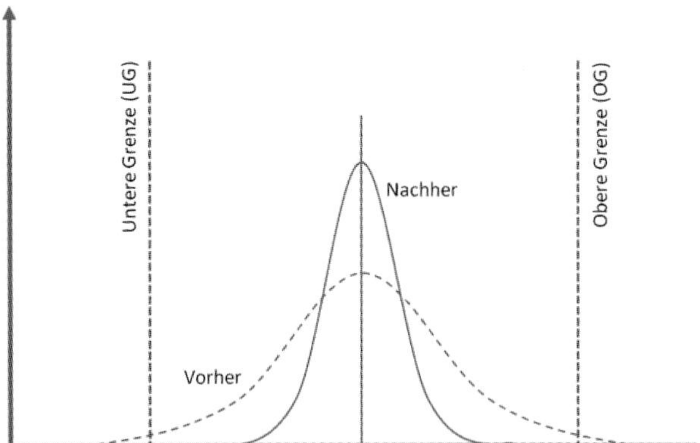

Bild 7.9 Verteilungsfunktionen vor und nach der Optimierung

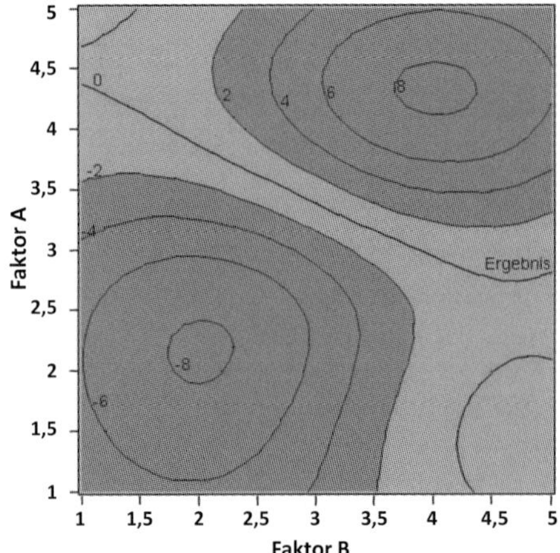

Bild 7.10 Response Surfaces eines Systems

G. Taguchi hat hierfür Entwicklungsstrategien vorgeschlagen und eingeführt. Häufig wird die Taguchi-Methode auch als Synonym für die statistische Versuchsplanung verwendet. Dabei handelt es sich im Wesentlichen um Ergänzungen von faktoriellen Versuchsplänen. Daneben existieren noch weitere Verfahren, die an dieser Stelle allerdings nicht weiter betrachtet werden.

Design of Experiments (DoE) ist ein weitreichendes Thema, zum dem viel Literatur wie beispielsweise (Kleppmann 2016), (Schiefer und Schiefer 2018) sowie (Siebertz et al. 2017) existiert, die sich grundlegend mit der Materie befasst. Aus diesem Grund wird die Methode in diesem Buch nicht ausführlicher behandelt. Stattdessen soll aufgezeigt werden, dass viele Parallelen zwischen den unterschiedlichen Methoden existieren und die zugrunde gelegten Systematiken ähnlich sind.

7.6 Beispiel einer Versuchsdurchführung mit DoE

In diesem Abschnitt soll exemplarisch erläutert werden, wie eine FMEA mit der DoE-Methode bei der Risikobewertung unterstützt werden kann. Eine erfolgreiche Versuchsplanung erfordert zunächst eine detaillierte Beschreibung der Ausgangssituation. Hierzu gehören die Festlegung des Untersuchungsziels, der geeigneten Zielgrößen und relevanten Faktoren sowie Faktorstufen. Dies dient im weiteren Verlauf als Grundlage für die Auswahl des optimalen Versuchsplans.

Schalldämmung und -dämpfung ist in der Automobilindustrie ein großes Thema, denn Umgebungslärm, Motorgeräusche, Abrollgeräusche der Reifen etc. wirken sich während einer Fahrt negativ auf Sicherheit und Komfort aus. Entsprechend wird der Geräuschdämmung bzw. -dämpfung mit sogenannten Schallabsorbern[1] ein hoher Stellenwert eingeräumt. Zulieferer von geräuschdämpfenden Materialien müssen entsprechend nachweisen, dass diese über einen Frequenzbereich einen bestimmten Absorptionskoeffizienten aufweisen. Die Messung dieses Koeffizienten in der Autoneum-Alpha-Kabine[2] hat sich dabei als anerkannter Industriestandard etabliert. Zur Messung des Absorptionskoeffizienten wird das Schallfeld in der Alpha-Kabine über drei sich in verschiedenen Ecken befindliche Lautsprecher mit akustischen Impulsen aufgebaut. Der Schall fällt aus allen Raumrichtungen gleich verteilt auf die Materialprobe ein. Nach Abschalten des Sendesignals werden die Nachhallzeiten der leeren Kabine und der mit der Materialprobe gefüllten Kabine in Oktav- oder Terzbändern gemessen. Mit der Alpha-Kabine werden Schallabsorptionskoeffizienten im Frequenzbereich von 400 bis 10 kHz ermittelt. Der Bereich von 500 bis 700 Hz ist für das Hörempfinden von großen Einfluss. Der Bereich von 10 000 bis 20 000 Hz wird allerdings vom Hörempfinden aus als unangenehm wahrgenommen.

Nach (Automotive Industry Action Group 2019) sollte die Wirksamkeit der vorhandenen Vermeidungs- und Entdeckungsmaßnahmen im Rahmen einer FMEA bestätigt werden. Wesentlicher Faktor bei der Einordnung der Ergebnisse von Messungen mit der Alpha-Kabine ist nun die Reproduzierbarkeit und die Messgenauigkeit. Unter der Reproduzierbarkeit einer Messung wird im Allgemeinen das Ausmaß der Annäherung zwischen den Messergebnissen von Messungen derselben Mess-

[1] Schallabsorber sind Materialien (Bauteile), die eine Verminderung von Schallenergie zum Ziel haben. Dies wird auch als Schalldämpfung bezeichnet. Bei der Schalldämpfung bzw. -absorption wird ein Teil der Schallschwingungen in Wärme umgewandelt und geht somit „verloren“. Die Schalldämpfung oder -absorption ist ein Merkmal der Raumakustik.

[2] Die Alpha-Kabine ist eine Nachbildung des Hallraums der Eidgenössischen Materialprüfungs- und Versuchsanstalt in Dübendorf im Verhältnis 1 : 3,2 und dient zur Messung des frequenzabhängigen Absorptionskoeffizienten im diffusen Schallfeld. Die Messungen basieren auf dem Standard ISO 354:2003, „Acoustics – Measurement of sound absorption in a reveberation room“.

größe verstanden, die unter unterschiedlichen Bedingungen durchgeführt werden, beispielsweise unter der Verwendung einer anderen Messeinrichtung oder der Messung an einem anderen Ort.

Die statistische Versuchsplanung hat die Reduzierung der Streuung eines Prozessergebnisses oder eines Produktparameters zum Ziel. Dafür werden zunächst jene Störgrößen identifiziert, die für einen Großteil der Streuung verantwortlich sind. Anschließend wird durch Versuche eine Einstellung der Steuergrößen gefunden, bei der die Auswirkungen der Störgrößen auf die Streuung des Prozessergebnisses bzw. des Produktparameters minimal sind. Auf diese Weise soll auch festgestellt werden, ob sich der Einfluss der Messbedingungen auf verschiedene Materialien unterschiedlich auswirkt.

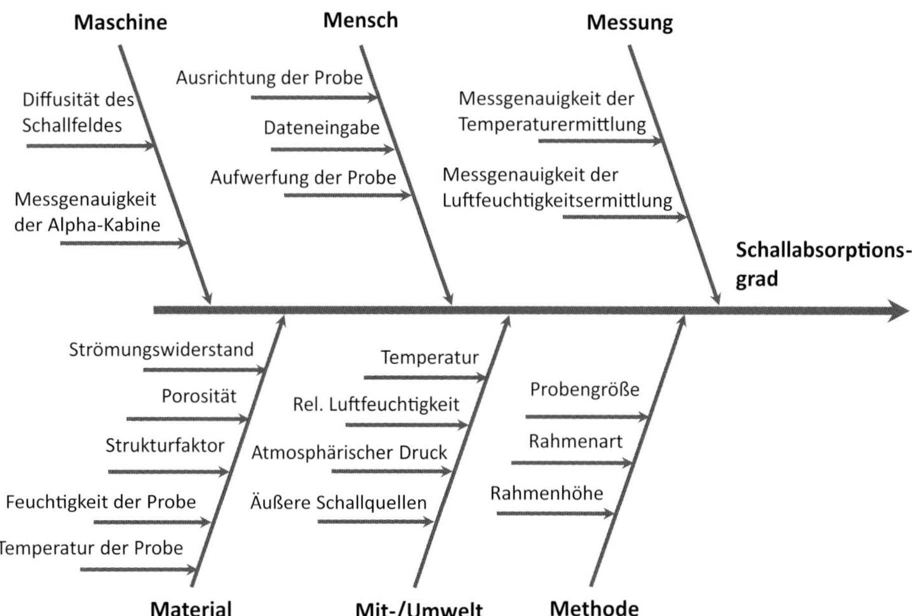

Bild 7.11 Mögliche Einflussgrößen auf den gemessenen Absorptionsgrad mit der Alpha-Kabine

Da der Versuchsplan relativ viele Faktoren (Einflussgrößen) enthält, werden zur Begrenzung des Versuchsaufwands zwei Stufen je Faktor festgelegt (Tabelle 7.1). Damit lässt sich feststellen, wie groß der linearere Effekt der untersuchten Faktoren auf den gemessenen Schallabsorptionsgrad ist und welche Faktoren tatsächlich eine technologische Relevanz aufweisen.

Tabelle 7.1 Zusammenfassung der verwendeten Faktoren und Faktorstufen

Faktor	Kurzbezeichnung	Faktorstufen	
Temperatur	A	19 °C	22 °C
Relative Luftfeuchtigkeit	B	40 %	60 %
Ausrichtung der Probe	C	0°	4°
Probengröße	D	1,00 × 1,00 m	1,20 × 1,00 m
Rahmenhöhe	E	20 mm	40 mm
Aufwerfung der Probe	F	Nein	Ja

Zur Untersuchung der sechs Faktoren, wird ein teilfaktorieller 2^{6-1}-Versuchsplan mit der Auflösung VI ausgewählt. Die Auflösung eines Versuchsplans beschreibt den Grad, zu dem die Effekte in einem teilfaktoriellen Versuchsplan eine wechselseitige Aliasstruktur mit anderen Effekten aufweisen (Kleppmann 2016; Siebertz et al. 2017). Dieser halbiert die Anzahl der zu untersuchenden Faktorstufenkombinationen im Vergleich zu einem vollfaktoriellen 2^6-Versuchsplan von 64 auf 32 Faktorstufenkombinationen. Der aufgestellte Versuchsplan ist in Bild 7.12 dargestellt.

Durchlaufreihenfolge	Block	Standardreihenfolge	Temperatur	rel. Luftfeuchtigkeit	Ausrichtung der Probe	Probengröße	Rahmenhöhe	Aufwerfung der Probe
1	1	2	-	-	+	-	-	+
2	1	7	-	-	-	+	+	-
3	1	5	-	-	-	-	+	+
4	1	1	-	-	-	-	-	-
5	1	6	-	-	+	-	+	-
6	1	8	-	-	+	+	+	+
7	1	3	-	-	-	+	-	+
8	1	4	-	-	+	+	-	-
9	2	9	-	+	-	-	-	+
10	2	10	-	+	+	-	-	-
11	2	14	-	+	+	-	+	+
12	2	13	-	+	-	-	+	-
13	2	12	-	+	+	+	-	+
14	2	16	-	+	+	+	+	-
15	2	11	-	+	-	+	-	-
16	2	15	-	+	-	+	+	+
17	3	21	+	-	-	-	+	-
18	3	24	+	-	+	+	+	-
19	3	19	+	-	-	+	-	-
20	3	23	+	-	-	+	+	+
21	3	18	+	-	+	-	-	-
22	3	22	+	-	+	-	+	+
23	3	20	+	-	+	+	-	+
24	3	17	+	-	-	-	-	+
25	4	25	+	+	-	-	-	-
26	4	31	+	+	-	+	+	-
27	4	32	+	+	+	+	+	+
28	4	29	+	+	-	-	+	+
29	4	27	+	+	-	+	-	+
30	4	26	+	+	+	-	-	+
31	4	28	+	+	+	+	-	-
32	4	30	+	+	+	-	+	-

Bild 7.12 Versuchsplan

Die anzuwendenden Auswertungsverfahren der statistischen Versuchsplanung erfordern eine Normalverteilung der erhobenen Messwerte. Da sich die Mittelwerte der Einzelversuche aufgrund der unterschiedlichen Faktorstufenkombinationen jedoch unterscheiden können, ist die Zusammenfassung aller Messwerte meist nicht normalverteilt. Um dennoch die Normalverteilung aller Messwerte gemeinsam betrachten zu können, muss eine Überprüfung der Residuen (Lateinisch: das Zurückgebliebene; Begriff aus der Statistik) der Messwerte stattfinden. Im Gegensatz zu den Störgrößen sind Residuen berechnete Größen und messen den vertikalen Abstand zwischen dem Beobachtungspunkt und der geschätzten Regressionsgeraden. Liegen die Residuen näherungsweise auf der Geraden des Wahrscheinlichkeitsnetzes, so sind die Messwerte als normalverteilt anzusehen (Bild 7.13).

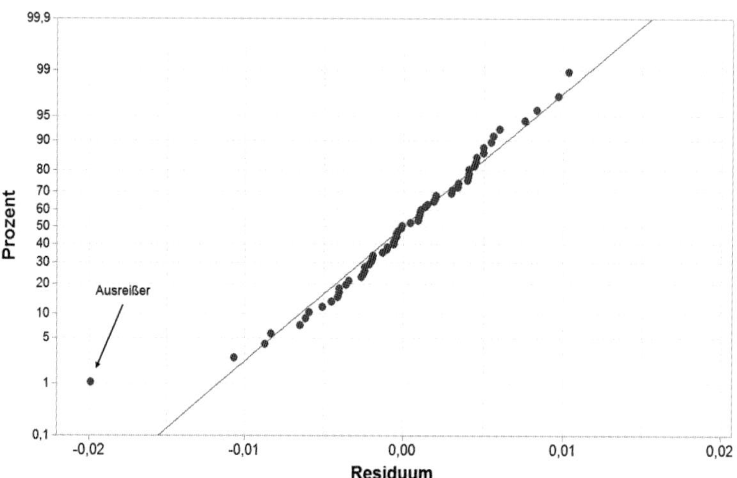

Bild 7.13 Residuen der gemessenen Schallabsorptionsgrade für das 400-Hz-Band im Wahrscheinlichkeitsnetz mit Ausreißern

Die Versuchsauswertung hat nun zum Ziel, die signifikanten und hoch signifikanten Effekte und ihre Auswirkungen auf die gemessenen Absorptionsgrade der verschiedenen Frequenzbänder zu betrachten. Exemplarisch sind für das 800-Hz-Band die Haupt- und Wechselwirkungseffekte in Bild 7.14 und Bild 7.15 dargestellt. Demnach weisen die Faktoren Temperatur, Ausrichtung der Probe, Probengröße und Rahmenhöhe sowie die Wechselwirkung zwischen Ausrichtung der Probe und Rahmenhöhe einen hoch signifikanten Einfluss auf den gemessenen Schallabsorptionsgrad auf.

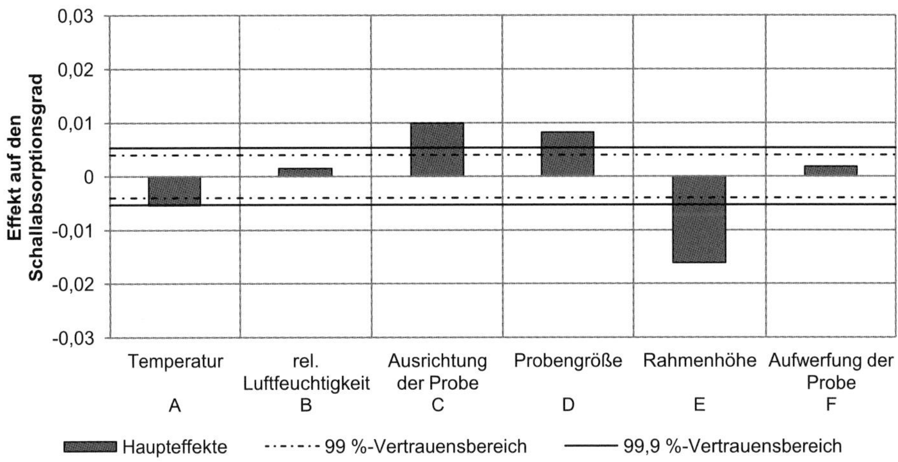

Bild 7.14 Haupteffekte auf den gemessenen Schallabsorptionsgrad für das 800-Hz-Band

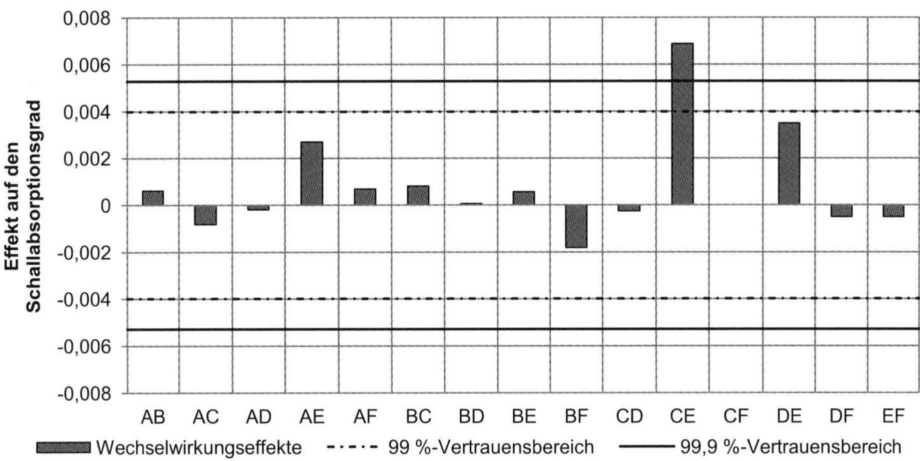

Bild 7.15 Wechselwirkungseffekte auf den gemessenen Schallabsorptionsgrad für das 800-Hz-Band

Nicht signifikante Faktoren können bei einer initiierten (Prüf-)Maßnahme im Prinzip beliebig eingestellt werden, da sie keinen Einfluss auf das Messergebnis haben dürften. Bevor allerdings eine Maßnahme endgültig umgestellt oder eingeleitet wird, muss noch ein Bestätigungslauf durchgeführt werden. Passen die im Bestätigungslauf erzielten Ergebnisse zu den Erwartungen, so wurden die richtigen Wechselwirkungen gewählt. In Bezug auf den Reifegrad einer Entdeckungsmethode (hier Nachweis des Absorptionskoeffizienten) kann nun mit einer Bewertung die Wirksamkeit und Verlässlichkeit der verwendeten Methode neu eingeschätzt werden.

8 Rechnergestützte Hilfsmittel

Der zunehmend intensivere Wettbewerb sowie die steigende Komplexität vieler Produkte und Prozesse erfordern heutzutage eine hohe Disziplin bei der Produktplanung, Produktherstellung sowie Dokumentation. Ohne eine entsprechende Rechnerunterstützung sind diese Prozesse praktisch nicht mehr beherrschbar. So haben sich verschiedene EDV-Systeme - angefangen von Textverarbeitungssystemen bis hin zu komplexen CAx-Systemen - etabliert, die mittlerweile aus dem beruflichen Tagesgeschäft nicht mehr wegzudenken sind.

Die formalisierte und analytische FMEA-Methode mit ihrer systematischen Ablaufstruktur zur Erfassung und Vermeidung potenzieller Fehler in Konstruktion, Planung und Produktion basiert auf einer umfangreichen Zusammenführung von Informationen und Daten aus unterschiedlichen Disziplinen. Deren Durchführung ist besonders zeit- und damit kostenintensiv. Durch den Einsatz von EDV lassen sich jedoch bei der Erstellung einer FMEA erhebliche Rationalisierungspotenziale ausschöpfen. Mit einer einfachen Tabellenkalkulation ist es jedoch nicht getan, da es nicht nur um das reine Ausfüllen von Tabellen geht. Eine unternehmensspezifische Systemanpassung der Zuständigkeiten, Bewertungsschemata etc., eine Terminverfolgung sowie eine Datenbankanbindung oder die Nutzung eines firmenspezifischen Intranets, mit der Möglichkeit der Wiederverwendung von Elementen ähnlicher oder gleicher Betrachtungen, sind hierfür Beispiele. Damit lässt sich das in einem Unternehmen vorhandene FMEA-Wissen Schritt für Schritt in ein Gesamtsystem überführen und kann somit unternehmensintern einer breiteren Öffentlichkeit zugänglich gemacht werden. Auch gibt eine in Unternehmensprozessen fest verankerte Nutzung solcher CAQ-Software die Intension vom Qualitätsmanagement wieder. Die eigene Qualitätsfähigkeit lässt sich damit schnell nachweisen, denn ohne diesen Nachweis werden Unternehmen nur eingeschränkten Zugang zu den unterschiedlichen Wirtschaftsräumen haben.

In Zeiten immer komplexer werdender Produkte und Prozesse, bei sich immer mehr verkürzenden Entwicklungszyklen, stellt die Analyse und Bewertung der damit einhergehenden Risiken die Unternehmen vor immer größeren Herausforderungen. Ohne eine geeignete Unterstützung durch Informations- und Kommunikations-(IuK)Software lässt sich das bei der steigenden Wissensverarbeitung kaum noch bewerkstelligen. Aufgrund dieses breiten Einsatzgebiets ist es deshalb auch nicht verwunderlich, dass auf dem Markt eine Vielzahl von verschiedenen Softwareprogrammen angeboten werden, die eine Einführung und Anwendung der FMEA-Methode unterstützen. Ein Blick ins Internet ergibt sehr viele Treffer und zeigt, wie dynamisch der Markt in den letzten Jahren auf die unterschiedlichen Anfragen reagiert hat. Technologie und Entwicklungsanforderungen auf der einen Seite und die wachsenden unternehmensspezifischen Kriterien auf der Anwenderseite haben sehr viel Bewegung in den Softwaremarkt gebracht, und für Neueinsteiger ist es immer schwieriger geworden, eine geeignete Lösung zu finden.

Ergebnisse über eine Benchmark-Untersuchung zum Thema FMEA-Software finden sich in Häußer (2016) und o. V. (2017). Anhand verschiedener Kriterien, die drei Gruppen zugeordnet wurden, werden hier verschiedene FMEA-Programme vorgestellt und bewertet. Das bloße Ausfüllen von Formblättern entspricht dabei nicht mehr dem Stand der Technik. Es stehen heute verschiedene Lösungen zur Auswahl, die als entwicklungsbegleitendes Werkzeug für präventive Risikoanalysen geeignet sind.

Datenbankunterstützt, netzwerkfähig, modell- und webbasiert, skalierbar etc. sind übliche Schlagworte, mit denen diese Produkte gekennzeichnet werden. Selten sind es noch Anwendungen, die sich ausschließlich auf die FMEA konzentrieren. Die implementierten Funktionen reichen von der Prozessdefinition über die Funktions- und Risikoanalyse (FMEA) mit dem Anlegen eigener Bewertungskataloge bis hin zur Maßnahmenüberwachung und umfassenden QM-Dokumentation. Die Anwendungsprogramme haben sich dabei von einfachen Textverarbeitungs- bzw. Tabellenkalkulationsanwendungen hin zu komplexen Werkzeugen entwickelt, die den gesamten Bereich der Produkt- und Prozessentwicklung unterstützen. Die Durchführung einer Systemanalyse, der Aufbau von Fehlernetzen, Datenübergabemöglichkeiten in verschiedene Systeme sowie die Präsentation der Ergebnisse in einer ansprechenden grafischen Darstellung gehören mittlerweile zum Standard, und für eine FMEA stehen die verschiedensten Formblätter zur Auswahl.

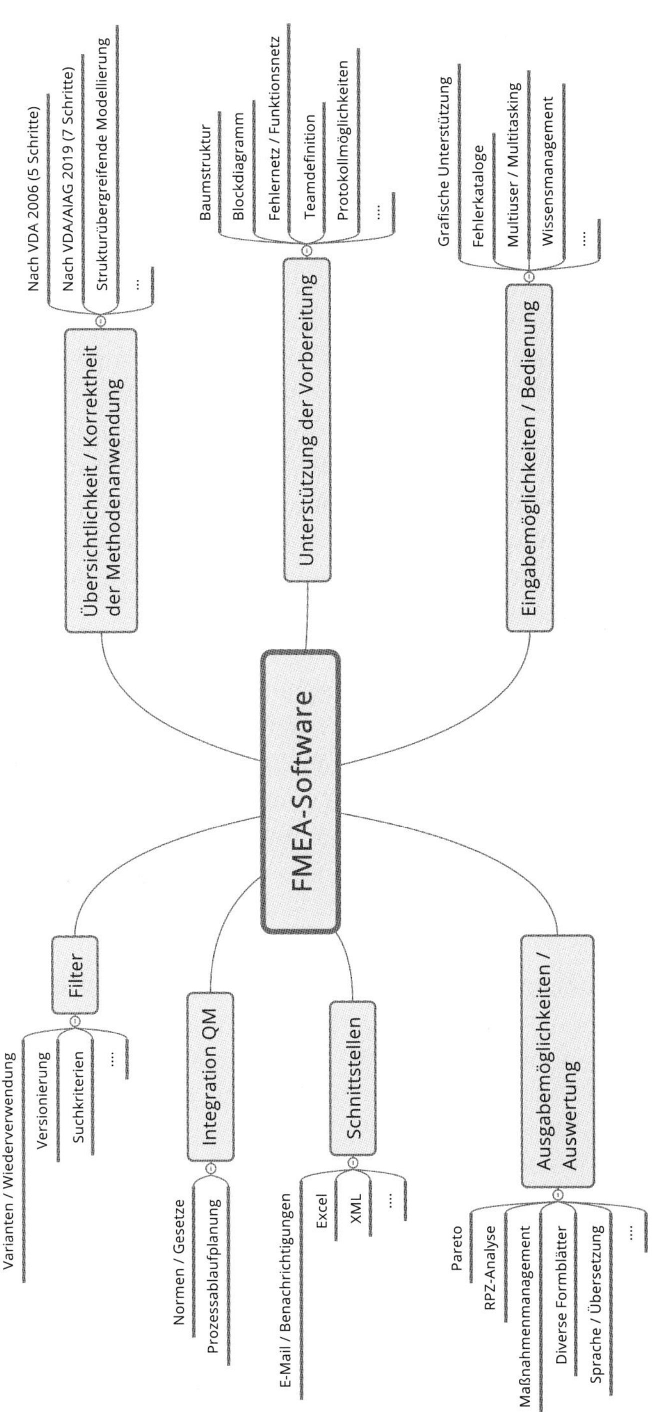

Bild 8.1 Mögliche Kriterien für die Auswahl einer FMEA-Software

8.1 Ausgewählte FMEA-Programme

Bereits in den vorangegangenen Auflagen dieses Buches wurden die Produkte der marktführenden Systemanbieter APIS Informationstechnologien GmbH sowie PLATO AG vorgestellt, die auch in dem angeführten Benchmark aus dem Jahr 2016 bzw. 2017 die besten Bewertungen erhalten hatten.

Auch wenn es mittlerweile sehr viele weitere Anbieter von FMEA-Software gibt, werden nur diese zwei Softwareprodukte vorgestellt. Die beiden Systemhäuser haben kontinuierlich Verbesserungen an ihrer jeweiligen Software vorangetrieben und verfolgen jeweils unterschiedliche Konzepte. Bei den folgenden Ausführungen handelt es sich nicht um eine ausführliche Markterhebung bzw. -bewertung oder auch Benchmark. Ziel ist es ausschließlich dem Leser zu vermitteln, welche Funktionalitäten und Unterstützungen gängige Softwareprogramme bei der FMEA-Erstellung bieten können. Anhand von vorgegebenen Kriterien wird dabei aufgezeigt, welche grundsätzlichen Unterschiede die vorgestellten Systeme aufweisen, ohne sie jedoch abschließend zu bewerten.

Die Beschreibung der Programme erfolgt nach bestem Wissen anhand von Programmbeschreibungen, Handbüchern und Gesprächen mit Unternehmen, die diese Softwareprodukte einsetzen und erhebt keinen Anspruch auf Vollständigkeit. Auch ist davon auszugehen, dass die Beschreibungsmerkmale nicht ausschließlich nur auf die vorgestellten Systeme zutreffen, sondern auch von anderen Programmen erfüllt werden. Darüber hinaus ist der Softwaremarkt äußerst dynamisch und mit jedem Update werden nicht nur Fehler beseitigt und die Nutzerfreundlichkeit verbessert, sondern es nehmen zumeist auch die Programmfunktionalitäten zu.

Aus Anwendersicht kann zum jetzigen Zeitpunkt gesagt werden, dass sich Softwareprogramme nicht nur auf die Dokumentation im FMEA-Formblatt sowie die unterschiedlichen Unterstützungsmöglichkeiten für das Ausfüllen des Formblatts konzentrieren dürfen. Vielmehr sind u. a. die nachfolgend aufgeführten Merkmale bzw. Anforderungen an ein FMEA-Programm zu stellen, damit zum einen eine größtmögliche Unterstützung bei der gesamten FMEA-Durchführung gewährleistet wird und zum anderen auch die auf die Durchführung folgenden Aufgaben wie beispielsweise die Termin- und Maßnahmenverfolgung mit in diesen Prozess einbezogen werden. Je nach Anwender und eigenen Erwartungen können diese Anforderungen jedoch auch differieren, insbesondere dann, wenn beispielsweise nur eine bestimmte FMEA-Art durchgeführt werden soll oder wenn die FMEA nur bei Bedarf Anwendung findet. Eine Vernetzung und Datenbankanbindung mit Zugriff auf bestehende FMEA verlieren in diesem Fall sehr schnell an Bedeutung.

Zusammengefasst lassen sich die folgenden Kriterien für die Verwendung einer FMEA-Software grob spezifizieren, um einen möglichst hohen Unterstützungsgrad zu erreichen:

- Rückkopplung bzw. Anbindung an eine Anforderungsliste
- Unterstützung bei der Durchführung bzw. beim Aufbau von Systemanalysen/ Systemstrukturen
- grafische Darstellung einer Strukturanalyse (Baumstruktur)
- Vernetzung, E-Mail-Funktion, Internet/Intranet, Wiederverwendung, Controlling
- Zugriffsmöglichkeit auf zentrale FMEA-Daten, um auf das vorhandene Erfahrungswissen zurückgreifen zu können
- Hinterlegung von Fehler-, Fehlerursachen- und Fehlerfolgen-Katalogen
- Hinterlegung der Bewertungsschemata für die Entdeckungswahrscheinlichkeit, das Auftreten des Fehlers bzw. der Fehlerursache sowie die Schwere (Bedeutung) des Fehlers
- Termin- und Maßnahmenüberwachung
- Hinterlegen von unternehmensspezifischen Organisationsstrukturen
- ansprechende und flexible Dokumentation der FMEA-Ergebnisse in verschiedenen Formblättern
- Eingabemöglichkeiten von weiterführenden Kommentaren
- Verfügbarkeit leistungsfähiger Kopierfunktionen

8.2 APIS IQ-RM®

Die APIS Informationstechnologien GmbH gehört mit ihrer dokumentenorientierten Anwendung bereits seit vielen Jahren zu den Anbietern professioneller FMEA-Software. Fehler-Möglichkeits- und Einfluss-Analysen sowie Prozessablauf-Diagramme können mit diesem Programm methodenkonform nach VDA, DRBFM, AIAG und SAE erstellt werden. Auf der Website (*www.apis.de*) steht eine zeitlich begrenzte Testversion zum Download zur Verfügung, die als Grundlage dieser Beschreibung verwendet wurde. Insgesamt gibt es von APIS verschiedene Ausbaustufen dieser Software. Mit der Testversion APIS IQ-RM® PRO stehen die umfassendsten Funktionen (inklusive Control Plan, Process Flow Diagramm, Simultaneous Engineering etc.) zur Verfügung.

APIS IQ-RM® wurde stetig zu einem mächtigen Werkzeug für die Erstellung von Qualitätsdokumenten weiterentwickelt und erscheint optisch in einem ansprechenden Design. Aufgrund der vielen Funktionen und Menüpunkte sowie der geteilten Fenster ist jedoch ein größerer Monitor zu empfehlen.

Inhaltlich orientiert sich das Programm an der Vorgehensweise der Publikationen des VDA und des AIAG: (Verband der Automobilindustrie e. V. 2006), (Verband der Automobilindustrie e. V. 2017) sowie (Automotive Industry Action Group 2019). Die „Strukturanalyse" (Systemelemente und -struktur), „Funktionsanalyse" (Funktionen und Funktionsnetze), „Fehleranalyse", „Maßnahmenanalyse" und „Optimierung" wurden programmtechnisch umgesetzt und durch ergänzende Funktionen wie Terminverfolgung, statistische Auswertungen, Team-Kommunikation etc. vervollständigt.

Grundlage des Programms sind umfangreiche Editoren, die für die einzelnen Bereiche zuständig sind. So stehen u. a. Editoren für die Struktur-, Funktions- und Fehleranalyse, für Statistiken, für das Ausfüllen des FMEA-Formblatts sowie für eine Terminverfolgung zur Verfügung. Alle Editoren sind im System voll integriert und Änderungen werden durchgängig in alle anderen Betrachtungsebenen übernommen. Im Programm sind laut Herstellerangaben alle gängigen Formblätter (VDA '86, VDA '96, QS 9000 2nd/3rd Edition, AIAG 4th Edition, AIAG/VDA 2019 etc.) hinterlegt. Alternativ zu den Bewertungsangaben können hierbei auch Kennzeichnungen über eine Ampelfarbe (Rot, Gelb, Grün) erfolgen.

Der Benutzer arbeitet mit der APIS IQ-Software in einem Fenster, dem Personal Desktop. In allen Editoren der APIS IQ-Software stehen darüber hinaus die gleichen Menüs zur Verfügung. Das Programm verwendet zum Abspeichern der Daten ein eigenes Dateiformat. Das sogenannte IQ-Dokument wird als FME-Datei gespeichert. IQ-Dokumente können beliebig viele Projekte und Strukturen mit den zugehörigen QM-Dokumenten enthalten. Hinterlegt ist ein objektorientierter Ansatz, in dem alle Daten redundanzfrei gespeichert werden und mit den unterschiedlichen Editoren eingesehen bzw. bearbeitet werden können. Die einzelnen Sichtweisen sind beispielsweise das FMEA-Formblatt, das Funktions- und Fehlernetz, Terminpläne etc. Änderungen an den einzelnen Daten wirken sich somit automatisch auf alle anderen Sichten aus, in denen diese Objekte ebenfalls enthalten sind.

IQ-RM wird wie eine „Stand-alone-Lösung" lokal auf dem Rechner installiert und Projekte und Dateien werden lokal gespeichert. Alternativ können aber mit einem weiteren APIS-Produkt, dem CARM-Server®, typische Serverdienste ergänzt werden. Damit steht dann auch eine zentrale Wissensdatenbank zur Verfügung.

Der APIS CARM-Server® deckt folgende Funktionen ab:

- Verwalten von Modulen, Katalogen und Maßnahmen
- Web-Interface

- Schnittstellen zu externen Systemen
- Datenabgleich und automatisches Ausführen von Aktionen (Konvertierung beispielsweise in HTML oder PDF, Benachrichtigung von Verantwortlichen per E-Mail etc.)

Allgemeines Programmkonzept

Das Aufstellen einer Systemstruktur steht im Mittelpunkt dieser Anwendung und dient als Basis für die nachfolgende Fehleranalyse sowie für das automatische Ausfüllen des FMEA-Formblatts.

Eine Struktur ist hierbei die Beschreibung des Aufbaus eines Systems, eines Bauteils oder eines Prozesses. Sie stellt die Basis für die Beschreibung der funktionalen Ursachen-Wirkungs-Zusammenhänge dar. Mit ihr kann die an die Analyse sich anschließende Beschreibung möglicher Fehlfunktionen vorgenommen werden. Die Systemstrukturen werden im Programm APIS IQ-RM® als Bäume dargestellt, die auf dem Bildschirm von links nach rechts wachsen. Die Systemstruktur ist praktisch eine Beschreibung des Untersuchungsgegenstands, die in immer kleinere Einheiten untergliedert wird.

Die Systemstruktur bzw. der Strukturbaum besteht aus vielen einzelnen Elementen, die so weit zu differenzieren sind, dass die relevanten Bereiche hinsichtlich ihrer Funktion(en) und möglichen Fehlfunktion(en) betrachtet werden können, d. h. bei einer Konstruktions-FMEA kann die Gliederung bis hin zu den Bauteilen erfolgen und bei einer Prozess-FMEA steht als kleinste Einheit der einzelne Teilprozess.

Eine Systemstruktur kann aber auch mit dem Funktions- und Fehleranalyse-Editor erzeugt werden. Hier erfolgt die Visualisierung allerdings nicht in einer Baumstruktur, sondern ähnlich wie die Ordner und Dateistruktur im Windows-Datei-Explorer.

Das Arbeiten mit dem Programm lässt sich in drei Bereiche untergliedern und entspricht einer Top-down-Vorgehensweise für die FMEA:

- Systemanalyse mit dem Aufbau der Systemstruktur und der Funktionsstruktur
- Beschreibung von Ursache-Wirkungs-Zusammenhängen von Funktionen und Fehlfunktionen (Fehlern)
- Bewertung und Optimierung in der FMEA und Maßnahmenverfolgung

Bei der Durchführung einer FMEA mit der APIS IQ-Software wird im Rahmen der Systemanalyse versucht, mit den zur Verfügung stehenden Editoren eine möglichst vollständige Beschreibung des Untersuchungsgegenstands abzubilden. Darauf aufbauend wird anschließend eine Funktions- und Fehleranalyse aufgesetzt. Hierbei wird eine vollständige Aufzählung aller möglichen Fehlfunktionen angestrebt. Im System lassen sich praktisch (mit Ausnahme des Formblatt-Editors) keine Fehlfunktionen hinterlegen, ohne dass vorher Funktionen benannt wurden und Systemelemente als Träger dieser Funktionen beschrieben wurden. Werden Fehlfunktionen direkt als Fehlerursache oder -folge im Formblatt-Editor eingegeben, so sind diese entweder nicht oder an systemgenerierten Objekten verankert. Ein nachträgliches Verankern ist aber möglich, und systemgenerierte Objekte können umbenannt werden.

Im nächsten Schritt werden die Ursache-Wirkungs-Zusammenhänge[1] zwischen den dokumentierten Fehlfunktionen festgelegt (Bild 8.2). In Fehlernetzen bzw. -bäumen werden diese Zusammenhänge grafisch verdeutlicht. Diese Zusammenhänge bzw. Abhängigkeiten bilden dann die Grundlage für das automatische Ausfüllen der drei Spalten „Fehlerart", „Fehlerfolge" und „Fehlerursache" im FMEA-Formblatt.

Das FMEA-Formblatt kann in allen gängigen Layouts angezeigt werden. Die Layouts können über den Menüpunkt ANSICHT → FORMAT → LAYOUT ausgewählt werden.

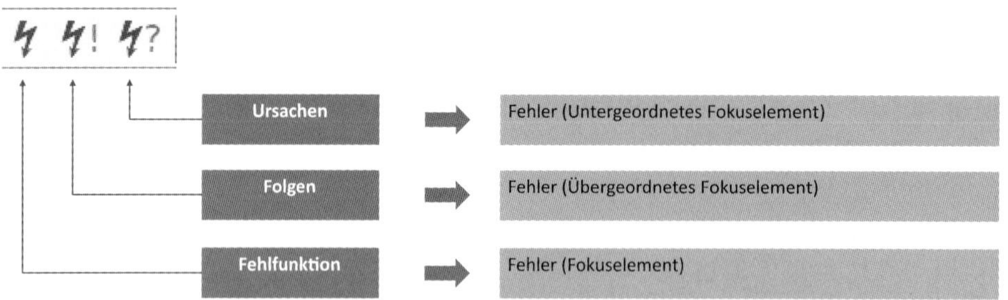

Bild 8.2 Konzept der Fehlfunktionen und deren Zusammenhang

Für das Erstellen einer FMEA ist es außerordentlich wichtig, dass sich der Programmnutzer mit diesem Konzept bzw. mit dieser programminternen Datenstruktur auseinandersetzt und sich die Zusammenhänge zwischen den einzelnen beschriebenen, möglichen Fehlfunktionen verdeutlicht.

Mit dem Aufstellen der Systemstruktur sowie des Fehlernetzes ist praktisch der schwierigste Teil der FMEA mit den logischen Zuordnungen bearbeitet worden. Abschließend müssen im FMEA-Formblatt noch die Bewertung des Ist-Zustands (RPZ) vorgenommen und die entsprechenden Maßnahmen inhaltlich festgelegt werden. Des Weiteren wird der Maßnahme ein Erledigungstermin und die verantwortliche Person zugeordnet. Dies kann z. B. im Formblatt geschehen. Gleiches gilt für die Einschätzung des verbesserten Zustands, wobei hier sinnvolle logische Ver-

[1] Die zugehörigen Editoren können über den Menüpunkt EXTRAS → ARBEITSPLATZEINSTELLUNGEN → EINSTELLUNGEN → PROGRAMMKOMPONENTEN → ISHIKAWA-EDITOREN aktiviert werden.

knüpfungen zu den bisherigen Eingaben programmintern verankert sind. Beispielsweise wird der Wert für die Bedeutung des Fehlers übernommen und das Feld „verbesserter Zustand" wird in Abhängigkeit des Zustands der empfohlenen Maßnahme (in Bearbeitung, abgeschlossen etc.) belegt.

Abgerundet wird das Programm mit den Möglichkeiten der statistischen Auswertung sowie Programmkomponenten zur Terminverfolgung.

Die APIS IQ-Software unterstützt die Ausgabe der erzeugten Dokumente in mehreren Sprachen. In einem Übersetzungstool kann jeder eingegebene Begriff übersetzt werden. Die IQ-Dokumente können dann wahlweise in den unterschiedlichen Sprachen angezeigt werden.

Zusätzlich stehen zur Übertragung in andere Systeme diverse Exportformate zur Verfügung. XML-Dateien lassen sich ebenso erzeugen wie klassische Excel-Dateien mit den jeweiligen Inhalten eines aktuellen Editors (Struktur, Funktion etc.).

Programmbeschreibung anhand der Kriterien

Die zu Beginn des Kapitels aufgeführten Kriterien werden vom Programm ausnahmslos erfüllt, wobei sich diese Angabe auf die umfangreichste Variante dieses Programmpakets APIS IQ-RM® PRO bezieht. Hier werden neben der FMEA auch das Prozessablaufdiagramm und der Control Plan unterstützt. Es ist zusätzlich ein Editor zur Erfassung von (Kunden-)Anforderungen integriert und Themenbereiche wie Simultaneous Engineering und funktionale Sicherheit werden unterstützt. Die Kundenforderungen können in einer Baum- und/oder Netzstruktur zueinander in Beziehung gesetzt, in eine Rangfolge gebracht und mit Statusinformationen versehen werden. Darüber hinaus können den Kundenanforderungen Eigenschaften wie eine Zuständigkeit für die Durchführung bzw. Umsetzung sowie eine Terminfestschreibung zugewiesen werden.

Der IQ-Ratgeber unterstützt den Anwender sowohl bei der Bedienung des Programms als auch bei der Erstellung einer FMEA. Der Ratgeber unterbreitet dem Anwender Vorschläge zur weiteren Bearbeitung der gemerkten Objekte, die er aufgrund der Situation des aktuellen IQ-Dokuments bzw. der aktuellen Struktur für angebracht hält. Die Hilfestellungen gehen dabei von einfachen To-do-Anweisungen bis hin zu regelgesteuerten Hinweisen, die sich nach der in der Literatur beschriebenen Vorgehensweise richten. Diese Regeln können aber auch vom Anwender erweitert und modifiziert werden. Eine detaillierte Beschreibung des IQ-Ratgebers befindet sich in der Online-Hilfe.

Neben dem IQ-Ratgeber gibt es Lerneinheiten, mit denen der Programmnutzer die im Bereich FMEA vorhandenen ersten standardisierten Arbeitsschritte kennenlernt, die beim Umgang mit dem Programm durchzuführen sind. Letztendlich ist ein Kontextmenü vorhanden, das in Abhängigkeit des jeweils selektierten Objekts die wichtigsten Operationen anzeigt, die auf dieser Ebene möglich sind.

Eine integrierte E-Mail-Funktion begünstigt die Maßnahmen- und Terminverfolgung. Das Versenden von E-Mails an die verantwortlichen Personen im Unternehmen sowie das Automatisieren der Statusrückmeldung ist direkt aus dem Programm heraus möglich. Darüber hinaus können IQ-Dokumente direkt ins Intranet gestellt werden.

Mit dem IQ-Explorer, der ähnlich aufgebaut ist wie der Windows-Explorer, stellt das Programm umfangreiche Suchfunktionen zur Verfügung. Hiermit wird auf vorhandene IQ-Dokumente zurückgegriffen. Die Ergebnisse lassen sich einfach in neue Dokumente übernehmen. Die Suchkriterien können hierbei einfache Zeichenfolgen sein. Darüber hinaus werden aber auch Filter mitgeliefert bzw. können Filter selbst definiert werden, die logische Verknüpfungen enthalten. Beispielsweise lassen sich Projekte mit offenen Terminen oder Terminüberschreitungen herausfinden oder auch Maßnahmen und deren Bearbeitungszustand auflisten. Filter können über alle Editoren (Sichten) definiert bzw. angewendet werden:

- Strukturen
- Systemelemente
- Funktionen und Fehlfunktionen
- FMEA-Formblatt
- Control-Plan
- Prozessablaufdiagramm
- Terminverfolgung
- Kundenanforderungen und deren Terminverfolgung
- ...

Weiterhin unterstützen benutzerdefinierbare Bewertungsstandards und -kataloge eine einheitliche und durchgängige Bewertung, auch über die gerade aktuell bearbeitete FMEA hinaus.

Beispielhafte Beschreibung einer Programmanwendung

Die nachstehende Beschreibung soll die Vorgehensweise bei der FMEA-Erstellung mit dem Programm verdeutlichen. Mit Sicherheit werden hier nur auszugsweise die möglichen Funktionalitäten des Programms angesprochen. Damit soll ein Eindruck vermittelt werden, welche Daten als Grundlage der FMEA ermittelt bzw. erzeugt werden und in welcher Form sie aufbereitet werden müssen, damit eine betriebliche FMEA-Durchführung eine größtmögliche Unterstützung durch das vorgestellte Programm erfährt.

Mit dem Programm werden in den „fme-Dateien“ auf der obersten Ebene Projekte verwaltet. Mehrere Projekte sind hierbei möglich. Unterhalb eines Projekts können wiederum Strukturen angelegt werden und unterhalb von Strukturen wiederum Varianten hiervon. Einer Struktur kann dann ein Strukturtyp (FMEA-Art) zugeordnet werden. System, Konstruktion, Prozess etc. stehen hier zur Auswahl. Des Weiteren wird auf dieser Ebene das FMEA-Team bestimmt.

Die Generierung der Systemstruktur erfolgt, wie bereits erwähnt, im Struktur-Editor. In diesem Struktur-Editor wird die Systemstruktur in einer Baumdarstellung abgebildet, die von links nach rechts wächst (Bild 8.3).

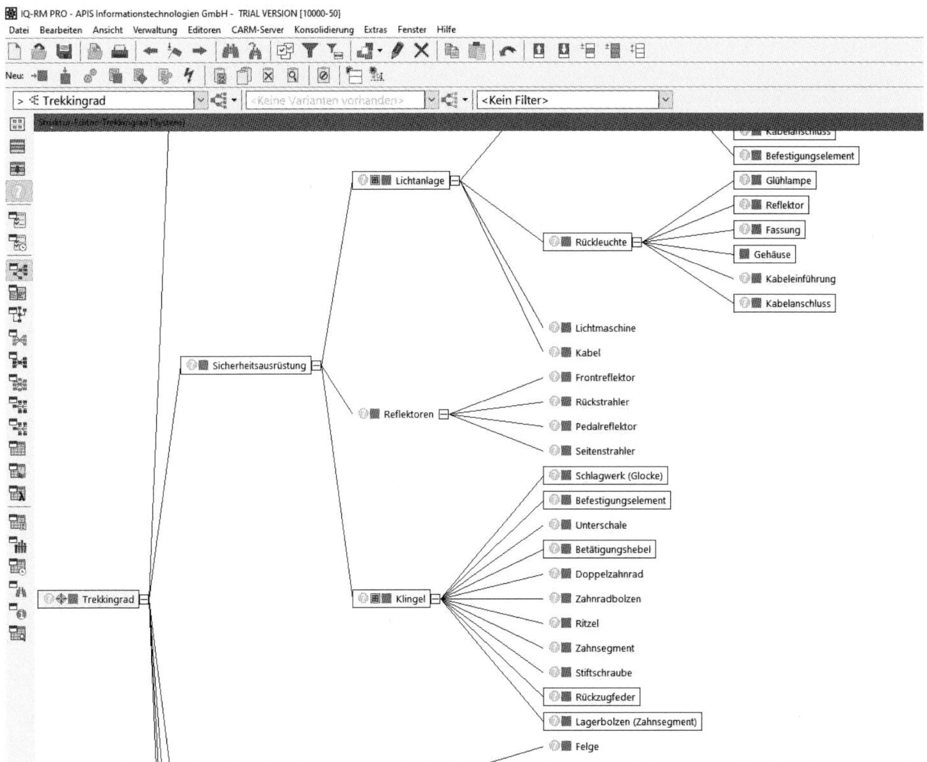

Bild 8.3 Mit dem Struktur-Editor angelegte Produktstruktur für ein Trekkingrad (Auszug)

Für die Systembeschreibung mit dem Struktur-Editor und auch für die Funktionsbeschreibung gibt es die Möglichkeit der Sammeleingabe (Bild 8.4). In dem farblich hinterlegten Feld lassen sich hier einfach die Systemelemente beschreiben und mit der Eingabetaste in die Zwischenablage übernehmen. Mit der Bestätigung werden die Eintragungen sofort übernommen und im Strukturbaum angeordnet. Dieser wächst aufgrund der einfachen Eingabemöglichkeit sehr schnell an. Die Übersichtlichkeit bleibt aber trotzdem gewahrt, da alle nachfolgenden Elemente einfach über das rechts vom Systemelement stehende Symbol angezeigt bzw. ausgeblendet werden können.

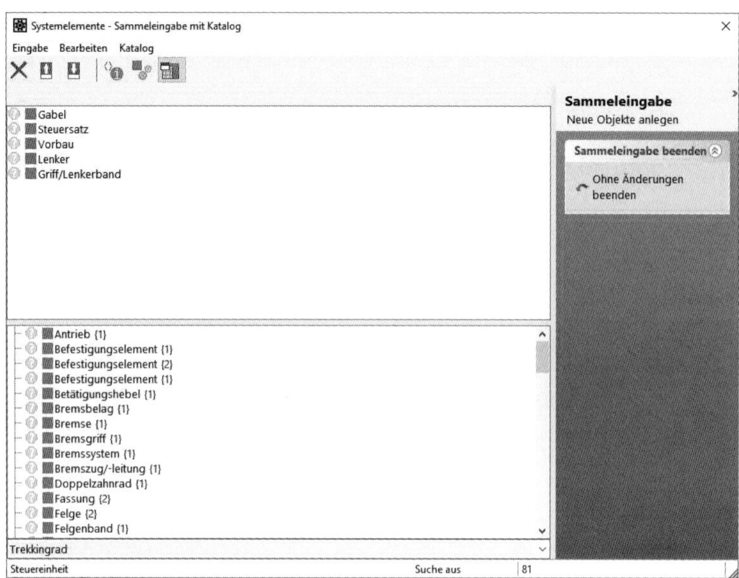

Bild 8.4 Sammeleingabe von Strukturelementen mit einem Vorschlagskatalog

Über entsprechende Schaltflächen können in Form von Sammeleingaben verschiedene Systemelemente sehr effizient ergänzt werden. Mit der gleichen Methode lassen sich anschließend auch den Systemelementen verschiedene Funktionen zuordnen. Insgesamt lässt sich damit ein Strukturbaum sehr effizient aufbauen und modifizieren. Dem Programmbediener bleibt es aber überlassen, ob er hierfür den Struktur-Editor verwendet, denn es steht auch ein Editor für die „Funktions- und Fehleranalyse“ zur Verfügung (Bild 8.5). Dieser Editor ähnelt in seiner Darstellungsform dem Dateimanager (Explorer) aus Windows-Betriebssystemen, weshalb er für viele Anwender aufgrund der Assoziation zu bekannten Funktionen (u. a. das Ein- bzw. Auffalten eines Baumes) und Bedienungselementen eine Alternative ist.

Ziel ist es jeweils, ein besseres Verständnis für das abzubildende System zu erreichen. Beide Editoren sind sehr einfach zu bedienen und es lassen sich keine Vor- bzw. Nachteile gegenüber dem jeweils anderen ableiten. Die grafische Darstellung mit einem Strukturbaum stellt ein bewährtes und weit verbreitetes Hilfsmittel (Werkzeug) dar. Nimmt die Komplexität eines zu modellierenden Systems zu, kann mit der alternativen Listenform schnell zu den zu betrachtenden Elementen gescrollt werden.

Eine Systemstruktur kann jederzeit vervollständigt, umstrukturiert und erweitert werden. Irrtümlich gelöschte Elemente lassen sich mithilfe einer „Undo“-Funktion einfach rückgängig machen.

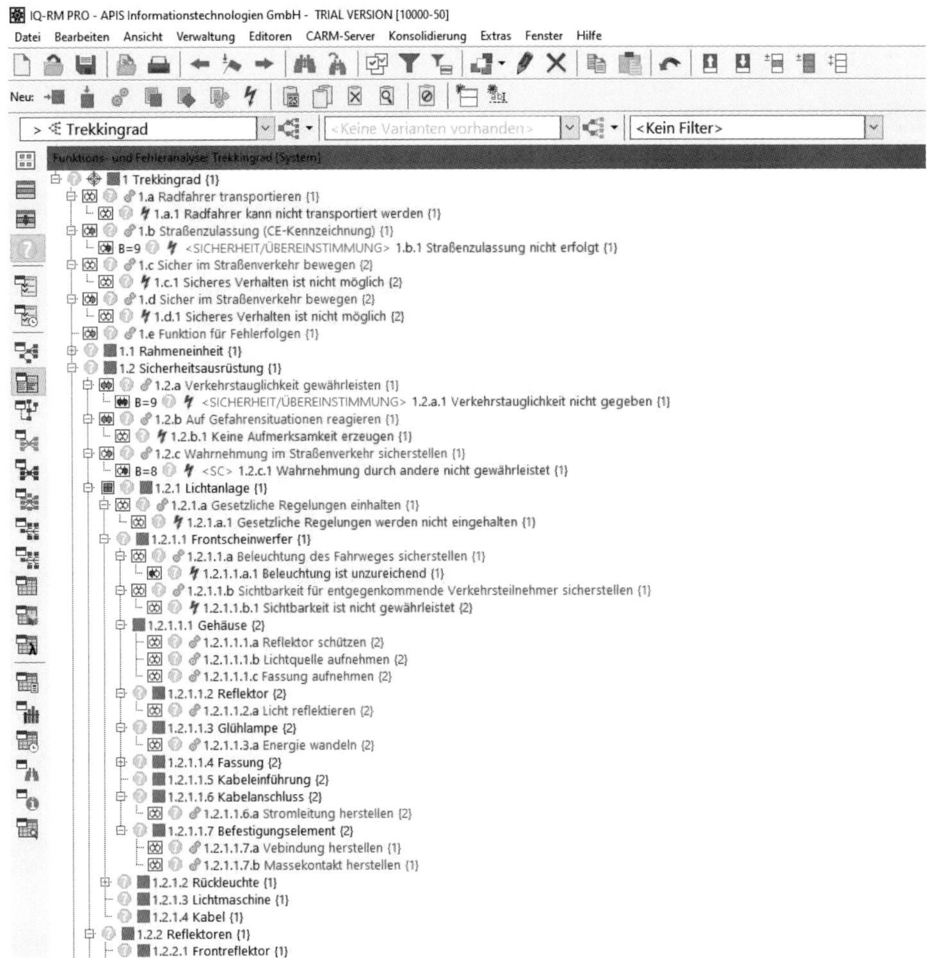

Bild 8.5 Editor zur Funktions- und Fehleranalyse

Innerhalb verschiedener Anzeigeoptionen kann der Anwender einstellen, ob die grafische Darstellung des Strukturbaums, wie in Bild 8.5 dargestellt, nur die Systemelemente enthalten soll oder ob weitere Daten und Informationen, wie beispielsweise die bereits zugeordneten Funktionen, mit angezeigt werden. Visuell kann der Anwender jedoch auch bei der komprimierten Darstellung sofort erkennen, welchen Systemelementen bereits Funktionen zugeordnet wurden. Sie heben sich grafisch durch ein eingerahmtes Rechteck von den anderen Systemelementen ab. Ebenso wird optisch sofort sichtbar, ob bereits ein FMEA-Formblatt für ein einzelnes Systemelement angelegt wurde. Bei diesen ist das entsprechende Icon vor dem Namen des Systemelements sichtbar. Das „?"-Symbol zeigt beispielsweise an, dass bei diesen Elementen nach Einschätzung des „Ratgebers" noch Ergänzungs- bzw. Bearbeitungsbedarf besteht. Symbole nehmen in der Software eine wichtige Funktion ein. Sie geben Hinweise, ob beispielsweise ein FMEA-Formblatt bereits erzeugt wurde oder ob eine Verknüpfung bei den Funktionen und Fehlern zwischen den übergeordneten „Wirkungen" und untergeordneten „Ursachen" gesetzt wurde. Zum anderen kann über die Symbole zu den entsprechenden Editoren gewechselt werden. Es ist also für die Bedienung sehr hilfreich, sich vorab über die Symbole und deren Bedeutung zu informieren. Eine Übersicht über alle möglichen Symboldarstellungen ist in der Online-Hilfe des Programms enthalten.

Die Symbole (siehe Tabelle 8.1) lassen sich über ANSICHT → ANZEIGEOPTIONEN aus- bzw. einblenden. Gleiches gilt für die Objekte (Strukturelemente, Funktionen etc.) und deren Eigenschaften (Nummerierung, Funktions- und Fehlfunktionsbilanz etc.).

Tabelle 8.1 Verwendete Symbole in der APIS IQ-Software (Auszug)

Symbol	Objekt	Bedeutung
	Projekt	Sammelt Anforderungen und Strukturen (Organisationsebene innerhalb einer fme-Datei)
	Struktur	Setzt Systemelemente zueinander in Beziehung
	Variante	*Variante* wird verwendet, wenn innerhalb verschiedener Strukturen nur geringfügige Änderungen auftreten. Varianten ermöglichen eine kompakte und redundanzfreie Datensicherung.
	System- bzw. Prozesselement	Identifizierung der jeweiligen Elemente (System/Prozess)
	Funktion	Beschriebene Anforderung, die das jeweilige Element zu erfüllen hat
	Fehlfunktion	Mögliche Fehler bzw. Versagensarten, die einer Funktion zugeordnet wurden
	Verknüpfung im Funktionsnetz	*Verknüpfung im Funktionsnetz* zeigt an, dass Funktionen und Merkmale zueinander in Beziehung gesetzt wurden. Die farblich ausgefüllten Darstellungen geben jeweils an, ob eine Verknüpfung nach oben („Wirkung"; links) oder nach unten („Ursache"; rechts) gesetzt wurde.
	Verknüpfung im Fehlernetz	Die Bedeutung ist analog zur Verknüpfung im Funktionsnetz, nur dass für Fehler die Farbe Rot statt Grün gewählt wurde.
	FMEA-Formblatt	Die Informationen über Fehlerzusammenhänge, Fehlerrisiko etc. wurden in ein FMEA-Formblatt überführt.

Bei der Funktions- und Fehleranalyse werden die Aufgaben der einzelnen Teilprozesse, Baugruppen, Bauteile etc. durch das Definieren von Funktionen festgelegt. Diesen können dann wiederum möglichen Fehlfunktionen zugeordnet werden. Das Funktionsnetz ist die grafische Präsentation der definierten Funktionen und zeigt den Ursache-Wirkungs-Zusammenhang mit Sicht auf die Funktionen auf. Beim Fehlernetz wird das gleiche Schema angewendet, nur dass hier Auskunft über alle möglichen Ursachen bzw. Folgen eines vorgegebenen möglichen Fehlers gegeben wird.

Systemelemente sind Träger von Funktionen, die wiederum versagen können und somit Fehlfunktionen implizieren. Dieser Sachverhalt wird im vorgestellten Programm durch das Konzept der Verankerung modelliert. Ein Systemelement kann hierbei Anker für eine oder mehrere Funktionen sein und eine Funktion kann wiederum Anker für eine oder mehrere Fehlfunktionen darstellen. Eine unterschiedliche Farbgebung steht hierbei für verschiedene Zuordnungen und gibt Auskunft, ob beispielsweise die vor dem Symbol stehende Funktion im Funktionsnetz als Ursachenebene oder auf der Folgeebene verankert ist (Kennzeichnung grün). Gleiches gilt für das Fehlernetz, wobei hier zur Unterscheidung eine andere Farbdarstellung (rot) erfolgt.

Die Ursache-Wirkungs-Zusammenhänge werden nach der Beschreibung der Systemstruktur mithilfe des Funktionsnetz-Editors bzw. Fehlernetz-Editors modelliert und damit verankert.

Der Funktionsnetz-Editor dient zur Veranschaulichung der funktionalen Zusammenhänge des Untersuchungsgegenstands und zeigt die gegenseitige Abhängigkeit bzw. Beeinflussung an. Dieser Editor ist für das automatische Erstellen und Ausfüllen des FMEA-Formblatts nicht zwingend erforderlich, hilft aber dem Anwender, sich über die Zusammenhänge von Strukturen und Funktionen ein Bild zu verschaffen. Hilfreich ist an dieser Stelle die Möglichkeit, zwei Arbeitsbereiche einzustellen, da die Funktion *Verknüpfen aus anderen Bereichen* zum fokussierten Element bzw. zur fokussierten Funktion ein selektiertes Element im anderen Arbeitsbereich als Folge oder Ursache hinzufügt (Bild 8.6).

Im Fehlernetz-Editor werden die Fehlfunktionen verknüpft und das Ergebnis stellt quasi die verkettete Form zwischen Fehlfunktion (Fehler), Fehlerursache und Fehlerfolge dar. Beim Öffnen des Fehlernetz-Editors ist immer ein Fokus-Element gesetzt, an dem links die Fehlerfolgen und rechts die -ursachen angeordnet werden können.

Im Funktionsnetz- bzw. Fehlernetz-Editor lassen sich alle dargestellten Elemente über das Kontextmenü neu fokussieren, d.h. das selektierte Element wird zum Betrachtungsgenstand und links stehen die Folgeelemente, rechts die Ursachenelemente.

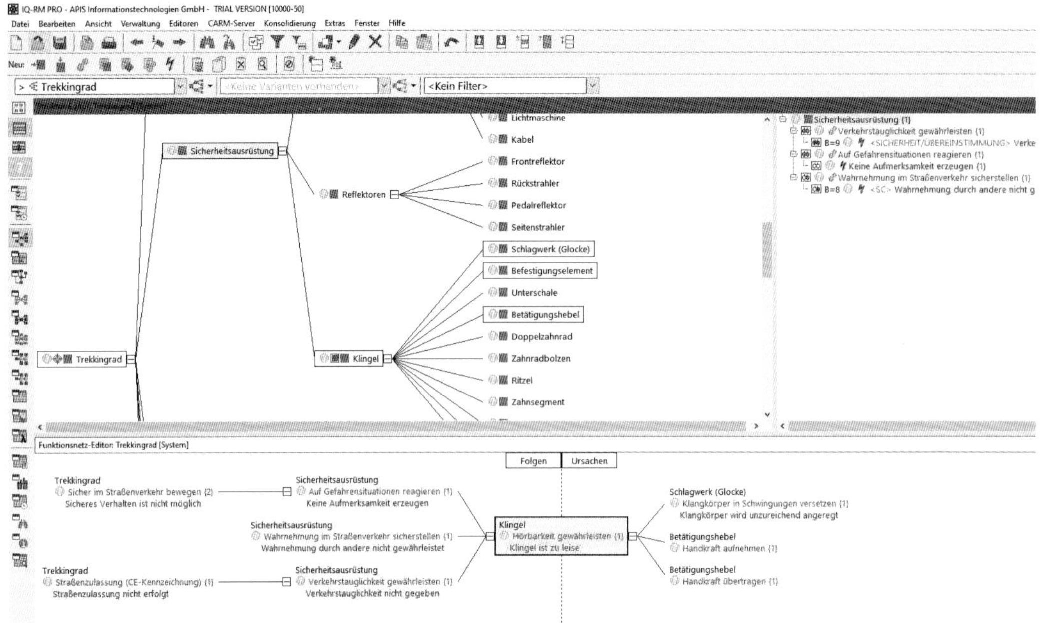

Bild 8.6 Verknüpfung im Funktionsnetz-Editor setzen

Die Modellierung sowie das Anlegen von Verknüpfungen kann ebenfalls mit den Ursache-Wirkungs-Diagrammen erfolgen (Bild 8.7). Diese beiden Editoren (Struktur, Fehlernetz) lassen sich aktivieren und im Ursache-Wirkungs-Diagramm (Fehlernetz) können Folgen und Ursachen verknüpft werden. Die Verknüpfung der Fehlfunktionen im Fehlernetz-Editor kann durch eine einfache Drag & Drop-Funktion erfolgen.

Die mit dem Fehlernetz-Editor verknüpften Daten bilden letztendlich die Grundlage für die ersten Spalten im FMEA-Formblatt und werden nach den genannten Restriktionen – Fehlerart, -folge, und -ursache – den einzelnen Spalten automatisch zugewiesen (Bild 8.8). Ohne diese Verknüpfung würde nur die Bezeichnung der Struktur und der Funktion sowie die Fehlerart in das Formular überführt werden. Die weiteren Felder müssten im Formblatt dann manuell ausgefüllt werden. Die Verbindung zur Systemanalyse geht hierbei jedoch verloren bzw. ist nicht Grundlage der FMEA-Analyse. Das Programm wird durch diese Vorgehensweise auch unterfordert. Das reine Ausfüllen eines Datenblatts lässt sich mit Textverarbeitungssystemen oder mit einem Tabellenkalkulationsprogramm leichter durchführen.

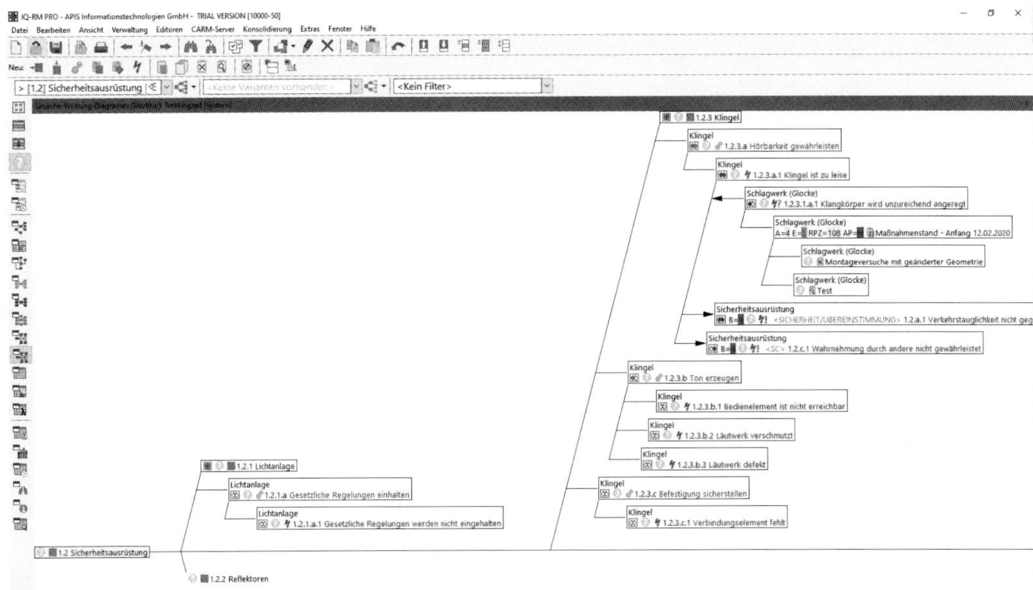

Bild 8.7 Ursache-Wirkungs-Diagramm für die modellierte Struktur (Auszug)

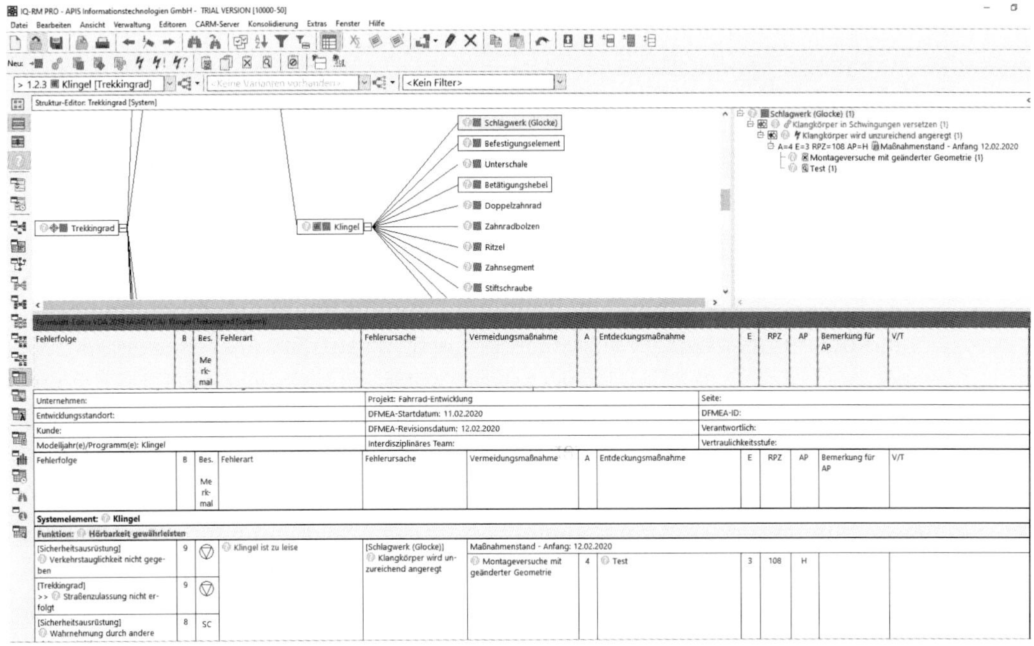

Bild 8.8 FMEA-Formblatt mit der Übernahme von Daten aus der Funktions- und Fehleranalyse

Bezogen auf ein Systemelement, auf das der Fokus gesetzt wurde, kann anschließend aus dem Struktur-Editor heraus in den Formblatt-Editor verzweigt werden. Im Formblatt-Editor wird häufig die klassische FMEA um die Risikobewertung sowie die Maßnahmenplanung vervollständigt. Es ist jedoch auch möglich, in anderen Editoren die Maßnahmen und Bewertungszahlen zu beschreiben und Änderungen bzw. Ergänzungen vorzunehmen.

Die Bezeichnung der Struktur, des Systemelements sowie der untersuchten Funktion wird ebenso automatisch in das Formblatt übertragen wie die verketteten Fehlerarten, -ursachen und -folgen. Diese Eintragungen haben auch Auswirkungen auf die Beschreibung der Maßnahmen und die Risikobewertung.

Das im FMEA-Formblatt umgesetzte Konzept basiert auf einer vollständigen Beschreibung der zugrunde gelegten Daten und Informationen aus dem Funktions- bzw. Fehlernetz. Wird beispielsweise direkt im FMEA-Formblatt eine potenzielle Fehlerursache eingegeben, wird automatisch ein potenzieller Fehler generiert. Gleiches gilt für Maßnahmen, die direkt ins FMEA-Formblatt eingegeben werden und keine Anbindung haben. Hier werden vom Programm dann automatisch die drei Objekte, von denen die Maßnahme abhängig ist (Fehlfunktion, Funktion, Systemelement) erstellt und verankert. Sie bekommen hierbei einen Standardnamen und können nachträglich umbenannt werden. Im Rahmen der zugrunde gelegten durchgängigen Dokumentenstruktur kann ein abhängiges und untergeordnetes Objekt ohne das zugehörige übergeordnete Objekt normalerweise nicht existieren. Man kann jedoch in diesem Punkt das Verhalten des Programms über die Arbeitsplatzeinstellung *Automatisches Verankern* beeinflussen und sogenannte „unverankerte Objekte", die nachträglich verankert werden können, gegebenenfalls erzeugen. Es kann auch keine Risikobewertung durchgeführt und keine Maßnahme beschrieben werden, wenn vorher nicht eine Fehlerursache angegeben wurde, auf die sich wiederum die Maßnahme beziehen soll. Auch werden die A- und E-Bewertungen maßnahmenbezogen vergeben, da sie die Wirksamkeit von Vermeidungs- und Entdeckungsmaßnahmen benoten, deren Gegenstand die Fehlerursache darstellt.

Die Einzelbewertungen für das Auftreten (A), die Bedeutung (B) und die Entdeckung (E) werden durch Auswahllisten mit der bekannten Zehner-Skala unterstützt, wobei erklärende Texte nutzerspezifisch angepasst werden können. Hierdurch wird gesichert, dass auch möglichst gleiche Bewertungen für vergleichbare Ereignisse vergeben werden, was zu einer Vergleichbarkeit der Risikoprioritätszahlen führt. Die neuen Vorgaben von VDA und AIAG sind aber auch bereits implementiert. Statt der Risikoprioritätszahl wird aus den drei Einzelbewertungen die Aufgabenpriorität (AP) abgeleitet.

Bestimmte Informationen sind global für ein IQ-Dokument (fme-Datei). Teamzusammensetzung, Bewertungskataloge, Risikomatrizen etc. können unter dem Menüpunkt *Verwaltung* aufgerufen werden und sind natürlich anpassbar (Bild 8.9).

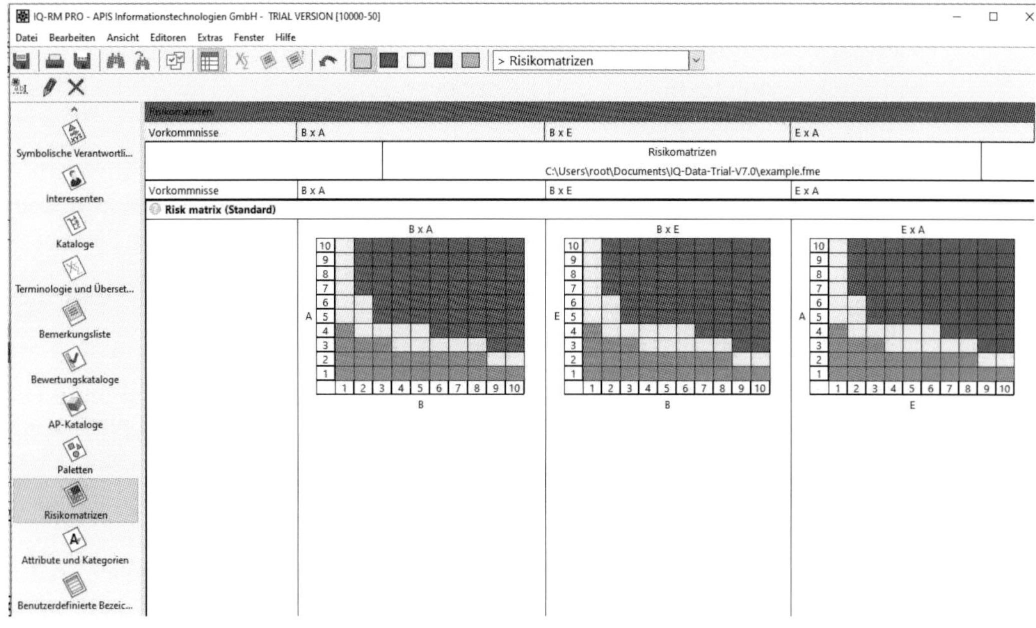

Bild 8.9 Konfiguration von Bewertungskatalogen, Risikomatrizen etc.

Weiterhin stehen für die Zuordnung von Zuständigkeiten sowie für die Terminverfolgung umfangreiche (Kontroll-)Funktionen zur Verfügung. Damit ist sichergestellt, dass sich die Erstellung einer FMEA mithilfe des Programms nicht nur auf das Ausfüllen des Formblatts und das abschließende Ausdrucken konzentriert. Es muss primär abgesichert werden, dass beispielsweise die erarbeiteten Ergebnisse aus einer FMEA weiter verfolgt werden und die erfolgreiche Umsetzung der beschriebenen Maßnahmen wieder an das FMEA-Team zurückgemeldet wird. Hier kann dann eine abschließende Beurteilung erfolgen. Für Maßnahmen stehen unterschiedliche Statusangaben zur Auswahl, sodass auch über den jeweils eingestellten Status (unbearbeitet, in Umsetzung, abgeschlossen usw.) innerhalb eines FMEA-Teams sowie den Verantwortlichen ein gleiches Verständnis vorausgesetzt werden kann.

Insgesamt wird der Anwender bei der Eingabe von Daten in die verschiedenen Baumstrukturen und Formblätter vom Programm sehr gut unterstützt, wobei aber ein Grundverständnis für das zugrunde liegende Konzept vorausgesetzt wird. Das Ausfüllen des FMEA-Formblatts bzw. das Dokumentieren der erarbeiteten Ergebnisse im Formblatt steht am Ende einer Kette von Arbeitsschritten und verlangt eine entsprechende Disziplin bei der Methodenbearbeitung. Eine richtige Einordnung von Fehlerfolgen und -ursachen wird zumeist erst anhand des FMEA-Formblatts deutlich. Das automatische Ableiten zum Ausfüllen der ersten Spalten des FMEA-Formblatts aus der Systemanalyse ist eine wichtige und nützliche Unterstützung, stellt aber vor allem Anwender, die erstmalig mit dem Programm arbeiten oder nur sporadisch das Programm nutzen, vor eine Herausforderung, insbesondere dann, wenn die in der VDA beschriebene Vorgehensweise zur FMEA-Methodik anfangs nicht bekannt ist.

Das Programm macht insgesamt einen sehr komplexen Eindruck und orientiert sich exakt an der Vorgehensweise des VDA. Eine Schulung erscheint zwingend erforderlich, damit sich die Anwender auf die eigentlichen Inhalte konzentrieren können und nicht die Programmbedienung im Mittelpunkt der FMEA steht. Dieser Eindruck wird auch durch das mitgelieferte Handbuch bestätigt. Um sich umfassend über die Möglichkeiten des Programms zu informieren, kann zusätzlich die umfangreiche Online-Hilfe genutzt werden.

Der Zugang zu einer zeitlich befristeten Demo-Version von APIS IQ-RM PRO® kann direkt von der Website des Herstellers heruntergeladen werden (*www.apis.de/software/testversion*). Nach Angabe der Kontaktdaten kann die Software heruntergeladen und installiert werden. Mitgeliefert wird eine Beispieldatei, die inhaltlich verändert werden kann, sodass damit auch eigene Modellierungen möglich sind.

■ 8.3 PLATO e1ns

Das Programm PLATO e1ns der PLATO AG ist eine webbasierte Methodenplattform zur Begleitung des gesamten Produktentstehungsprozesses. Eine lokale Installation ist nicht notwendig, denn die Arbeit findet in der Cloud statt. Plato verwendet bei der aktuellen Version ihrer FMEA-Software diesen mittlerweile sehr präsenten Begriff im Zusammenhang mit der Anwendung verschiedener IT-Systeme. Cloud Computing ist eine IT-Struktur, die über das Internet genutzt werden kann und in der Regel Speicherplatz, Rechenleistung oder auch Anwendungssoftware zur Verfügung stellt.

Es handelt sich um eine Weiterentwicklung der Vorgängerlösung SCIO™, wobei man aufgrund der geänderten Plattform ohne eine Client-Installation auskommt und dennoch auf die Multi-User- und Netzwerkfähigkeit nicht verzichten muss. Die Bedienung erfolgt wie bei vielen anderen modernen Anwendungen über den Webbrowser. PLATO e1ns setzt dabei weiterhin auf die Datenbanktechnologie und stellt den Bereich des präventiven Fehler- und Wissensmanagements in den Mittelpunkt der Anwendung. Mit dem Programm lassen sich Prozesse und Produkte, angefangen bei den Kundenanforderungen über die Umsetzung in Produktfunktionen (Ansatz der QFD-Methode, siehe auch Abschnitt 2.12) bis zur Risikoanalyse und Produktionskontrolle beschreiben. Ein Methodenbaukasten stellt individuelle Formblätter zur Umsetzung von Engineering-Methoden und Analysen in einer

Web-Anwendung bereit. Ein Schwerpunkt liegt hierbei auf der Unterstützung der seit 2019 harmonisierten Arbeitsweise der deutschen und amerikanischen Automobilindustrie (VDA und AIAG). Neben der klassischen FMEA werden auch weitere Methoden unterstützt, wie beispielsweise DRBFM (Design Review Based on Failure Mode), DVP&R (Design Verification Plan & Reports) sowie funktionale Sicherheit oder Risikoanalysen für die Medizintechnik. DVP&R ist ein Planungswerkzeug zur systematischen Festlegung notwendiger Erprobung eines Betrachtungsgegenstands sowie zur Nachweisführung und steht damit im Kontext von einzuleitenden Maßnahmen im Rahmen einer FMEA.

PLATO e1ns stellt eine Produktfamilie dar, die entweder komplett oder modular einsetzbar ist. Insgesamt besteht sie aus diversen verschiedenen Anwendungen, die alle unter einer gemeinsamen Benutzeroberfläche im Browser zu bedienen sind (Bild 8.10). Jede Anwendung greift dabei eigenständig auf die gemeinsame Datenbank zurück und ergänzt das Systemmodell mit neuen Daten. Durch die Datenbank wird sichergestellt, dass das unternehmensweite Wissen in allen Anwendungen zur Verfügung steht und eine Redundanz der Daten vermieden wird. Automatismen gewährleisten einen Abgleich der vorhandenen Dokumente wie Design- und Prozess-FMEA, Control Plan und Process Flow Chart.

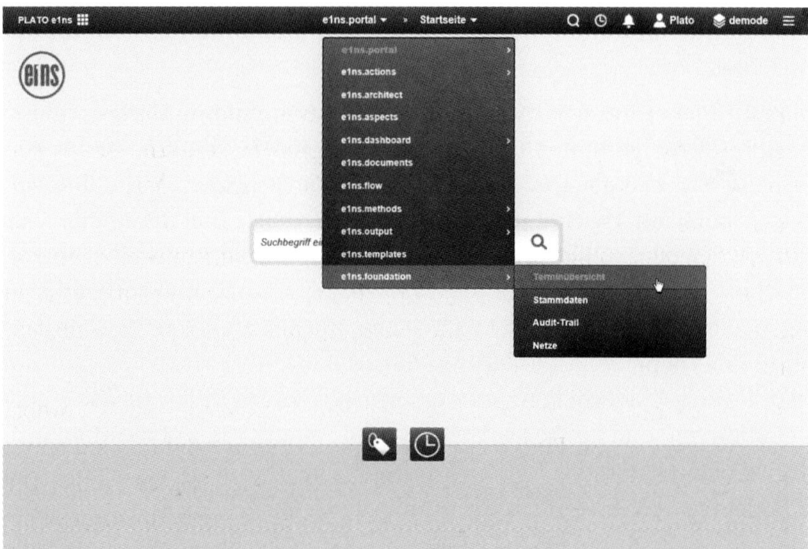

Bild 8.10 Startseite von PLATO e1ns mit dem e1ns.portal

Das FMEA-Modul ist als Methode eingebettet in eine Engineering-Plattform, in der durch Methodenintegration sichergestellt ist, dass FMEA kein Overhead bedeutet, sondern ein integrierter Bestandteil der „normalen“ Engineering-Tätigkeit ist. Hierbei spielt der Kommunikations- und Kollaborationsaspekt eine entscheidende

Rolle. Besonders die FMEA entfaltet ihren Wert erst dann, wenn das Wissen zentral und leicht zugänglich ist, gezielt wiederverwendet werden und eine durchgängige Vernetzung der unterschiedlichen Disziplinen stattfinden kann.

Nachfolgend werden ausgewählte Module kurz beschrieben, da sie nützliche Werkzeuge und Hilfsmittel bei der Erstellung bzw. Durchführung einer FMEA sind.

Arbeiten mit Formblättern und Netzstrukturen

Im Modul *e1ns.methods* werden die gängigen, zur jeweiligen Qualitätsmethode passenden Formblätter bereitgestellt. Hierzu gehören verschiedene Varianten der FMEA, beispielsweise im harmonisierten Format von VDA/AIAG, FMEA-MSR, VDA, AIAG 4th Edition usw. Auch firmeneigene Formate und Risikoberechnungen können in Form von Plug-Ins integriert werden. Ein Plug-In stellt eine optionale Softwareerweiterung dar, die schnell und einfach in eine bestehende Softwareinstallation integriert werden kann. Die Dateneingabe kann direkt in *e1ns.methods* im FMEA-Formblatt erfolgen. Sollte aber zuvor schon eine Funktions- und Fehleranalyse erstellt worden sein, so ist das Formblatt bereits mit den generierten Fehlern, Folgen und Ursachen ausgefüllt.

Der Programmnutzer wird beim Ausfüllen der einzelnen Felder durch Vorschlagslisten unterstützt (wie bereits bei der Vorgängerlösung SCIO™), die das bereits gespeicherte Expertenwissen enthalten und damit eine einheitliche Begriffsverwendung sicherstellen.

Mit dem Modul *e1ns.architect* werden Systemstrukturen, Funktions- und Fehlernetze aufgebaut. Die Bedienung erfolgt in Form einer Matrix (ähnlich wie im Vorgänger SCIO™), die die Eingabe und Zuordnung von Systemelementen, Funktionen und Fehlern ermöglicht. Hiermit kann die Anforderungs- und Systemanalyse durchgeführt werden oder es können Daten aus einem Anforderungsmanagementsystem importiert werden. Das Anforderungsmanagement ist oftmals bereits in PLM-Lösungen enthalten und es bietet sich dann natürlich an, die bereits vorhandenen Daten zu übernehmen. Anforderungsmanagement-Werkzeuge unterstützen dabei, Wunschdenken, Grauzonen, Interpretationen etc. bereits frühzeitig aus einem Projekt zu eliminieren, und da dieses Vorgehen am Anfang von Entwicklungsaufträgen steht, werden Fehler, die bereits auf dieser Ebene entstehen, im weiteren Verlauf die Projektbearbeitung nicht vereinfachen.

Bei der Matrix-Analyse in *e1ns.architect* handelt es sich um eine modifizierte QFD-Systematik, bei der die zentrale QFD-Matrix verwendet wird (Bild 8.11). Hiermit lassen sich Systemanalysen und -beschreibungen bei Produktentwicklungen erstellen. Diese können bis auf die Prozessebene heruntergebrochen werden. Entgegen der klassischen QFD-Methode werden in den obersten Ebenen aber keine technischen Merkmale beschrieben, sondern Funktionen ermittelt. Diese Funktionen werden dann im nächsten Schritt der Fehleranalyse oder direkt in der FMEA weiterverwendet. Das Ergebnis der Analyse ist ein systematisch hergeleitetes funktionales System mit allen beschriebenen Eigenschaften. Die funktionalen Zusammenhänge sind wiederum notwendig für die anschließend folgende Ermittlung der Fehler-Ursachen-Beziehungen, die ebenfalls in der Matrix-Ansicht durchgeführt werden kann.

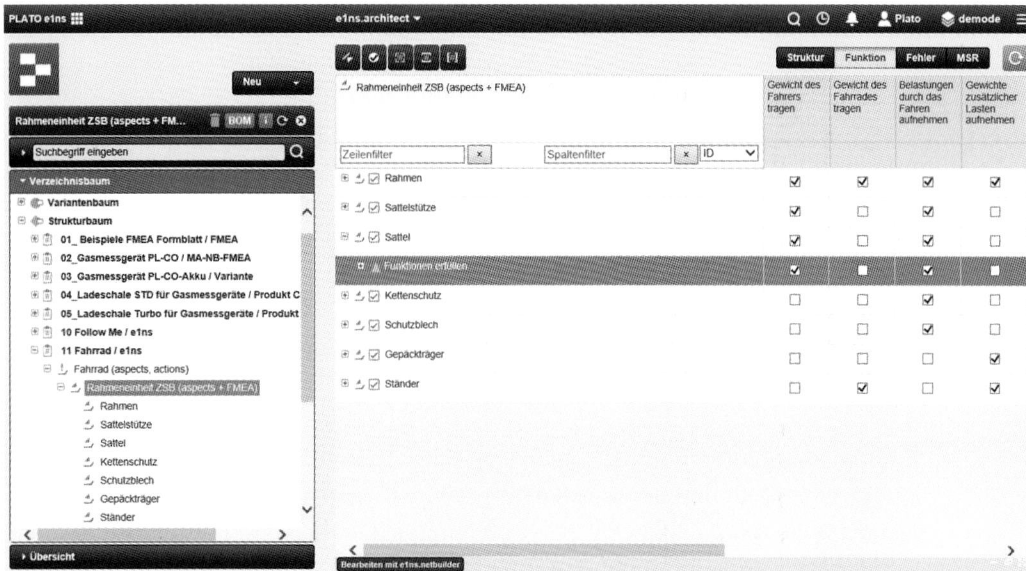

Bild 8.11 Das Modul *e1ns.architect* in der Matrix-Ansicht für Funktionen

Die Oberfläche von *e1ns.achitect* kann auf die Ansicht *e1ns.netbuilder* umgeschaltet werden (Bild 8.12). Die Arbeit des Verknüpfens von Elementen, insbesondere von Fehlern, kann nun anstatt in der Matrix-Ansicht direkt über drei Ebenen in der Netzansicht erfolgen. Für den Anwender wird der mögliche Fehler – das Fokuselement – in den Mittelpunkt gestellt. Dazu wird das Umfeld angezeigt, d. h. mögliche Ursachen aus allen Teilsystemen oder mögliche Folgen in den übergeordneten Systemen, beim Produktanwender usw. Damit kann der Anwender auch bei komplexen Systemen durch die visuelle Darstellung leicht navigieren und die Verbindungsketten zwischen Ursachen und Wirkungen aufbauen. Schon bestehende Fehler werden per Drag & Drop verknüpft, oder neue Fehler werden in das Fehlernetz aufgenommen. Es wird dabei immer das aktuelle Fehlernetz oder auch das dazugehörige Funktionsnetz angezeigt, je nachdem, was gerade verknüpft werden soll.

Fehlerverknüpfungen sorgen dafür, dass FMEA-Formblätter automatisch auf Basis des entstandenen Fehlernetzes ausgefüllt werden. Herkunftsinformationen zeigen im FMEA-Formblatt wiederum an, welcher Fehler eines Subsystems zur Ursache und welcher Fehler in einem übergeordneten System zu einer Folge in der FMEA führt. Über die entstandenen Herkunfts-Links sowie über das Fehlernetz kann schnell an die relevanten Orte in der Systemstruktur gewechselt werden.

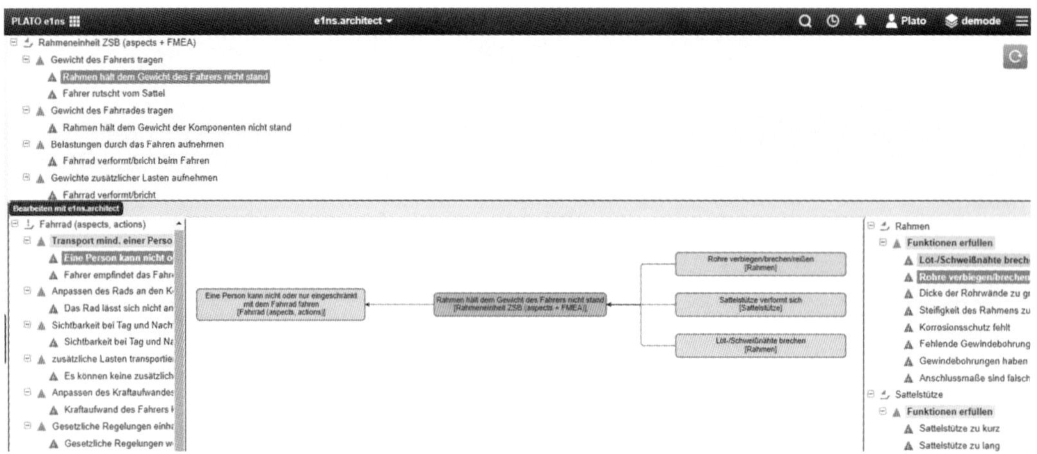

Bild 8.12 Modul *e1ns.architect* in der Ansicht *e1ns.netbuilder*

Die in *e1ns.architect* und *e1ns.netbuilder* entworfenen Netze können auch separat in einem reinen Betrachtungsfenster geöffnet werden. Dies erfolgt über *e1ns.foundation* und ermöglicht es einem größeren Kreis von Anwendern, auf das generierte Wissen des Unternehmens zuzugreifen. Mit dieser Ansicht lassen sich die Fehlerzusammenhänge der Ursache-Wirkungs-Kette transparent darstellen. Sie dient zur Fehlersuche in Produkten und Prozessen, zur Unterstützung des Reklamationsmanagements und zur Darstellung funktionaler Zusammenhänge von Systemen, Produkten und Prozessen. Das Programm-Tool soll dabei helfen, dass auch Mitarbeiter, die weder FMEA-Experten sind noch tiefergehende EDV-Kenntnisse aufweisen, auf das vorhandene Unternehmens-Know-how zurückgreifen und es in die Entwicklung neuer Produkte und Prozesse einfließen lassen können.

Systems Engineering und Werkzeuge für den Prozessbereich

Mit dem Modul *e1ns.aspects* erzeugen Entwickler eine visuelle Darstellung zum Aufbau von Systemen bzw. Produkten (Bild 8.13). Die Bedienung erfolgt in einem grafischen Editor, der die im Systems Engineering verbreitete Modellierungssprache SysML zur Darstellung von Blockdiagrammen nutzt. Systemgrenzen, Schnittstellen und Wechselbeziehungen zwischen einzelnen Systemelementen lassen sich mit diesem Programmmodul dokumentieren. Systemelemente, die mit diesem Programm erstellt wurden, können dann direkt in *e1ns.architect* oder dem gewählten FMEA-Formblatt weiterverarbeitet werden. Hierdurch ist eine direkte Unterstützung bei der Analyse des Betrachtungsgegenstands einer FMEA gegeben. Wie bei allen anderen Programmmodulen dieser Serie ist ein Wechsel in die anderen Anwendungen direkt möglich.

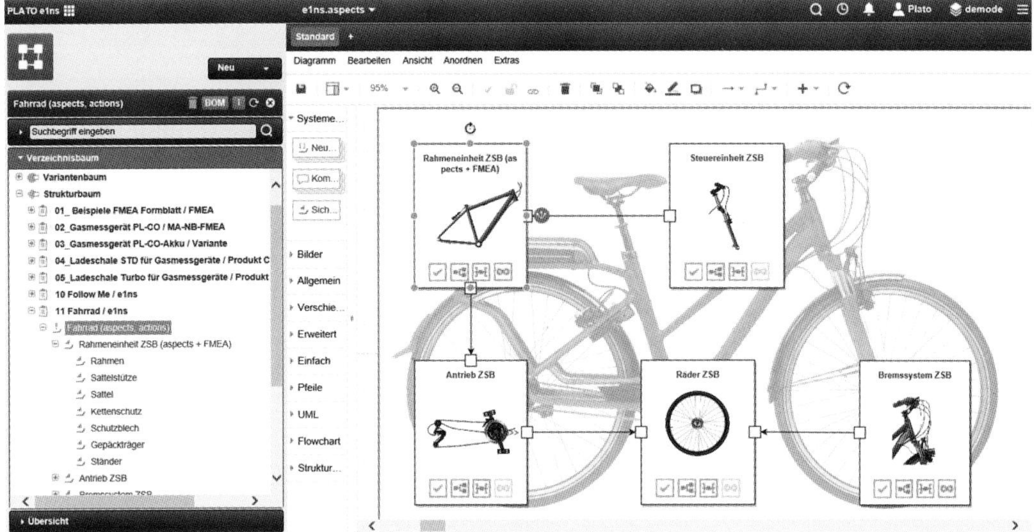

Bild 8.13 Das Modul *e1ns.aspects* für das Systems Engineering

Die Überprüfung eines Prozesses steht im Mittelpunkt einer Prozess-FMEA und Prozessablaufpläne sind hilfreiche Werkzeuge bei der Analyse eines Prozesses. Mit *e1ns.flow* lassen sich Prozessablaufdiagramme nach QS 9000/APQP erstellen und bearbeiten (Bild 8.14). Die Bedienung erfolgt in einem grafischen Editor, der an die Funktionsweise von Microsoft Visio angelehnt ist. Die Grundformen zur Darstellung von Prozessen und Vorgängen können dabei direkt als Prozessschritte in die Prozess-FMEA übernommen werden.

Ebenfalls aus der Prozess- und Design-FMEA übernommen werden alle grundlegenden Daten für den Produktionslenkungsplan. Hierfür enthält *e1ns.methods* einen Prozesskonfigurator, über den das Formblatt „Control Plan" ausgefüllt werden kann. Hierbei wird auf die vorhandenen Prozessschritte und -merkmale aus der Prozess-FMEA sowie auf die Produktmerkmale aus der Design-FMEA zurückgegriffen.

Durch die automatische Verknüpfung der Daten ist die Konsistenz zwischen allen Dokumenten sichergestellt. Abweichungen bei einem Qualitätsaudit werden so erheblich reduziert.

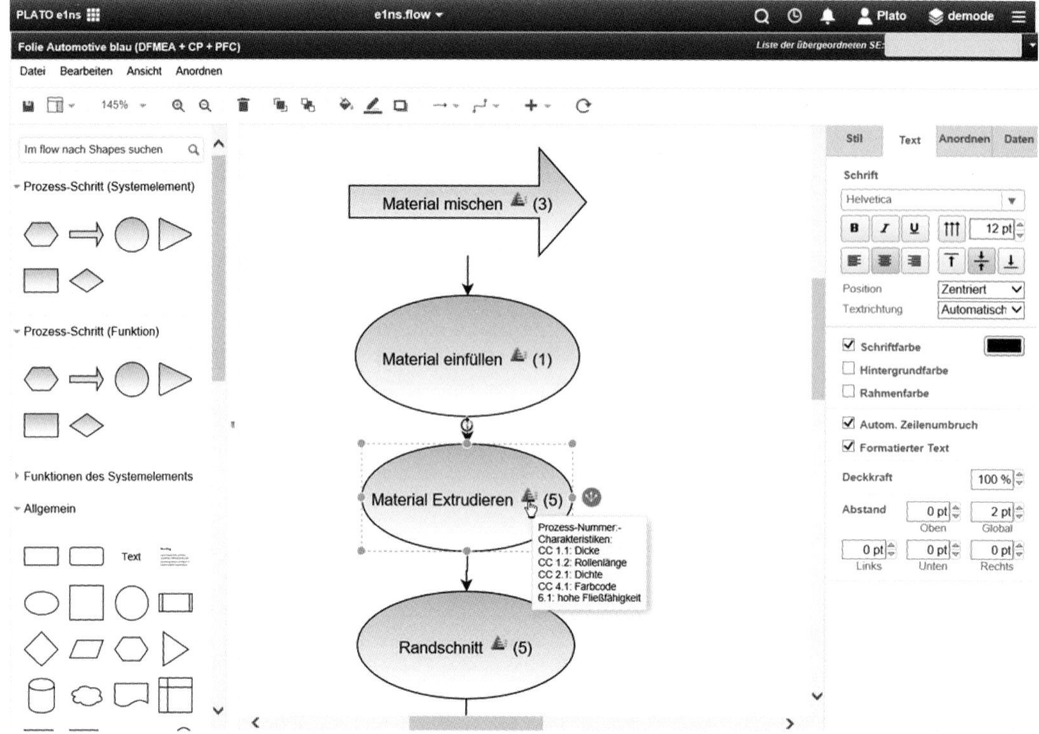

Bild 8.14 Das Modul *e1ns.flow* zur Erstellung von Process Flow Charts

Vorlagenmanagement für FMEA-Strukturen

Um die Vorbereitungszeit für die Erstellung neuer FMEA zu reduzieren, empfehlen Branchenleitfäden den konsequenten Einsatz von Basis- bzw. Grundlagen-FMEA (in VDA/AIAG auch Familien-FMEA). Das Ziel ist die Nutzung von Wissen und Erfahrungen aus der Vergangenheit, sodass sich frühere Fehler nicht wiederholen. Unter der Bezeichnung „Lessons Learned“ findet sich dieses Vorgehen im Rahmen von Wissensmanagementanwendungen wieder. „Lessons Learned“ ist die schriftliche Aufzeichnung und das systematische Sammeln, Bewerten und Verdichten von Erfahrungen, Entwicklungen, Hinweisen, Fehlern und Risiken (Bild 8.15).

Bei den Basis-FMEA handelt es sich um allgemein gehaltene Dokumente, die erst im konkreten Anwendungsfall auf das spezifische Produkt oder den Prozess zugeschnitten werden. Um diese Vorlagen zu verwalten, bietet der Hersteller PLATO das Modul *e1ns.templates* an. Hierbei handelt es sich im Prinzip um ein Programmmodul, das eine weitere Datenbank ausschließlich zur sicheren Speicherung und Verwaltung von Basis-FMEA zur Verfügung stellt. Hinzu kommt eine Steuerung des Freigabeprozesses für diese FMEA-Strukturen und die Möglichkeit, Informationen aus den laufenden Projekten mit der jeweiligen Vorlage wieder abzugleichen.

Damit wird sichergestellt, dass die Basis-FMEA immer aktuell sind und für neue Projekte verwendet werden können.

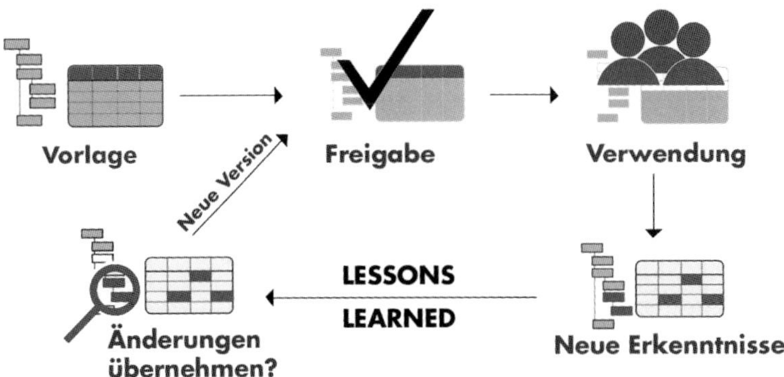

Bild 8.15 Der Lessons Learned-Prozess, wie ihn das Modul *e1ns.templates* unterstützt

Allgemeines Programmkonzept

Im Folgenden wird auf das Konzept des Programmmoduls *PLATO e1ns FMEA* eingegangen, wobei es schwierig ist, sich hierbei nur auf bestimmte Module zu beschränken. Entsprechend der Philosophie der Produktfamilie PLATO e1ns soll der Anwender durch die Software im gesamten Produktentwicklungsprozess unterstützt werden. Dabei verzahnen sich die einzelnen Module bei der Durchführung einer Produkt- oder Prozessentwicklung. Dennoch kann das FMEA-Paket nach Aussagen des Herstellers auch als eigenständiges Programmpaket eingesetzt werden. Es steht bei den nachfolgenden Ausführungen im Mittelpunkt der Betrachtung, während andere Module nur am Rande erwähnt werden. Das Paket *PLATO e1ns FMEA* enthält mit den Modulen *e1ns.methods* und *e1ns.architect* die benötigten Werkzeuge, um eine FMEA nach aktuell gültiger Methodik zu erstellen.

Das Arbeiten mit dem Programm PLATO e1ns unterscheidet sich grundsätzlich von der in Abschnitt 8.2 vorgestellten Software. Mit diesem Programm kann sowohl die Top-down-Methode als auch die in der Praxis häufiger angewendete Bottom-up-Methode genutzt werden. Hier lässt sich das FMEA-Formblatt ausfüllen, ohne dass eine Systemanalyse vorher zwingend erforderlich ist. Das Modul *e1ns.methods* für Formblätter unterstützt dabei den Anwender durch seine vielfältigen Suchalgorithmen und Vorschlagsfunktionen mit Zugriff auf die in der Datenbank abgespeicherten Informationen (Bild 8.16). Logische Verknüpfungen zwischen den einzelnen Feldern, die eine strukturierte Vorgehensweise bei der Methodendurchführung voraussetzen, werden vom Programm berücksichtigt, und der Benutzer wird dementsprechend beim Ausfüllen durch das Programm geleitet.

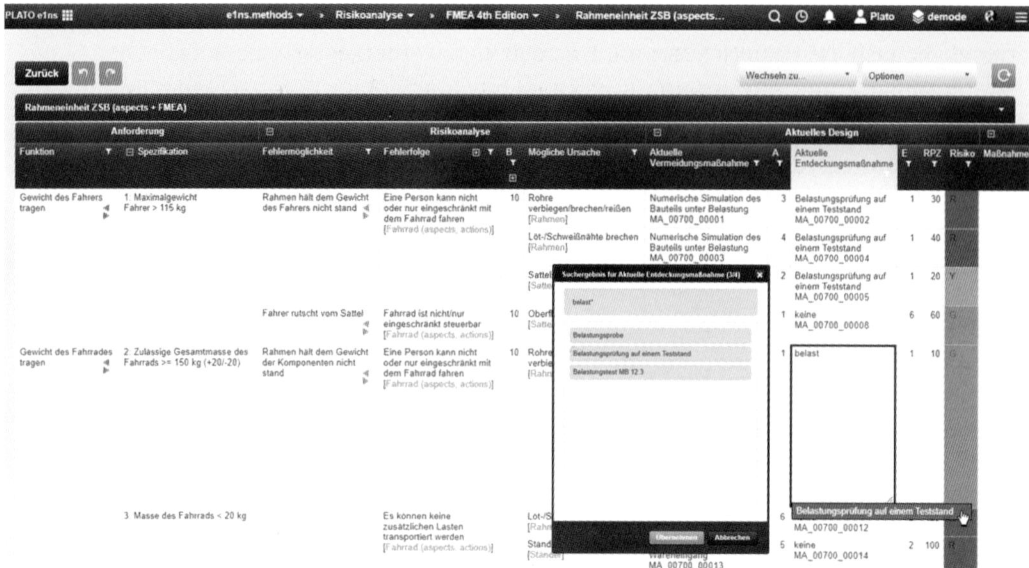

Bild 8.16 Das Modul *e1ns.methods* mit einem der mitgelieferten FMEA-Formblätter

Datenbanksysteme haben sich als unverzichtbare Softwarekomponenten in den vielfältigsten Anwendungsbereichen etabliert, wobei ein Datenbanksystem den Teil des computergestützten Informationssystems darstellt, der sich

- mit der Beschreibung der gespeicherten Daten,
- mit der Verwaltung dieser Daten und
- mit den Zugriffsoperationen auf diese Datenbasis

befasst. Mit einer Datenbankanwendung lassen sich also langlebige Datenbestände sicher verwalten. Auch die effiziente Verwaltung von sehr großen Datenbeständen für die verschiedenartigsten Anfragen kann damit realisiert werden. Außerdem ist durch die zentrale Speicherung das Zurverfügungstellen an die Anwender per Web-Technologie einfach möglich.

Bei der im Programm verwendeten Datenbank handelt es sich um eine transaktionsorientierte Anwendung, die sich dadurch auszeichnet, dass die einzelnen Dateien, aus denen die gesamte Datenbank physikalisch besteht, nicht permanent während der Programmausführung geöffnet sind. Die einzelnen Dateien werden bedarfsorientiert zum Abspeichern der eingegebenen Daten geöffnet und sind somit nur während einer kurzen Zeitspanne im kritischen Bereich (Lesen, Schreiben, Löschen). Dies dient der Vorbeugung einer Beschädigung der Daten oder gar eines Datenverlusts.

Eine Datenbank kann, bezogen auf die FMEA-Methodik, einerseits als Wissensbasis und -speicher dienen und andererseits durch die vielfältigen Filterfunktionen eine kontextsensitive Suche bei der Erstellung ähnlicher FMEA ermöglichen. Das ermöglicht auch die Hinterlegung von Übersetzungen einer jeden Zelle in beliebig viele Fremdsprachen. Gleichzeitig wird eine einheitliche Begriffsverwendung unterstützt, was insbesondere beim verteilten Arbeiten der Multi-User-Fähigkeit entgegenkommt.

Hier muss angemerkt werden, dass die FMEA vorrangig vom Diskussionsprozess innerhalb der Teamsitzungen profitiert. Das Fachwissen wird von den einzelnen Teammitgliedern eingebracht, und der FMEA-Moderator führt diese Informationen strukturiert zusammen. Ein Multi-User- und netzwerkfähiges System kann dazu verleiten, dass diese Voraussetzungen bzw. Rahmenbedingungen nicht mehr eingehalten werden. Da es in der Praxis jedoch immer schwieriger wird, die entsprechenden Fachleute für eine FMEA-Sitzung aus zeitlichen Gründen zusammenzubringen, können die Fachleute mit der webbasierten Funktionsweise der Software eine FMEA an verteilten Arbeitsplätzen vorbereiten oder sogar innerhalb ihres Arbeitsbereichs vollständig bearbeiten. Nicht selten kommt es vor, dass der Moderator und die Teilnehmer des FMEA-Teams in Form einer Web-Konferenz zusammenkommen. Die Nutzung einer Datenbank über den Internetbrowser während der Diskussion im Team vereint damit die genannten Vorteile. Den Experten und dem Moderator steht schon während der Sitzung das bereits dokumentierte Wissen zur Verfügung, auf das leicht zurückgegriffen werden kann. Die Moderation kann also im Prinzip von jedem Ort aus durchgeführt werden.

Damit eine Datenbank oder Wissensbasis quasi als Erfahrungsspeicher einzelne Teammitglieder ersetzen kann, muss vorausgesetzt werden, dass die Methode im Unternehmen konsequent Anwendung findet und nicht nur sporadisch eingesetzt wird. Gleichzeitig verlangt das Arbeiten mit einer Datenbank auch vom Anwender eine größere Disziplin, damit die genannten Vorteile zum Tragen kommen und kein „Datenfriedhof" entsteht, der mit zunehmender Größe immer schwieriger zu pflegen ist.

Programmbeschreibung anhand der Kriterien

Wie die APIS IQ-Software erfüllt auch dieses Programmpaket die aufgelisteten Kriterien durch das Zusammenwirken der einzelnen Programmmodule und das durchgängige Datenkonzept. Es wurde bereits in den vorangegangenen Ausführungen auf einzelne Kriterien eingegangen. Im Folgenden sind deshalb nur noch kurze Ergänzungen aufgeführt.

Der Programmzugang erfolgt für den Anwender über einen Internetbrowser. Es werden lediglich der Link, unter dem die Anwendung erreichbar ist, sowie Benutzerdaten für das Log-in benötigt. Auch die Technologie des „Single Sign On" wird laut Hersteller unterstützt, sodass Anwender ihre im Unternehmen üblichen Anmeldedaten verwenden können. Mit dem erfolgreichen Login steht das vorhandene

FMEA-Erfahrungswissen für alle Mitarbeiter des Unternehmens zur Verfügung (Bild 8.17). Die Bearbeitung einer FMEA kann jetzt zeitgleich von mehreren Anwendern an unterschiedlichen Standorten erfolgen. Aufgrund der geringen übertragenen Datenmenge ist die weltweite Zusammenarbeit problemlos möglich.

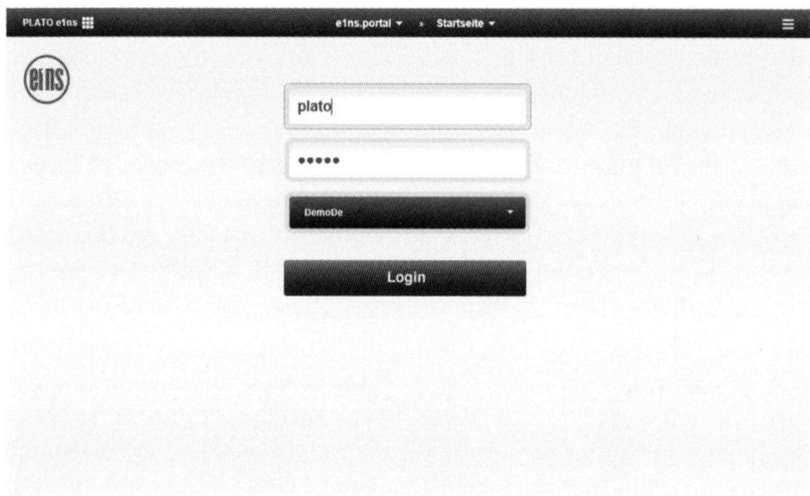

Bild 8.17 Log-in-Dialog mit Datenbankauswahl von *PLATO e1ns*

Der angemeldete Benutzer ist damit dem System bekannt, und seine Aktionen können automatisch protokolliert werden. Gleichzeitig werden mit dem Zugang zum System die eingestellten Benutzerrechte, die dem jeweiligen Anwender zugeordnet wurden, geladen. Die Einstellmöglichkeiten decken einen großen Rechtebereich ab (Bild 8.18). Hier beispielhaft drei mögliche Benutzergruppen:

- „Administratoren" haben Vollzugriff und können sämtliche Einstellungen des Programms verändern und alle Daten löschen.
- „FMEA-Moderatoren" (auch „Key User" genannt) können neue Strukturen erstellen und darin arbeiten.
- „User" oder „Maßnahmenverantwortliche" können nur in dem ihnen zugewiesenen Bereich Inhalte ändern oder sogar nur lesen.

Eine große Anzahl an Basisberechtigungen können einem Benutzer oder einer Benutzergruppe zugewiesen werden. So kann jedes Unternehmen selbst entscheiden, wo die Grenzen der Befugnisse der jeweiligen Benutzergruppe liegen. Darüber hinaus kann über die Zugriffssteuerung auf einzelne Systemelementstrukturen erreicht werden, dass als sehr sensibel eingestufte Projekte nur wenigen ausgewählten Benutzern zugänglich sind, unabhängig von ihren eigentlichen Berechtigungen.

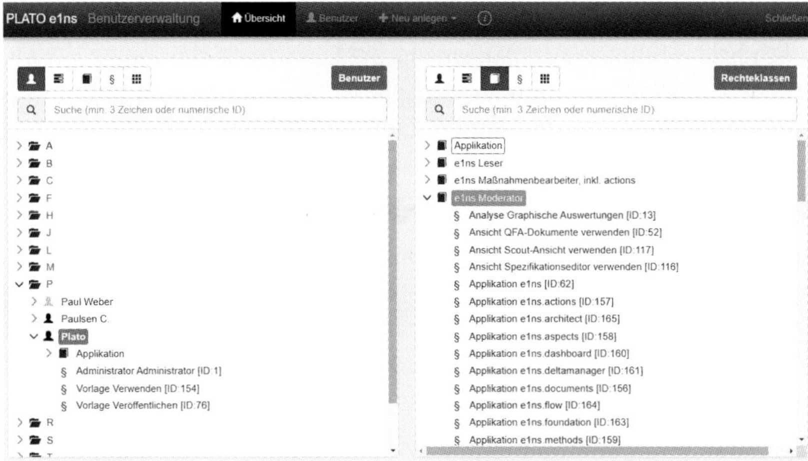

Bild 8.18 Einstellbare Privilegien/Kompetenzen in der Benutzerverwaltung von *PLATO e1ns*

Das Programmsystem lässt über die Floating-Lizenz-Vereinbarung eine geregelte Anzahl an Benutzern zeitgleich zugreifen. Der angemeldete Anwenderkreis kann parallel mit den Daten in der Wissensbasis arbeiten, wobei die einzelnen Zugriffsrechte unterschiedlich geregelt sein können. Die Kombination aus Benutzerverwaltung und Kompetenzvergabe lässt somit für die Anwender einen großen Spielraum, um unternehmensspezifische Organisationsformen abzubilden. Dies ist gerade im Hinblick auf die unterschiedlichen Möglichkeiten einer Zusammensetzung des FMEA-Teams wichtig. Zum einen soll das Team sicherstellen, dass eine möglichst große Wissensbereitstellung erfolgen kann, zum anderen müssen aber auch wichtige Daten eines Unternehmens, wie z. B. die Produktentwicklung, geschützt werden. Dies gilt insbesondere dann, wenn neben den firmeninternen Mitarbeitern externe Bereiche, wie z. B. Zulieferer, in die FMEA-Sitzung einbezogen werden. Bei der Verwaltung der organisatorischen Daten lassen sich verschiedene Sichten generieren. Geordnet nach Basisrechten, nach Abteilungen, nach Benutzern etc. können die Daten dem Unternehmen angepasst werden. Die Darstellung ist ähnlich wie die im Windows-Datei-Explorer, d. h. durch einen Doppelklick lässt sich die Struktur weiter auffalten. Das „§“-Symbol zeigt an, welche Rechte hier vergeben wurden.

Das Frontend, die Bedienoberfläche des Programms, wird über HTML und die Script-Sprache Python realisiert. Eine kundenspezifische Konfiguration von Ansichten und Formblättern liefert der Hersteller PLATO über Plug-Ins. Unter die möglichen Anpassungen fallen Themen wie

- Layout der Stammdatenansicht und benutzerdefinierte Stammdaten,
- geänderte oder neue Spalten und -überschriften im FMEA-Formblatt,
- Risikoberechnungen nach konfigurierbaren Regeln,

- Ausgabedokumente und Reports in eigener Form und Inhalt,
- Erstellung eigener Bewertungskataloge und Fehlerlisten sowie
- Verkettung von mehreren Formblättern zur Umsetzung einer eigenen Qualitätsmethode.

Beispielhafte Beschreibung einer Programmanwendung

Der Beginn einer Analyse startet gewöhnlich mit dem Modul *e1ns.architect*. Es unterstützt in Anlehnung an die QFD-Methodik (Quality Function Deployment) eine kundenorientierte Produktentwicklung. Folgt man der von der Automobilbranche empfohlenen Methodik, so sollte zunächst eine Beschreibung des Gesamtsystems in Form von verknüpften Systemelementen, Funktions- und Fehlernetzen erfolgen, wobei man sich zu Beginn auf die für das jeweilige Produkt bzw. den Prozess relevanten neuen oder geänderten Bereiche konzentrieren kann. Auch wird empfohlen, auf Basis-FMEA zurückzugreifen, was in der Praxis bedeutet, dass sich der FMEA-Moderator eine freigegebene Vorlage über das Modul *e1ns.templates* laden sollte. Diese generischen FMEA-Daten müssen nun schrittweise auf das spezielle Produkt oder auf die Produktfamilie zugeschnitten werden. Das Gleiche gilt für Prozessstrukturen, die schon in der generischen Vorlagestruktur enthalten sein können. Eine Unterstützung beim Anpassen der FMEA erhält man über die Datenbank durch Kataloge bzw. Auswahllisten mit verschiedenen Fehlern, Fehlerursachen und Fehlerfolgen.

Der geübte Anwender wird für die Verknüpfung von Funktionen und Fehlern vermutlich die Ansicht des *e1ns.netbuilder* bevorzugen. Hier liegen drei verbundene Ebenen der Systemstruktur zeitgleich vor. Es können schnell Ursache-Wirkungs-Ketten zwischen den Elementen geschaffen werden. Wird hingegen in größerer Runde gearbeitet, wird der FMEA-Moderator eher die Matrix-Ansicht des *e1ns.architect* verwenden, auch wenn sie nur zwei Ebenen zugleich anzeigen kann. Gerade den in der Methode weniger erfahrenen Teilnehmern wird es in dieser Ansicht eher möglich sein, dem Geschehen zu folgen und die Aktionen des Moderators nachzuvollziehen. Eine Verknüpfung entspricht ganz einfach dem Setzen eines Hakens in das jeweilige Feld.

Je stärker der Datenbestand wächst, umso mehr wird es nötig sein, die Flut der angezeigten Informationen zu reduzieren, damit sich das Team auf die wesentlichen Bereiche konzentrieren kann. Wie in der Tabellenansicht von *e1ns.methods* stehen auch in *e1ns.architect* verschiedene Filter zur Verfügung (Bild 8.19). Üblicherweise orientiert sich die FMEA-Moderation während der ersten Schritte an den Verknüpfungen für Systemelemente, Funktionen und Fehlern. Daher kann zunächst über entsprechende Schalter die Ansicht auf der horizontalen Achse, z.B. die Liste der Kundenanforderungen, nach dem jeweiligen Schwerpunkt der Analyse eingestellt werden. Um sich unter den vielen angebotenen Anforderungen und

Funktionen auf eine bestimmte Funktion zu konzentrieren, kann diese angeklickt und in den Modus der „Funktionsanalyse“ gewechselt werden. Alle anderen Funktionen werden jetzt ausgeblendet und das Expertenteam kann sich darauf konzentrieren, welche Sub-Systeme oder Komponenten einen funktionalen Zusammenhang mit dem gerade gewählten Fokuselement haben. Ähnlich funktioniert die „Fehleranalyse“, bei der zusätzlich zur Funktion noch deren Fehler mit angezeigt werden. Über ein Drop-down-Menü kann sich der Moderator nun Schritt für Schritt durch sämtliche zu analysierende Funktionen bewegen und so das Funktions- und Fehlernetz aufbauen oder vervollständigen. Durch die zielsichere Navigation auch in sehr umfangreichen Strukturen wird sichergestellt, dass der Moderator sein FMEA-Team nicht „unterwegs verliert“.

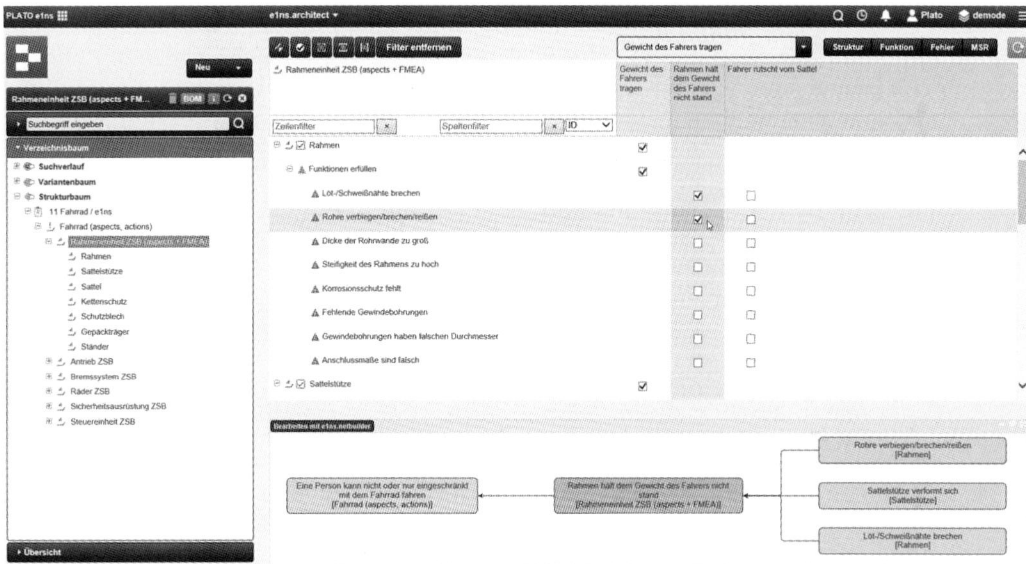

Bild 8.19 Fehleranalyse mithilfe von Filtern in *e1ns.architect*

Auch für die Vor- und Nachbereitung der Arbeit des Moderators stehen Werkzeuge zur Verfügung. So können über einen Logik-Check z. B. Zeilen oder Spalten der Matrix ausgeblendet werden, die schon Verknüpfungen enthalten. Oder es wird das Gegenteil geprüft, nämlich ob es noch komplett unverknüpfte Elemente gibt.

Jederzeit verfügbar ist die Netzansicht für alle verknüpfbaren Elemente. Sollte in verteilten Teams gearbeitet werden, ist z. B. über das Fehlernetz leicht herauszufinden, in welchen Sub-Systemen es noch an Verknüpfungen mangelt. Gerade an der Schnittstelle zur Prozess-FMEA, die für die Durchgängigkeit der Bewertung der Fehlerbedeutung wichtig ist, kommt diese Information zum Tragen.

Sind die Netze für Funktionen und Fehler strukturübergreifend aufgebaut, wird direkt im FMEA-Formblatt im Modul *e1ns.methods* weitergearbeitet. Nach Auswahl des passenden Systemelements im Strukturbaum, auf dem die weitere FMEA-Analyse erfolgen soll, wird nun über das Navigationsmenü das gewünschte Formblatt ausgewählt, in dem die generierten Daten der Netzstruktur angezeigt werden sollen. Die unter der Rubrik EINS.METHODS → RISIKOANALYSE vorhandenen FMEA-Formblätter sind in ihrer Datenstruktur nicht veränderbar, können jedoch, wie schon erwähnt, über Plug-Ins angepasst werden. Da die Spalten für die Funktion und alle Fehlerarten dank der vorangegangenen Analyse schon ausgefüllt sind, werden jetzt die aktuellen Maßnahmen, Risikobewertungen, Optimierungsmaßnahmen etc. im geöffneten Formblatt ergänzt. Wobei an dieser Stelle gesagt werden muss, dass auch der direkte Ansatz, nämlich das manuelle Ausfüllen des Formblatts, ohne die zeitaufwendige Erstellung von Netzen möglich ist.

Ein Formblatt besteht aus einzelnen verketteten Zellen. Dieses können einfache Textzellen sein, z. B. für Funktionen oder Fehler, oder es wird eine Auswahlliste eingeblendet, mit für diese Zellen gültigen Eintragungen. Hieraus kann dann beispielsweise bei den Einzelbewertungen für die Risikoprioritätszahl oder Aufgabenpriorität ein Zahlenwert oder auch bei der Zuständigkeit eine namentliche Person ausgewählt werden. Andere Zellen bieten Kataloginhalte an, die selbst erstellt werden können. Es gibt auch Zellen im Rich Text-Format. In diese können formatierter Text, Links oder Bilder direkt aus der Zwischenablage eingefügt werden. Eintragungen und Veränderungen werden dabei sofort nach Verlassen einer Zelle automatisch in der Datenbank gespeichert. Das erklärt auch, warum theoretisch mehrere Anwender zur gleichen Zeit im selben Formblatt arbeiten können.

Bei den meisten hinterlegten Formblättern ist die Spalte „Funktion" die oberste Hierarchieebene. An einzelne Funktionen können dabei weitere Fehleranalysen angehängt werden. Nachfolgend werden dann die bezogen auf die Funktion erkannten potenziellen Fehler sowie den möglichen Fehlerfolgen und Fehlerursachen beschrieben und bewertet. Jedem Eintrag können hierbei noch zusätzlich Kommentare, Bilder und Hyperlinks auf z. B. Dokumentensysteme des Intranets usw. angehängt werden (sichtbar durch ein Klammersymbol). In der Praxis bietet es sich an, vereinfachte Ansichten zu verwenden, in denen es sich während der Moderation schneller navigieren lässt. Die offiziell geforderten Formblätter sind dagegen oft sehr umfangreich und eignen sich eher für eine Präsentation als für die praktische Arbeit.

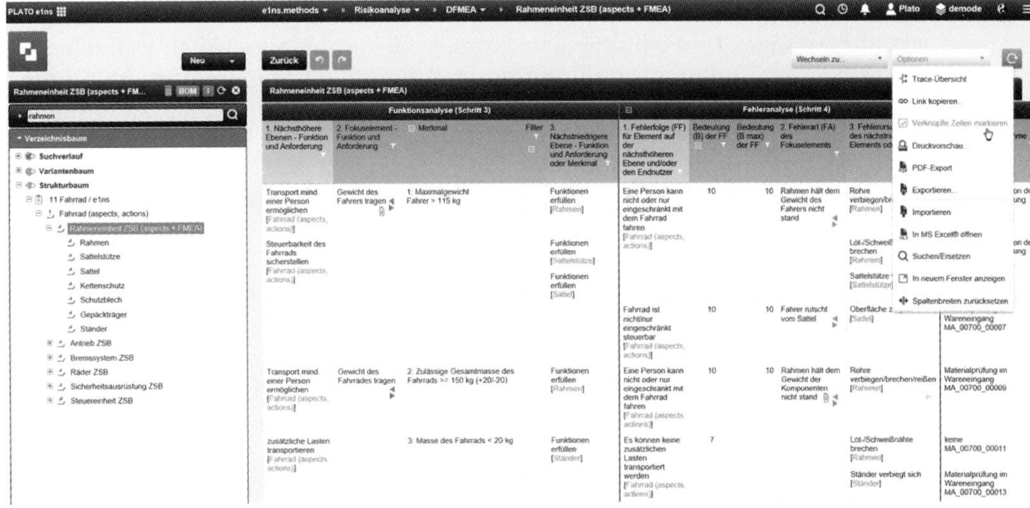

Bild 8.20 Ausschnitt des hinterlegten FMEA-Formblatts im Format VDA/AIAG 2019

Eine Zelle kann sich neben dem „Ruhe"-Modus in zwei weiteren unterschiedlichen Zuständen befinden – dem „Aktivier"-Modus und dem „Editier"-Modus. Der „Editier"-Modus ist erkennbar am Cursor, der innerhalb des Felds gesetzt ist. Es kann jetzt über die Tastatur eine Zeichenfolge eingegeben oder ein bestehender Eintrag korrigiert werden. Der „Aktivier"-Modus ist dadurch gekennzeichnet, dass das Feld mit einem schwarzen Rechteck eingerahmt wird. In diesem Modus kommt auch das Datenbankkonzept zum Tragen, da mit den verschiedenen Suchalgorithmen und Filterfunktionen auf das gespeicherte Wissen zurückgegriffen werden kann. Beispielsweise interpretiert das Programm eingegebene Wildcards („*") als Suchanfrage und listet alle zum selektierten (aktivierten) Feld passenden Einträge aus der Datenbank auf.

Die Bewertungen A, B und E werden vom System durch Auswahllisten erleichtert, die benutzerspezifisch angepasst werden können. Die Berechnung der Risikoprioritätszahl (RPZ) oder auch die Zuordnung der Aufgabenpriorität (AP) erfolgt automatisch. Durch das im Hintergrund vorhandene Fehlernetz wird erkannt, ob eine hier vorgenommene B-Bewertung zur Bewertung auf der darüber liegenden Systemebene passt. Da die FMEA-Methodik einen einheitlichen B-Wert für alle verknüpften Fehler einer Fehlerkette vorsieht, bietet *e1ns.methods* die Möglichkeit, im Formblatt einen automatischen Abgleich aller B-Werte vorzunehmen.

Im Formblatt sind die Spalten für die Bewertung von Auftreten (A) und Entdeckung (E) zweimal aufgeführt. Der erste Bewertungsblock bezieht sich dabei auf den Ist-Zustand, der zweite Block gibt die angestrebten Zielwerte wieder, die durch die Einleitung zusätzlicher Maßnahmen erreicht werden sollen. Über die „Status"-Spalte am Ende des Formblatts können zwischen den beiden grundsätzlichen

Zuständen „Offen“ und „Abgeschlossen“ die Werte „Angefragt“ oder „Abgelehnt“ gewählt werden. Dies entscheidet darüber, ob die beschriebenen empfohlenen Maßnahmen weiter in der Terminübersicht auftauchen oder nicht.

FMEA-Dokumente können direkt in das PDF-Format oder alternativ in Microsoft Excel exportiert werden. Als Formulare stehen hierbei verschiedene Varianten zur Auswahl. Darunter fallen die zuvor schon erwähnten gängigen FMEA-Formblätter, aber auch Formulare für weitere unterstützte Methoden, wie z. B. 8D-Report, Maschinenrichtlinie oder für die Medizintechnik.

Die Termin- und Maßnahmenüberwachung erfolgt über das Modul *e1ns.foundation*. Nach dem Log-in über die Startseite von PLATO e1ns öffnet sich das zuletzt verwendete Programmodul. Das kann zum Beispiel die Seite mit der persönlichen Terminübersicht unter *e1ns.foundation* sein, über die die innerhalb der FMEA festgelegten Maßnahmen zeitlich überwacht werden können. Gemahnte Termine werden in der Übersicht zusätzlich farblich rot dargestellt und der betreffende Benutzer kann diese nach der Anmeldung im System sofort wahrnehmen bzw. darauf reagieren. Ein einfaches Lesezeichen im Browser ermöglicht den schnellen Zugang. Eine Benachrichtigung an säumige Mitarbeiter, die Termine nicht eingehalten haben, erfolgt außerdem automatisch über einen regelmäßig verschickten E-Mail Newsletter, dessen Intervall einstellbar ist.

Die für Maßnahmen verantwortlichen Personen benötigen prinzipiell kaum Programmkenntnisse in PLATO e1ns, da sie über einen Link in der Erinnerungs-E-Mail direkt zu der von ihnen zu bearbeitenden Maßnahme gelangen und diese z. B. schließen können.

Neben den eigenen Terminen werden auch die Termine anderer Mitglieder des FMEA-Teams aufgelistet, um so auch die projektbezogenen Versäumnisse anderer Mitarbeiter zu erfahren (Bild 8.21). Durch Klick auf einen Termin aus der Liste wird die entsprechende Maßnahme im Detail bearbeitet oder geschlossen. Aus dem Dialog heraus kann auch direkt in die dazugehörige FMEA gewechselt und dort interaktiv weitergearbeitet werden.

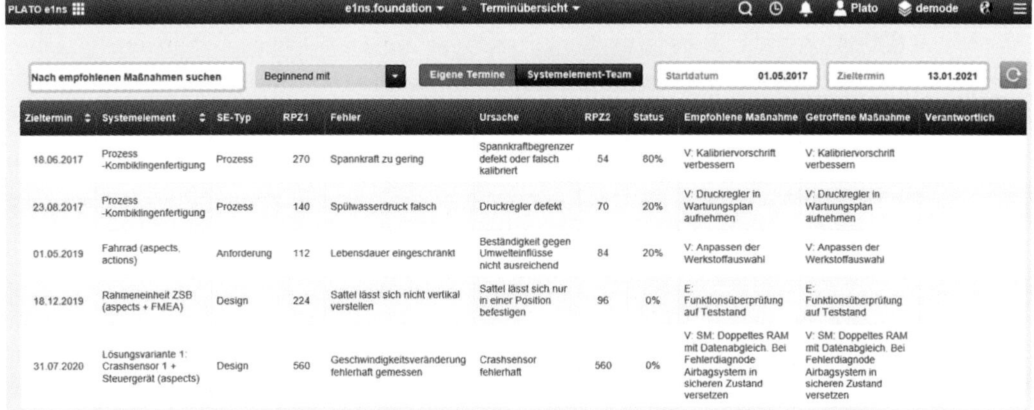

Zieltermin	Systemelement	SE-Typ	RPZ1	Fehler	Ursache	RPZ2	Status	Empfohlene Maßnahme	Getroffene Maßnahme	Verantwortlich
18.06.2017	Prozess -Kombiklingenfertigung	Prozess	270	Spannkraft zu gering	Spannkraftbegrenzer defekt oder falsch kalibriert	54	80%	V: Kalibriervorschrift verbessern	V: Kalibriervorschrift verbessern	
23.08.2017	Prozess -Kombiklingenfertigung	Prozess	140	Spülwasserdruck falsch	Druckregler defekt	70	20%	V: Druckregler in Wartuungsplan aufnehmen	V: Druckregler in Wartuungsplan aufnehmen	
01.05.2019	Fahrrad (aspects, actions)	Anforderung	112	Lebensdauer eingeschränkt	Beständigkeit gegen Umwelteinflüsse nicht ausreichend	84	20%	V: Anpassen der Werkstoffauswahl	V: Anpassen der Werkstoffauswahl	
18.12.2019	Rahmeneinheit ZSB (aspects + FMEA)	Design	224	Sattel lässt sich nicht vertikal verstellen	Sattel lässt sich nur in einer Position befestigen	96	0%	E: Funktionsüberprüfung auf Teststand	E: Funktionsüberprüfung auf Teststand	
31.07.2020	Lösungsvariante 1: Crashsensor 1 + Steuergerät (aspects)	Design	560	Geschwindigkeitsveränderung fehlerhaft gemessen	Crashsensor fehlerhaft	560	0%	V: SM: Doppeltes RAM mit Datenabgleich. Bei Fehlerdiagnode Airbagsystem in sicheren Zustand versetzen	V: SM: Doppeltes RAM mit Datenabgleich. Bei Fehlerdiagnode Airbagsystem in sicheren Zustand versetzen	

Bild 8.21 Terminübersicht für offene FMEA-Maßnahmen

Ein Wechsel zu anderen Modulen ist ansonsten leicht über das Hauptmenü am oberen Seitenrand möglich. Über diese Navigation kann auch jede Unterseite innerhalb eines Moduls erreicht werden. Unabhängig vom gewählten Modul erscheint auf der linken Seite des Bildschirms zumeist der Strukturbaum mit allen Projektstrukturen der aktuell gewählten Datenbank. Dabei handelt es sich um die verschachtelten Systemelemente verschiedenen Typs, wie z. B. Design, Prozess oder Software. Auf der rechten Bildschirmhälfte findet die eigentliche Arbeit innerhalb des Moduls statt.

Analyse und Dokumentation

Um sich vor dem Erreichen eines Meilensteins in der Produktentwicklung oder Prozessplanung den aktuellen Stand des Risikos übersichtlich darstellen zu lassen, stehen verschiedene grafische Analysewerkzeuge zur Verfügung. Die Module *e1ns.dashboard* und *e1ns.output* enthalten die notwendigen Funktionen.

An dieser Stelle sollen nur zwei der vielen Werkzeuge von *e1ns.dashboard* beschrieben werden. War bis vor kurzem noch die RPZ-Analyse mit einer Darstellung der Verteilung als Balkendiagramm vorzufinden, so steht heute die AP im Mittelpunkt des Interesses. Der AP-Graph zeigt übersichtlich die Entwicklung der Aufgabenpriorität für eine FMEA vom Ist- zum Soll-Zustand (Bild 8.22). Die farblich dargestellten Balken zeigen die Werteverteilung der drei Zustände der AP für *Niedrig* (N), *Mittel* (M) und *Hoch* (H). Auf den ersten Blick kann schnell erkannt werden, ob die H-Werte nach der Optimierung reduziert oder gar vollständig beseitigt wurden. Eine Wertetabelle im unteren Bereich des Bildschirms führt alle Ursachen dieser FMEA mit ihren beiden AP-Werten auf. Schnell hat man dadurch die Ursachen mit rot markierten H-Werten gefunden und kann per Mausklick darauf direkt zum jeweiligen FMEA-Formblatt wechseln.

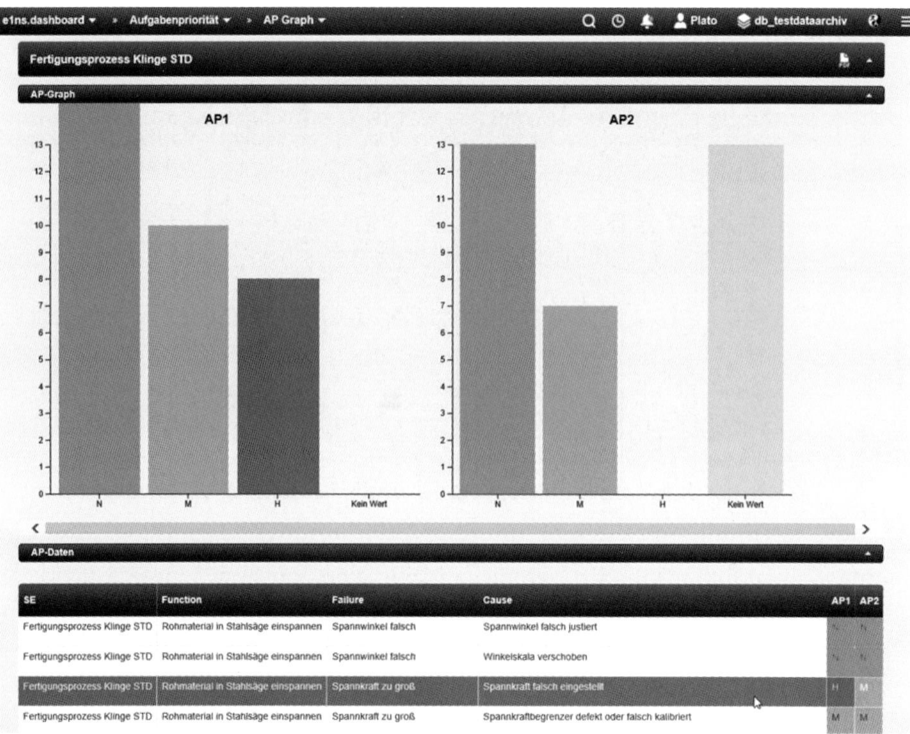

Bild 8.22 Auswertung der Aufgabenpriorität im Modul *e1ns.dashboard*

Eine weitere Analyse des Risikos wird in *e1ns.dashbaord* über die Ansicht des „Risikograph 3 × 3" angezeigt (Bild 8.23). Hier werden insgesamt neun Risikomatrizen dargestellt, die sämtliche Kombinationen der Bewertungskennzahlen B, A und E aufführen. Das größte Interesse dürfte auf dem ersten Set der gezeigten Kennzahlen B × A liegen. Das Programm ordnet alle Ursachen aufgrund ihrer Bewertungen für B und A automatisch einem Feld innerhalb der Matrix zu. Mehrere Ursachen mit der gleichen Kombination aus B × A erhöhen den Zähler innerhalb des Felds. Über die drei nebeneinanderstehenden Matrizen wird der zeitliche Verlauf vom Initialzustand über den optimierten, jetzt aktuellen Zustand (empfohlene Maßnahmen wurden umgesetzt) bis zum erwarteten Zustand (noch offene Optimierungsmaßnahmen werden ebenfalls als umgesetzt betrachtet) gezeigt. Die Betrachtung der Matrizen lässt nun über die Verteilung der Werte sehr schnell eine Schlussfolgerung zu, welche und wie viele Ursachen noch im roten Bereich liegen und damit ein bestehendes Risiko darstellen.

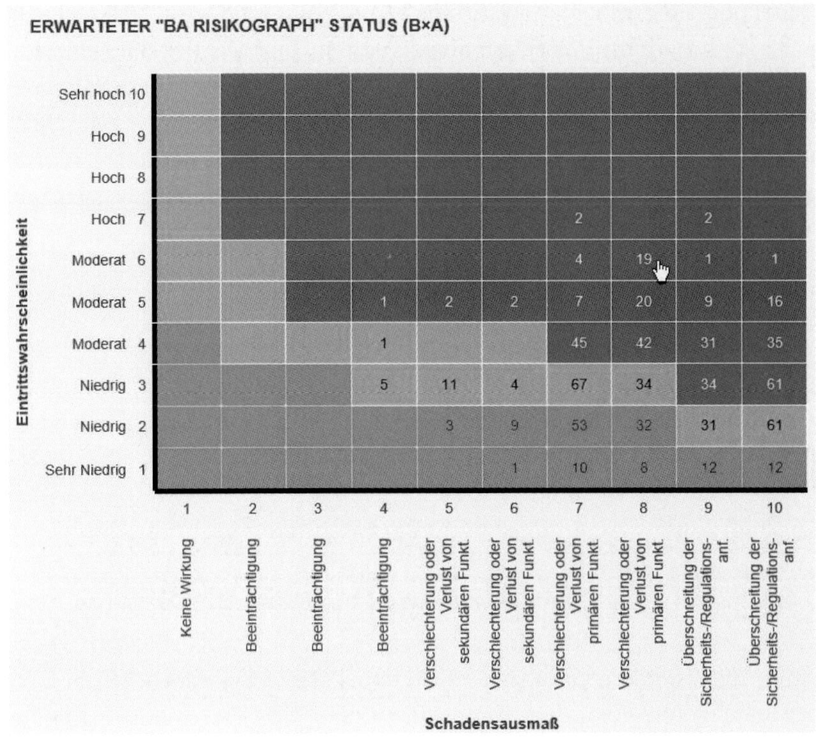

Bild 8.23 Ausschnitt der Ausgabe „3 × 3 Risikograph" im Modul *e1ns.dashboard*

Für die Ausgabe der Ergebnisse sind im System verschiedene Möglichkeiten integriert. Zum einen kann gesondert das FMEA-Formblatt in verschiedene Dokumentenformate exportiert oder direkt ausgedruckt werden. Zum anderen steht eine leistungsstarke Konvertierung und Ausgabe der gesamten FMEA-Struktur als eine vom Programmsystem unabhängige Datei zur Verfügung. Das Modul *e1ns.output* erstellt auf Knopfdruck ein ansprechendes PDF-Dokument, das aus dem Deckblatt, einem Inhaltsverzeichnis, der Struktur und den einzelnen verknüpften FMEA besteht.

Wie bei der APIS IQ-Software konnte auch hier nur ein kleiner Ausschnitt der vorhandenen Funktionalitäten vorgestellt werden. Das Programm ist sehr komplex und der volle Funktionsumfang wird sich wahrscheinlich erst nach einer längeren Nutzungsphase erschließen. Vielfältige Einstellmöglichkeiten und Suchfunktionen stellen mächtige Werkzeuge dar, können aber am Anfang verwirren. Positiv ist festzustellen, dass ein FMEA-Formblatt auch ohne tiefergehendes Systemwissen unkompliziert ausgefüllt werden kann. Herstellerseitig werden aber Lehrvideos für den Einstieg in die Software angeboten, sodass auch ein Selbststudium im Prinzip möglich ist. Ansonsten gibt es natürlich auch das vom Hersteller angebotene Trainingsangebot.

Das grundsätzliche Unterscheidungsmerkmal zum Programm APIS IQ-RM PRO® besteht in der Verwendung einer Datenbank und in der Möglichkeit, einzelne FMEA auch ohne eine vorhergehende Systemanalyse zu erstellen. Mit der Umstellung hin zu einer Webapplikation haben die Entwickler einen neuen Weg beschritten, der auch bei verschiedenen anderen Softwareprogrammen genutzt wird. Die Verknüpfung des Wissens über unterschiedliche Methoden hinweg ist das zentrale Element dieses Programms.

Es kommt für den Anwender erst richtig zum Tragen, wenn ein entsprechender Fundus an unternehmens- und produktspezifischen Daten vorhanden ist. Wie bei jeder Datenbank gilt es, zunächst dieses Wissen zusammenzutragen und nach den Regeln des Systems zu erfassen. Wurde das System aber kontinuierlich über einen längeren Zeitraum eingesetzt, liefert es insbesondere für neue Mitarbeiter wichtige Hinweise über Funktionsstrukturen, Prozessabläufe etc., die eigenständig im Selbststudium erlernt werden können.

Bei einer Vielzahl von Daten, Systemen und FMEA ist die Orientierung nicht immer einfach. Für den Anwender kann, ganz unabhängig vom verwendeten Programm, der Eindruck entstehen, über ein umfassendes und abschließendes Wissen zu verfügen. Kritisches Hinterfragen erscheint dann als überflüssig. Dieses Verhalten wäre insbesondere dann riskant, wenn es sich um veraltete Daten handelt, die nicht nachgepflegt wurden. Weiterhin ist die FMEA eine Methode, die im Team durchgeführt werden soll. Bezüglich der zu behandelnden Thematik ist in einem Diskussionsprozess eine möglichst vollständige Analyse durchzuführen. Bei der Verwendung eines Wissensspeichers besteht die Gefahr, dass das Team bzw. die Teamsitzungen latent durch die Datenbank ersetzt werden. PLATO e1ns begegnet dieser Problematik durch das Modul *e1ns.templates*. Hier wird aus der Wiederverwendung des Wissens ein Prozess. Dieser steuert die Freigabe von neuem Wissen (Lessons Learned-Prozess) und die gezielte Benachrichtigung der Engineering-Community mit ihren jeweiligen Teams über neue Wissenselemente. Jeder Verantwortliche eines Systemelements wird über neue Lessons Learned benachrichtigt und kann dann selbstständig oder im Team entscheiden, welche Wissenselemente in seinem Projekt übernommen werden sollen. Besonders in einer weltweit verteilten Entwicklungsorganisation sind solche Abstimmungsprozesse über Wissensverteilung und -verwendung unerlässlich. Damit wird die FMEA zu einem wesentlichen Baustein des Wissensmanagements.

Insgesamt hat sich das Konzept der Software von PLATO, ausgehend von SCIO™ über die jetzt aktuelle Produktfamilie PLATO e1ns mit seiner zentralen Datenbank, stark weiterentwickelt. Es ist ein mächtiges Werkzeug für Mitarbeiter-Teams geworden. Mit den Möglichkeiten des Sammelns und Vernetzens von Daten, die im Kontext von Produkten, Prozessen etc. stehen, wird die Entwicklung vorangetrieben. Die mehrfache Verwendung von gleichen Daten lässt sich gut am Prozessbereich veranschaulichen. So werden Prozessschritte und -merkmale nicht nur in einer Prozess-FMEA, sondern auch gleichzeitig in einem Prozessablaufdiagramm und dem Produktionslenkungsplan genutzt. Entsprechend der unterschiedlichen Sichtweisen werden dabei natürlich unterschiedliche Daten ergänzt, wie beispielsweise bei der FMEA mit der Risikobewertung. Die Datenbank sorgt für die Systemzusammenhänge und leitet jeweils die entsprechenden Formblätter ab.

Die offene Architektur der PLATO-Software ermöglicht es, Schnittstellen zu verschiedenen anderen Programmen anzubieten. Ein Datenaustausch mit IBM Rational® DOORS®, Polarion, Siemens Teamcenter oder anderen PLM-Systemen ist möglich. Je nach Umfang der gewünschten Schnittstelle realisiert PLATO die Umsetzung in eigener Hand oder übergibt den Auftrag an eine Partnerfirma, die auf die Entwicklung von Schnittstellen spezialisiert ist.

Der Zugang zu einer Demo-Version von PLATO e1ns kann direkt beim Hersteller angefragt werden (*www.plato.de/discover*). Daraufhin werden lediglich eine Webadresse sowie die Zugangsdaten übermittelt. Danach kann man über den eigenen Browser sämtliche Funktionalitäten testen.

9 Zusammenfassung

„Messen, was messbar ist
und messbar machen,
was noch nicht messbar ist."

Galileo Galilei

Das Qualitätsmanagement und die präventiven Maßnahmen zur Qualitätssicherung bilden ein wesentliches Element für den wirtschaftlichen Erfolg eines Unternehmens. Qualitätsmethoden, wie die Fehler-Möglichkeits- und Einfluss-Analyse (FMEA), haben durch die Einführung von Qualitätsmanagementsystemen eine große Beachtung erfahren. Die Aussage „Qualität wird nicht geprüft, sondern erzeugt" ist auch das Leitthema vieler weiterer Qualitätsmethoden und beschreibt die Zielrichtung. Bereits in den frühen Phasen der Produktentstehung soll mithilfe dieser Methoden nachgewiesen werden, dass die an ein Produkt oder einen Prozess gestellten Qualitätsanforderungen eingehalten werden. Frühe Phasen heißt in diesem Zusammenhang, dass bereits vor der eigentlichen Umsetzung die möglichen Risiken erfasst, bewertet und nach Möglichkeit beseitigt werden sollen. Risiken lassen sich leider nicht immer restlos abstellen, deshalb hat sich in diesem Zusammenhang der Begriff Restrisiko etabliert. Die EN ISO 12100 definiert das Restrisiko als das Risiko, welches trotz getroffener Maßnahmen verbleibt. Es besteht aus einem abschätzbaren und einem unbekannten Anteil, und für Unternehmen ist es wichtig in Erfahrung zu bringen, welche Verantwortung hiermit zu übernehmen ist.

Produkte werden heute nur noch selten von einem einzigen Unternehmen, ausgehend von der Konstruktion und Entwicklung bis hin zur Fertigung und Direktvermarktung, hergestellt. Das Einbinden von Zulieferfirmen sowie das Produzieren an verteilten Standorten ist mittlerweile zur gängigen Praxis geworden, wobei die Vorgaben und Anforderungen an die zu erbringenden Leistungen der Zulieferindustrie stetig zugenommen haben. Bei der Auswahl eines geeigneten Lieferanten wird nicht nur die Wirtschaftlichkeit betrachtet. Darüber hinaus sind beispielsweise der Nachweis eines Qualitätsmanagementsystems, die Verwendung bestimmter Qualitätsmethoden sowie das Qualifikationsprofil der Mitarbeiter wichtige Entscheidungskriterien für die Auftragsvergabe.

Große Unternehmen, wie z. B. aus der Automobilindustrie, geben heute ihre sehr detailliert formulierten Qualitätsforderungen an die Unterorganisationen und Zulieferfirmen weiter und erwarten von diesen den Nachweis, dass die Forderungen erfüllt wurden. Mit den immer differenzierteren Qualitätsforderungen und der direkten Zuordnung zu einzelnen Organisationen und Bereichen erfolgte auch eine Verlagerung des Qualitätsnachweises hin zu den ausführenden Ebenen.

Die FMEA mit ihrer systematischen Vorgehensweise wird im Rahmen der Risikoanalyse und -bewertung in vielen Industriebereichen eingesetzt. Sie ist eine anerkannte Methode, die sich aufgrund der Einfachheit sowie der breit gefächerten Anwendungsmöglichkeiten einer großen Beliebtheit erfreut. Sie gehört zu den wesentlichen Qualitätsmethoden und wurde durch die Automobilindustrie bzw. deren Verbände stetig weiterentwickelt. In den Grundzügen hat sich die Methode nicht geändert. Die bisherige Schwachstelle hinsichtlich des zahlenmäßig ausgedrückten Risikos über die Risikoprioritätszahl wurde ersetzt durch eine Priorisierung einzuleitender Maßnahmen, kurz Aufgabenpriorität (AP). Indirekt wurde damit verdeutlicht, dass es nie eine absolute Sicherheit bei der Qualität von Produkten und Prozessen geben kann und wird. Eine niedrige Aufgabenpriorität ist nicht damit gleichzusetzen, dass keine weiteren Maßnahmen notwendig sind. Schwellenwerte für die bisherige Risikoprioritätszahl, bei deren Unterschreitung keine Maßnahmen notwendig waren, gehören damit der Vergangenheit an.

Im Zuge der CE-Kennzeichnungspflicht mussten sich in den letzten Jahren alle Unternehmen, die Produkte in Verkehr bringen wollten, mit Risikoanalysen auseinandersetzen, da die Maschinenrichtlinie 2006/42/EG eine Konformitätsbewertung verpflichtend für betroffene Produkte vorschreibt. Ein Hersteller ist verantwortlich für sein Produkt und muss belegen können, dass er dieses nach den wesentlichen Anforderungen der anwendbaren EG-Richtlinien entworfen und hergestellt hat. Ein zentraler Bestandteil ist dabei die konsequente Durchführung einer Risikobeurteilung als konstruktionsbegleitender Prozess aller beteiligten Bereiche. Risikobeurteilung heißt dabei Teamarbeit und entsprechend wichtig ist es, dass in einem Unternehmen vorhandene Wissen bezüglich möglicher Risiken, allen betroffenen Mitarbeitern zugänglich zu machen. Gerade langjährige Mitarbeiter mit profunden Kenntnissen und Erfahrungen betrachten Sicherheitsaspekte aus anderen Blickwinkeln als neu hinzugekommene Mitarbeiter.

Softwareprodukte, mit denen eine FMEA durchgeführt werden kann, haben sich im Laufe der Jahre zu komplexen Anwendungen weiterentwickelt. Sie stellen eine umfangreiche Wissensbasis dar und helfen, das in einem Unternehmen angesammelte Wissen unabhängig von einzelnen Personen zusammenzuführen und gemeinsam auszubauen. Eine Übertragung auf ähnliche Fragestellungen ist genauso möglich wie das Einbinden neuer Mitarbeiter in Prozesse der Risikobeurteilung, da vergleichbare und nachvollziehbare Dokumente vorhanden sind. Dies kommt auch der Einhaltung der Produktsicherheit entgegen. Ein Hersteller, der über eine gute Sicherheitsstrategie verfügt und diese auch praktisch anwendet, kann im Sinne einer präventiven Qualitätssicherung Risiken weitgehend minimieren.

Abschließend ist anzumerken, dass mithilfe der FMEA ein möglichst hoher Reifegrad des Betrachtungsgegenstands Produkt bzw. Prozess erreicht werden soll. Was nun noch fehlt, sind Aussagen bzgl. des Reifegrads der Methodendurchführung selbst beziehungsweise der Vollständigkeit der FMEA. Die FMEA baut auf dem Erfahrungswissen der beteiligten Teammitglieder sowie dem in einem Unternehmen dokumentierten Wissen auf. Zusammenhänge zwischen möglichem Fehlverhalten, dessen Folgen und Ursachen werden hier beschrieben, und die Methode kommt an ihre Grenzen, wenn keine differenzierten Zusammenhänge beschrieben werden können. Ein möglicher Ansatz für den Reifegrad einer FMEA könnte deshalb in der quantitativen Analyse der auszufüllenden Felder des verwendeten Formblatts liegen. Darüber hinaus lassen sich auch die aufgeführten Funktionen auswerten. Die Umsetzung der Empfehlung durch VDA und AIAG, eine Beschreibung möglichst nur mit „Substantiv + Verb“ durchzuführen, lässt die Schlussfolgerung zu, dass die wesentlichen Merkmale beschrieben wurden. Auch kann ein Abgleich mit einem vorgegebenen Fehlerkatalog (damit sind auch die zugehörigen Folgen und Ursachen bekannt) dazu führen, dass eine Aussage hinsichtlich eines Reifegrads einer FMEA-Anwendung möglich ist.

Anhang A: Abkürzungsverzeichnis

Abkürzung	Beschreibung
A	Auftretenswahrscheinlichkeit
AP	Aufgabenpriorität
ArbSchG	Arbeitsschutzgesetz
B	Bedeutung des Fehlers
BGB	Bürgerliches Gesetzbuch
BGBl	Bundesgesetzblatt
CAD	Computer-Aided Design
CE	Conformité Européenne/europäische Konformität
DFMEA	Design-FMEA
DGQ	Deutsche Gesellschaft für Qualität e. V.
DIN	Deutsches Institut für Normung
DoE	Design of Experiments/Statistische Versuchsplanung
DRBFM	Design Review Based on Failure Mode
DVP&R	Design Verification Plan & Reports
E	Entdeckungswahrscheinlichkeit
EG	Europäische Gemeinschaft
ESA-ECSS	European Cooperation for Space Standardization
EU	Europäischen Union
EWR	Europäischer Wirtschaftsraum
FA	Fehler, Fehlerart
FF	Fehlerfolge
FMEA	Failure Mode and Effects Analysis/Fehler-Möglichkeits- und Einfluss-Analyse
FMECA	Failure Mode and Effects and Criticality Analysis
FTA	Fault Tree Analysis/Fehlerbaumanalyse
FU	Fehlerursache
GPSG	Geräte- und Produktsicherheitsgesetz (bis 2011)

Abkürzung	Beschreibung
KMU	Kleine und mittlere Unternehmen
MIL	Standard des US-amerikanischen Verteidigungsministeriums für Produktspezifikationen
MRL	Maschinenrichtlinie
NASA	National Aeronautics and Space Administration
PFMEA	Prozess-FMEA
ProdSG	Produktsicherheitsgesetz (aktuell)
ProdSichG	Produktsicherheitsgesetz (bis 2004)
ProdSV	Produktsicherheitsverordnung
QFD	Quality Function Deployment/Qualitätsfunktionendarstellung
QM	Qualitätsmanagement
RPZ	Risikoprioritätszahl
SGB	Sozialgesetzbuch
SPC	Statistical Process Control/Statistische Prozesslenkung
StVZO	Straßenverkehrs-Zulassungs-Ordnung
VDA	Verband der Automobilindustrie e. V.
VDI	Verein Deutscher Ingenieure

Anhang B: Normen und Regelwerke

Kennung	Beschreibung	Stand
DIN 25419	Ereignisablaufanalyse; Verfahren, graphische Symbole und Auswertung	Stand 1985-11 Zurückgezogen
DIN 25424-1	Fehlerbaumanalyse; Methode und Bildzeichen	Stand 1981-09 Zurückgezogen
DIN 25424-2	Fehlerbaumanalyse; Handrechenverfahren zur Auswertung eines Fehlerbaumes	Stand 1990-04 Zurückgezogen
DIN 25448	Ausfalleffektanalyse (Fehler-Möglichkeits- und -Einfluß-Analyse)	Stand 1990-05 Zurückgezogen
DIN 55350-11	Begriffe zum Qualitätsmanagement – Teil 11: Ergänzung zu DIN EN ISO 9000:2005	Stand 2008-05
DIN 33946	Glocken für Fahrräder und Fahrräder mit Hilfsmotor – Anforderungen und Prüfung	Stand 2010-09
DIN 33958	Fahrräder – Lichttechnische Einrichtungen und Dynamos	Stand 2014-12
DIN EN 14764	City- und Trekking-Fahrräder – Sicherheitstechnische Anforderungen und Prüfverfahren	Stand 2006-03 Zurückgezogen
DIN EN 60812	Fehlzustandsart- und -auswirkungsanalyse (FMEA)	Stand 2015-08 Entwurf
DIN EN 61025	Fehlzustandsbaumanalyse	Stand 2007-08
DIN EN ISO 12100	Sicherheit von Maschinen – Allgemeine Gestaltungsleitsätze – Risikobeurteilung und Risikominderung	Stand 2011-03 Berichtigt durch DIN EN ISO 12100, Berichtigung 1:2013-08

Kennung	Beschreibung	Stand
DIN EN ISO 12100-1	Sicherheit von Maschinen – Grundbegriffe, allgemeine Gestaltungsleitsätze – Teil 1: Grundsätzliche Terminologie, Methodologie	Stand 2004-04 Zurückgezogen
DIN EN ISO 12100-2	Sicherheit von Maschinen – Grundbegriffe, allgemeine Gestaltungsleitsätze – Teil 2: Technische Leitsätze	Stand 2004-04 Zurückgezogen
DIN EN ISO 14121-1	Sicherheit von Maschinen – Risikobeurteilung – Teil 1: Leitsätze	Stand 2007-12 Zurückgezogen
DIN EN ISO 354	Akustik – Messung der Schallabsorption in Hallräumen	Stand 2003-12
DIN EN ISO 4210-1	Fahrräder – Sicherheitstechnische Anforderungen an Fahrräder – Teil 1: Begriffe	Stand 2015-01
DIN EN ISO 4210-2	Fahrräder – Sicherheitstechnische Anforderungen an Fahrräder – Teil 2: Anforderungen für City- und Trekkingfahrräder, Jugendfahrräder, Geländefahrräder (Mountainbikes) und Rennräder	Stand 2015-12
DIN EN ISO 8402	Qualitätsmanagement – Begriffe	Stand 1995-08 Zurückgezogen
DIN EN ISO 9000	Qualitätsmanagementsysteme – Grundlagen und Begriffe	Stand 2015-11
DIN EN ISO 9001	Qualitätsmanagementsysteme – Anforderungen	Stand 2015-11
DIN EN ISO 9004	Qualitätsmanagement – Qualität einer Organisation – Anleitung zum Erreichen nachhaltigen Erfolgs	Stand 2018-08
DIN EN ISO/IEC 17000	Konformitätsbewertung – Begriffe und allgemeine Grundlagen	Stand 2019-05 Entwurf
IEC 61025	Fault tree analysis	Stand 2006
ISO 16355-1	Anwendung von statistischen und verwandten Methoden für neue Technologie und für den Produktentwicklungsprozess – Teil 1: Allgemeine Grundsätze und Perspektive der QFD-Methode	Stand 2015-12

Kennung	Beschreibung	Stand
ISO 354	Acoustics - Measurement of sound absorption in a reverberation room	Stand 2003-12
ISO 6742-1	Fahrräder - Beleuchtung und reflektierende Einrichtungen - Teil 1: Beleuchtungseinrichtungen	Stand 2015-05
ISO/TS 9002	Qualitätsmanagementsysteme - Leitfaden für die Anwendung von ISO 9001:2015	Stand 2016-11 Vornorm
VDI-Richtlinie 2222 - Blatt 1	Konstruktionsmethodik - Methodisches Entwickeln von Lösungsprinzipien	Stand 1997-06

Anhang C: Gesetze, Verordnungen und EU-Richtlinien

Es handelt sich hierbei um eine Auswahl ohne Anspruch auf Vollständigkeit und Aktualität.

Quelle	Bezugsmöglichkeit
Deutsche Gesetze/Verordnungen	Bundesanzeiger Verlag Amsterdamer Str. 192 50735 Köln Telefon: 0221 97668 0 *https://www.bundesanzeiger-verlag.de* *http://www.gesetze-im-internet.de*
EU-Richtlinien	Bundesanzeiger Verlag Amsterdamer Str. 192 50735 Köln Telefon: 0221 97668 0 *https://www.bundesanzeiger-verlag.de* *http://eur-lex.europa.eu*
EN Normen	Beuth Verlag GmbH Saatwinkler Damm 42/43 13627 Berlin Telefon: 030 26 01 22 60 *https://www.beuth.de*
DIN-Normen	Beuth Verlag GmbH Saatwinkler Damm 42/43 13627 Berlin Telefon: 030 26 01 22 60 *https://www.beuth.de*
VDI-Richtlinien	Beuth Verlag GmbH Saatwinkler Damm 42/43 13627 Berlin Telefon: 030 26 01 22 60 *https://www.beuth.de*

Kennung	Beschreibung	Gültigkeit
ArbSchG	Gesetz über die Durchführung von Maßnahmen des Arbeitsschutzes zur Verbesserung der Sicherheit und des Gesundheitsschutzes der Beschäftigten bei der Arbeit *https://www.gesetze-im-internet.de/arbschg*	
BGB	Bürgerliche Gesetzbuch *https://www.gesetze-im-internet.de/bgb*	
BGBl. I 2004 S. 2	Bundesgesetzblatt Jahrgang 2004 Teil I Nr. 1, ausgegeben am 09.01.2004, Seite 2 Gesetz zur Neuordnung der Sicherheit von technischen Arbeitsmitteln und Verbraucherprodukten *http://www.bgbl.de/xaver/bgbl/start.xav?startbk=Bundesanzeiger_BGBl&jumpTo=bgbl104s0002.pdf*	
GPSG	Geräte- und Produktsicherheitsgesetz	bis 2011
GSG	Gerätesicherheitsgesetz	bis 2004
ProdHaftG	Produkthaftungsgesetz *http://www.gesetze-im-internet.de/prodhaftg*	
ProdSG	Produktsicherheitsgesetz *http://www.gesetze-im-internet.de/prodsg_2011*	
ProdSichG	Produktsicherheitsgesetz	bis 2004
ProdSV	Produktsicherheitsverordnung Neunte Verordnung zum Produktsicherheitsgesetz (Maschinenverordnung) (9. ProdSV) *http://www.gesetze-im-internet.de/gsgv_9*	
Richtlinie 2001/95/EG	Richtlinie 2001/95/EG des Europäischen Parlaments und des Rates vom 3. Dezember 2001 über die allgemeine Produktsicherheit *https://eur-lex.europa.eu/eli/dir/2001/95/oj*	
Richtlinie 2006/42/EG	Richtlinie 2006/42/EG des Europäischen Parlaments und des Rates vom 17. Mai 2006 über Maschinen und zur Änderung der Richtlinie 95/16/EG (Neufassung) *https://eur-lex.europa.eu/eli/dir/2006/42/oj*	
Richtlinie 2014/33/EU	Richtlinie 2014/33/EU des Europäischen Parlaments und des Rates vom 26. Februar 2014 zur Angleichung der Rechtsvorschriften der Mitgliedstaaten über Aufzüge und Sicherheitsbauteile für Aufzüge Text von Bedeutung für den EWR *https://eur-lex.europa.eu/eli/dir/2014/33/oj*	

Kennung	Beschreibung	Gültigkeit
Richtlinie 85/374/EWG	Richtlinie 85/374/EWG des Rates vom 25. Juli 1985 zur Angleichung der Rechts- und Verwaltungsvorschriften der Mitgliedstaaten über die Haftung für fehlerhafte Produkte *https://eur-lex.europa.eu/eli/dir/1985/374/1999-06-04*	
Richtlinie 92/59/EWG	Richtlinie 92/59/EWG des Rates vom 29. Juni 1992 über die allgemeine Produktsicherheit *https://eur-lex.europa.eu/eli/dir/1992/59/oj*	Gültigkeitsende: 14/01/2004 Aufgehoben durch 2001/95/EG
Richtlinie 93/68/EWG	Richtlinie 93/68/EWG des Rates vom 22. Juli 1993 zur Änderung der Richtlinien 87/404/EWG (einfache Druckbehälter), 88/378/EWG (Sicherheit von Spielzeug), 89/106/EWG (Bauprodukte), 89/336/EWG (elektromagnetische Verträglichkeit), 89/392/EWG (Maschinen), 89/686/EWG (persönliche Schutzausrüstungen), 90/384/EWG (nichtselbsttätige Waagen), 90/385/EWG (aktive implantierbare medizinische Geräte), 90/396/EWG (Gasverbrauchseinrichtungen), 91/263/EWG (Telekommunikationsendeinrichtungen), 92/42/EWG (mit flüssigen oder gasförmigen Brennstoffen beschickte neue Warmwasserheizkessel) und 73/23/EWG (elektrische Betriebsmittel zur Verwendung innerhalb bestimmter Spannungsgrenzen) *https://eur-lex.europa.eu/eli/dir/1993/68/1998-08-12*	
Richtlinie 95/16/EG	Richtlinie 95/16/EG des Europäischen Parlaments und des Rates vom 29. Juni 1995 zur Angleichung der Rechtsvorschriften der Mitgliedstaaten über Aufzüge *https://eur-lex.europa.eu/eli/dir/1995/16/oj*	Gültigkeitsende 20/04/2016 Aufgehoben durch 2014/33/EU
Richtlinie 98/37/EG	Richtlinie 98/37/EG des Europäischen Parlaments und des Rates vom 22. Juni 1998 zur Angleichung der Rechts- und Verwaltungsvorschriften der Mitgliedstaaten für Maschinen *https://eur-lex.europa.eu/eli/dir/1998/37/oj*	Gültigkeitsende 28/12/2009 Aufgehoben durch 2006/42/EG
SGB VII	Siebtes Buch Sozialgesetzbuch – Gesetzliche Unfallversicherung *https://www.gesetze-im-internet.de/sgb_7*	

Kennung	Beschreibung	Gültigkeit
StVZO	Straßenverkehrs-Zulassungs-Ordnung *https://www.gesetze-im-internet.de/stvzo_2012*	
Verordnung (EG) Nr. 765/2008	Verordnung (EG) Nr. 765/2008 des Europäischen Parlaments und des Rates vom 9. Juli 2008 über die Vorschriften für die Akkreditierung und Marktüberwachung im Zusammenhang mit der Vermarktung von Produkten und zur Aufhebung der Verordnung (EWG) Nr. 339/93 des Rates *https://eur-lex.europa.eu/eli/reg/2008/765/oj*	

Anhang D: Literaturverzeichnis

Ahlemann, Frederik; Schroeder, Christine; Teuteberg, Frank; Schröder, Christine: Kompetenz- und Reifegradmodelle für das Projektmanagement. Grundlagen, Vergleich und Einsatz. ISPRI-Arbeitsbericht, 01/2005. Forschungszentrum für Informationssysteme in Projekt- und Innovationsnetzwerken (ISPRI); Univ. FB Wirtschaftswiss. Organisation und Wirtschaftsinformatik, Osnabrück 2005

Automotive Industry Action Group: AIAG & VDA FMEA-Handbuch. Design-FMEA, Prozess-FMEA, FMEA-Ergänzung – Monitoring & Systemreaktion. 1. Ausgabe. Automotive Industry Action Group, Southfield, Michigan 2019

Bamberg, Ulrich; Boy, Stefano (Hrsg.): Die neue Maschinen-Richtlinie. Änderungen infolge der Neufassung: Gegenüberstellung und Kommentare. 2008

Brüggemann, Holger; Bremer, Peik (2020): Grundlagen Qualitätsmanagement. Von den Werkzeugen über Methoden zum TQM. 3. Auflage. Springer Vieweg, Wiesbaden 2020

Brunner, Franz J.: Japanische Erfolgskonzepte. KAIZEN, KVP, Lean Production Management, Total Productive Maintenance, Shopfloor Management, Toyota Production System, GD^3 – Lean Development. 4., überarbeitete Auflage. Praxisreihe Qualitätswissen. Carl Hanser Verlag, München 2017

Clark, Kim B.; Fujimoto, Takahiro: Automobilentwicklung mit System. Strategie, Organisation und Management in Europa, Japan und USA. Campus Verlag, Frankfurt 1992

Eberhardt, Otto: Risikobeurteilung mit FMEA. Die Fehler-Möglichkeits- und Einfluss-Analyse gemäß VDA-Richtlinie 4.2. Die Risikobeurteilung von Maschinen gemäß EU-Richtlinie 2006/42/EG. 4. Auflage. Edition expertsoft, 63. expert Verlag, Renningen 2015

Edler, Frank; Soden, Michael; Hankammer, René: Fehlerbaumanalyse in Theorie und Praxis. Springer Verlag, Berlin/Heidelberg 2015

Ehrlenspiel, Klaus; Meerkamm, Harald: Integrierte Produktentwicklung. Denkabläufe, Methodeneinsatz, Zusammenarbeit. 6., vollständig überarbeitete und erweiterte Auflage. Carl Hanser Verlag, München 2017

Feldhusen, Jörg; Grote, Karl-Heinrich (Hrsg.): Pahl/Beitz Konstruktionslehre. Methoden und Anwendung erfolgreicher Produktentwicklung. 8., vollständig überarbeitete Auflage. Springer-Lehrbuch. Springer Vieweg, Berlin/Heidelberg 2013

Ford Motor Company (Hrsg.): Failure Mode and Effects Analysis – AIAG. FMEA Handbook (with Robustness Linkages), Version 4.2. 2011

Freese, Wolfgang: Erstellung von Fehlerbäumen. Eine strukturierte und systematische Methode. Carl Hanser Verlag, München 2015

Gries, Thomas; Veit, Dieter; Wulfhorst, Burkhard: Textile Fertigungsverfahren. Eine Einführung. 3., überarbeitete und erweiterte Auflage. Carl Hanser Verlag, München 2019

Häußer, Julian: Benchmark von FMEA-Software. August 2016. In: FMEA KONKRET (02), 2016, S. 2–25. Online verfügbar unter *www.fmeaplus.de.*

Hering, Ekbert; Triemel, Jürgen; Blank, Hans-Peter (Hrsg.): Qualitätsmanagement für Ingenieure. 5. Auflage: Springer Verlag, Berlin/Heidelberg 2003

Hinsch, Martin: Die ISO 9001:2015 – ein Ratgeber für die Einführung und tägliche Praxis. 3., überarbeitete Auflage. Springer Vieweg, Berlin/Heidelberg 2019

Kamiske, Gerd F. (Hrsg.): Handbuch QM-Methoden. Die richtige Methode auswählen und erfolgreich umsetzen. 1. Auflage. Carl Hanser Verlag, München 2012

Kleppmann, Wilhelm: Versuchsplanung. Produkte und Prozesse optimieren. 9., überarbeitete Auflage. Praxisreihe Qualitätswissen. Carl Hanser Verlag, München 2016

Knorr, Christine; Friedrich, Arno: QFD – Quality Function Deployment. Mit System zu marktattraktiven Produkten. Reihe Pocket Power. Carl Hanser Verlag, München 2016

Lach, Sebastian; Polly, Sebastian: Produkt-Compliance. Springer Fachmedien, Wiesbaden 2017

Lindemann, Udo (Hrsg.): Handbuch Produktentwicklung. Carl Hanser Verlag, München 2016

Linß, Gerhard: Qualitätsmanagement für Ingenieure. 4., aktualisierte und erweiterte Auflage. Carl Hanser Verlag, München 2018

Neudörfer, Alfred: Konstruieren sicherheitsgerechter Produkte. Springer Verlag, Berlin/Heidelberg 2016

o. V.: Produktsicherheit in Europa. Ein Leitfaden für Korrekturmaßnahmen einschließlich Rückrufen. Unterstützung für Unternehmen beim Schutz von Verbrauchern vor unsicheren Produkten. 2004

o. V.: Vergleich zwischen den Inhalten der AIAG-FMEA und VDA-FMEA. In: FMEA KONKRET (01), 2016, S. 10–11. Online verfügbar unter *www.fmeaplus.de.*

o. V.: Der neue FMEA-Software-Benchmark. In: FMEA KONKRET (09), 2017, S. 12 – 31. Online verfügbar unter *www.fmeaplus.de.*

Pfeifer, Tilo; Schmitt, Robert (Hrsg.): Masing Handbuch Qualitätsmanagement. 6., überarbeitete Auflage. Carl Hanser Verlag, München 2014

Schiefer, Hartmut; Schiefer, Felix: Statistik für Ingenieure. Springer Fachmedien, Wiesbaden 2018

Schmitt, Robert; Pfeifer, Tilo: Qualitätsmanagement. Strategien – Methoden – Techniken. 5., aktualisierte Auflage. Carl Hanser Verlag, München 2015

Schuler, W.: FMEA: Das „Geheimnis" der ersten beiden Spalten. In: Qualität und Zuverlässigkeit 36 (8), 1991, S. 474 – 479

Siebertz, Karl; van Bebber, David; Hochkirchen, Thomas: Statistische Versuchsplanung. Springer Verlag, Berlin/Heidelberg 2017

Verband der Automobilindustrie e. V. (VDA): VDA Band 4: Sicherung der Qualität in der Prozesslandschaft. Produkt- und Prozess-FMEA. 2., überarbeitete Auflage. 2006

Verband der Automobilindustrie e. V. (VDA): Qualitätsmanagement in der Automobilindustrie. Definition von Fehlerursachenkategorien für das 8D-Berichtswesen V1.0. Berlin. 2017

Weidner, Georg E.: Qualitätsmanagement. Kompaktes Wissen – Konkrete Umsetzung – Praktische Arbeitshilfen. 2., überarbeitete Auflage. Carl Hanser Verlag, München 2017

Werdich, Martin (Hrsg.): FMEA – Einführung und Moderation. Durch systematische Entwicklung zur übersichtlichen Risikominimierung (inkl. Methoden im Umfeld). 2., überarbeitete und verbesserte Auflage. Springer Vieweg, Wiesbaden 2012

Index

Symbole

5M-Methode 102
7 Qualitätswerkzeuge (Q7) 101

A

Ablaufstruktur 247
Abstellmaßnahmen 6, 9f., 21, 23, 31, 33, 41, 46, 101, 105, 140, 232
AIAG 268
Analyseergebnisse 8, 108, 203
Anforderungsmanagementsystem 268
APIS IQ-RM 251
Arbeitsschutzgesetz (ArbSchG) 199, 300
ArbSchG (Arbeitsschutzgesetz) 300
Aufenthaltsintervall 234
Aufgaben der Experten 96
Aufgaben der Teammitglieder 96
Aufgaben des Initiators 96
Aufgaben des Moderators 96
Aufgaben des technischen Verantwortlichen 96
Aufgabenpriorität (AP) 22f., 64, 136
Auftretenswahrscheinlichkeit 153, 225
Ausfallarten (Fehler) 54
Ausfallauswirkung 52
Ausfalleffektanalyse 9, 29
Ausfalleffekt- und Kritikalitäts-Analyse 25
Ausfallursachen 52

B

Basis-FMEA 56
Baumstruktur 42, 106, 108, 251
Bauteil 9, 13, 29f., 88, 110, 114
Beeinflussungsmatrix 110
Benutzerverwaltung 277
Berechtigungen 276
Betrachtungseinheit 50, 54
Betrachtungsgegenstand 4, 21f., 29, 41, 43, 101, 107, 112, 114, 133
Betriebsfehler 5
Betriebsfunktion 6
Bewertungskatalog 278
Bewertungstabelle 81
BGB (Bürgerliche Gesetzbuch) 199, 300
Blockdiagramme 120f., 186
Bottom-up-Analyse 51
Brainstorming 44, 50, 91, 140
Bürgerliches Gesetzbuch (BGB) 199, 300

C

CE-Kennzeichnung 179, 199f., 208
Checklisten 15, 42, 61, 99, 111f., 114, 141
Computer Based Training (CBT) 4
Conjoint Measurement-Analyse 144

D

Datenaustausch 287
Datenbank 286
Datenbankanbindung 247, 250
Datenbankanwendung 274

Design-FMEA (DFMEA) 55
Design of Experiments (DoE) 16 f., 231 f., 239
Detaillierungsgrad 109
Deutsche Gesetze 299
DFMEA (Design-FMEA) 55
DIN ISO 9000 ff. 8
DIN ISO 9000ff 296
DIN-Normen 299
Dokumentation der FMEA (DIN EN 60812) 54
DRBFM (Design Review Based on Failure Mode) 267

E

EG-Maschinenrichtlinie 8, 103, 199, 206
Einflussparameter 193
Einführungsphase 28
Einzelbewertung 46
EN ISO 12100-1 222
EN ISO 14121-1 211, 224
EN-Normen 299
Entdeckungswahrscheinlichkeit 9, 21, 48 f., 135, 140, 150, 153, 222, 224, 226, 251
Entscheidungsbefugnis 29
Entscheidungsträger 27, 81
Entwicklungsstufen 62
Entwicklungszeit 13
Ereignisablaufanalyse 106
Erfahrungswissen 23, 114, 251
Erfolgskontrolle 41
EU-Richtlinien 299
Experten 13, 93

F

Familien-FMEA 56
Fehleranalyse 40 f., 44 f., 148, 213, 252 f., 261, 279
Fehlerart 24, 30, 34, 44, 100, 117, 254, 262
Fehlerauswirkung 24
Fehlerbaumanalyse 7, 105 ff.
Fehlerbeschreibung 30
Fehlerbeseitigung 7, 35, 81, 89
Fehlerbewertung 41, 128
Fehlererkennung 80
Fehlerfolge 4, 30, 34, 45, 71, 100, 113, 149 f., 153, 254, 262
Fehlerkosten 78 ff.
Fehlerlisten 41
Fehlermöglichkeiten 4, 21, 30 f., 35, 45, 109, 128, 133, 135, 141, 157
Fehlernetz 40, 149 f., 252, 256, 261 f., 264, 270
Fehlerprävention 7
Fehlerursache 4, 24, 30, 34, 45, 47, 71, 100, 115, 150, 153, 254, 261 f., 264
Fehlervermeidung 7, 13, 124, 140
Fehlerzusammenhänge 270
Fehlfunktion 153, 225, 253, 264
Fehlzustandsart- und -auswirkungsanalyse (FMEA) 50
Fertigungsplanung 42, 231
Fischgräten-Diagramm 102
Floating-Lizenz 277
FMEA-Dokumente 282
FMEA-Formblatt 254, 268 f., 281
FMEA-Maßnahmen 283
FMEA-MSR 268
FMEA-Programme 250
FMEA-Software 266
FMEA-Team 29 ff., 41, 43, 45, 50, 93 f., 112, 114, 126, 128, 265
FMECA 10
Fokuselement 58
Formblatt 70 f., 78, 155, 248, 252, 265, 278
Formblatt nach AIAG 71
Formblatt nach DIN EN ISO 9001 71
Formblatt VDA ’86 71
Formblatt VDA ’96 71
Fragefilter 61
Fragenkatalog 111 f.
Funktionsanalyse 57
Funktionsblockdiagramm 120
Funktionseinschränkungen 58
Funktionsintegration 145

Funktionsmodell 36
Funktionsnetz 40, 148, 261
Funktionsnetz-Editor 262
Funktionssicherheit 28
Funktionsstruktur 42, 99, 113, 147
Funktionsträger 145 f.
Funktionsverlust 58

G

Gefährdungsereignisse 211, 224
Gefährdungsexposition 222
Gefährdungsmöglichkeiten 104
Gefährdungspotenziale 103
Gefahrenanalyse 8, 103, 105, 200, 210, 220 f., 226 ff.
Gefahrenkatalog 211 f.
Gerätesicherheitsgesetz (GSG) 8, 199, 300
Geräte- und Produktsicherheitsgesetz (GPSG) 199, 206, 300
Gesamtfunktion 145
Gesamtstruktur 43
Geschäftsprozesse 27
Gewichtung 42, 87, 109, 118
Gewichtungsfaktor 42
GPSG (Geräte- und Produktsicherheitsgesetz) 199, 206, 300
GSG (Gerätesicherheitsgesetz) 8, 199, 300
GS-Zeichen (Geprüfte Sicherheit) 203

H

Handlungsempfehlungen 136
Harmonisierung der FMEA 55
Herstellungsprozess 24, 39

I

Ideenfindung 44
Industrie 4.0 2
Informationssystem 274
IQ-RM 253, 286

K

Kennzahl 284
Kepner-Tregoe 102, 119
Kernteam 93
Klassifizierung 42, 118
Konfidenzintervall 235
Konformitätsbewertung 203, 290
Konformitätsbewertungsverfahren 205
Konformitätserklärung 8, 203
Konformitätsvermutung 202
Konstruktions-FMEA 15, 24, 32 ff., 45 ff., 88, 110, 113 f., 155, 253
Kostenvorteil 79
Kreativitätstechniken 44, 50
Kritikalitätsanalyse 51, 58
Kritikalitätsmatrix 51
Kundenorientierung 3, 9, 13
Kundenwünsche 6, 10, 83

L

Lastenheft 37, 57
Lebenszyklus 13, 219
Leitfaden 99, 111, 128, 147, 155, 218
Lokale Installation 266
Lösungsprinzipien 145

M

Maschinenrichtlinie 202
Maschinenrichtlinie 2006/42/EG 200
Matrix 269
Matrix-Diagramm 83, 108 ff.
Meilensteinplan 42
Methode 635 91
Methodendurchführung 27, 41 f., 80, 95, 99, 101, 105, 111, 114, 123, 142, 273
Methodeneinführung 81
Methodeneinsatz 81, 142
Methodenplattform 266
Mitarbeiterqualifizierung 5
Mittelwertvergleich 234 f.
Modellbildung 237
Moderator 27 f., 95, 97, 111

Monitoring und Systemreaktion (FMEA-MSR) 55
Morphologischer Kasten 109
Motivation 18, 81, 92

N

Netzwerkfähigkeit 266
Normalverteilung 244
Notifizierte Stellen 206
Nutzerfreundlichkeit 250
Nutzwertanalyse 42

O

Ordnungskriterien 103
Ordnungsschemata 108 f.
Organisationsstruktur 12, 15, 25, 29, 123

P

Parameterdiagramm 57, 121 f.
Pareto-Analyse 116 f.
Pareto-Diagramm 117
Pflichtenheft 57
PFMEA (Prozess-FMEA) 9, 15, 24, 26, 33 ff., 38, 48, 55, 88, 93, 123, 184, 253
Planungsfehler 6
Planungsphase 6, 15, 18, 79 f., 142
Planungsprozesse 23
PLATO e1ns 266
Poka Yoke 7
Prioritätenliste 23, 110 f., 134
ProdHaftG (Produkthaftungsgesetz) 199, 209, 300
ProdSG (Produktsicherheitsgesetz) 179, 199, 204, 300
ProdSichG (Produktsicherheitsgesetz) 300
ProdSV (Produktsicherheitsverordnung) 300
Produktdesign 179
Produktentstehung 6, 13 f., 17, 29, 289
Produktentstehungsprozess 17 f.
Produktentwicklung 8, 13, 23, 32, 34 f., 41, 43, 78 f., 82 f., 116, 142 f., 231
Produktentwicklungsprozess 12, 15, 27, 81, 273
Produktfehler 5
Produkthaftung 209
Produkthaftungsfolgen 5
Produkthaftungsgesetz (ProdHaftG) 199, 209, 300
Produktionsprozess 14 f.
Produktlebenszyklus 10, 212
Produktorientierte Systemstruktur 215
Produktqualität 11, 13 ff., 80, 186, 193 f.
Produktsicherheit 112, 199, 290
Produktsicherheitsgesetz (ProdSG) 179, 199, 204, 300
Produktsicherheitsgesetz (ProdSichG) 300
Produktsicherheitsverordnung (ProdSV) 300
Projektabwicklung 95
Projektteam 42
Prototypen 37
Prozessablaufdiagramm 57
Prozessanalyse 124, 133
Prozessbeschreibung 39
Prozessfehler 33, 78
Prozess-FMEA (PFMEA) 9, 15, 24, 26, 33 ff., 38, 48, 55, 88, 93, 123, 184, 253
Prozessgestaltung 8, 238
Prozessplanung 10, 26, 88 f., 94
Prozessqualität 11, 26, 80
Prozessrobustheit 233
Prozessschritt 30

Q

QFD (Quality Function Deployment) 15 ff., 82 ff., 87 ff., 110 f., 231, 268
QS 9000 271
Qualifizierung 3, 5
Qualitätsansatz 93
Qualitätsförderung 17
Qualitätskontrolle 14
Qualitätskreis 12

Qualitätslenkung 11, 16
Qualitätsmanagement 11 f., 14, 80, 116, 289
Qualitätsmängel 23, 116
Qualitätsmerkmale 232
Qualitätsplanung 11, 16, 18, 83
Qualitätsprüfung 11, 16
Qualitätssicherung 7 f., 11, 14, 16, 18, 21, 42, 116, 290
Qualitätsziele 10

R

Rangfolge 42, 46, 81, 85, 87, 109 f., 116, 140, 150, 255
Rechnergestützte Hilfsmittel 247
Rechnerunterstützung 96, 247
Reifegrad 62, 180
Reifegradabsicherung 180
Reifegradmodelle 62
Reklamationsmanagement 61
Residuen 244
Response Surface Design 238
Risikoabschätzung 42, 45, 48, 50, 101, 237 f.
Risikoanalyse 20, 30, 43, 64, 81, 107, 128, 134, 211, 213, 233 f., 290
Risikoberechnung 277
Risikobeurteilung 8, 19, 41, 203, 206, 210, 212, 218, 290
Risikobewertung 40, 45, 50, 81, 107, 150, 153, 212, 218, 222, 264
Risiko- bzw. Maßnahmenanalyse 60
Risikograph 3 × 3 284
Risikominimierung 233, 238
Risikoprioritätszahl (RPZ) 9, 30, 44 ff., 50, 64, 81, 113, 133, 136, 150, 222, 224, 281
RPZ-Analyse 283

S

Schadensausmaß 217, 222
Schadensfälle 6
Schnittstellenbetrachtung 110
Schutzmaßnahmen 107, 210, 216, 223 f.
Schwachstellen 15, 32 f., 46, 48, 78 f., 81, 91, 99 f., 105, 110, 114, 124, 140
Schwellenwerte 22
Schwierigkeitsmatrix 110 f.
Screening-Versuchspläne 233, 236
Selbstkontrolle 14
SGB (Siebtes Buch Sozialgesetzbuch) 301
Sieben Arbeitsschritte der FMEA 57
Siebtes Buch Sozialgesetzbuch (SGB) 301
Simulationen 17
Skalenbereich 23
Stammdatenansicht 277
Statistische Prozesskontrolle (SPC) 48, 61, 231
Statistische Versuchsplanung 241
Störgrößen 122
Strukturanalyse 40, 147
Strukturbaum 39, 105, 253, 256, 258
Struktur-Editor 257, 264
Stückliste 215
Suchschemata 109
SysML 270
Systemanalyse 4, 42, 44, 70, 99, 101, 111, 113, 217, 248, 251, 253, 262, 265, 273, 286
Systemelement 39 f., 43, 99, 128, 134, 180, 259, 261, 264
System-FMEA 10, 24, 32, 34 ff., 38 ff., 43, 78, 88, 142, 145 ff., 153
Systemstruktur 178

T

Teamarbeit 28 f., 91 ff., 97, 290
Teamleiter 28, 95
Teammitglieder 26, 44 f., 92 ff., 102, 113, 275
Teamsitzungen 28, 94, 102, 112, 275
Teamzusammensetzung 27, 41, 91, 93 f., 96, 111
Technische Dokumentation 206 ff.
Teilfaktorielle Versuchspläne 236

Teilfunktionen 145
Teilprozesse 14, 39, 141, 261
Terminplanung 97, 112
Terminverfolgung 41, 247, 252, 255 f., 265
Top-down-Analyse 51

U

Untersuchungsgegenstand 23, 42, 44, 46, 48 f., 79, 81, 92, 106 f., 109, 114, 116, 155, 212, 215, 232 f., 253, 261
Ursachen-Wirkungs-Beziehungen 34, 231
Ursache-Wirkungs-Diagramm 103
Ursache-Wirkungs-Kette 24, 270

V

VDA 268
VDA/AIAG 268
VDA-Formblatt 2006 71
VDI-Richtlinien 299
Verbesserungsmaßnahmen 9, 22, 45, 50, 86, 105, 128, 140, 153
Verfahren 7, 12, 20 f., 31, 42, 48, 89, 100, 106 f., 124, 203, 206 f., 218, 222, 226, 239
Verfahrensvorschriften 10
Verordnungen 299
Versuchsberichte 113
Versuchsmethodik 102
Versuchsplanung 15 f., 232 f., 235 f., 239
Verträglichkeitsmatrix 109
Visualisierung 102
Vollfaktorielle Versuchspläne 235
Vorlagenmanagement 272

W

Wahrscheinlichkeitsrechnung 106
Wasserfalldarstellung 178
Web Based Training (WBT) 4
Weiterqualifizierung 3, 141
Wertigkeit 42
Wettbewerb 83, 89, 247
Wettbewerbsfähigkeit 13
Wettbewerbsfaktor 10
Wiederholungsfehler 5
Wirkprinzip 103
Wirtschaftlichkeitsbetrachtung 80
Wissensakquisition 4
Wissensbasis 5, 23, 275
Wissensmanagement 5, 266, 272

Z

Zehnerregel 79
Zusammenarbeit 91 f.
Zusammenhang der FMEA-Arten 33
Zuverlässigkeit 28, 32, 113 f., 145, 155, 216, 222
Zuverlässigkeitsblockdiagramm 120